Dr. Werner **P i e p e r**

Steuerliche Herstellungskosten

Erzeugnisbewertung in der Ertragsteuerbilanz aus der Sicht der Betriebswirtschaftslehre

Band 6 der Schriftenreihe „Besteuerung
der Unternehmung"
Hrsg.: Prof. Dr. Gerd Rose, Köln

Der Verfasser, der durch die Podiumsdiskussion auf dem Steuerberaterkongreß 1968 zum Thema Herstellungskosten angeregt wurde, hatte als Mitglied der Geschäftsleitung eines Mittelbetriebes, zuständig für den Bereich Rechnungswesen, sowie durch ein Praktikum in der Abteilung Kalkulation eines chemischen Großbetriebes Gelegenheit, die praktischen Fragestellungen der Bewertungspraxis zur Erzeugnisbewertung kennenzulernen.

Der Rechnungszweck bestimmt den Rechnungsinhalt; daher der Grundgedanke, den Erzeugniswert *aus dem Zweck der Ertragsbesteuerung* im einkommensteuerlichen Gesamtzusammenhang abzuleiten. Dementsprechend wurden die Komponenten des allgemeinen, wertmäßigen Kostenbegriffs analog den Anforderungskriterien des steuerlichen Zwecks systematisch eingegrenzt, unterlegt durch ein praktisches Beispiel, um die Wirkungen alternativer Herstellungskosten in bezug auf den Zweck beurteilen zu können.

Die Untersuchung erstreckt sich erstens auf die Situation normaler Kapazitätsausnutzung, zweitens auf die Situation über oder unter einer Kapazitätsnorm liegender Kapazitätsausnutzungsgrade, ohne die Problematik der praktischen Bestimmbarkeit der Kapazitätsnorm außer acht zu lassen und daraus Folgerungen zu ziehen. Das Ergebnis: eine intersubjektiv nachprüfbare Wertkonvention.

Unter dem Gesichtspunkt der Nachprüfbarkeit spricht dieses Buch nicht nur die praktisch-normative Betriebswirtschaftslehre an, sondern gerade auch die Steuerpraxis — und hier sowohl die Finanzverwaltung wie auch den großen Kreis derer, die beruflich mit der Erstellung und Auswertung von Steuerbilanzen zu tun haben.

**Betriebswirtschaftlicher Verlag
Dr. Th. Gabler, Wiesbaden**

Werner Pieper

Steuerliche Herstellungskosten

Schriftenreihe „Besteuerung der Unternehmung"

Herausgeber: Prof. Dr. Gerd Rose

o. Professor der Betriebswirtschaftslehre an der Universität zu Köln

— Band 6 —

Dr. Werner Pieper

Steuerliche Herstellungskosten

Erzeugnisbewertung in der Ertragsteuerbilanz

aus der Sicht der Betriebswirtschaftslehre

Betriebswirtschaftlicher Verlag Dr. Th. Gabler · Wiesbaden

ISBN 978-3-409-50071-5   ISBN 978-3-322-89259-1 (eBook)
DOI 10.1007/978-3-322-89259-1

Vorwort

Die hier vorgelegte und von der Wirtschafts- und Sozialwissenschaftlichen Fakultät der Universität zu Köln als Dissertation angenommene Arbeit ist die tiefgründigste und sorgfältigste Auseinandersetzung mit der Problematik des steuerlichen Herstellungskostenbegriffs, die ich kenne. Das von ihr verfolgte Ziel, für die Erzeugnisbewertung in der Ertragsteuerbilanz eine praktikable Wertkonvention zu entwickeln, machte es erforderlich, die von betriebswirtschaftlicher und von steuerrechtlicher Seite oft ohne Verbindung zueinander vorgetragenen Gedanken und Erkenntnisse umfassend kritisch zu würdigen und sich nicht mit einer bloßen Auswahl publizierter Meinungen zu begnügen. Der Gründlichkeit, mit der der Verfasser seine Literaturstudien betrieben hat, entspricht die Sorgfalt bei der Verarbeitung der Argumente. Daß Werner Pieper seine Gedanken und Schlußfolgerungen frei von jeder, sonst in der Steuerbilanzliteratur nicht seltenen Polemik vorträgt, wird gerade der anspruchsvolle Leser als besonders wohltuend empfinden. Hervorhebenswert erscheint mir u. a. auch, daß die gelungene theoretische Durcharbeitung der Problematik durch ein geschickt gewähltes, repräsentatives Material zugrundelegendes Beispiel anschaulich gemacht und insbesondere die Problematik der Herstellungskostenbestimmung bei nicht „normaler" Kapazitätsausnutzung abgehandelt wird.

Der Wert dieses Buches hängt nicht davon ab, ob man Piepers Vorschlag für einen neuformulierten Abschnitt 33 EStR gutheißt, ablehnt oder zu modifizieren wünscht; es ist vielmehr hochbeachtlich, weil es die Anforderungskriterien für eine Wertung der in der Praxis so sehr wichtigen Erzeugniskalkulation in der Steuerbilanz klar herausstellt und so der Diskussion dieses Komplexes wesentliche neue Impulse geben wird.

Dieser gelungene Beitrag zur Betriebswirtschaftlichen Steuerlehre und zum Steuerrecht soll möglichst vielen (und nicht nur den hauptberuflich als Wissenschaftler tätigen) Interessenten zugänglich werden. Deshalb nehme ich ihn gern als Band 6 in meine Schriftenreihe auf.

GERD ROSE

Zusammengefaßte Inhaltsübersicht

Erstes Kapitel

Theoretische Voraussetzungen der Erzeugnisbewertung in der Steuerbilanz

Erster Teil:

Problemstellung

Zweiter Teil:

Bewertung im Rahmen steuerlicher Gewinnermittlung durch Ableitung von Wertkonventionen aus der Zielsetzung der Einkommensbesteuerung

Zweites Kapitel

Die zweckabhängige Ermittlung der steuerrechtlichen Wertkategorie
„Herstellungskosten" als betriebswirtschaftlicher Nicht-Entscheidungswert

Erster Teil:

*Deskriptive Aussagen zur Kostenrechnung und ihre Auswahl zum
Zwecke der Ermittlung steuerlicher Herstellungskosten*

Zweiter Teil:

*Der gerundive Wert alternativer Herstellungskosten — abhängig von
dem unterstellten Kostenzurechnungsprinzip, gemessen an den Grundannahmen und den Anforderungen der theoretischen Basis*

Inhaltsverzeichnis

Erstes Kapitel

Theoretische Voraussetzungen der Erzeugnisbewertung in der Steuerbilanz

Erster Teil:

Problemstellung

Zweiter Teil:

Bewertung im Rahmen steuerlicher Gewinnermittlung durch Ableitung von Wertkonventionen aus der Zielsetzung der Einkommensbesteuerung

Zweites Kapitel

Die zweckabhängige Ermittlung der steuerrechtlichen Wertkategorie „Herstellungskosten" als betriebswirtschaftlicher Nicht-Entscheidungswert

Erster Teil:

Deskriptive Aussagen zur Kostenrechnung und ihre Auswahl zum Zwecke der Ermittlung steuerlicher Herstellungskosten

Theoretische Voraussetzungen der Erzeugnisbewertung in der Steuerbilanz

Erster Teil:

Problemstellung

A. Differente Zielsetzungen als Ursache des ständigen Disputs zwischen Steuerpraxis und Betriebswirtschaftslehre über den Wert der Erzeugnisse

Der Disput zwischen Betriebswirtschaftslehre und Steuerpraxis über die Bewertung fertiger und unfertiger Erzeugnisse [1], insbesondere über den Wertansatz 'Herstellungskosten', erscheint dem Betrachter als ein Disput ohne Ende [2].

Warum ein Disput ohne Ende? Die Relevanz dieses Wertansatzes für den Erfolgsausweis der Steuerbilanz ist offensichtlich: Nach § 4 Abs. 1 Satz 1, § 5 Abs. 1 EStG ist Gewinn das Ergebnis eines Vermögensvergleichs, das ausgewiesene Vermögen wiederum das Ergebnis von Bilanzierungs- und Bewertungsentscheidungen. Für die Bewertung der einzelnen Wirtschaftsgüter gelten die Regelungen des § 6 EStG. Diese Vorschrift nennt neben den Anschaffungskosten die hier relevanten Wertkategorien Herstellungskosten - mit Einzelheiten in Abschnitt 33 EStR - und den Teilwert. Je nach Höhe des gerade bei industriellen Unternehmungen signifikanten Wertansatzes

---

1) Die vorliegende Untersuchung beschränkt sich auf die Bewertung der selbsthergestellten Erzeugnisse des Umlaufvermögens, mit Ausnahme solcher Erzeugnisse, deren Herstellungsperiode mehr als ein Wirtschaftsjahr bzw. Kalenderjahr umfaßt. Die in diesem Zusammenhang auftretenden Probleme der Gewinnrealisierung bedürfen einer gesonderten Untersuchung (vgl. z. B. REIFENRATH, Bestände, ZfhF 1933, S. 439 ff.; LEFFSON, Grundsätze, S. 199 ff.).
2) Vgl. etwa LITTMANN, Einkommensteuerrecht, § 6 Anm. 59, S. 616.

der fertigen und unfertigen Erzeugnisse ändert sich
- ceteris paribus - die Gewinngröße, ein Faktum, das
den Interessenkonflikt zwischen Steuerpflichtigen und
Finanzverwaltung manifestiert [1].

Die Ursache des ständigen Disputs muß "in den inneren Widersprüchen der theoretischen Basis" [2] gesehen
werden. Nach Ansicht Albachs resultieren derartige
Differenzen "nicht aus betriebswirtschaftlichen Zweifelsfragen, sondern aus dem Zusammenstoß betriebswirtschaftlicher Grundsätze mit spezifisch fiskalischen
und juristischen Prinzipien" [3].

Nicht wenige betriebswirtschaftliche Autoren glaubten
in der Vergangenheit, die Bewertung von Erzeugnissen
"rein betriebswirtschaftlich" erklären zu können.
Nicht die eigentliche theoretische Basis war Ausgangspunkt ihrer Problemlösungen, sondern in der Regel implizit oder explizit unternehmerische Zielsetzungen, die
den Charakter "betriebswirtschaftlicher Notwendigkeit"
erhielten. Die Steuerpraxis dagegen orientierte sich
zwar an der der Einkommensbesteuerung zugrunde liegenden Zielsetzung als Axiom ihrer Wertermittlung, doch
häufig genug ohne hinreichende Würdigung den wirtschaftlichen Sachverhalt betreffender, d. h. betriebswirtschaftlicher Argumente [4] [5].

---

1) Vgl. LUTZ, Herstellungsaufwand, DB 1971, S. 253
   (253 f.); BLÜMICH/FALK, Einkommensteuergesetz, § 6
   Anm. 2, S. 669.
2) ALBACH, Gewinnrealisierungen, StbJb 1970/71, S. 287
   (291); vgl. STÖTZEL, Elementarkategorien, ZfB 1966,
   S. 769 (784 ff.). Vgl. zur Anwendung betriebswirtschaftlicher Begriffe im Steuerrecht LOHMANN, Betrieb, S. 68 (77).
3) ALBACH, Gewinnrealisierungen, StbJb 1970/71, S. 287
   (291).
4) Vgl. zu den unterschiedlichen Bezugsbasen DIETZ,
   Normierung, S. 14 ff..
5) Zur Kompetenz der Betriebswirtschaftslehre bei der
   Feststellung des wirtschaftlichen Gehalts von Sachverhalten in den Steuergesetzen vgl. ROSE, Rechtsprechung, FR 1968, S. 433 ff.; STEINBERG, Einheitsbewertung, StBp 1967, S. 121 (125 ff.); THOMA,
   Steuerrechtsprechung, WPg 1967, S. 233 ff.; derselbe,
   Bundesfinanzhof, S. 105 ff.; KUHN, Bewertungslehre,
   BFuP 1968, S. 1 (17 f.); HERZIG, Herstellungskosten,
   BB 1970, S. 116 (116).

Die Frage ist, ob und ggf. wie dieser Disput von der
Betriebswirtschaftslehre als der für die Erklärung
wirtschaftlicher Sachverhalte kompetenten Wissenschaft
beendet werden kann. Die Beantwortung der Frage hat
zunächst zur Voraussetzung [1], den wissenschaftstheo-
retischen Standort "der" Betriebswirtschaftslehre [2]
zu skizzieren.

B. Der wissenschaftstheoretische Standort der Betriebswirtschaftslehre

Eine entwicklungsgeschichtliche Betrachtung der Betriebswirtschaftslehre macht die Problematik des An-
sinnens deutlich, von "der" Betriebswirtschaftslehre
zu sprechen. Je nach Richtung innerhalb der Wissenschaft differierte das Wissenschaftsprogramm [3]. Die
Betriebswirtschaftslehre kann als rein theoretische
oder als angewandte Wissenschaft verstanden werden.
Als angewandte Wissenschaft existiert einerseits eine
normativ-wertende Richtung: Der Wissenschaftler setzt
Normen, die aus ethischen Postulaten abgeleitet sind.
Andererseits existiert eine praktisch-normative Richtung: Der Wissenschaftler leitet aus einer vorgegebenen Norm, einer axiomatischen Zielsetzung geeignete
Mittel zu ihrer Verwirklichung ab.

"Die Betriebswirtschaftslehre von heute ist nach herrschender Meinung eine angewandte, d. h. praktisch-nor-

---

1) Vgl. AMONN, Nationalökonomie, Jahrbücher für Nationalökonomie und Statistik 1941, 153. Bd., S. 1 (9
   f.).
2) Vgl. dazu MOXTER, Grundfragen, S. 1 ff..
3) Eine detaillierte Analyse gibt WÖHE, Grundprobleme,
   S. 11 ff.; vgl. ferner HEINEN, Einführung, S. 13
   ff., mit ausführlichem Literaturanhang. Einen poin-
   tierten Hinweis auf "die" Betriebswirtschaftslehre
   gibt der RdF in seinem Ersuchen an den RFH, das dieser in seinem Gutachten vom 4. Februar 1939, Gr. S.
   D 7/38, RStBl 1939, S. 321 (321 f.) abdruckt. Obwohl nachprüfbar divergente Meinungen von Betriebswirtschaftlern existieren, erlaubt sich der RdF die
   Aussage, es sei in "der" Betriebswirtschaftslehre
   unbestritten, sämtliche Gemeinkosten zu den Herstellungskosten zu rechnen.

mative Wissenschaft" [1]. Man versteht sie als Entscheidungstheorie. Einerseits werden deskriptive Aussagen erarbeitet, Tatbestände und Zusammenhänge in einem Entscheidungsfeld analysiert, Verfahrensalternativen sowie deren mögliche Konsequenzen beschrieben: die Erklärungsfunktion der praktisch-normativen Betriebswirtschaftslehre. Andererseits werden präskriptive Aussagen für das Entscheidungsverhalten im Hinblick auf die vorgegebene Zielsetzung erarbeitet: die Gestaltungsfunktion der praktisch-normativen Betriebswirtschaftslehre [2].

Die normativ-wertende Betriebswirtschaftslehre scheidet ausdrücklich aus der Betrachtung aus. Bewertungsfragen sind aus der Perspektive der Entscheidungstheorie zu lösen. Das folgt daraus, daß der Wert einer Sache oder einer Alternative weder als objektive Eigenschaft noch als Vorliebe eines Subjekts erklärt werden kann, sondern nach der Auffassung der sog. gerundiven Werttheorie - ob als Entscheidungswert oder als Nicht-Entscheidungswert, d. h. für Kommunikationszwecke konventionalisierte Wertziffer - allein durch die jeweilige Ziel-

---

1) HEINEN, Wissenschaftsprogramm, ZfB 1969, S. 207 (209). Vgl. zur pragmatischen Funktion der betriebswirtschaftlichen Theorie auch KOCH, Handlungsanalyse, S. 61 ff..
2) Vgl. HEINEN, Einführung, S. 21 ff.; derselbe, Ansatz, S. 21 ff.. Vgl. zu den Aufgaben betriebswirtschaftlicher Theorien auch GUTENBERG, Betriebswirtschaftslehre, S. 5 ff.; KOSIOL, Erkenntnisgegenstand, ZfB 1961, S. 129 ff.; KÖHLER, Systeme, S. 12 ff.; STROBEL, Betriebswirtschaftslehre, ZfbF 1968, S. 129 ff.. Die von der praktisch-normativen Betriebswirtschaftslehre zu unterscheidende rein theoretische Betriebswirtschaftslehre übt ebenfalls eine Erklärungsfunktion aus. Der Unterschied zur praktisch-normativen Betriebswirtschaftslehre liegt in der zielabhängigen Auswahl der Aussagen.

setzung und das Entscheidungsfeld [1]. Aus dieser Erkenntnis folgt die Notwendigkeit der Weiterentwicklung
des theoretischen Ansatzes der gerundiven Werttheorie
für die Zwecke steuerlicher Wertermittlung [2]. Die Aufgabe der vorliegenden Arbeit ist es, eine Antwort auf
die Frage zu suchen, ob die Betriebswirtschaftslehre
den Wertansatz der Erzeugnisse des Vorratsvermögens im
Sinne der Steuerbilanz, d. h. durch Deduktion aus einer
operationalen Zielsetzung bzw. deren Substituten, unter
Beachtung des Kommunikationszwecks dieser Bilanz, zu
ermitteln imstande ist [3].

Der Betriebswirtschaftlichen Steuerlehre als Teil der
Allgemeinen Betriebswirtschaftslehre ist nach der von

---

1) Vgl. bereits HOLZER, Axiomatik, S. 2 f.; vgl. insbesondere die werttheoretischen Untersuchungen von
   ENGELS, Bewertungslehre, S. 1 ff.: Engels bedau-
   ert, daß die Betriebswirtschaftslehre nie versuchte,
   eine Bewertungslehre unter einer bestimmten Zielsetzung zu schaffen (S. 43, 179). Zum Begriff der gerundiven Werttheorie, der im folgenden erläutert
   wird, vgl. S. 22 f. dieser Arbeit. Zur theoretischen
   Behandlung des Wertproblems in der Bilanz vgl. auch
   HOPFNER, Wertproblem, Diss. rer. pol., München 1959,
   S. 1 ff.; SPILLER, Wert, Diss. rer. pol., Hamburg
   1962, S. 21 ff..
2) Vgl. ENGELS, Bewertungslehre, S. 177 f., 208; STOT-
   ZEL, Elementarkategorien, ZfB 1966, S. 769 (784
   ff.); KUHN, Bewertungslehre, BFuP 1968, S. 1 ff.;
   SCHERPF, Kriterien, S. 75 (89 ff.). HEINEN (Wissenschaftsprogramm, ZfB 1969, S. 207 (210)) unterstreicht die Aufgabe der entscheidungsorientierten
   Betriebswirtschaftslehre, wirtschaftliche Sachverhaltsfragen im Rahmen der Kommunikationsbeziehung
   mit außerhalb der Unternehmung stehenden Adressaten
   zu lösen.
3) Vgl. zu dieser Fragestellung NIEMANN, Herstellungskosten, StbJb 1968/69, S. 429 (431: VON COLBE);
   ROSE, Steuerlehre, S. 77 (80 ff.).

Rose [1] vertretenen Ansicht für ihren Wissenschaftsbereich "Beratung zur Steuerrechtsgestaltung" die normative Aufgabe gestellt, die "für das konkrete Steuerrecht verantwortlichen Gesetzgeber, Gerichte, Verwaltungsbehörden" [2] - gerade derzeit im Rahmen der aktuellen Steuerreform-Diskussion - zu informieren und zu beraten [3].

Zweiter Teil:

Bewertung im Rahmen steuerlicher Gewinnermittlung durch Ableitung von Wertkonventionen aus der Zielsetzung der Einkommensbesteuerung

A. Wertkonventionen als Nicht-Entscheidungswerte der gerundiven Werttheorie

I. Wert und Bewertung nach der gerundiven Werttheorie

Eine "Bilanz besteht aus mit Geld benannten Ziffern" [4], die der Vermittlung von Informationen im Sinne zweckorientierten Wissens dienen. Sie ist ein Instrument des betrieblichen Rechnungswesens. Während die traditionelle Theorie das Rechnungswesen in einer unsystematischen Vierteilung als 'Buchhaltung, Kostenrechnung, Planung und Statistik' umgrenzte, definiert die neuere

---

1) ROSE (Steuerbelastung, S. 17 ff.) kommt in einer Analyse der Entwicklung der Betriebswirtschaftlichen Steuerlehre zu dem Ergebnis, ihr Wissenschaftsbereich umfasse die sogenannte Steuerwirkungslehre, die Steuerbeeinflussungslehre als spezielle Theorie der Unternehmungspolitik und die Beratung zur Steuerrechtsgestaltung. Vgl. auch FELDT, Teilwertlehren, Diss. rer. pol., München 1971, S. 13 ff..
2) ROSE, Steuerberatung, StbJb 1969/70, S. 31 (59).
3) Vgl. Gutachten 1971, Abschnitt V, TZ 100 ff..
4) ENGELS, Bewertungslehre, S. 177. Eine beachtenswerte theoretische Darstellung des Bewertungsproblems in der Bilanz findet sich bereits bei HOLZER, Axiomatik, S. 59, 72 ff..

Theorie [1] dasselbe im Sinne eines umfassenden Informationsinstrumentes für interne oder externe Planungs- und Kontrollzwecke. So kann auch die Bilanz ebenso wie ein Kostenrechnungskalkül für interne Informations- und Entscheidungsrechnungen bestimmt sein [2], andererseits aber externen Kommunikationszwecken dienen.

Entscheidend ist die Feststellung, daß der Rechnungszweck den Rechnungsinhalt bestimmt [3]: 'Bewertung' wird als die "geldmäßige Veranschlagung betrieblicher Vorgänge und Güter in Abhängigkeit vom jeweiligen Bewertungszweck" definiert, 'Werte' sind demnach "die in Abhängigkeit vom jeweiligen Zweck in Geld veranschlagten betrieblichen Vorgänge und Güter" [4].

Diese Aussagen sind ein Resultat einer werttheoretischen Richtung, die von Engels als 'gerundive Werttheorie' bezeichnet wird: Werte sind nicht Sachverhalte, auf die "die Kategorien wahr oder unwahr angewendet werden können" [5], "Wert ist ein Maßstab der Vorziehenswürdigkeit" [6]. Die Beurteilung der Vorziehenswürdigkeit setzt die Kenntnis der das Wertsystem konsti-

---

1) Vgl. MÜNSTERMANN, Rechnungswesen, HdW Bd. 1 Betriebswirtschaft, S. 491 (493); COENENBERG, Rechnungswesen, HdO, Sp. 1413 ff.; SZYPERSKI, Rechnungswesen, HdR, Sp. 1510 ff..
2) Vgl. SIEBEN/HAASE, Jahresabschlußrechnung, WPg 1971, S. 53 ff., 79 ff..
3) Vgl. SCHMALENBACH, Grundlagen, ZfhF 1919, S. 1 ff., 65 ff. (95); MATTESSICH (Accounting, S. 9) äußert, das traditionelle "multipurpose establishment" werde abgelöst durch ein "monopurpose accounting" oder "limited accounting systems".
4) KUHN, Bewertungslehre, BFuP 1968, S. 1 (9), mit weiteren Literaturangaben im Laufe der Abhandlung; vgl. bereits GROSSMANN, Wertkategorien, S. 636.
5) ENGELS, Bewertungslehre, S. 11.
6) ENGELS, Bewertungslehre, S. 12; vgl. HARTMANN, Bewertungslehre, Diss. rer. pol., St. Gallen 1970, S. 11 ff.; FELDT, Teilwertlehren, Diss. rer. pol., München 1971, S. 51 ff..

tuierenden Zielsetzung voraus [1]. Nach diesem theoretischen Konzept muß folglich die Zielsetzung der Einkommensbesteuerung - als Subziel die Zielsetzung der Gewinnermittlung in der Steuerbilanz - determiniert werden, um Regeln zur Erzeugnisbewertung für diesen Rechnungszweck entwickeln zu können.

II. Entscheidungswert oder Nicht-Entscheidungswert für Kommunikationszwecke in der Einkommensbesteuerung

Entscheidet ein Unternehmer in Abhängigkeit von seiner
subjektiven Zielsetzung und seinem Entscheidungsfeld
über den Wert von Wirtschaftsgütern, von Investitions-
objekten oder über Preisuntergrenzen, über die Vorziehenswürdigkeit einer Alternative im Vergleich zu anderen, so hat er in einer internen Rechnung 'Entscheidungswerte' ermittelt. Im Gegensatz dazu sollen in der
folgenden Untersuchung Werte ermittelt werden, die
nicht unmittelbar der unternehmerischen Entscheidung
dienen. Vielmehr besteht die Absicht, "mittels einer
Wertziffer Information von einer zur anderen Person"

---

1) STÜTZEL, Bilanztheorie, S. 12 ff.: "Erst nenne man,
zu welcher Entscheidung in welcher konkreten Ent-
scheidungssituation der Kalkül gemacht werden soll,
in den der fragliche Währungsbetrag in irgendeiner
Weise eingeht, erst dann kann man sagen, welcher
Währungsbetrag korrekterweise einzusetzen ist" (hier
S. 14, ferner S. 16); vgl. ferner ENGELS, Bewertungslehre, S. 11 f., S. 19 ff., S. 42 ff.; SCHMA-
LENBACH, Kostenrechnung, S. 141; BECK, Beschäftigungsschwankungen, Diss. rer. pol., München 1966, S.
6 ff.; KUHN, Bewertungslehre, BFuP 1968, S. 1 (7
ff.); SCHERPF (Kriterien, S. 75 (89 ff.)) in Anlehnung an FELDT, Teilwertlehren, Diss. rer. pol., München 1971, S. 51 ff.; ZOLLER, Kostenzurechnungsprinzip, KRP 1969, S. 161 (167 f.).

zu übertragen [1]: Die Finanzverwaltung erhält von der
Unternehmung die Information über eine steuerliche Bemessungsgrundlage bzw. einen Teil davon. Sie erhält
sog. Nicht-Entscheidungswerte oder Wertkonventionen,
deren Zweck "die Übermittlung einer Nachricht von einem
Sender an einen Empfänger", in der Sprache der Informa-
tionstheorie die 'Kommunikation' ist [2].

"Erhält ein Außenstehender eine Wertziffer übermittelt,
so ist diese für ihn nur aussagefähig, wenn er über ein
gewisses Mindestmaß an Information über die Bestimmungs-
faktoren dieses Wertes verfügt" [3]. Grundsätzlich müssen
daher durch Konventionen die Zielsetzung, die Wertbasis
und der Wertmaßstab fixiert sein [3]. Nach Engels kommen
Wertkonventionen mittels Definition oder Fiktion zustande [4]. Auch die Regelungen des geltenden Einkommen-

---

1) ENGELS, Bewertungslehre, S. 209, 215; zur Problematik der Bilanzierung von Entscheidungswerten s. S.
   217 f.. Vgl. ferner BECK, Beschäftigungsschwankungen, Diss. rer. pol., München 1966, S. 18 ff.; EISEN-
   FÜHR, Anforderungen, Diss. rer. pol., Kiel 1967, S.
   7 ff.; GÜPPL, Rechnungslegung, WPg 1967, S. 565
   (565 f.); KUHN, Bewertungslehre, BFuP 1968, S. 1 (12
   ff.); SCHERPF, Kriterien, S. 75 (90 ff.).
2) Herbert HAX, Kommunikation, HdO, Sp.825 (825). Zu
   Ansätzen in der jüngeren amerikanischen Literatur,
   das extern ausgerichtete Rechnungswesen als Kommuni-
   kationssystem zu interpretieren, vgl. BEDFORD/BALA-
   DOUNI, Communication, Acc. Rev. 1962, S. 650 ff.;
   BALADOUNI, Perspective, Acc. Rev. 1966, S. 215 ff.;
   WHEELER, Accounting, Acc. Rev. 1970, S. 1 (5 ff.).
3) ENGELS, Bewertungslehre, S. 211; die Frage nach der
   Notwendigkeit einer Standardisierung des Entschei-
   dungsfeldes für Bilanzwerte wird von Engels verneint,
   da der Zweck dieser Werte gerade die Übermittlung von
   Beurteilungsgrundlagen über das gegebene Feld (die
   Unternehmung bzw. ihren Erfolg) ist. Vgl. auch FELDT,
   Teilwertlehren, Diss. rer. pol., München 1971, S. 62.
4) Vgl. ENGELS, Bewertungslehre, S. 212 ff.; JACOBI,
   Herstellungskosten, FR 1970, S. 204 (209 f.).

steuerrechts zur Bewertung fertiger und unfertiger Erzeugnisse - § 6 EStG, Abschnitt 33 EStR, Herstellungskosten, Teilwert - sind Konventionen, deren Brauchbarkeit unter Beachtung des Kommunikationszwecks und der
mit der Einkommensbesteuerung verfolgten Zielsetzung be-
urteilt werden muß.

Dementsprechend muß die Betriebswirtschaftslehre die
Entwicklung sachgemäßer steuerlicher Wertkonventionen
unter Berücksichtigung des Kommunikationszwecks aus
der Zielsetzung der Einkommensbesteuerung ableiten [1].

Im folgenden gilt es, die in der Literatur allgemein an
Zielsetzungen gestellten Anforderungen darzustellen sowie als notwendige Bedingung der Wertermittlung nach
der gerundiven Werttheorie zu versuchen, die Zielsetzung der Einkommensbesteuerung und der Gewinnermittlung
in der Steuerbilanz für den Untersuchungszweck zu ope-
rationalisieren.

---

1) Vgl. KUHN, Bewertungslehre, BFuP 1968, S. 1 (16 ff.).
   Im Rahmen dieser Untersuchung wird von der "eigenständigen Steuerbilanz" für die steuerliche Gewinnermittlung ausgegangen. Die Frage der Kompatibilität
   der Zielsetzung von Handels- und Steuerbilanz kann
   hier nicht erörtert werden, doch ist der Plausibilitätsgrad möglicher Zielkonflikte hoch. Zu solchen
   Zielkonflikten bzw. zur Eigenständigkeit vgl. LION,
   Bilanzsteuerrecht, S. 13 f.; AUFERMANN, Reserven, S.
   13 ff.; WALL, Erwägungen, S. 61 ff.; RATH, Beziehun-
   gen, BlStA 1958, S. 305 (306); STÜTZEL, Bilanztheorie,
   S. 16 ff. (man beachte seine Feststellung, daß "jedem
   Bilanzzweck seine eigene Bilanz entspricht", S. 15);
   LITTMANN, Maßgeblichkeit, Inf 1970, S. 1 (4 f.); Die-
   ter SCHNEIDER, Thesen, DB 1970, S. 1697 (1697 f.);
   JACOBS, Bilanzierungsproblem, S. 29 ff., mit weiteren
   Literaturangaben; FEDERMANN, Bilanzierung, S. 51 ff.;
   Gutachten 1971, Abschnitt V, TZ 9 ff.; VON BORCKE,
   Eigenständigkeit, WPg 1971, S. 648 ff.; THIEL, Gewinn-
   ermittlung, ZfbF 1971, S. 534 (541 f.); RAU, Referen-
   tenentwurf, DB 1972, S. 156 (158); COENENBERG, Bilan-
   zierung, ZfB 1972, S. 219 ff.; BAREIS, Maßgeblich-
   keitsprinzip, WPg 1972, S. 498 ff..
   Einer Eigenständigkeit der Steuerbilanz stehen u. a.
   ablehnend gegenüber: KLUGE, Maßgeblichkeitsprinzip,
   Diss. rer. pol., FU Berlin 1969, S. 5 ff.; GAIL,
   Steuerbilanz, WPg 1971, S. 320 ff.; derselbe, Diskus-

B. Die der Einkommensbesteuerung zugrunde liegende Zielsetzung und ihre Konventionalisierung zur Wertermittlung im Rahmen steuerlicher Gewinnermittlung

I. Anforderungen an eine Zielsetzung

Zielsetzungen müssen nach Meinung Engels [1] folgenden Ansprüchen genügen:

(1) Sie müssen realistisch sein, d. h. auf tatsächlich vorhandenen Motiven basieren.

(2) Sie müssen präzise und ausreichend bestimmt sein, d. h. Urteile über einen bestimmten Bereich zulassen.

(3) Sie müssen einfach und konsistent sein, d. h. bei Vorhandensein mehrerer Zielsetzungen gegenseitige Widersprüche ausschließen.

Interessiert an bzw. konfrontiert mit der Bewertung fertiger und unfertiger Erzeugnisse sind die Unternehmungen und die für das Steuerrecht verantwortlichen Institutionen [2]. Daher sei nochmals betont, daß die hier verfaßte Untersuchung auf die normative Aufgabe der Betriebswirtschaftlichen Steuerlehre beschränkt ist und sein muß. Denn während die unternehmerische Steuerbilanzpolitik als Teil der speziellen Theorie der Unternehmungspolitik als mögliche Zielsetzung z. B. "eine auf lange Sicht realisierbare relative Steuerminimierung" unterstellt [3], muß die Betriebswirtschaft-

---

Fortsetzung FN 1 S. 26
sion, WPg 1972, S. 493 ff.; DÖLLERER, Handelsbilanz, BB 1971, S. 1333 ff.; STEINBERG, Gewinnermittlung, StbJb 1971/72, S. 279 (282 ff.); MAASSEN, Trennung, FR 1972, S. 145 ff.; PARCZYK, Gewinnermittlungsvorschriften, DB 1973, S. 1668 ff..
1) ENGELS, Bewertungslehre, S. 79 f., 178 f..
2) DIETZ, Normierung, S. 16 ff..
3) DIECKMANN, Steuerbilanzpolitik, S. 70; vgl. ferner SCHUBERT, Einbeziehung, Diss. rer. pol., München 1970, S. 248 ff.; NETH, Herstellungskosten, S.11 ff.; MARETTEK, Steuerbilanzpolitik, S. 165 ff.; PAEGE, Steuerpolitik, Diss. rer. pol., TU Berlin 1971, S. 11 ff..

liche Steuerlehre zur Erfüllung ihrer normativen Aufgabe
die hier gesuchte Zielsetzung mit dem an die staatlichen
Institutionen ergangenen Auftrag der ökonomischen Mittel-
aufbringung für die Erfüllung der Gemeinschaftsaufga-
ben [1] begründen, um aus dieser Zielsetzung heraus eine
dem wirtschaftlichen Sachverhalt gerechte Problemlösung
zu entwickeln. Mit einer solchen Begründung ist die Realistik der Annahme gesichert.

II. Einnahmenerzielung als Funktion der Steuerpolitik und die Besteuerung nach der Leistungsfähigkeit als Fundamental- prinzip der Einkommensbesteuerung

Die komplexe Palette der Funktionen einer Steuerpolitik
im modernen Industriestaat reicht von der fiskalischen
Seite der Einnahmenerzielung über ihren Einsatz zur
Durchsetzung wirtschaftspolitischer Ziele bis zur Er-
füllung gesellschaftspolitischer Intentionen [2]. Von
Belang kann hier allein die fiskalische Zielsetzung
'Einnahmenerzielung zwecks Erfüllung der Gemeinschafts-
aufgaben' sein; auf diese Art ist die Konsistenz der
Zielsetzung gesichert [3] [4].

---

1) Vgl. HALLER, Finanzpolitik, S. 129 ff..
2) Vgl. u. a. KOLMS, Finanzwissenschaft, 1. Bd., S.
   23 ff.; VOGEL, Besteuerung, StbJb 1969/70, S. 71
   (74 ff.).
3) Vgl. Gutachten 1967, S. 13; SCHMIDTLIN, Periodizität, Diss. rer. pol., St. Gallen 1956, S. 15; HERR-
   MANN/HEUER, Kommentar, § 2 Anm. 1, E 77.
4) Durch Ausklammerung weiterer Zielsetzungen werden
   Widersprüche eliminiert. Wirtschafts- und sozial-
   politische Absichten müssen außerhalb der steuerlichen Bemessungsgrundlagen durch Prämien oder offene
   Subventionen Berücksichtigung finden: vgl. u. a.
   die ausführliche Stellungnahme im Gutachten 1971,
   Abschnitt V, TZ 437 ff.; Dieter SCHNEIDER, Thesen,
   DB 1970, S. 1697 (1704 f.). Zu den Beziehungen zwi-
   schen mehreren Zielsetzungen in der Steuerbilanz -
   Zieldominanz, Zielschisma, Zielkompromiß - vgl.
   JACOBS, Bilanzierungsproblem, S. 107 ff..

Das Bemühen der Finanzwissenschaft, "die Regeln der
Steuerlastverteilung aus einem übergeordneten ethischen
Zusammenhang zu bestimmen" [1], zeigt sich für die Einkommensbesteuerung in dem Versuch, "die mit der 'Steuer-
gerechtigkeit' begründeten Ideale der 'Gleichmäßigkeit'
und der 'Allgemeinheit'" [1] zu konkretisieren, unter
Wahrung des Grundsatzes der Rechtssicherheit und der
Tatbestandsmäßigkeit. Das Ergebnis dieser Bemühungen
war der Grundsatz der Leistungsfähigkeit als ein Fundamentalprinzip der Besteuerung [2].

In Anlehnung an die Grenznutzenschule interpretiert man
"Leistungsfähigkeit" im Sinne individueller Opferfähig-
keit (Opfertheorie). Unter Hinweis auf das Gleichheitspostulat soll die Einkommensteuer nach dieser theoretischen Erklärung die relativ gleiche Einbuße erfassen an
privater Nutzenschätzung bzw. materieller Bedürfnisbe-
friedigung [3].

III. Das „Einkommen" als Maß der Leistungsfähigkeit

Das Einkommen fungiert also als ein Maßstab der Leistungsfähigkeit [4], doch fehlt im Gesetz eine einheit-

---

1) UPMEIER, Klassensteuer, Diss. rer. pol., Köln 1970,
   S. 6, mit ausführlichen Literaturhinweisen; LAUS-
   BERG, Teilwertansätze, DB 1972, S. 2176 (2180 ff.).
   Zum Gleichheitspostulat im Steuerrecht vgl. Franz
   KLEIN, Gleichheitssatz, S. 84 ff..
2) Vgl. die Schrifttum und Rechtsprechung auswertende
   Analyse von JACOBS, Bilanzierungsproblem, S. 12 ff.,
   24 ff.; vgl. ferner BVerfG v. 14. 4. 1959 - 1 Bvl 23,
   34/57 -, BVerfGE (1959) Bd. 9, S. 237 (243); ALBERS,
   Leistungsfähigkeit, Finanzarchiv Bd. 18, 1957/58, S.
   423 (423 f.); HALLER, Steuern, S. 13 f.; Gutachten
   1967, S. 13 f..
3) Vgl. UPMEIER, Klassensteuer, Diss. rer. pol., Köln
   1970, S. 10 ff.; MUSGRAVE, Finanztheorie, S. 74 ff..
   Eine zweite Interpretation versteht 'Leistungsfähigkeit' im Sinne von 'Tragfähigkeit', d. h. der Befä-
   higung, Geld an den Staat zu übertragen; vgl. dazu
   Literaturangaben bei Kurt SCHMIDT, Steuerprogression,
   § 3.
4) Vgl. GISCHLER, Einkommen, Diss. rer. pol., Köln 1955,
   S. 10 ff.; HALLER, Steuern, S. 39 ff.; TIPKE, Steuerrecht StuW 1971, S. 2 (8), mit ausführlichen Litera-

liche Einkommensdefinition. Der Gesetzgeber kodifi-
zierte lediglich ein kasuistisches Nebeneinander von
sieben Einkunftsarten. Als 'Einkommen' der natürlichen Personen wird die Differenz zwischen dem Gesamtbe-
trag der Einkünfte und den Sonderausgaben (§ 2 Abs. 1
EStG) bezeichnet. Bemessungsgrundlage für die Einkommensteuer ist der "zu versteuernde Einkommensbetrag".
Einkommen der Kapitalgesellschaften ist eine nach den
Vorschriften des EStG ermittelte und durch die Regelung der §§ 7 - 16 KStG modifizierte Größe (§ 6 Abs. 1
Satz 1 KStG) [1).

Die Erörterung des Maßstabs der Leistungsfähigkeit beschränkte sich in der Vergangenheit darauf, den zu versteuernden Einkommensbetrag unter dem Gesichtspunkt der
nutzentheoretischen Tarifgestaltung im Sinne der Opfertheorie unter Einschluß individueller Belastungsbesonderheiten zu untersuchen: Progressionstarif, Existenzminimum, Haushaltsbesteuerung und ähnliche Problemkreise, also grundsätzlich tarifliche Fragen, standen im
Vordergrund der Diskussion [2).

Die Ermittlung des zu versteuernden Einkommensbetrages
selbst wurde für die Beurteilung der Leistungsfähigkeit
eines Steuersubjektes als offenbar unbedeutend angese-

---

1) Vgl. ROSE, Ertragsteuern, S. 22 ff.. Vgl. NEUMARK
   (Steuerpolitik, S. 132 ff.) zum Maß der steuerlichen
   Leistungsfähigkeit bei juristischen Personen. Dieter
   SCHNEIDER (Gewinnermittlung, ZfbF 1971, S. 352 ff.)
   versteht im Anschluß an die Vermögenszuwachstheorie
   von SCHANZ und unter Hinweis auf neuere ökonomische
   Literatur 'Einkommen' als realisierten Vermögenszuwachs; diese Definition ist eine logische Voraussetzung seiner noch zu erörternden Grundannahmen steuerlicher Gewinnermittlung.
2) Vgl. GISCHLER, Einkommen, Diss. rer. pol., Köln
   1955, S. 21.

hen. Das Einkommen kann jedoch nur dann Maßstab der Leistungsfähigkeit sein, wenn es zieladäquat ermittelt wird. Daher ist es für ein System von Regeln über die Einkommensermittlung notwendig, ein Subziel anzunehmen, das dem Hauptziel der Besteuerung nach der Leistungsfähigkeit "gleichgerichtet" ist [1] [2]. Geschieht dies nicht, dann ist die Folge eine Verfälschung des eigentlichen Steuertarifs [3].

---

1) Die Frage nach der Leistungsfähigkeit dieses Leistungsfähigkeitsprinzips fand dabei in der finanzwissenschaftlichen Literatur keine einheitliche Auffassung (HALLER, Steuern, S. 39 ff. ; POHMER, Leistungsfähigkeitsprinzip, S. 135 ff.; LITTMANN, Leistungsfähigkeitsprinzip, S. 113 (133 ff.)). Die ausführliche theoretische Prämissenkritik einerseits (LITTMANN, Leistungsfähigkeitsprinzip, S. 113 (133 ff.)) und die Existenz eines Einkommensteuerrechts, das charakterisiert werden kann durch ein Bündel differenziertester Motive sowie durch eine kasuistische Unsystematik (TIPKE, Steuerrecht, StuW 1971, S. 2 (7 ff.)), machen die Spannweite der Bedenken gegenüber dem Versuch deutlich, die "hohen ethischen Postulate" im Einkommensteuersystem durch das Leistungsfähigkeitsprinzip in der nutzentheoretischen Form zu realisieren (SCHMÖLDERS, Steuerreform, S. 4; derselbe, Einkommensbegriff, StuW 1960, Bd. 37, Sp. 75 (75); UPMEIER, Klassensteuer, Diss. rer. pol., Köln 1970, S. 136)). Doch unabhängig davon, ob die Finanzwissenschaft 'Leistungsfähigkeit' im Nutzenentgang als Richtschnur der fiskalischen Tätigkeit verwenden oder eine politisch entschiedene Leistungsfähigkeit implizierende Einkommensverteilung zum Ziel setzen will (LITTMANN, Leistungsfähigkeitsprinzip, S. 113 (120); Kurt SCHMIDT, Opfertheorien, Finanzarchiv Bd. 30 1971, S. 193 ff.), das Ergebnis betrifft in dieser Untersuchung nicht weiter relevante Tariffragen und individuelle Belastungsbesonderheiten. Diese Erkenntnis bedeutet, daß die Lösung von Fragen der Wertermittlung in der Steuerbilanz nicht unmittelbar aus der Zielsetzung der Besteuerung nach der Leistungsfähigkeit versucht werden kann, sondern durch Annahme eines Unterziels für die Einkommensermittlung.
2) Zur Ordnung von Zielen nach Beziehungstypen vgl. HEINEN, Zielsystem, S. 102 ff.
3) Vgl. ROSE, Steuerlehre, Jahrbuch der Fachanwälte für Steuerrecht 1970/71, S. 77 (86); PAEGE, Steuerpolitik, Diss. rer. pol., TU Berlin 1971, S. 12; 'Einkommen' ist im Rahmen dieser Untersuchung dem steuerlichen Terminus 'Einkünfte' der einzelnen Gewinneinkunfts- bzw. Überschußeinkunftsarten gleichzusetzen, denn die Deduktion von Wertkonventionen bezieht sich auf die sog. betriebswirtschaftliche Unternehmung,

IV. Das System der Einkommensermittlung als Voraussetzung eines gleiche Leistungsfähigkeit repräsentierenden Einkommens von Gewinn- und Überschußeinkunftsarten

1. Die zielbezogene Interdependenz von Einkommen und Einkommensermittlung

Gerade in jüngster Zeit häuften sich Bemühungen, die Interdependenz von Einkommen und Vorschriften über die Einkommensermittlung zu beleuchten. Verbunden damit rückte die Betrachtung der steuerlichen Bemessungsgrundlage in den Blickpunkt der Diskussion.

Rose [1] analysiert im System der "Teilsteuerrechnung" die juristischen Steuerarten-Bemessungsgrundlagen - unter Beachtung der vielfältigen Interdependenzen der einzelnen Steuerarten - und extrahiert betriebswirtschaftlich identifizierbare Bemessungsgrundlagenteile, die sog. Basisgrößen (z. B. Reinertrag, Betriebsvermögen, Unternehmer-Leistungsvergütungen, Ausschüttungen). Diese Basisgrößen werden ergänzt durch Modifikationen und Freibeträge - sog. Artefakte des Steuerrechts -. Gerade die Teilsteuerrechnung als in den Grund- und Gesamtbelastungsgleichungen streng mathematisch-analytisches Verfahren ermöglicht es, die eigentliche, d. h. über den nominellen Tarif hinausgehende Belastung des Einkommens als Folge der rechtlichen Vorschriften über die Einkommensermittlung transparent zu machen.

Fortsetzung FN 3 S. 31
die Einkünfte aus Gewerbebetrieb erzielt und ihren Gewinn nach § 5 EStG ermittelt.
[1] Vgl. ROSE, Untersuchungen, DB 1968, Beilage Nr. 7; derselbe, Teilsteuersätze, DB 1968, S. 1681 ff.; derselbe, Steuerbelastung, S. 56 ff.. Vgl. auch SANDER, Steuerbemessungsgrundlagen, StuW 1971, S. 32 ff.; derselbe, Ertragsteuerbelastung, Diss. rer. pol., Köln 1972, S. 31 ff.; BITZ, Ermittlung, Diss. rer pol., Köln 1972, S. 3 ff.; EGGESIECKER, Teilsteuerrechnung, FR 1972, S. 279 ff..

Dieter Schneider [1] erörtert im Rahmen der Diskussion um
die Reform der steuerlichen Gewinnermittlung die zweckge-
rechte Deduktion von steuerlichen Grundsätzen ordnungsmäßiger Buchführung, von Bilanzierungs- und Bewertungsimpli-
kationen in der Steuerbilanz.

Diese Neuorientierung ist wie folgt begründet:

(1) Das Leistungsfähigkeitsprinzip soll Grundlage der
    Einkommensbesteuerung bleiben.
(2) Der Indikator 'Einkommen' soll Maß dieser Leistungs-
    fähigkeit bzw. Opferfähigkeit sein.
(3) Angesichts des Dualismus von Gewinneinkunftsarten
    und Überschußeinkunftsarten soll das Einkommen der
    Gewinnermittler "gleiche" Leistungsfähigkeit reprä-
    sentieren wie das Einkommen der Bezieher von Über-
    schußeinkünften, so daß es nicht genügt, Fragen der
    Tarifgestaltung in bezug auf die genannte Zielset-
    zung zu lösen. Vielmehr muß ein System von Regeln
    über die Einkommensermittlung die Voraussetzung für
    eine gleichmäßige Besteuerung schaffen.

Es wird behauptet, daß das ermittelte Einkommen der
Überschußeinkunftsarten 'Leistungsfähigkeit' repräsentiert [2]. Diese Unterstellung besitzt zwar einen hohen
Plausibilitätsgrad, doch bedarf sie angesichts der differenten Verfahren der Einkommensermittlung sowohl für
die Gewinneinkunftsarten als auch die Überschußeinkunfts-

---

1) Vgl. Dieter SCHNEIDER, Thesen, DB 1970, S. 1697 f.;
   derselbe, Gewinnermittlung, ZfbF 1971, S. 352 ff.;
   derselbe, Reform, StuW 1971, S. 326 ff.; derselbe, Gewinnbesteuerung, ZfbF 1971, S. 566 ff..
2) Vgl. Dieter SCHNEIDER (Gewinnermittlung, ZfbF 1971,
   S. 352 (373 f.)); derselbe, Thesen, DB 1970, S. 1697
   ff.. Schneider folgert, daß eine Ablehnung der Vergleichbarkeit von Überschuß- und Gewinneinkünften das
   Infragestellen der Einkommensteuer überhaupt bedeutet.

arten einer näheren Analyse [1]. Folgt man dieser Unterstellung, dann stellt sich die Frage, welche Zielsetzung
der Gewinnermittlung für die Ableitung von Bilanzierungs-
und Bewertungsregeln zugrunde zu legen ist, damit der
aus dem Vermögensvergleich resultierende Gewinn "gleiche"
Leistungsfähigkeit verkörpert wie das Einkommen aus dem
Überschuß der Einnahmen über die Werbungskosten.

2. Das Konzept einer vergleichbaren Einkommensermittlung zwischen den Gewinn- und Überschußeinkunftsarten

Dieter Schneider entwickelte Thesen zur Reform der steuerlichen Gewinnermittlung, in denen er nach dem Konzept
der gerundiven Werttheorie die Zielsetzung der Gewinnermittlung in der Steuerbilanz definierte, um daraus im
Wege logischer Ableitung Bilanzierungs- und Bewertungsfragen und somit die Gewinnermittlung zweckadäquat zu
lösen [2]. In dieser Absicht nimmt Schneider in Anbetracht
noch zu erörternder Probleme bei der Einkommens- bzw.
Gewinndefinition Rückgriff auf bestimmte, die Gleichbehandlung sichernde "Anforderungen der Einkommensbesteuerung" sowie auf hypothetische Grundannahmen über die Gewinnermittlung. Jene, die Gleichbehandlung sichernden

---

1) Vgl. ROSE, unter Mitwirkung von EGGESIECKER, Berufe,
   S. 9 ff.. Die Autoren vergleichen die Steuerbelastung
   von Freiberuflern mit Gewerbetreibenden einerseits,
   mit Unselbständigen andererseits. Zur Tragbarkeit der
   Unterstellung vgl. UPMEIER, Klassensteuer, Diss. rer.
   pol., Köln 1970, S. 32 ff., mit ausführlichen Literaturhinweisen; BÖHLER/SCHERPF, Bilanz, S. 145 ff.;
   HALLER, Steuern, S. 19, 24; JACOBS, Bilanzierungsproblem, S. 16.
2) Dieter SCHNEIDER (Thesen, DB 1970, S. 1697 ff.; derselbe, Gewinnermittlung, ZfbF 1971, S. 373 ff.) ist nach
   den Feststellungen des Verfassers der erste Betriebswirtschaftler, der die Zielsetzung der Besteuerung nach
   der Leistungsfähigkeit zum Ausgangspunkt seiner Untersuchungen macht und in systematischer Weise steuerliche Grundsätze ordnungsmäßiger Buchführung aus der
   Zielsetzung des Einkommensteuerrechts zu deduzieren
   sucht.

"Anforderungen" formuliert Schneider in drei Grundsätzen [1]:

(1) dem Grundsatz der Vergleichbarkeit der Gewinner-
    mittlung mit der Einkommensermittlung der Über-
    schußrechnung.
(2) dem Grundsatz der Nachprüfbarkeit der Gewinnermitt-
    lung, d. h. Ausschaltung von Manipulationsfreihei-
    ten.
(3) dem Grundsatz der Einfachheit der Gewinnermittlung.

An dieser Stelle seien einige, die Anforderungen umgren-
zende Gedanken dargelegt, um ihren Inhalt zu umreißen.

Zu (1): Vergleichbarkeit
Hinter der Anforderung 'Vergleichbarkeit' steht der
Grundsatz der Gleichmäßigkeit der Besteuerung: Gleiche
steuerliche Leistungsfähigkeiten (als gleich erachtete
wirtschaftliche Tatbestände) sollen unterschiedslos besteuert werden [2].

Vergleichbarkeit [3] wird formal verstanden, im Sinne
'der Form, dem Verfahren, der Art der Vorgehensweise
nach', im Gegensatz zu material im Sinne 'vom Inhaltli-
chen abhängig'.

In der Anforderung nach Vergleichbarkeit äußert sich
einerseits das Verlangen, das Verfahren der Einkommensermittlung der Einkunftsarten 1 - 3 dem der Einkunfts-

---

1) Dieter SCHNEIDER, Problematik, WPg 1969, S. 105 ff.;
   derselbe, Verlustausgleich, WPg 1970, S. 68 ff.; derselbe, Thesen, DB 1970, S. 1697 ff.; derselbe, Gewinnermittlung, ZfbF 1971, S. 352 (354); vgl. auch
   HUTH, Diskussionsbeitrag, ZfbF 1966, S. 579 (581).
2) Vgl. Dieter SCHNEIDER, Reform, StuW 1971, S. 326
   (329).
3) Vgl. zum Kriterium der Vergleichbarkeit TIPKE, Steuerrecht, StuW 1971, S. 2 (7 ff.). Zur Unterscheidung
   der Begriffe formal und material vgl. Brockhaus Bd. 6,
   S. 411 f.; Bd. 12, S. 249.

arten 4 - 7 anzugleichen [1]. Das Problem liegt jedoch
darin, daß das Einkommen der Gewinneinkunftsarten durch
Vermögensvergleich zu ermitteln ist, d. h. Bewertungsfragen für die Höhe des Einkommens von maßgeblicher Bedeutung sind, daß bei den Überschußeinkunftsarten "ein-
kommensteuerlich dagegen nur die Erträge" [2] interessie-
ren, nicht das Vermögen. Bewertungsfragen fallen nicht
an.

Andererseits versteht man unter 'Vergleichbarkeit' das
Verlangen, innerhalb der einzelnen Einkunftsarten "die
einzelnen Gruppen in sich einheitlich zu besteuern,
also z. B. die einzelnen Unternehmer und Unternehmungen" [3]. Dies besagt, daß z. B. die Erzeugnisbewertung
in Unternehmungen unterschiedlicher Branchen mit diffe-
rierenden Fertigungsstrukturen nicht zu wesentlich ab-
weichenden Wirkungen [4] auf die Steuerbemessungsgrund-
lage führen soll. Bezogen auf die obige Unterstellung,
das Einkommen der Überschußeinkunftsarten repräsentie-
re Leistungsfähigkeit, darf das Verfahren der Einkommensermittlung der Gewinneinkunftsarten bzw. hier das
Verfahren der Wertermittlung fertiger und unfertiger
Erzeugnisse keinen Manipulationsspielraum [5] bieten,
weder bei der Erfassung von Kosten noch bei ihrer Zu-

---

1) Vgl. DIETZ, Normierung, S. 27; Dieter SCHNEIDER,
   Thesen, DB 1970, S. 1697 (1697).
2) ROSE, Ertragsteuern, S. 41.
3) DIETZ, Normierung, S. 27, vgl. WÖHE, Steuerlehre,
   Bd. 1, S. 8.
4) Im weiteren Verlauf der vorliegenden Untersuchung
   wird zu zeigen sein, daß einige Wertermittlungsverfahren bestimmte Unternehmungen aufgrund ihrer Fertigungsstruktur begünstigen.
5) Vgl. Dieter SCHNEIDER, Manipulationen, VW 1968,
   Nr. 45, S. 47 ff.; DIETZ, Normierung, S. 45. Vgl.
   zu der genannten Unterstellung S. 33 f..

rechnung auf Kostenstellen noch bei ihrer Zurechnung
auf die Erzeugnisse [1].

Zu (2): Nachprüfbarkeit

Der Grundsatz der Nachprüfbarkeit der Einkommensermitt-
lung bzw. der Wertermittlung folgt aus der Absicht, die
Übertragung von Informationen als Wertziffern in einer
Kommunikationsbeziehung überhaupt zu ermöglichen [2] [3].

---

1) Vgl. HUMMEL, Kostenerfassung, S. 17 ff.; HARTKOPF
   (Unkostenzuschläge, S. 189 (189)) sieht in der Erzeugnisbewertung seit jeher ein großes "Bilanzjong-
   lierungsmittel"; MARETTEK (Steuerbilanzpolitik, S.
   51) meint, in praxi stelle gerade die Bemessung der
   Herstellungskosten "einen beachtlichen Manövrierbe-
   reich für den Steuerpflichtigen dar". SCHERPF (Kriterien, S. 75 (87)) meint: "Aufgrund einer gegebenen
   Wertkategorie darf in einer bestimmten Bewertungssi-
   tuation nur der Ansatz eines ganz bestimmten Wertes
   möglich sein. Anderenfalls würde ein und derselbe
   wirtschaftliche Sachverhalt in unterschiedlicher
   Weise besteuert werden können. Das wäre unvereinbar
   mit dem grundgesetzmäßigen Prinzip der Gleichmäßigkeit".
2) Vgl. ENGELS, Bewertungslehre, S. 208 f.; BAETGE, Objektivierung, S. 15 ff.; JACOBS, Bilanzierungsproblem, S. 24 ff.; FELDT, Teilwertlehren, Diss. rer.
   pol., München 1971, S. 106 f.: Feldt arbeitet darüber
   hinaus in Anlehnung an Engels mit dem "Grundsatz der
   optimalen Informationsübermittlung", um die Wertkonvention auszuwählen, deren Wertziffern die geringste
   Abweichung von den Entscheidungswerten haben. Vgl.
   auch SCHERPF, Kriterien, S. 75 (87 ff.); DIETZ, Normierung, S. 26 f., 35, 53 f.. LEFFSON (Grundsätze,
   S. 98 ff.) stellt die Forderung nach Objektivität des
   Jahresabschlusses im Sinne intersubjektiver Nachprüfbarkeit im Zusammenhang mit den Grundsätzen der Richtigkeit und Willkürfreiheit des Jahresabschlusses.
   Zur Nachprüfbarkeit steuerlicher Verhältnisse als er-
   forderlichem Ordnungsprinzip vgl. auch BVerfG I BvR
   495/63 v. 11. 7. 1967, StRK KörpStG § 6 Abs. 1, Satz
   2 R. 131, S. 257 (258); Urteil BFH VIII R 45/66 v.
   29. 2. 1972, BStBl 1972 III S. 533 (534). Vgl. zum
   Kriterium der Objektivität in amerikanischen Veröffentlichungen ARNETT, Objectivity, The Journal of
   Accountancy, May 1961, S. 63 ff. - neu gedruckt in:
   Readings in Accounting Theory, S. 178 (178 ff.);
   BURKE, Objectivity, Acc. Rev. 1964, S. 837 ff.;
   CHAMBERS, Measurement, Acc. Rev. 1964, S. 264 ff..
3) JACOBS (Bilanzierungsproblem, S. 24 ff.) sieht im
   Grundsatz der Rechtssicherheit und Tatbestandsmäßig-
   keit der Besteuerung ein eigenständiges Ziel der
   Steuerbilanz (§ 1 Abs. 1 Satz 1 AO i. V. m. § 3 Abs.
   1 StAnpG). In der vorliegenden Untersuchung wird an-

Denn soweit von den Unternehmungen in Verfolgung ihrer
Ziele "manipuliert werden kann, wird manipuliert werden" [1]. Konsequent nennt Dietz daher "für die Rechnungslegung als Grundlage der Besteuerung als Hauptforderung
bzw. -bedingung die Nachprüfbarkeit" [2].

Was heißt 'nachprüfbare, objektive Ermittlung'? [3]
In der Wissenschaftstheorie ist Objektivität im Anschluß
an Popper intersubjektive Nachprüfbarkeit [4]. Als Anforderung der Einkommensbesteuerung ist Nachprüfbarkeit in
Anlehnung daran wie folgt abzugrenzen:

Fortsetzung FN 3 S. 37
genommen, dieser verfassungsmäßige Grundsatz werde
durch das Kriterium der Oberprüfbarkeit der Wertermittlung erfüllt. 'Oberprüfbarkeit' ist jedoch kein
eigenständiges Ziel, sondern eine Nebenbedingung des
Gewinnziels, in dieser Untersuchung eine ergänzende
Anforderung an ein Wertermittlungsverfahren. - Vgl.
zum Grundsatz der Rechtssicherheit und Tatbestandsmäßigkeit neben den ausführlichen Literaturhinweisen
von JACOBS ferner HARTZ, Rechtssicherheit, StbJB
1965/66, S. 75 (79 ff.); FLUME, Steuertatbestand,
StbJb 1967/68, S. 63 ff.; Franz KLEIN, Verfassungsprinzipien, WPg 1967, S. 549 (549).
1) DIETZ, Normierung, S. 55.
2) DIETZ, Normierung, S. 27; vgl. auch SCHILDBACH, Rechnungslegung, WPg 1972, S. 40 ff.. STOTZEL (Elementarkategorien, ZfB 1966, S. 769 (787)) sagt: "Mit der
Befreiung vom Vorurteil, daß es e i n e betriebswirtschaftlich richtige Bilanz gäbe, wird der Betriebswirt, der von entscheidungstheoretischen Ansätzen ausgeht, hier besonders dringend darauf verwiesen, nach dem Endzweck der zusammengestellten Zahlen
zu fragen, um daraus seine Bewertungskriterien zur
Einengung des Spielraums der Indeterminiertheit zu
entwickeln". Solche Kriterien sind die Anforderungen
der Einkommensbesteuerung, so auch die Nachprüfbarkeit.
3) Vgl. auch die Negativeingrenzungen des Objektivi-
tätsbegriffs bei HUMMEL, Kostenerfassung, S. 100 ff..
4) POPPER, Logik, S. 18 ff..

- 1 - Die Gewinnermittlung bzw. Wertermittlung muß
      durch einen fachlich qualifizierten Dritten nach-
      vollziehbar sein (z. B. durch einen Betriebsprü-
      fer der Finanzverwaltung).
- 2 - Nachprüfbarkeit stellt ein Kriterium zur Beur-
      teilung und Auswahl von Hypothesen bzw. Alterna-
      tiven im Rahmen der Ermittlungsoperationen dar.
- 3 - Aus der Gesamtzahl der Hypothesen und Alternati-
      ven zur Wertermittlung sind diejenigen auszu-
      scheiden, die dem Kriterium 'Nachprüfbarkeit'
      nicht genügen.

Zu (3): Einfachheit

Das Verlangen nach Einfachheit des Steuerrechts - in
dieser Arbeit des Gewinn- bzw. Wertermittlungsverfah-
rens - betrifft sowohl die Steuerpflichtigen als auch
die Steuerpraxis [1]. Der Steuerpflichtige will Einfachheit zwecks Gleichmäßigkeit: Der Steuerrechts-Un-
kundige soll gegenüber dem Spezialisten bzw. dem, der
diesen bezahlen kann, nicht benachteiligt sein. Andererseits aber setzt Gleichmäßigkeit die Beachtung individueller Sachverhalte voraus. Die Steuerpraxis - besonders die Finanzverwaltung - will Einfachheit angesichts der Begrenztheit ihrer Produktionsfaktoren Arbeit und Kapital [2]. Die betriebswirtschaftliche Aus-

---

1) SENF, Rechtssicherheit, S. 184 ff.; FELIX, Praktikabilitätserwägungen, S. 124 ff.; SCHMIDTLIN, Periodizität, Diss. rer. pol., St. Gallen 1956, S. 197 ff.;
   Urteil BFH I 70/57 v. 5. 8. 1958, BStBl 1958 III
   S. 392 (394); Gutachten 1971, Abschnitt I, TZ 1, 17-
   19, 24; FELDT, Teilwertlehren, Diss. rer. pol., München 1971, S. 100 ff.; SCHERPF, Kriterien, S. 75
   (84 ff.) mit weiteren Literaturangaben; THOMA, Gesetze, StbJb 1971/72, S. 59 (68 ff.) mit weiteren
   Literaturhinweisen; HERRMANN/HEUER, Kommentar, § 2
   Anm. 40, 56 - 62, 88, mit besonderer Analyse der
   Rechtsprechung; SCHWEIGERT, Kapitalerhaltung, BFuP
   1973, S. 121 (135 f.).
2) Vgl. NIEMANN, Herstellungskosten, StbJb 1968/69, S.
   429 (430, 435: 'MAASSEN').

bildungsqualifikation der Veranlagungs- und Betriebs-
prüfungsbeamten wie auch die verfügbare Prüfzeit veranlassen den Betriebswirtschaftler, eine Wertkonvention
zu suchen, welche diese Begrenzungsfaktoren nicht übersieht, also relativ einfach ist, gleichwohl aber den
betriebswirtschaftlichen Sachverhaltsfragen gerecht
wird.

Was heißt jedoch 'Einfachheit'?
Die Literatur nennt eine konventionalistische Interpretation [1]. Die Konventionalisten legen ihren Aussagen
einen pragmatischen Einfachheitsbegriff zugrunde [2],
etwa der Art: Hypothesen oder Verfahren gelten - gemessen an dem Kriterium ihrer Nachprüfbarkeit - als einfach
im Vergleich zu anderen. Folgt man dieser Auffassung, so
ist Einfachheit in Verbindung mit der Anforderung 'Nachprüfbarkeit' zu sehen und kann in der Menge der erfor-
derlichen Handlungen gesehen werden, die Nachprüfbarkeit
einer Hypothese oder eines Verfahrens zu konstatieren.
Je geringer die Zahl der Prüfhandlungen ist, umso einfacher ist die Hypothese bzw. das Verfahren.

Die Beziehungen zwischen den Anforderungen können kom-
plementärer und konkurrierender Art sein [3]. So braucht
z. B. ein nachprüfbares Verfahren zur Wertermittlung
nicht dem Vergleichbarkeitskriterium zu genügen und auch
nicht einfach zu sein. Ein Komplementaritätsverhältnis
liegt vor, wenn durch die Erfüllung des einen auch die
Erfüllung des anderen forciert wird; ein Konkurrenzver-
hältnis liegt vor, wenn bei Erfüllung des einen ein anderes Kriterium verletzt wird. Konkrete Aussagen hängen
von der Konstellation der Einzelsituation ab. Generell
gilt, daß die Vergleichbarkeit der Einkommensermittlung
Vorrang genießen soll unter der Nebenbedingung ihrer

---

1) Vgl. POPPER, Logik, S. 97 ff..
2) Vgl. POPPER, Logik, S. 98 ff., 104 f..
3) Vgl. GÄFGEN, Theorie, S. 119 ff.; HEINEN, Zielsystem,
   S. 94 ff.; SCHERPF, Kriterien, S. 75 (88 f.).

Nachprüfbarkeit, da die Kommunikationsbeziehung zwischen
Steuerpflichtigen und Finanzverwaltung funktionieren
muß [1].

Wir halten fest: Notwendige Voraussetzung der Wertermittlung nach der gerundiven Werttheorie ist die Kenntnis der Zielsetzung. Gesucht wird eine der Besteuerung
nach der Leistungsfähigkeit als generelle Zielsetzung
der Einkommensbesteuerung gleichgerichtete Zielsetzung
der Einkommensermittlung, hier der Gewinnermittlung in
der Steuerbilanz, die die erörterten 'Anforderungen'
beachtet. Nur aus dieser kann der Versuch der Deduktion
zweckadäquater Wertkonventionen unternommen werden.

3. Die Wertermittlung im Rahmen steuerlicher Gewinnermittlung auf der Grundlage der theoretischen Basis
   der Steuerbilanz

a) Die Feststellung des entziehbaren Gewinns als Zweck
   der Gewinnermittlung in der Steuerbilanz

Da die Ermittlung des Gewinns "nicht Zweck, sondern
nur Mittel zum Zweck der Bilanz" sein kann [2], muß
- wie oben dargestellt - der Zweck steuerbilanzieller

---

1) Dieter SCHNEIDER (Thesen, DB 1970, S. 1697 (1698))
   entscheidet sich für den Vorrang eindeutiger Nachprüfbarkeit, um jegliche Manipulationsmöglichkeit
   bei der Einkommensermittlung auszuschließen. Diese
   Auffassung wird unter dem Gesichtspunkt der Erzeugnisbewertung in der Steuerbilanz im weiteren Verlauf
   der Arbeit zu kritisieren sein.
2) ENGELS, Bewertungslehre, S. 182: Der Autor äußert
   zum Problem der Bewertung in der Bilanz, die Unfähig-
   keit der gegenwärtigen Betriebswirtschaftslehre, über
   die Richtigkeit von Bilanztheorien entscheiden zu können, liege "in der mangelnden Präzision" der Zielsetzung begründet. Ein Beispiel dafür liefert BANGE (Herstellungskosten, Diss. rer. pol., Würzburg 1970, S. 70,
   117), der von einem "echten", einem "möglichst perioden-
   gerechten" Erfolg als Ziel der Steuerbilanz spricht.
   Dieses Problem hat aber auch BECK(Beschäftigungsschwankungen, Diss. rer. pol., München 1966, S. 48 ff.) un-

Gewinnermittlung der übergeordneten Zielsetzung der
Besteuerung nach der Leistungsfähigkeit gleichgerichtet
sein. Fiskalisches Ziel ist es, unter Beachtung des
Existenzminimums bzw. der wirtschaftlichen Leistungsfähigkeit der Steuerpflichtigen anteilmäßig über das Einkommen zu verfügen [1] [2]. Zweck der Gewinnermittlung in
der Steuerbilanz ist es demnach, Rechenschaft zu legen
"über die Höhe der Einkommenszahlungen, welche die Un-

Fortsetzung FN 2 S. 41
terschätzt, denn er beschränkt sich auf die Feststellung, der "klar formulierte" Zweck der Steuerbilanz sei die Gewinnermittlung. Vgl. ferner STÜTZEL,
Bilanztheorie, S. 13 ff.. Man muß ROSE (Steuerlehre,
Jahrbuch für Fachanwälte für Steuerrecht 1970/71, S.
77 (91 f.)) zustimmen, daß der Steuerbilanzgewinn
letztlich eben der Steuerbilanzgewinn sei, wenn er
seine Aussage auf das faktische Steuerrecht stützt.
Allerdings ist zu bedenken, daß ein solcher Gewinn
ein nicht unbedingt widerspruchsfreier, weil aus
einer vorgegebenen Zielsetzung hergeleiteter Gewinn
sein muß. Schließt man sich der Auffassung der gerundiven Werttheorie an, so wird der Gewinn eindeutig nur durch eine - im Bereich der Steuerwirkungs-
und der Steuerbeeinflussungslehre bewußt oder unbe-
wußt unterstellte - Zielsetzung des Bewertenden fixiert. Für die normative Aufgabe der Betriebswirtschaftlichen Steuerlehre muß auf eine übergeordnete,
konventionalisierte Zielsetzung zurückgegriffen werden, unter die der wirtschaftliche Sachverhalt zu
subsumieren ist.

[1] Vgl. Grundlagen und Möglichkeiten einer organischen
Finanz- und Steuerreform zur Neuordnung der Finanzen und des Steuersystems, S. 105 f.; Karl HAX, Substanzerhaltung, S. 8 ff.; WÖHE, Bilanzierung, S. 247;
derselbe, Steuerlehre, Bd. 1, S. 52; LIPPMANN, Erfolgsermittlung, S. 70; zum Existenzminimum vgl. UPP-
MEIER, Klassensteuer, Diss. rer. pol., Köln 1970, S.
20 f..

[2] Es ist zu unterscheiden zwischen einer Besteuerung
nach der persönlichen Leistungsfähigkeit und der
wirtschaftlichen Leistungsfähigkeit im Sinne einer
Vermögens- bzw. Substanzerhaltung; letztere ist ein
Kernproblem im System der Einkommensbesteuerung nach
der persönlichen Leistungsfähigkeit.

ternehmen an private und öffentliche Haushalte leisten
können" [1], ohne "die Substanz zu vermindern und die
Erhaltung der Einkommensquelle zu gefährden" [2]. Diese
Auffassung Dieter Schneiders besagt, daß die Steuerbilanz eine Aussage über den maximal entziehbaren Gewinn
machen soll.

Zweck der Gewinnermittlung in der Steuerbilanz ist demnach nicht die Indikation einer positiven oder negativen Betriebsgebarung oder eines vergleichbaren Perio-
denerfolges. Zweck ist auch nicht der Ausweis des "er-
zielten" Gewinns, wie er von Vertretern der dynamischen
Bilanzauffassung [3] vor allem für die unternehmungsinterne Rechenschaftslegung gesucht wird [4].

1) Dieter SCHNEIDER, Thesen, DB 1970, S. 1697 (1698);
   derselbe, Investition, S. 189, 198; vgl. ferner
   BODE, Gewinnbegriff, Diss. rer. pol., Köln 1954, S.
   32 ff.; BOHLER/SCHERPF, Bilanz, S. 145 f.; MAY,
   Wirtschaftsgut, S. 79; DIETZ, Normierung, S. 25 f..
2) Dieter SCHNEIDER, Investition, S. 223; vgl. VEIGEL,
   Einfluß, Diss. rer. pol., Mannheim 1955, S. 14 f.;
   WÖHE, Bilanzierung, S. 245 ff.; Herbert HAX, Bilanzgewinn, ZfB 1964, S. 642 (644); LIPPMANN, Erfolgsermittlung, S. 70.
3) Vgl. SEICHT, Bilanz, S. 156 ff.; Herbert HAX, Bilanzgewinn, ZfB 1964, S. 642 (646); BAETGE, Objektivierung, S. 23 ff.; LIPPMANN, Erfolgsermittlung, S. 13
   ff.; LEFFSON (Aussagefähigkeit, ZfbF 1966, S. 381)
   ist der Auffassung, Erfolgsmaßstab und entziehbarer
   Gewinn ließen sich miteinander vereinbaren; vgl. ferner ENDRES, Gewinn, S. 1 ff..
4) Zu trennen ist in unternehmungsinterne und unterneh-
   mungsexterne Informationsrechnungen. Wenn unterstellt
   wird, daß der Grundgedanke dynamischer Periodenabgrenzung in der Bilanztheorie und -praxis vorherrscht,
   dann ist dennoch nicht zu übersehen, daß bei x Rech-
   nungszielen auch x dynamische Bilanzen existieren.
   Vgl. dagegen H. Zimmermann, der "das betriebswirtschaftlich erforderliche Bewertungssystem in der Erfolgsbilanz" nahezu mit den Bestimmungen der dynamischen Bilanz Schmalenbachs identifiziert (H. ZIMMER-
   MANN, Bewertung, Diss. rer. pol., Mannheim 1957, S.
   5 ff.). Vgl. die ausführliche Analyse der differenten
   Zielsetzungen von Steuerbilanz und dynamischer, interner Bilanz bei MAY, Wirtschaftsgut, S. 75 ff., 172
   f.; vgl. ferner SAAGE, Bilanzierungsgrundsätze, BFuP
   1961, S. 430 ff.; KÖRNER, Steuerbilanz, StBp 1966,
   Beilage zu Heft 3, S. 1 (1); HERRMANN, Niederschlag,
   Diss. rer. pol., Würzburg 1969, S. 3 ff., 131 ff..

Bestünde Klarheit über den Inhalt dieses Gewinnbegriffs,
so wäre die entscheidende Voraussetzung der Deduktion
von Wertkonventionen nach der gerundiven Werttheorie gegeben. Zunächst ist jedoch dieser entziehbare Gewinn zu
präzisieren, der gleichzeitig dem Kommunikationszweck
und den Anforderungen der Einkommensbesteuerung genügt.
Bietet die betriebswirtschaftliche Theorie einen solchen?

b) Der entziehbare Gewinn der betriebswirtschaftlichen
   Theorie - seine Brauchbarkeit für die steuerliche
   Gewinnermittlung und die Ableitung von Wertkonven-
   tionen

ba) Gewinndefinitionen der betriebswirtschaftlichen
    Theorie - ihre Ablehnung wegen der Subjektivität
    der Komponenten

Ausgiebige Erörterungen um das Gewinnkonzept der betriebswirtschaftlichen Theorie [1] haben zu dem Ergebnis

---

Fortsetzung FN 4 S. 43
Die dynamische Bilanztheorie wird generell abgelehnt
u. a. von SEICHT, Unhaltbarkeit, ZfB 1970, S. 589
ff.; Dieter SCHNEIDER, Thesen, DB 1970, S. 1697
(1698); derselbe, Renaissance, ZfbF 1973, S. 29 (43
ff.).
1) Zu Begriff und Ermittlung der Erfolgsgröße "Gewinn"
sei auf folgende Beiträge verwiesen: SCHMALENBACH,
Grundlagen, ZfhF 1919, S. 1 ff., 65 ff.; derselbe,
Bilanz, S. 57 ff.; Fritz SCHMIDT, Tageswertbilanz,
S. 54 ff.; TER VEHN, Gewinnbegriffe, ZfB 1924, S.
361 ff.; Karl HAX, Gewinnbegriff, S. 106 ff.; GUTEN-
BERG, Struktur, ZfB 1926, S. 497 ff., 598 ff.; LION,
Bilanz, ZfB 1928, S. 481 ff.; DIEHL, Gewinnproblem,
Diss. rer. pol., Frankfurt a. M. 1938; BORKOWSKY,
Bilanztheorien, Diss. rer. pol., Zürich 1945; Karl
HAX, Gewinnvorstellungen, S. 207 ff.; RIEGER, Bilanz,
S. 61 ff.; LE COUTRE, Bilanztheorien, HdB Bd. I, Sp.
1153 ff.; KEMPER, Bilanztheorien, Diss. rer. pol.,
Köln 1961; HANSEN, Profit; Dieter SCHNEIDER, Bilanz-
gewinn, ZfhF 1963, S. 457 ff.; Herbert HAX, Bilanz-
gewinn, ZfB 1964, S. 642 ff.; GUTENBERG, Bilanztheo-
rie, ZfB 1965, S. 13 ff.; ALBACH, Bilanztheorie, ZfB
1965, S. 21 ff.; ESCHNER, Gewinnbegriff, Diss. rer.
pol., Erlangen/Nürnberg 1966, S. 4 ff.; FEUERBAUM,
Bilanz, S. 19 ff.; ENDRES, Gewinn, S. 13 ff.; COENEN-

geführt, daß der entziehbare Gewinn abhängig ist von den finanziellen Zielvorstellungen des Unternehmers und seinen zeitlichen Entnahmewünschen. Eine solche Zielvorstellung ist z. B. ein maximal großer periodischer Entnahmestrom bei fixiertem Vermögensendwert, der errechnet wird unter Abstimmung mit dem langfristigen Investitions- und Finanzplan [1].

Indes: Ein Blick auf den Kommunikationszweck und die Anforderungen der Einkommensbesteuerung macht die Anwendung einer solchen Gewinnkonzeption für die öffentliche Rechenschaftslegung indiskutabel [2]. Dieter Schneider schlägt angesichts dieses Dilemmas vor, die persönliche Zielsetzung des Unternehmers durch eine normierte zu ersetzen: Entziehbarer Gewinn ist dann die Differenz zwischen der wirtschaftlichen Leistungsfähigkeit am Ende und zu Beginn eines Wirtschaftsjahres [3]. Gleichwohl

---

Fortsetzung FN 1 S. 44
BERG, Gewinnbegriff, ZfbF 1968, S. 442 ff.; TALLAU, Gewinnverwendungs-Bestimmungen, Diss. rer. pol., Göttingen 1968, S. 11 ff.; derselbe, Gewinnbegriff, ZfB 1969, S. 187 ff.; WEGMANN, Diskussion, Diss.rer. pol., Köln 1968; derselbe, Gewinn, DB 1971, S. 733 ff.; STÄDTER, Gewinn, Diss. rer. pol., TU Berlin 1969, S. 6 ff.; SEICHT, Bilanz, insbesondere S. 509 ff.; LIPPMANN, Erfolgsermittlung; Karl HAX, Bilanztheorien, HdR, Sp. 238 ff.; MONSTERMANN, Bilanztheorien, HdR, Sp. 248 ff.; Dieter SCHNEIDER, Bilanztheorien, HdR, Sp. 260 ff.; SCHWEITZER, Bilanztheorien, HdR, Sp. 270 ff.; KOSIOL, Bilanztheorien, HdR, Sp. 279 ff..

1) Vgl. Dieter SCHNEIDER, Gewinn, ZfbF 1968, S. 3 ff.; KÄHSNITZ, Gewinnkonzepte, Diss. rer. pol., Frankfurt a. M. 1970, S. 6 ff.; HUCH, Gewinn, ZfB 1972, S. 237 ff..

2) Vgl. HOFFMANN, Gewinn, S. 48; MONSTERMANN, Jahresabschluß, WPg 1966, S. 579 ff.; derselbe, Bilanz, ZfbF 1966, S. 512 (528 ff.); Dieter SCHNEIDER, Thesen, DB 1970, S. 1697 (1699); LIPPMANN, Erfolgsermittlung, S. 75 ff..

3) Die Behandlung von Einlagen und Entnahmen bleibt hier außer Betracht. Vgl. Dieter SCHNEIDER, Thesen, DB 1970, S. 1697 (1699); derselbe, Investition, S. 200 ff..

führt auch dieser Weg nicht an den Klippen des Kommunikationszwecks und den Anforderungen der Einkommensbesteuerung vorbei, denn es stellt sich das Problem der
Messung der wirtschaftlichen Leistungsfähigkeit der Unternehmung, in der betriebswirtschaftlichen Theorie das
Problem der Erhaltung des Ertragswertes bzw. des Er-
folgskapitals [1]. Auch in dieser theoretisch konsisten-
ten Konzeption macht der subjektive Ermessensspielraum
bei der Schätzung der Einnahmen/Ausgaben und bei der
Wahl eines akzeptablen Zinsfußes eine Verwendung für die
steuerliche Einkommensermittlung unbrauchbar [2] [3].

---

1) Vgl. SIEBEN, Erfolgserhaltung, ZfB 1964, S. 628 ff.,
   mit weiteren Literaturangaben; WEGMANN, Diskussion,
   Diss. rer. pol., Köln 1968, S. 40 ff.; Dieter SCHNEI-
   DER, Gewinn, ZfbF 1968, S. 1 (9 ff.); derselbe, Investition, S. 208 ff..
2) Vgl. GAIL, Werterhaltung, BB 1965, S. 877 (877 f.);
   RÖSLER, Gewinnrealisierung, Diss. rer. pol., Köln
   1969, S. 17 ff.; FELDT, Teilwertlehren, Diss. rer.
   pol., München 1971, S. 91 ff.; SCHILDBACH, Rechnungslegung, WPg 1972, S. 40 ff.; JACOBS, Gewinnermittlungsvorschriften, WPg 1972, S. 173 (175). Eine Zusammenfassung der Unterschiede zwischen betriebswirt-
   schaftlichem und steuerrechtlichem Gewinnbegriff findet sich bei WÖHE, Steuerlehre Bd. I, S. 287.
3) Dieter SCHNEIDER (Gewinnermittlung, ZfbF 1971, S. 352
   ff.; derselbe, Thesen, DB 1970, S. 1697 (1698)) plädiert grundsätzlich für die Aufgabe der Besteuerung
   nach der Leistungsfähigkeit in Form des bisherigen
   Einkommensteuersystems und für ihre Substitution
   durch eine persönliche Ausgabensteuer verbunden mit
   einer Steuer auf den Vermögensbestand. Er begründet
   diese Meinung mit der theoretischen Diffizilität einer
   operationalen Einkommens- und Gewinndefinition sowie
   der praktischen Unmöglichkeit, die wirtschaftliche
   Leistungsfähigkeit für die Bedingungen der Wirklichkeit (unvollkommener Kapitalmarkt, Ungewißheit) ökonomisch eindeutig zu bestimmen (S. 358 f.). Lediglich
   die noch nicht ausdiskutierte Frage der Erfassung per-
   sönlicher Konsumausgaben und das pragmatische Argument
   der vermutlich geraumen Dauer bis zu einer Systemände-
   rung veranlassen ihn, gleiche steuerliche Leistungsfähigkeit mit der Bemessungsgrundlage 'Einkommen' durch
   Beseitigung der Diskrepanzen von Gewinn- und Überschußeinkunftsarten formal zu realisieren zu suchen
   (S. 372). Bei diesem Bemühen ist das Gewinnermitt-
   lungs- bzw. Bewertungsproblem nicht zu umgehen. Zu
   weiteren Bestrebungen einer Ausweitung der indirekten

Angesichts der Subjektivität der Komponenten dieser Gewinnbegriffe kann das Fazit dieser Überlegungen nur lauten: Die betriebswirtschaftliche Theorie bietet bis heute kein Gewinnkonzept, das - dem Gewinnermittlungszweck in der Steuerbilanz genügend - einerseits den entziehbaren Gewinn erklärt und andererseits den Anforderungen der Einkommensbesteuerung Rechnung trägt.

Der entziehbare Gewinn ist daher durch die Einführung sog. Grundannahmen in Verbindung mit den Anforderungen 'Vergleichbarkeit, Nachprüfbarkeit, Einfachheit' zu ermitteln [1]. Eine solche theoretische Basis kann nur solange Gültigkeit beanspruchen, bis die Frage nach dem maximal entziehbaren Gewinn durch Definition der wirtschaftlichen Leistungsfähigkeit solcher Steuerpflichtiger, die Gewinneinkünfte beziehen, beantwortet ist. Erst die Definition dieses entziehbaren Gewinns ermöglicht die Entwicklung einer Theorie der steuerlichen Einkommensermittlung "als ein System zweckgerichteter und sich nicht widersprechender Bilanzierungs- und Be-

---

Fortsetzung FN 3 S. 46
Besteuerung vgl. VON COLBE, Kapitalflußrechnungen, ZfB 1966, 1. Ergänzungsheft, S. 112 ff..
[1] Vgl. zur theoretischen Notwendigkeit von Grundannahmen MATTESSICH, Grundlagen, S. 19 ff.; Dieter SCHNEIDER (Thesen, DB 1970, S. 1697 (1699); derselbe, Gewinnermittlung, ZfbF 1971, S. 352 (353 ff.)) geht von zwei Grundannahmen aus - dem Prinzip der Einzelbewertung von Wirtschaftsgütern in Verbindung mit einer Neufassung des Realisationsprinzips und dem Anschaffungsprinzip -, um der Zielsetzung der Einkommensbesteuerung zu entsprechen. An anderer Stelle (derselbe, Leffson, ZfbF 1971, S. 181 ff.) äußert Schneider seine Abkehr vom ökonomischen Gewinn für den Zweck öffentlicher Rechenschaftslegung zugunsten einer nachprüfbaren, auf dem Realisationsprinzip fußenden Gewinnermittlung. Im einzelnen wird im Laufe dieser Untersuchung zu den am "statischen" Wirtschaftsgutbegriff orientierten Grundannahmen, bezogen auf die Implikation für die Bewertung fertiger und unfertiger Erzeugnisse, kritisch Stellung genommen.

wertungsregeln" [1]): Ohne eine solche Gewinndefinition
gilt die Aussage, der aus der theoretischen Basis der
Steuerbilanz deduzierte Gewinn verkörpere als steuerlicher Tatbestand das Maß an Leistungsfähigkeit des Steuerpflichtigen und genüge dem Kommunikationszweck der Bilanz. Knüpfen sich an diesen gesetzlichen Tatbestand die
vom Gesetzgeber gewollten Rechtsfolgen, so ist es mit
der genannten theoretischen Basis und vornehmlich den
Anforderungen der Vergleichbarkeit und Oberprüfbarkeit
unvereinbar, die Ausfüllung des Tatbestandsmerkmals
'Bewertung fertiger und unfertiger Erzeugnisse' dem Ermessen des Bewertenden zu überlassen. Denn aus Gründen
der Gleichmäßigkeit der Besteuerung können dem Bezieher
von Gewinneinkünften keine das Nachprüfbarkeitskriterium
verletzenden, den Tatbestand beeinflussenden Ermessens-

---

1) MELSHEIMER, Rückstellungen, Diss.rer.pol., Bonn 1968,
   S. 63; vgl. ferner ALBERT, Theoriebildung, S. 27;
   HEINEN, Einführung, S. 14 ff.. Der Auffassung KLUGEs
   (Maßgeblichkeitsprinzip, Diss. rer. pol., FU Berlin
   1969, S. 53 ff.), die Besteuerung des Einkommens nach
   der Leistungsfähigkeit abzulehnen, da die Leistungsfähigkeit begrifflich nicht zu erfassen sei, kann
   nicht gefolgt werden. Erstens hieße dies, die theoretischen Grundlagen der Einkommensbesteuerung - wie
   oben erörtert - zu verlassen, zweitens bedeutete dies,
   der Komplexität des Problems wegen von vornherein eine
   betriebswirtschaftliche, theoretische Untersuchung zu
   unterlassen. Wenn eine Aufgabe der normativen betriebswirtschaftlichen Steuerlehre darin besteht, das
   von Melsheimer geforderte System von Bilanzierungs-
   und Bewertungsregeln zu entwerfen, dann wird eine
   systematische Zieldiskussion - primär der Leistungsfähigkeit - nicht zu umgehen sein (vgl. z. B. LAUSBERG,
   Teilwertansätze, DB 1972, S. 2176 (2179 ff.)). Es sei
   an dieser Stelle auf die ausführliche Zieldiskussion
   in der Allgemeinen Betriebswirtschaftslehre als Ent-
   scheidungslehre verwiesen. Das Argument Kluges, die
   Besteuerung nach der Leistungsfähigkeit könne nur für
   wettbewerbsintensive Unternehmungen gelten, nicht
   aber für monopolistische Unternehmungen wegen ihrer
   Möglichkeiten, den Gewinn durch "nicht notwendige"
   Betriebsausgaben zu manipulieren, ist eine nicht hinreichend differenzierte und belegte Hypothese.

entscheidungen zugestanden werden, die dem Bezieher von
Oberschußeinkünften von vornherein verschlossen sind.

Dennoch kann aus diesem Ergebnis nicht gefolgert werden,
die Qualifikation eines unbestimmten Rechtsbegriffs für
die Begriffsarten 'Herstellungskosten' und 'Teilwert' als
steuerlichen Wertkategorien abzulehnen und stattdessen
einen bestimmten Rechtsbegriff zu verlangen, und zwar aus
folgenden Gründen.

(1) Sollen die genannten Wertkategorien in die Form eines
    bestimmten Rechtsbegriffs gefaßt werden, so erfordert
    dies, daß nach dem Grundsatz der Einzelbewertung für
    das einzelne Erzeugnis ein eindeutig zurechenbarer
    Wert ermittelt werden kann: Intersubjektive Überprüf-
    barkeit müßte bedeuten, daß ein sachverständiger Drit-
    ter zu demselben Ergebnis gelangen müßte. Den Rechts-
    begriff Herstellungskosten beispielsweise auf die von
    der Kapazitätsausnutzung abhängigen, variablen Kosten
    zu beschränken, würde den Begriff nicht zu einem be-
    stimmten Rechtsbegriff machen, da die Feststellung der
    von der Kapazitätsausnutzung abhängigen bzw. unabhän-
    gigen Kosten nicht eindeutig möglich ist [1]. Der
    Rechtsbegriff Herstellungskosten wäre nur dann "be-
    stimmt" im Sinne von eindeutig, wenn dieser Kostenbe-
    griff auf den bewerteten Güterverbrauch beschränkt
    würde, der auf dieselbe Entscheidung zurückgeht wie
    die Erzeugung des einzelnen Erzeugnisses selbst. Die-
    ser Güterverbrauch wäre - wie Hummel nachweist - u. U.
    nicht einmal der Materialverbrauch selbst, wie im Zu-
    sammenhang mit der Beurteilung der Teilkostenkalkula-
    tion zu zeigen sein wird [2].

---

1) Diese Aussage wird im 2. Kapitel dieser Untersuchung
   bei der Erörterung der Unterbegriffsarten des allgemeinen Kostenbegriffs belegt. Die Auffassung, dem
   Grundsatz der Rechtssicherheit und der Tatbestandsmäßigkeit der Besteuerung werde durch die Bewertung der
   Erzeugnisse mit ihren variablen Kosten entsprochen,
   ist abzulehnen: vgl. RIEBEL, Richtigkeit, NB 1959, S.
   41 (42).
2) Vgl. in dieser Untersuchung S. 94 f., S.171 ff..
   Vgl. HUMMEL, Kostenerfassung, S. 191 ff.; ZOLLER,
   Kostenzurechnungsprinzip, KRP 4/1969, S. 161 (165

(2) Können die genannten Wertkategorien demnach ledig-
    lich in die Form eines unbestimmten Rechtsbegriffs
    gefaßt werden, so bedeutet Unbestimmtheit nicht
    willkürliche Ermessensfreiheit, sondern nachprüfba-
    ren Ermessensspielraum: Intersubjektive Überprüfbar-
    keit bedeutet in dieser Untersuchung, daß ein sach-
    verständiger Dritter zu dem gleichen oder vergleich-
    baren Wert fertiger und unfertiger Erzeugnisse ge-
    langen muß [1] [2]. Wenn die Auffassung vertreten
    wird, die Risikoqualität der Gewinnermittler stehe
    selbst einem in den Grenzen intersubjektiver Nach-
    prüfbarkeit unbestimmten Begriff 'Herstellungsko-
    sten' entgegen, so ist es nicht zu umgehen, das spe-
    zifische Risiko der Gewinnermittler nachzuweisen.
    Wenn dieses Risiko nicht nachweisbar ist, dann las-
    sen sich lediglich Vorschriften über nicht ausschüt-
    tungsfähige, steuerfreie Rücklagen oder über einen
    sofortigen Verlustausgleich mit der theoretischen

Fortsetzung FN 2 S. 49
ff.). Zur Frage der Bestimmtheit des Wertes fertiger
und unfertiger Erzeugnisse im Sinne von Eindeutigkeit
vgl. vor allem die Untersuchungen Riebels zur Verbundenheit von Kosten und Leistungen (z. B. Erzeugnissen): RIEBEL, Entscheidungen, NB 1967, S. 1 ff..

1) Vgl. z. B. BOETTCHER, Herstellungspreis, Diss. jur.,
   Erlangen 1928, S. 2 f.. Der RFH (Urteil VI A 1789/29
   v. 6. 2. 1930, RStBl 1930 S. 346 (347)) empfiehlt, im
   Zweifelsfall bei der Ermittlung der Herstellungskosten die Handels- oder Handwerkskammer zu hören. Zum
   Problem der Bewertung bei unsicheren Erwartungen unter Beachtung intersubjektiver Überprüfbarkeit vgl.
   LEFFSON, Grundsätze, S. 343 ff.; vgl. SCHULZE, Mes-
   sung, Diss. rer. pol., FU Berlin 1965, S. 49 ff..
   KUNTZ (Bewertung, Diss. rer. pol., Köln 1936, S. 7 f.)
   sucht zwar einen objektiven Wert zu ermitteln - Kuntz
   spricht zunächst von einem bestimmten Wert -, konze-
   diert aber dann ein Unbestimmtheitsintervall, dessen
   Grenzen nicht durch das Urteil eines außenstehenden
   Dritten, sondern durch das Urteil des bilanzierenden
   Unternehmers gesetzt werden. Zielkonflikte scheint
   Kuntz nicht zu sehen.

2) Zu einer Orientierung über die Theorie vom überprüf-
   baren Beurteilungsspielraum in der Rechtswissenschaft
   vgl. ENGISCH, Einführung, S. 106 ff., FN 133.

Basis der Steuerbilanz vereinbaren, um die Anforderung der Vergleichbarkeit der Bemessungsgrundlagen
nicht zu verletzen [1].

bb) Die Funktion hypothetischer Grundannahmen über die Bewertung

Das Fehlen einer Einigung über die Definition des maximal entziehbaren Gewinns bzw. über die Definition der
wirtschaftlichen Leistungsfähigkeit gibt den Grundannahmen eine die Zielsetzung substituierende Funktion:
Sie sind behelfsweise unterstellte Hypothesen, in Übereinstimmung mit dem geltenden Handels- und Steuerrecht.
Damit ist die Realistik der Annahmen gesichert. Sie
stellen konventionale Axiome über die steuerliche Gewinnermittlung dar und betreffen in dieser Untersuchung
das Bewertungsproblem in der Bilanz, das neben der Frage nach dem steuerlichen Wirtschaftsgut zweite Kernproblem [2]. Aus ihnen soll durch logische Ableitung der Wert
der Erzeugnisse ermittelt werden. Eine kurze Diskussion
der möglichen Grundannahmen muß zeigen, ob ihre inhaltliche Eindeutigkeit eine solche Wertermittlung als nach
der gerundiven Werttheorie logische Implikation [3] ermöglicht oder nicht (Bestimmtheit der Annahmen). Ist

---

1) Vgl. LEFFSON, Grundsätze, S. 333; SEICHT, Scheingewinnbesteuerung, ÜBW 1968, S. 73 (78); KOSIOL, Buchhaltung, S. 115 f.; Dieter SCHNEIDER, Thesen, DB
1970, S. 1697 (1698, 1702); derselbe, Unternehmensziele, S. 22 f.; FEUERBAUM, Kapitalerhaltung, DB
1966, S. 509 (513).
2) Vgl. HERRMANN/HEUER, Kommentar, § 6 Anm. 4, E 381;
Dieter SCHNEIDER, Thesen, DB 1970, S. 1697 (1699
ff.); zu Begriff und Funktion der Grundannahmen vgl.
MATTESSICH, Grundlagen, S. 22, 27 ff.; KOCH, Leffson, ZfB 1967, S. 355 (355); WÖHE, Bilanzierung, S.
128; HEINEN, Einführung, S. 14 f.
3) MATTESSICH (Grundlagen, S. 80) sagt: "In manchen Fällen ist eine formal-logische Ableitung und Beweis-
führung ohne Schwierigkeiten durchführbar (...), in
den meisten Fällen müssen wir uns noch informeller
Argumente bedienen"; vgl. ferner ENGELS, Bewertungslehre, S. 12, 19.

die Antwort positiv, so gilt ein den Grundannahmen kongruenter Wert als im Sinne der steuerbilanziellen Zielsetzung kompatibel, ein inkongruenter als nicht-kompati-
bel und daher zu modifizieren. Ist die Antwort ganz oder
teilweise negativ, so ist zu prüfen, inwieweit die Betriebswirtschaftslehre unter Rückgriff auf die ergänzen-
den Anforderungen die zweckadäquate Wertkonvention deduzieren kann.

c) Grundannahmen über die Bewertung im Rahmen steuerlicher Gewinnermittlung

ca) Der Kreis der Grundannahmen

Der Kreis der Grundannahmen rekrutiert sich aus den
zweckorientierten Geboten der Grundsätze ordnungsmäßiger Buchführung [1] [2]. Die im folgenden kurz zu disku-
tierenden, in Literatur und Steuerpraxis genannten Bewertungsgrundsätze sind das Anschaffungswertprinzip und
der Grundsatz nominaler Kapitalerhaltung, das Realisationsprinzip, das Imparitätsprinzip, das Prinzip der Vor-

---

1) Vgl. DÖLLERER, Grundsätze, BB 1959, S. 1217 (1217);
   KOCH, Niederstwertprinzip, WPg 1957, S. 1 ff., 31
   ff., 60 ff.; Wirtschaftsprüfer-Handbuch 1973, S.
   537 ff., mit ausführlichen Literaturhinweisen; LEFF-
   SON, Grundsätze, S. 48 ff.; Dieter SCHNEIDER, Thesen,
   DB 1970, S. 1697 (1697 f.).
2) Auch Beck geht von den Grundsätzen ordnungsmäßiger
   Buchführung aus. Er leitet sie traditionell aus dem
   Handelsrecht ab und überträgt sie auf das Steuerrecht
   im Wege des Maßgeblichkeitsprinzips (BECK, Beschäftigungsschwankungen, Diss. rer. pol., München 1966, S.
   51 ff.). Wenn jedoch der Kritik Dieter SCHNEIDERs
   (Thesen, DB 1970, S. 1697 (1697 f.)) an den allgemeinen
   Grundsätzen ordnungsmäßiger Buchführung gefolgt wird
   und die Eigenständigkeit der Steuerbilanz bejaht
   wird - wie in der vorangegangenen Zieldiskussion unterstellt wurde -, dann sind die Grundsätze ordnungsmäßiger Buchführung für das Steuerrecht zu modifizieren.

sicht [1]. Zu erörtern ist, ob diese Bewertungsgrundsätze
den 'Anforderungen der Einkommensbesteuerung' gerecht
werden, mit dem Kriterium 'Nachprüfbarkeit' auch dem
Kommunikationszweck der Steuerbilanz genügen, ob sie
- inhaltlich eindeutig bestimmt - sich als Grundannahmen
eignen oder nicht.

cb) Die Bewertungsgrundsätze im einzelnen und die Frage
    ihrer Eignung im Rahmen der Untersuchung

cba) Das Anschaffungswertprinzip und der Grundsatz nomi-
     naler Kapitalerhaltung

Ausgangspunkt der Bewertung sind in Handels- und Steuerrecht als ursprünglich pagatorische Werte die Anschaffungskosten. Hierin konstituiert sich das sog. Anschaffungswertprinzip [2]. Gleichzeitig ist damit eine Konvention getroffen, die der Kommunikation dient: Wertbasis
sind die Anschaffungskosten, Wertmaßstab Geldeinheiten.
"Wenn im Jahresabschluß das nicht-geldliche Vermögen generell zu Anschaffungswerten angesetzt wird (ggf. vermindert um Abschreibungen oder Wertberichtigungen), so
wird damit das Prinzip der nominalen Kapitalerhaltung
verfolgt" [3]. Der Gewinn, der sich als positive Differenz
zwischen dem zu Anschaffungskosten bewerteten Vermögen
am Anfang und am Ende einer Periode errechnet, erfüllt
offensichtlich die Anforderungen der Einkommensbesteuerung. Gleichzeitig entspricht dieser das Nominalkapital

---

1) Vgl. Wirtschaftsprüfer-Handbuch 1973, S. 548 f.;
   MELSHEIMER, Rückstellungen, Diss. rer. pol., Bonn
   1968, S. 22 ff.; WÖHE, Bilanzierung, S. 245 ff.;
   DIETZ, Normierung, S. 66 ff.; HERRMANN/HEUER, Kommentar, § 6 Anm. 4 ff..
2) Vgl. MÜNSTERMANN, Realisation, HdR, Sp. 1495 ff.;
   KOSIOL, Buchhaltung, S. 91 ff.; KLEIN, Anschaffungskosten, Nr. 11, S. 1; MATTESSICH, Grundlagen, S.
   80 ff..
3) VORMBAUM, Anschaffungswert, HdR, Sp. 64 (67 f.);
   vgl. MÜNSTERMANN, Realisation, HdR, Sp. 1493 (1496
   f.).

erhaltende Gewinn einem betriebswirtschaftlichen "Mini-malziel" [1]; Leistungsfähigkeit bedeutet hier Erhaltung des Nominalkapitals [2], wenngleich die wirtschaftliche Leistungsfähigkeit diesen Inhalts eine Unternehmung le-diglich erhalten sieht in einer Welt "ohne Zahlungsziel, Anlagegüter, technischen Fortschritt und Bedarfsumwand-lungen" [3].

Wenn der Grundsatz nominaler Kapitalerhaltung gilt, dann muß die wirtschaftliche Leistungsfähigkeit durch eine geeignete Gewinn- bzw. Investitionspolitik, nicht jedoch durch eine überhöhte Aufwandsbewertung erhalten werden [4]. Den Beziehern von Überschußeinkünften werden nach der-zeitigem Recht keine besonderen Werbungskosten zum Schutz vor Geld- und Sachwertschwankungen zugestanden. Daher kann für die Ermittlung maximal entziehbarer Einkommens-zahlungen in Anbetracht der Anforderungen der Einkommens-besteuerung eine Grundannahme nicht zulässig sein, die lediglich bei den Gewinnermittlern Sach- und Geldwert-schwankungen berücksichtigt [5]. Allein das Anschaffungs-

---

1) Karl HAX, Substanzerhaltung, S. 7.
2) Vgl. GAIL, Werterhaltung, BB 1965, S. 877 (877 f.);
   WÖHE, Bilanzierung, S. 247; BOUFFIER, Erhaltung, S. 45 ff..
3) Dieter SCHNEIDER, Investition, S. 221 f.; vgl. ferner LITTMANN, Einkommensteuerrecht, § 6 Anm. 31, S. 604;
   Wilhelm SCHNEIDER, Geldwertschwankungen, Diss. rer. pol., Köln 1959, S. 15 ff..
4) Vgl. Ralf-Bodo SCHMIDT, Kapitalerhaltung, S. 411, 431 ff..
5) Urteil BFH IV 300/64 v. 27. 7. 1967, BStBl 1967 III S. 690 ff.; Gutachten 1967, S. 19; DIETZ, Normierung, S. 106 ff., mit ausführlichen Literaturangaben; WÖHE, Bi-lanzierung, S. 252 f.; derselbe, Steuerlehre, Bd. I, S. 286 f.; Dieter SCHNEIDER, Reform, StuW 1971, S. 326 (330); COENENBERG, Abschreibungsdiskussion, WW/VW 1971, Nr. 46, S. 28 ff.; für die Handelsbilanz unter dem Kriterium der Nachprüfbarkeit auch SIEBEN, Geld-wertänderung, BB 1971, Beilage 5 zu Heft 26, S. 61 ff.. Anderer Auffassung sind FLÄMIG, Geldentwertung, Steuer-Kongreß-Report 1969, S. 425 ff.; FRIAUF, Eigen-tumsgarantie, StbJb 1971/72, S. 425 (436 ff.); PIEPER, Geldkapitalerhaltungskonzeption, BFuP 1972, S. 203 ff.; SCHWEIGERT, Kapitalerhaltung, BFuP 1973, S. 121 ff.. Vgl. zu den Möglichkeiten der Substanzerhaltung nach derzeitigem Recht Werner KLEIN, Scheingewinne, DB 1972, S. 2169 (2171 ff.).

wertprinzip erlaubt im derzeitigen Einkommensteuersystem
die Ableitung einer zweckadäquaten Wertkonvention.

cbb) Das Realisationsprinzip

Mit dem Anschaffungswertprinzip existiert eine eindeutige Basis, aus der Überlegungen in bezug auf die Er-
trags- und Aufwandsrealisation für die steuerliche Gewinnermittlung abgeleitet werden können [1].

Erträge und/oder Aufwendungen ihrer zeitlichen Verur-
sachung entsprechend zu periodisieren, ist nach herrschender betriebswirtschaftlicher Auffassung nicht möglich [2]. Dieses Ergebnis führt zur Bewertungskonvention
des Realisationsprinzips: Erträge gelten als realisiert
mit ihrer Verwirklichung im Umsatzakt [3]. Vor diesem
Zeitpunkt gelten sie als nicht realisiert. Nicht realisierte Erträge bzw. positive Erfolgsbeiträge in der

---

1) Vgl. LEFFSON, Grundsätze, S. 78.
2) Vgl. LEFFSON, Grundsätze, S. 159 f.; LUTZ, Herstellungsaufwand, DB 1971, S. 253; RÖSLER, Gewinnrealisierung, Diss. rer. pol., Köln 1969, S. 21 ff.;
   BOELKE, Bewertungsvorschriften, S. 68 f.; anderer
   Auffassung ist NEUMANN, Gewinnrealisierungen, Diss.
   rer. pol., Köln 1964, S. 78 ff..
3) Vgl. MONSTERMANN, Realisation, HdR, Sp. 1493, mit
   weiteren Literaturhinweisen; GÜTZEN, Behandlung,
   Diss. rer. pol., Frankfurt a. M. 1963, S. 36 ff.;
   NEUMANN, Gewinnrealisierungen, Diss. rer. pol.,
   Köln 1964, S. 105 ff.; LEFFSON, Grundsätze, S. 179
   ff.. Zum Realisationszeitpunkt - nach herrschender
   Konvention der Zeitpunkt der Lieferung oder Leistung, von Ausnahmen abgesehen - vgl. die ausführliche Analyse LEFFSONs, Grundsätze, S. 185 ff., und
   ALBACHs, Gewinnrealisierungen, StbJb 1970/71, S. 287
   (297 ff.). Zu den Bemühungen um einen liquiditäts-
   orientierten Realisationszeitpunkt in Anlehnung an
   das Zuflußprinzip - auch unter dem Aspekt der Anforderung 'Vergleichbarkeit' - vgl. Dieter SCHNEIDER,
   Thesen, DB 1970, S. 1697 (1702); derselbe, Gewinnermittlung, ZfbF 1971, S. 352 (379 f.); POHMER, Gewinnrealisation, WPg 1957, S. 551 ff.; DIETRICH, Realisationsprinzip, Diss. rer. pol., Wien 1964, S. 95
   ff.; dieselbe, Liquidität, ÖBw 1969, S. 100 ff..

Jahresabschlußrechnung auszuweisen, ist untersagt [1].
In der Gewinn- und Verlustrechnung werden die Aufwendungen, die den nicht realisierten Erträgen zuzurechnen
sind, im Hinblick auf das Periodenergebnis durch die
Bildung von Ertragsposten neutralisiert. In der Bilanz
wird diese Wirkung durch den Wertansatz der Erzeugnisbestände als Folge einer Wertumschichtung auf der Ak-
tivseite erreicht [2].

Die Zurechnung der Aufwendungen auf die Erträge wird
durch zwei Auffassungen in der betriebswirtschaftlichen
Literatur unterschiedlich geregelt, und zwar durch eine
'dynamische' und eine 'statische' Auslegung des Realisationsprinzips.

(1) Das Realisationsprinzip auf der Grundlage einer dynamischen Periodenabgrenzung [3]

Die Vertreter dieser Auffassung, die durch Leffson [4] repräsentiert werden, meinen, die den Erträgen analoge Periodisierung der Aufwendungen mit dem
Grundsatz der Abgrenzung der Sache und der Zeit
nach festlegen zu können. Der Sache nach sind "alle
Aufwendungen, die dazu dienen, b e s t i m m t e
realisierte oder noch nicht realisierte Erträge zu
erzielen, entsprechend dem Ertragsanfall zu periodisieren" [5]. Leffson rechnet den Erträgen alle Aufwendungen zu, d. h. neben den Erzeugnissen direkt
zurechenbaren Aufwendungen auch den Periodenaufwand.

1) Vgl. ALBACH, Bewertungsprobleme, BB 1966, S. 377
   (378); Wirtschaftsprüfer-Handbuch 1973, S. 548; zum
   Terminus 'positiver/negativer Erfolgsbeitrag' vgl.
   LEFFSON, Grundsätze, S. 181 (212 f.).
2) Vgl. MONSTERMANN, Realisation, HdR, Sp. 1493 (1495).
3) ALBACH, Gewinnrealisierungen, StbJb 1970/71, S. 287
   (297), mit weiteren Literaturangaben.
4) LEFFSON, Grundsätze, S. 154 ff..
5) LEFFSON, Grundsätze, S. 173; LAYER, Herstellkosten,
   DB 1970, S. 988 (990); ALBACH, Gewinnrealisierungen,
   StbJb 1970/71, S. 287 (297).

Leffson übernimmt für diese Aufwandsperiodisierung
bzw. für die Bestandsbewertung das "wissenschaftlich
fundierte" Koch'sche Durchschnittskosten- oder Leistungsentsprechungsprinzip als Prämisse [1]. Der Zeit
nach periodisiert er zeitraumbezogene Aufwendungen
und solche, "die man ihrer Natur nach nur in die
Periode einstellen kann, in der sie anfallen" [2].

(2) Das Realisationsprinzip auf der Grundlage eines
"statischen" Wirtschaftsgutbegriffs

Im Gegensatz zur dynamischen Auslegung argumentiert
Dieter Schneider auf der Grundlage eines am "statischen" Wirtschaftsgutbegriff ausgerichteten Realisationsprinzips. Er definiert Einkommen als 'realisierten Vermögenszuwachs' und versteht das Realisationsprinzip als "Grundsatz einer auf den Abgang
eines Wirtschaftsgutes (den Zugang einer Last) bezogenen Gewinn - (d. h. Ertrags- und Aufwands-)Ver-
wirklichung" [3]. Dieses Prinzip versagt seines Erachtens bei der Erklärung des Zeitpunktes der Auf-
wandsentstehung von Ausgaben für die Leistungsbe-
reitschaft (Periodenaufwand). Da die jeweiligen Lei-
stungsabgaben z. B. der Betriebsmittel nicht als
eigenständige Wirtschaftsgüter angesehen werden können, lehnt er ihre Zurechnung auf die Erträge bzw.
ihre Aktivierung bei der Erzeugnisbewertung ab [4].

Das Fazit: Die den Erträgen direkt zurechenbaren Aufwendungen sind durch das Realisationsprinzip eindeutig geregelt [5]. Die Behandlung der nicht direkt zurechenbaren

---

1) LEFFSON, Grundsätze, S. 162. Vgl. KOCH, Stückkostenrechnung, ZfB 1965, S. 325 (331 ff.).
2) LEFFSON, Grundsätze, S. 173.
3) Dieter SCHNEIDER, Thesen, DB 1970, S. 1697 (1699).
4) Vgl. Dieter SCHNEIDER, Gewinnermittlung, ZfbF 1971,
   S. 352 (379 ff.); derselbe, Thesen, DB 1970, S. 1697
   (1703 ff.).
5) Entscheidender Vorzug des Realisationsprinzips gegenüber dem Verursachungsprinzip (Imparitätsprinzip) ist
   die Willkürfreiheit der Rechenschaftslegung; vgl. dazu SCHMALENBACH, Bilanz, S. 77 f..

Aufwendungen ist nach beiden Auffassungen eine Folge der
gesetzten Prämissen: im ersten Fall eine Folge des Leistungsentsprechungsprinzips, im zweiten Fall eine Folge
des in der genannten Weise definierten Grundsatzes der
Einzelbewertung. Das heißt, die Grundannahme 'Realisationsprinzip' als ein Ausgangspunkt zur Ableitung einer
Wertkonvention ist teilweise nicht eindeutig bestimmt.

In der vorliegenden Untersuchung schließt sich der Verfasser der dynamischen Konzeption des Realisationsprinzips an, und zwar aus folgenden Gründen: Erstens soll
hier nicht von der Prämisse eines geänderten Einkommens-
begriffs ausgegangen werden, zweitens steht - das sei
vorweggenommen - das Ergebnis der statischen Konzeption
Dieter Schneiders im Widerspruch zur Anforderung 'Vergleichbarkeit', drittens scheint eine Abkehr von der
"dynamischen" Periodenabgrenzung nicht schon deshalb
notwendig, weil "der Gesetzgeber aus Gründen der Sicher-
heit der Rechnungslegung" davon teilweise abweichen
muß [1].

Die Darstellung und Kritik der Prämissen der oben genannten dynamischen Konzeption, ihrer Verrechnungshypo-
thesen und Folgerungen zur Erzeugnisbewertung in der
Steuerbilanz folgt im zweiten Kapitel der Untersuchung.

cbc) Das Imparitätsprinzip

Als Ergänzung des Anschaffungswert- und des Realisationsprinzips wird - letzteres als Periodisierungskon-
vention durchbrechend [2] - das Imparitätsprinzip als
Bewertungsgrundsatz angesehen [3]. Allerdings ist dieses

---

1) JACOBS, Gewinnermittlungsvorschriften, WPg 1972, S.
   173 (175).
2) Vgl. KOSIOL, Buchhaltung, S. 96 ff.; WALB, Bilanz, S.
   91. Zum Verhältnis von Verursachungs-, Realisations-
   und Imparitätsprinzip vgl. NEUMANN, Gewinnrealisierungen, Diss. rer. pol., Köln 1964, S. 11 ff..
3) Vgl. WÖHE, Bilanzierung, S. 255; MÖNSTERMANN, Realisation, HdR, Sp. 1493 (1497); KOCH, Teilwert, ZfhF

Prinzip "kein Grundsatz zur Bewertung von Sachgütern und
unvollendeten Unternehmungsleistungen (Faktorenbündel) wie
das Realisationsprinzip, vielmehr ein Grundsatz zur Erfassung und Bewertung negativer Erfolgsbeiträge, die auf die
Unternehmung nach dem Abschlußstichtag zukommen" [1]. Kapitalminderungen sind der Periode zuzurechnen, deren Dispo-
sitionsergebnis sie sind [2].

Nicht die Ermittlung eines von Periode zu Periode vergleichbaren Erfolges, sondern Rechenschaft über den die
Leistungsfähigkeit erhaltenden, maximal entziehbaren Gewinn
ist Zweck der Gewinnermittlung in der Steuerbilanz. Daher
dekretiert das Imparitätsprinzip in Ausübung einer Auskeh-
rungsschutzfunktion [3] den Ausweis nicht realisierter negativer Erfolgsbeiträge und äußert sich im Steuerrecht in
der Bewertung zum niedrigeren Teilwert [4].

Problematisch ist allein die Erfassung [5] solcher negativer Erfolgsbeiträge, denn hieraus resultieren Konflikte
mit den Anforderungen der Einkommensbesteuerung. So erhoben sich in der jüngeren Literatur erneut Bedenken gegen
das Imparitätsprinzip. Erstens gebe es geeignetere Methoden der Antizipation negativer Erfolgsbeiträge für die
Zwecke der Rechenschaftslegung [6]. Zweitens sei wegen des
unlösbaren Widerspruchs zwischen einer Gesamtbewertung mit

Fortsetzung FN 3 S. 58
1960, S. 319 ff.; LEFFSON, Grundsätze, S. 211 ff.;
DIETRICH, Realisationsprinzip, ÜBw 1969, S. 103 ff..
1) LEFFSON, Grundsätze, S. 211.
2) Vgl. LEFFSON, Grundsätze, S. 220.
3) Vgl. NEUMANN, Gewinnrealisierungen, Diss. rer. pol.,
   Köln 1964, S. 115; KOCH, Teilwert, ZfhF 1960, S. 319
   (331); MELSHEIMER, Rückstellungen, Diss. rer. pol.,
   Bonn 1968, S. 29.
4) Vgl. Urteil RFH U v. 14.12.1926, VI a 575/26, RFH Bd.
   20 S. 87; REINHARDT, Rechnungswesen, DStZ 1935, S. 1356
   (1357 f.); derselbe, Buchführung, S. 170 f.; KOCH,
   Teilwert, ZfhF 1960, S. 319 (326 ff.); Dieter SCHNEI-
   DER, Verlustausgleich, WPg 1970, S. 68 (69 f.); vgl.
   LITTMANN, Einkommensteuerrecht, § 6 RdNr. 21 f., S. 601.
5) Vgl. KOCH, Niederstwertprinzip, WPg 1957, S. 60 (63).
6) LEFFSON (Grundsätze, S. 93 ff., 218 f., 222, 279 ff.,
   mit weiteren Literaturangaben) kommt in seiner kriti-

anschließender Aufteilung des Gesamtwertes auf die einzelnen
Wirtschaftsgüter einerseits und der Nachprüfbarkeit steuerlicher Gewinnermittlung andererseits auf den Teilwert zu verzichten [1] [2].

Fortsetzung FN 6 S. 59
schen Analyse der Grundsätze ordnungsmäßiger Buchführung
zu der Auffassung, ein System der Grundsätze ordnungsmäßiger Buchführung ließe sich ohne Imparitätsprinzip errich-
ten, dem Zweck der Antizipation negativer Erfolgsbeiträge
sei durch Grundsätze ordnungsmäßiger Rücklagenbildung und
Substanzerhaltung besser gedient, da die "Konventionen zur
Beschränkung von Gewinnausschüttungen" (Imparitäts-, Vorsichtsprinzip) diesen Zweck "nur indirekt und bedingt" erfüllen.

1) Vgl. Dieter SCHNEIDER, Problematik, WPg 1969, S. 305 ff.;
derselbe, Verlustausgleich, WPg 1970, S. 68 ff.; derselbe,
Thesen, DB 1970, S. 1697 (1701 f.); derselbe, Gewinnermittlung, ZfbF 1971, S. 352 (374 ff.). Nach der Auffassung
Schneiders liegt das grundsätzliche Problem der Bewertung
zum Teilwert im System der Einkommensbesteuerung nach der
Leistungsfähigkeit in diesem unlösbaren Widerspruch und in
der Unvereinbarkeit mit der Anforderung 'Vergleichbarkeit'.
Sein Versuch, mit dem Grundsatz der Einzelbewertung als
strikter Grundannahme steuerlicher Gewinnermittlung durch
"Rückgriff auf den statischen Wirtschaftsgutbegriff" strit-
tige Bilanzierungsfragen zu lösen, veranlaßt ihn zum Verzicht auf den Teilwert und zur Substitution durch einen
den Anforderungen adäquaten, sofortigen Verlustausgleich.
Die Argumentation gibt Anlaß zu folgenden Einwendungen: Es
führt zu logischen Widersprüchen, einerseits die Realisation positiver oder negativer Erfolgsbeiträge mit dem
Grundsatz der Einzelbewertung zu begründen, andererseits
aber erwartete negative Erfolgsbeiträge nicht berücksichtigen zu wollen, wenn die Unternehmung insgesamt noch Gewinn
erzielt. Verständlich ist, daß eine Bewertung zum niedrigeren Teilwert sich logisch nicht in das Gewinnermittlungs-
konzept Schneiders einfügt. Doch kann die Bejahung der Notwendigkeit einer Beseitigung wesentlicher Unterschiede bei
der Einkommensermittlung auch unter den Prämissen dieser
Einkommensermittlung (Vergleichbarkeit) nicht bedeuten, in
einer Gewinnsituation eingetretene Vermögenswertminderun-
gen nicht nur nicht als Aufwand dieser Periode zu erfassen,
sondern darüber hinaus zwangsläufig der Besteuerung zu un-
terwerfen, mit "ungleichen" Folgen für Liquidität und Ren-
tabilität (vgl. JACOB, Teilwertabschreibung, WPg 1970, S.
61 ff.). Man kann nicht "gleich" behandeln, was infolge unterschiedlicher Risikosituation von Gewinnermittlern und
sonstigen Einkommensermittlern "ungleich" ist. Wenn Schneider dem von der Steuerreformkommission (Gutachten 1971, Abschnitt V, TZ 149 S. 465) vorgebrachten Argument des qualitativ anders gelagerten Risikos mit dem Hinweis auf die
mit einem höheren Risiko korrespondierende höhere Chance
begegnet, so führt dieses Argument zwar zur Diskussion
über die 'Causa' von Unternehmergewinnen, nicht jedoch zur
Lösung der strittigen Bewertungsfrage.
2) Die Anforderungen der Einkommensbesteuerung fordern

Folgende Gründe sprechen einstweilen gegen einen Verzicht:
(1) das Faktum der "seitherigen Konvention" [1],

Fortsetzung FN 2 S. 60
mit Recht den Ausschluß von 'Manipulationen' im Sinne
willkürlicher Erfolgsbeeinflussung. Sie ziehen daher
notwendig eine Verschärfung der Nachweispflicht im Sinne intersubjektiver Nachprüfbarkeit nach sich, d. h.
eine Bewertung zum niedrigeren Teilwert ist immer dann
zu versagen, wenn Ursache und Ermittlung durch einen
sachverständigen Dritten nicht überprüfbar sind. Die
Schwierigkeiten der praktischen Ermittlung des Teilwerts entsprechend den Fiktionen des theoretischen Teil-
wertkonzeptes haben in der Rechtsprechung zur Entwicklung sog. Teilwertvermutungen geführt. Diese Teilwertvermutungen gelten solange, wie der Steuerpflichtige
sie nicht widerlegt. Als Teilwertvermutungen werden für
die Wirtschaftsgüter des Umlaufvermögens - hier die Erzeugnisse - der Börsen- oder Marktpreis am Bilanzstichtag bzw. der dem Erzeugnis "beizulegende" Wert (§ 155
Abs. 2 AktG; Abschnitt 36 Abs. 1 EStR) oder die Wiederherstellungskosten des Erzeugnisses (vgl. FEDERMANN,
Bilanzierung, S. 166 f.) unterstellt. Die Widerlegung
der Teilwertvermutung wird durch die Orientierung der
Rechtsprechung des RFH und BFH am Prinzip der preisabhängigen Bewertung (vgl. JACOB, Bewertungsproblem, S.
181; HERRMANN/HEUER, Kommentar, § 6 Anm. 72 b, E 232
ff.) im allgemeinen dann als begründet angesehen, wenn
der voraussichtliche Verkaufspreis abzüglich der bis
zum Zeitpunkt der Veräußerung noch unstreitig anfallenden Aufwendungen unter den Herstellungskosten liegt
(vgl. Abschnitt 36 Abs. 1 EStR; GÜLDENAGEL, Bilanzierung, Diss. rer. pol., Köln 1964, S. 120 ff., 172 ff.;
ERHARD, Unterbeschäftigung, StBp 1966, S. 101 (103)).
Eine Erzeugnisbewertung unterhalb der Herstellungskosten unter Zugrundelegung des voraussichtlichen Ver-
kaufspreises abzüglich der noch anfallenden Aufwendungen führt zu der sog. verlustfreien Bewertung (vgl.
TUBBESING, Bewertung, WPg 1965, S. 617 ff.). Die Finanzverwaltung läßt in Anlehnung an die Rechtsprechung
des BFH neben der Absetzung der bis zur Veräußerung
noch anfallenden Aufwendungen die Absetzung eines
durchschnittlichen Unternehmergewinnes zu (vgl. Abschnitt 36 Abs. 1 EStR; SCHINDELE, Bewertung, StBp
1964, S. 155 (156). Die Widerlegung der Teilwertvermutung kann auch durch nachhaltig gesunkene Wiederherstellungskosten belegt werden (vgl. Urteil BFH III R
21/71 v. 19. 5. 1972, BStBl 1972 II S. 748 (748 f.)).
1) LEFFSON, Grundsätze, S. 212, 222.

(2) die erst in den Anfängen stehende, nicht ausgereifte Diskussion über alternative Methoden,

(3) die im Vergleich zur Teilwertermittlung von Gebrauchsgütern des Anlagevermögens einfache Teilwertermittlung fertiger und unfertiger Erzeugnisse des Umlaufvermögens: Die Orientierung an den Erzeugnissen selbst erleichtert in der Regel das intersubjektiv überprüfbare Erkennen negativer Erfolgsbeiträge und deren Zurechnungen [1].

Notwendige Bedingung der Berücksichtigung erwarteter negativer Erfolgsbeiträge ist also die Nachprüfbarkeit von Ursache und Ermittlung durch einen sachverständigen Dritten [2]. Objektive Wertbestimmungskriterien, nachprüfbare Unternehmungs- und Marktverhältnisse, nicht aber subjektive Erwartungen [3] sind gerade für Preisentwicklungen von Gütern, die erst nach dem Zeitpunkt der Abschlußaufstellung verkauft werden [4], für die Bewertung von Bedeutung.

cbd) Das Prinzip der Vorsicht

Das Vorsichtsprinzip allgemeiner Prägung nach der Devise "Vorsicht, Vorsicht über alles" [5], begründet aus dem allgemeinen Unternehmerrisiko und aus der Notwendigkeit ausreichender Innenfinanzierung, ist mit dem Rechen-

---

1) Vgl. HERRMANN/HEUER, Kommentar, § 6 Anm. 68 b, E 226 ff.; JACOB, Bewertungsproblem, S. 177 ff.; LEFFSON, Niederstwertvorschrift, WPg 1967, S. 57 (57); derselbe, Grundsätze, S. 264.
2) LEFFSON, Grundsätze, S. 259 f., 294. Zur Systematik von Erwartungen im Bereich des Jahresabschlusses vgl. LEFFSON, Grundsätze, S. 362 f.; BAETGE, Objektivierung, S. 75 ff..
3) Vgl. MELSHEIMER, Rückstellungen, Diss. rer. pol., Bonn 1968, S. 55; HERRMANN/HEUER, Kommentar, § 6 Anm. 62 f., E 220 f..
4) LEFFSON, Grundsätze, S. 259 f..
5) Dieter SCHNEIDER, Unternehmensbesteuerung, ZfbF 1967, S. 206 (214). Vgl. zum Vorsichtsprinzip MENSCHING, Prinzip, Diss. rer. pol., Hamburg 1967, S. 9 ff.. Zur Ablehnung stiller Rücklagen vgl. VON COLBE, Rücklagen, HdB, Bd. III, Sp. 4722 ff..

schafts- und Kommunikationszweck [1] steuerlicher Gewinnermittlung unvereinbar, als Grundannahme indiskutabel.
Das Vorsichtsprinzip ergänzender Prägung regelt nach
Leffson [2] und Baetge [3] die Bewertung bei unsicheren
Erwartungen mit der Folge einer Objektivierung des Jahreserfolges. Dieses so verstandene Prinzip kommt bei der
Antizipation erwarteter negativer Erfolgsbeiträge im Imparitätsprinzip zum Ausdruck. Es zeigt sich ferner in
der Einräumung von Bewertungswahlrechten, begründet mit
dem Dekret des Realisationsprinzips [4] 'Ausweisverbot
nicht realisierter positiver Erfolgsbeiträge'.

Ergebnis: Das Prinzip der Vorsicht ist als Grundannahme
steuerlicher Gewinnermittlung in der von Leffson und
Baetge vorgeschlagenen Form diskutabel, jedoch für die
Bewertung fertiger und unfertiger Erzeugnisse als eigener Bewertungsgrundsatz entbehrlich, da die seine Verwendung auslösenden Motive bereits durch das Realisa-
tions- und das Imparitätsprinzip beachtet werden [5].

cc) Die Auswahl der Grundannahmen über die Bewertung

Bei dem Bemühen, den Voraussetzungen einer Wertermittlung nach der gerundiven Werttheorie zu entsprechen und
ein der Besteuerung nach der Leistungsfähigkeit gleich-
gerichtetes Unterziel der Gewinnermittlung zu finden,

---

1) Vgl. Dieter SCHNEIDER, Thesen, DB 1970, S. 1697
   (1701).
2) LEFFSON, Grundsätze, S. 335 ff..
3) BAETGE, Objektivierung, S. 33 ff.; anderer Auffassung
   ist Dieter SCHNEIDER, Thesen, DB 1970, S. 1697 (1701).
4) Vgl. Institut "Finanzen und Steuern" e. V.: Bilanzierungswahlrechte, S. 14 f.; zum Verhältnis Realisa-
   tions-, Imparitäts- und Vorsichtsprinzip vgl. LEFF-
   SON, Grundsätze, S. 342 f..
5) Vgl. auch BECK, Beschäftigungsschwankungen, Diss.
   rer. pol., München 1966, S. 43 f., 53 f.. Vor einer
   möglichen Anwendung des Vorsichtsprinzips blieben si-
   cherlich eine Anzahl noch offener Fragen zu regeln,
   z. B. die Kongruenz mit der Anforderung Einfachheit,
   das Problem hinreichender statistischer Massen.

mußte die fehlende Einigung über die Definition des maximal entziehbaren Gewinns bzw. der wirtschaftlichen Leistungsfähigkeit festgestellt werden. Daher wurden im nächsten Untersuchungsschritt neben den Anforderungen der Einkommensbesteuerung Grundannahmen über die steuerliche Gewinn- bzw. Wertermittlung diskutiert. Die Frage nach der Eignung der erörterten Grundannahmen für die bilanztheoretische Ableitung von Wertkonventionen kann zusammenfassend wie folgt beantwortet werden:

(1) Grundlage der Wertermittlung ist das Anschaffungswertprinzip.

(2) Das Imparitätsprinzip ordnet den Ausweis nicht realisierter negativer Erfolgsbeiträge unter bestimmten Bedingungen an.

(3) Das Realisationsprinzip als Periodisierungsgrundsatz ist nur mit Einschränkungen brauchbar. Die teilweise Unbestimmtheit der Aufwandsrealisation veranlaßt zum Rückgriff auf die Ebene der kalkulatorischen Rechnung, um unter Verwendung dieser Erkenntnisse das Realisationsprinzip zu ergänzen [1].

---

1) Der Rückgriff auf die Kostenrechnung im Rahmen der bilanziellen Jahreserfolgsrechnung ist strittig (vgl. EYMER, Herstellungskosten, Diss. rer. pol., Köln 1952, S. 24 ff.; SCHOCH, Gewinnermittlung, BFuP 1954, S. 158 ff.). BURG (Bewertung, Diss. rer. pol., Wien 1960, S. 64) qualifiziert den Begriff 'Herstellungskosten' für die bilanzielle Erzeugnisbewertung als einen "Fehlbegriff in der bilanztheoretischen Terminologie". Er will diesen Begriff - wie viele andere Autoren - durch den Terminus 'Herstellungsaufwand' ersetzen. Obwohl den sachlogischen Argumenten einer solchen Begriffssubstitution beizupflichten wäre, bleibt der Verfasser dieser Untersuchung bei dem Terminus 'Herstellungskosten'.
1. Argumente für eine Begriffssubstitution
Der Begriff 'Herstellungskosten' im Bilanzsteuerrecht ist nur historisch zu erklären, da vor der Abgrenzung 'Ausgabe - Aufwand - Kosten' durch die Betriebswirtschaftslehre Kosten und Geldausgaben gleichgesetzt wurden (vgl. VAN DER VELDE, Herstellungskosten, S. 29 ff.; LOTTES, Herstellungskosten, BFuP 1951, S. 462 (463)). Die Betriebswirtschafts-

Auf diese Art wird der von Dieter Schneider kritisierte

Fortsetzung FN 1 S. 64
lehre versteht unter dem Ausgabenbegriff eine Zahlungs-
größe. Der Aufwandsbegriff - als periodisierte Ausgabe
aus dem Ausgabenbegriff abgeleitet - umfaßt in seiner
weiten Fassung den sog. neutralen Aufwand und den sog.
Zweckaufwand. Der Kostenbegriff - wie noch zu zeigen
sein wird als leistungsverbundener, bewerteter Güterverbrauch definiert - umfaßt in seiner weiten Fassung
die sog. Grundkosten (= Zweckaufwand), die sog. Zusatzkosten (= aufwandslos) und die sog. Anderskosten (=auf-
wandsungleich). (Vgl. zur begrifflichen Abgrenzung von
Ausgaben, Aufwand und Kosten SCHMALENBACH, Kostenrechnung, S. 5 ff.; KOSIOL, Betriebsbuchhaltung, S. 89 ff.;
vor allem HEINEN, Kostenlehre, S. 91 ff.). Die nach dem
Grundsatz der Einzelbewertung notwendige Bewertung des
e i n z e l n e n   Erzeugnisses - Stückrechnung - muß
im Rahmen einer "dynamischen Periodenerfolgsrechnung"
auf die Begriffskategorien 'Aufwand und Ertrag' zurückgreifen, daher Herstellungsaufwand. Bedeutsam ist
jedoch, daß bei kongruenter Mengenextensionskomponente
und einer Wertextensionskomponente auf der Basis 'Anschaffungspreise' die Begriffe Kosten und Aufwand, Herstellungskosten und Herstellungsaufwand identische Inhalte verkörpern. Zu den Befürwortern des Terminus
'Herstellungsaufwand' gehören HARTKOPF, Bewertung,
ZfhF 1933, S. 446 (449); EYMER, Herstellungskosten,
Diss. rer. pol., Köln 1952, S. 11; Alfred MÜLLERS,
Herstellungskosten, WPg 1956, S. 222 (222); DAHL, Ak-
tivierung, S. 69 f.; VAN DER VELDE, Herstellungskosten,
S. 57; ESSER, Herstellungskosten, AG 1962 Sonderbeilage
II/62, S. 1 (1 f.); BIEDERMANN, Herstellungskosten,
RWP-Blattei, 14 D (Steuer) Bilanz II B 5, S. 31 (35
f.); Walter LENZ, Herstellungskosten, S. 17 (20);
FRANK, Ableitung, BB 1967, S. 177 (177 f.); WÖHE,
Steuerlehre, Bd. I, S. 249; LUTZ, Herstellungsaufwand,
DB 1971, S. 253 (253).

2. Argumente gegen eine Begriffssubstitution

Ausgehend von dem letztgenannten Argument ist es kein
weiter Schritt, auf eine "Betriebsbuchhaltung in der
Finanzbuchhaltung" allein für den Zweck steuerbilanzieller Erzeugnisbewertung der Einfachheit halber zu
verzichten, Rückgriff auf die bereits existenten Aussagen der betriebswirtschaftlichen Kostenlehre zu nehmen und einen spezifisch steuerlichen Herstellungskostenbegriff zu entwickeln. (Vgl. HEINEN, Grundlagen,
S. 218 f.; SCHLENK, Kostentheorie, Diss. rer. pol.,
Wien 1959, S. 69; BÖRNER, Costing, Diss. rer. pol.,
München 1961, S. 15 ff.; BECK, Beschäftigungsschwankungen, Diss. rer. pol., München 1966, S. 27 ff.). Für
die Beibehaltung des Terminus 'Herstellungskosten'
spricht schließlich das Argument des traditionellen
Sprachgebrauchs (vgl. KELLER, Vertriebskosten, Diss.
rer. pol., Mainz 1969, S. 11; Gutachten 1971, Abschnitt

Zirkel von der Bilanzlehre zu den Ergebnissen der betriebswirtschaftlichen Kostenlehre geschlossen [1].

Der gesuchte Nicht-Entscheidungswert bzw. die gesuchte Wertkonvention ist nicht ein Extremwert, d. h. kein theoretischer Wert, der etwa der Zielsetzung des maximal entziehbaren Gewinns gemäß ein entsprechender, maximal hoher Erzeugniswert wäre. Der gesuchte Nicht-Entscheidungswert ist ein befriedigender Wert, gekennzeichnet durch "eine mehr oder weniger hohe Erfüllung des verfolgten Zieles"[2]. Entscheidungstheoretisch befriedigend ist ein solcher Wert, der erstens durch eine Menge gegebener Kriterien zumindest beschrieben werden kann, der zweitens den gegebenen Kriterien zumindest entspricht oder sie weniger verletzt als andere Werte [3]. Die Bewertungskriterien,

---

Fortsetzung FN 1 S. 64/65
V, TZ 104). Es kommt hinzu, daß der Terminus 'Herstellungsaufwand' durch § 21 EStG/A 157 EStR belegt ist. Aus diesen Gründen wird in der vorliegenden Untersuchung der Terminus 'Herstellungskosten' beibehalten. Vgl. auch BOMMARIUS, Herstellungswert, Diss. rer. pol., Frankfurt a. M. 1958, S. 132; LAYER, Deckungsbeitragsrechnung, ZfbF 1969, S. 131 (131); STEINBERG, Einheitsbewertung, StBp 1967, S. 121 (126 f.); HORSTMANN, Herstellkostenbegriff, StbJb 1968/69, S. 395 ff.; HERZIG, Herstellungskosten, BB 1970, S. 116 (116); ROSE, Steuerlehre, Jahrbuch der Fachanwälte für Steuerrecht 1970/71, S. 77 (80 f.).

1) Die den Herstellungskostenbegriff ablehnende Haltung Dieter SCHNEIDERs, (Reform, StuW 1971, S. 326 (334 ff.)) resultiert logisch aus dem von ihm definierten steuerlichen Einkommensbegriff und seinem "statischen" Realisationsprinzip. Dieses Realisationsprinzip bedarf keines Rückgriffs auf die Aussagen der betriebswirtschaftlichen Kostenlehre, da eine Verrechnung von Gemeinkosten nicht in Betracht kommt. Sie stellen keine selbständigen Wirtschaftsgüter dar. Eine Verrechnung der als selbständige Wirtschaftsgüter erfaßbaren Einzelkosten bzw. Einzelausgaben ist unproblematisch.

2) HEINEN, Kostenlehre, S. 480.

3) Vgl. THEISS, Bildung, Diss. rer. pol., München 1969, S. 17, mit weiteren Literaturangaben.

die in dieser Untersuchung im folgenden für die Ermittlung steuerlicher Herstellungskosten benutzt werden,
sind die Anforderungen der Einkommensbesteuerung und
die Grundannahmen steuerlicher Gewinn- und Wertermittlung.

Zweites Kapitel

Die zweckabhängige Ermittlung der steuerrechtlichen Wertkategorie „Herstellungskosten" als betriebswirtschaftlicher Nicht-Entscheidungswert

Ziel der weiteren Untersuchung ist es, die Herstellungskosten von Erzeugnissen als sog. Nicht-Entscheidungswert bzw. Wertkonvention in der Steuerbilanz abzuleiten. Bezugsbasis ist die im ersten Kapitel entwickelte theoretische Basis der Steuerbilanz, bestehend aus den Anforderungen der Einkommensbesteuerung und den Grundannahmen steuerlicher Gewinn- bzw. Wertermittlung.

Der Gang der Untersuchung läßt sich wie folgt kennzeichnen: Zunächst stellt sich die Frage nach der Isomorphie oder Diskrepanz der Beziehung zwischen betriebswirtschaftlicher Kostentheorie und Kostenrechnung, denn der Theoretiker wird versucht sein, den kostenrechnerischen Informationskalkül 'Ermittlung steuerlicher Herstellungskosten' in direkter Anlehnung an die kostentheoretischen Aussagen der Betriebswirtschaftslehre zu entwickeln. Die anschließende Erörterung der pragmatischen Dimension [1] der Kostenrechnung dient der Fixierung der

---

1) In Anlehnung an die Sprachanalyse (Semiotik) unterscheidet man die syntaktische, die semantische und die pragmatische Dimension eines Informationssystems. In der Syntax interessiert die Formalstruktur eines Kalküls, d. h. die Symbole des Aussagesystems (Buchstaben, Ziffern) und ihre Verbindung durch logische sowie mathematische Regeln. In der Semantik wird der Inhalt der Symbole festgelegt - die Nachricht -, in der Pragmatik wird "die Relevanz der quantitativen Nachrichten des Rechnungsmodells für die Zwecke ihrer potentiellen oder aktuellen Adressaten in die Betrachtung einbezogen" (BRANDL, Deckungsbeitragsrechnung, Diss. rer. pol., Erlangen/Nürnberg 1970, S. 5 f.). Vgl. vor allem COENENBERG, Kommunikation, Diss. rer.

Merkmale des Kostenrechnungssystems, dessen Inhalt der Informationskalkül 'Ermittlung steuerlicher Herstellungskosten' ist. Die semantische Dimension bedarf aus zweifachem Grunde der Klärung: Erstens ist die Entscheidung für einen allgemeinen Kostenbegriff Voraussetzung der Ableitung des spezifischen Kostenbegriffs 'Herstellungskosten'. Zweitens plädierten in jüngerer Zeit einige Fachvertreter für den pagatorischen Kostenbegriff als allgemeinen Kostenbegriff. Schließlich folgt die Beantwortung der Frage, ob die Teilkostenkalkulation oder die Vollkostenkalkulation - in Abhängigkeit alternativer Kostenrechnungsprinzipien - zu Herstellungskosten führen, die gemessen an der theoretischen Basis 'Steuerbilanz' als befriedigend klassifiziert werden können oder nicht.

Fortsetzung FN 1 S. 69
pol., Köln 1966, S. 22 ff.; ZETTL, Prozeß, Diss. rer. pol., München 1969, S. 5 ff.. MEFFERT (Beziehungen, Diss. rer. pol., München 1964, S. 145 ff.; Kosteninformationen, S. 30 ff.) überträgt diese informationstheoretische Betrachtungsweise auf die Kostenrechnung; vgl. ebenfalls KUPFERNAGEL/POLASCHEWSKI/REICH, Kostenrechnung, S. 11 ff.; HUMMEL, Kostenerfassung, S. 92 ff.. Da der Rechnungszweck den Rechnungsinhalt determiniert, wird im folgenden zunächst die pragmatische Dimension beleuchtet, daran anschließend die semantische Dimension. Die syntaktische Dimension der Kostenrechnung geht im Zusammenhang mit den beiden anderen in die Untersuchung ein.

Erster Teil:

Deskriptive Aussagen zur Kostenrechnung und ihre Auswahl zum Zwecke der Ermittlung steuerlicher Herstellungskosten

A. Interdependenz und Diskrepanz von Kostentheorie und Kostenrechnung

Die betriebswirtschaftliche Kostenlehre erstreckt sich sachlogisch auf zwei Teilgebiete: Kostentheorie und Kostenrechnung. Ihr gemeinsames Untersuchungsobjekt "bilden die komplexen, von zahlreichen Einflußgrößen abhängigen Kostenverhältnisse in der betrieblichen Wirklichkeit" [1]. Gegenstand der kostentheoretischen Erklärungsfunktion ist die modellhafte Darstellung der quantitativen Abhängigkeiten zwischen Kosteneinflußgrößen und Kostenhöhe. Gegenstand der kostentheoretischen Gestaltungsfunktion ist die Erforschung der Bedingungen zur Optimierung kostenbezogener Entscheidungen. Funktion der Kostenrechnung ist die Darstellung der kostenrechnerischen Beziehungen von Kosteneinflußgrößen und Kostenhöhe für den jeweils relevanten Einzelfall. Während die Erfassung, Aufbereitung und Zurechnung von Kosten auf Kostenrechnungsobjekte Gegenstand der Erklärungsfunktion ist, zeigt sich die Gestaltungsfunktion in der Anwendung von Kostennachrichten für die zweckadäquate Ausrichtung unternehmungsinterner oder -externer Informationskalküle [2].

---

1) HEINEN, Kostenlehre, S. 35; vgl. ferner SCHMITZ, Kostentheorie, Diss. rer. pol., Köln 1957, S. 75 ff.; KILGER, Grundlage, ZfhF 1958, S. 553 (553); MEFFERT, Beziehungen, Diss. rer. pol., München 1964, S. 54 ff.; derselbe, Kosteninformationen, S. 90 ff.; JACOBS, Grundlage, Diss. rer. pol., TH Aachen 1966, S. 10 ff..
2) Vgl. LASSMANN, Produktionsfunktion, S. 5 ff.; KILGER, Kostentheorie, S. 7 f.; MEFFERT, Beziehungen, Diss. rer. pol., München 1964, S. 69 ff.; derselbe, Kosteninformationen, S. 96 ff.; JACOBS, Kostenrechnung, S. 5 ff.; LÜCKE, Kostentheorie, S. 13 ff.; HEINEN, Kostenlehre, S. 35 f., 111 ff.: Die Aufgaben der Kostenrechnung bezeichnet Heinen als Ermittlungs- und Opti-

Die Parallelen in der Aufgabenstellung sind unverkenn-
bar, wenngleich die Kostenrechnung "Optimierungsproble-
me aufdeckt, die die Kostentheorie noch nicht systematisch untersucht hat" [1].

Meffert hat zur Feststellung von Diskrepanzen beide
Teilgebiete zusätzlich einem Vergleich ihres Begriffs-
systems und ihrer Formalstruktur unterzogen [2]. Das Be-
griffssystem weist aus dem differenten Forschungsstand
beider Teilgebiete herrührende Unterschiede auf. Der
Strukturvergleich verdeutlicht, daß eine Isomorphie kostentheoretischer und -rechnerischer Modelle nicht mit
der Produktionsfunktion vom Typ A, noch nicht mit der
von Gutenberg konzipierten Produktionsfunktion vom Typ
B [3] realisierbar ist. Erst die auf dem Aussagensystem
Gutenbergs aufbauende, von Heinen entwickelte Produktionsfunktion vom Typ C [4] scheint dem geringen Abstraktionsgrad der Kostenrechnung nahezukommen, indessen weiterhin mit Einschränkungen [5].

Die praktische Diskrepanz resultiert u. a. aus der iso-
lierten Analyse einzelner Kosteneinflußgrößen und ihrer

Fortsetzung FN 2 S. 71
mierungsfunktion, Meffert als Darstellungs- und Len-
kungsfunktion (in Anlehnung an LEHMANN). BECK (Beschäftigungsschwankungen, Diss. rer. pol., München
1966, S. 30 ff.) spricht von den Zwecken der Kostentheorie und Kostenrechnung, meint jedoch ihren Gegenstand.
1) MEFFERT, Kosteninformationen, S. 110. Vgl. auch
   SCHMITZ, Kostentheorie, Diss. rer. pol., Köln 1957,
   S. 74.
2) Vgl. MEFFERT, Kosteninformationen, S. 111 ff..
3) Vgl. GUTENBERG, Produktion, S. 326 ff..
4) Vgl. HEINEN, Kostenlehre, S. 220 ff..
5) Vgl. MEFFERT, Kosteninformationen, S. 136 et passim,
   mit ausführlichen Literaturhinweisen; vgl. auch HAAS,
   Kosten, Diss. rer. pol., Mannheim 1950, S. 38 f.;
   HENZEL, Betrachtung, ZfbF 1967, S. 313 ff.; KLOOCK,
   Input-Output-Modelle, S. 63 ff..

Wirkung auf die Kostenhöhe. Die Erklärung der Realität
setzt die Berücksichtigung aller relevanten Einflußgrößen voraus. In den kostentheoretischen Kalkülen dominiert
die Prämisse 'Einproduktunternehmung bzw. Parallelproduk-
tion'. In der Realität überwiegen Mehrproduktunternehmungen. Die Modelle haben in der Regel statischen Charakter.
Im Zeitablauf variierende Kosteneinflußgrößen bestimmen
die reale Kostenhöhe. Die Kostentheorie geht von Kosten-
funktionen aus, deren Lage und Gestalt eindeutig ist. Sie
steht damit im Widerspruch zur tatsächlich gegebenen Mehr-
deutigkeit. Schließlich besteht das Problem der Organisation, das bei kostentheoretischen Aussagen negiert wird,
aber für die Wirklichkeit kostenrechnerischer Informationskalküle von Bedeutung ist [1].

"Die Informationssysteme der Kostenrechnung können sich
daher nicht auf die allgemeingültige Darstellung von Erscheinungen des Mengen- und Wertbewegungsprozesses beschränken. Bei der isomorphen Abbildung der empirischen
Kostenbasis in realen Zahlen, bei der numerischen Auf-
deckung bzw. Isolierung der Kostenbestimmungsfaktoren hat
sich die Kostenrechnung mit Gegebenheiten der betrieblichen Wirklichkeit auseinanderzusetzen, wie differenziert
und schwierig diese auch immer sein mögen. Daraus erklärt
sich auch die Tatsache, daß sich die vorwiegend induktiv
gewonnenen Aussagen aller kostenrechnerischen Informationssysteme auf einem wesentlich niedrigeren Abstraktionsgrad bewegen als jene der Kostentheorie." [2]

Aus dieser faktischen Diskrepanz kann für diese Untersuchung allein gefolgert werden, daß nicht irgendeine ideal-
typische Isomorphie von Kostentheorie und Kostenrechnung
die steuerliche Wertkategorie 'Herstellungskosten' ausma-
chen wird. Die ganz konkrete theoretische Basis der Steuerbilanz konzediert lediglich einen auf einem niedrigen

---

1) Zur Bedeutung organisatorisch-rechentechnischer Fragen
   z. B. bei der Kostenerfassung vgl. HUMMEL, Kostenerfassung.
2) MEFFERT, Kosteninformationen, S. 139.

Abstraktionsgrad stehenden, isolierte kostentheoretische
Aussagen daher nur partiell übernehmenden kostenrechnerischen Informationskalkül. Da Kostenrechnungskalküle un-
terschiedlichsten Zwecken dienen, müssen außerhalb des
Untersuchungszwecks liegende Zwecksetzungen der Kostenrechnung und ihrer Benutzer isoliert werden, die Folgerungen für das Kostenrechnungssystem zur Ermittlung der
Herstellungskosten fertiger und unfertiger Erzeugnisse
in der Steuerbilanz beachtet werden. Daher schließt sich
im folgenden eine kurze Erörterung der pragmatischen Dimension der Kostenrechnung an, dem folgt die Behandlung
der semantischen Dimension, d. h. die Frage nach dem Inhalt des allgemeinen Kostenbegriffs, der aus ihm ableit-
baren spezifischen Kostenbegriffe sowie des in dieser Untersuchung abzuleitenden steuerlichen Kostenbegriffs.

B. Die pragmatische Dimension der Kostenrechnung

Allgemeine Aufgabe der Kostenrechnung ist die Erstellung
kostenrechnerischer Informationskalküle, die unternehmungsinterne oder -externen Adressaten zugedacht sind [1].
Ihr Kennzeichen ist ihr Zweckpluralismus [2]. Aussagen zu
einem bestimmten kostenrechnerischen Informationskalkül
sind daher nur unter der Bedingung auf einen anderen Kalkül transferierbar, daß die Vereinbarkeit der Zwecke
festgestellt ist [3]. Nowack meint: "Streng genommen müßte man für jeden Rechnungszweck eine eigens hierauf abgestellte Kostenrechnung aufmachen" [4].

---

1) Vgl. KOSIOL, Kostenrechnung, S. 61; MEFFERT, Kosteninformationen, S. 33, 51 ff..
2) Vgl. Adolf MÜLLER, Einfluß, Archiv für das Eisenhüttenwesen 1935/36, S. 215 ff.; LEHMANN, Industriekalkulation, S. 28; KOSIOL, Kostenrechnung, S. 71; DORN,
   Aussagemöglichkeiten, S. 441 (446 ff.); MOEWS, Aussagefähigkeit, S. 35 ff..
3) Vgl. KOSIOL, Unternehmungsführung, S. 61 (63).
4) NOWACK, Kostenrechnungssysteme, S. 26. Wenn dieser
   Satz gilt, dann folgt jedem Rechnungszweck ein eigener
   Kostenrechnungskalkül, dann ist die Auffassung, "die"
   Kostenrechnung verfolge andere Zwecke als zur Erzeug-

Ein Blick auf betriebswirtschaftliche Veröffentlichungen
zur Kostenrechnung zeigt die Behandlung interner und ex-
terner Informationskalküle, jedoch mit unterschiedlicher
Gewichtung. Im Vordergrund stehen interne Planungs- und
Kontrollrechnungen [1] über die qualitative und quantitative Gestaltung des Produktionsprogramms, über die Ermittlung erfolgswirksamer Preisuntergrenzen, über die
kurzfristige Erfolgsermittlung etc.. Aussagen zu solchen
Kostenrechnungskalkülen sind nicht ohne weiteres für externe Informations- oder Dokumentationsrechnungen [1]
brauchbar.

Externe Informationszwecke der Kostenrechnung bilden in
der Regel nur im Zusammenhang mit staatlichen Verordnun-
gen oder für die Preisbildung bei öffentlichen Aufträgen
den Gegenstand betriebswirtschaftlicher Abhandlungen [2].

Fortsetzung FN 4 S. 74
nisbewertung erforderlich, fehlerhaft: vgl. z. B.
EYMER, Herstellungskosten, Diss. rer. pol., Köln
1952, S. 69; neuerdings noch im Gutachten 1971, Abschnitt V, TZ 122 S. 459.

1) ZYBON (Rechnungswesen, S. 69 ff.) unterscheidet in
einer neuen Systematik des Rechnungswesens Dokumen-
tations-, Ermittlungs-, Planungs- und Kontroll-Rech-
nungen. Vgl. zum Inhalt solcher in aller Regel internen Rechnungen aus der umfangreichen Literatur zur
Kostenrechnung z. B. MATZ, Kostenrechnung, ZfB 1953,
S. 681 ff.; Dieter SCHNEIDER (Kostentheorie, ZfhF
1961, S. 677 (690)) schließt die externen Informationsrechnungen sogar ausdrücklich in seiner Abhandlung aus; SCHMALENBACH, Kostenrechnung, S. 15 ff.;
KOSIOL, Kostenrechnung, S. 61 ff.; LEHMANN, Industriekalkulation, S. 27 ff.; MELLEROWICZ, Kosten, Bd. II/I,
S. 64 ff.; VODRAZKA, Kostenzurechnung, ÖBW 1964, S.
11 ff.; MANN, Kostenrechnung, ZfbF 1965, S. 597 ff.;
BUSSMANN, Rechnungswesen, S. 3 f.; SCHÖNFELD, Kostenrechnung I, S. 9 ff.; HUCH, Kostenrechnung, S. 14
ff.; MOEWS, Aussagefähigkeit, S. 34 ff.; RIEBEL,
Deckungsbeitragsrechnung, S. 162 ff..

2) Vgl. beispielsweise GROCHLA, Kostenrechnungsvorschriften, HdB Bd. II, Sp. 3448 ff.. Vgl. zu den Autoren,
die den externen Informationszweck der Kostenrechnung
bei der Erzeugnisbewertung von anderen Zwecksetzungen
deutlich trennen, BÜRNER, Costing, Diss. rer. pol.,
München 1961, S. 150 ff.; MEFFERT, Kosteninformationen, S. 180 ff.; HERTERICH, Erzeugniskostenrechnung,
KRP 1970, S. 193 (194 f.); KRUSE, Bilanzierung, S.
24 ff.; NETH, Herstellungskosten, S. 28 ff..

Zwar wird selten der Hinweis auf die gesetzliche
Pflicht bilanzieller Erzeugnisbewertung unterlassen,
doch bleibt es bei einer solchen Feststellung bzw. bei
der kritiklosen Hinnahme der Regelungen des Abschnitts
33 EStR [1]. Jedoch: "Wissenschaftliche Probleme werden
nicht dadurch gelöst, daß man sich auf Kommentare, auf
Prüfungsrichtlinien oder auch auf Einkommensteuerricht-
linien bezieht" [2].

Andere Autoren glauben die Erzeugnisse unabhängig vom
spezifischen Bilanzzweck mit "rein betriebswirtschaftlich" definierten Herstellungskosten bewerten zu können [3]. Sie übertragen häufig Aussagen zu internen Ko-

---

1) Vgl. SCHMALENBACH, Kostenrechnung, S. 24; LAYER, Anwendbarkeit, S. 186 ff.; BISCHOFF, Herstellkosten,
KRP 1967, S. 121 (123 ff.); SCHÖNFELD, Kostenrechnung I, S. 11; VORMBAUM, Kalkulationsarten, S. 29 f.;
SCHWARZ, Kostenträgerrechnung, S. 43.
2) SANDIG, Bilanzierungsfähigkeit, WPg 1957, S. 64
(64).
3) Vgl. folgende prägnante Beispiele bekannter deutscher Betriebswirtschaftler: PLAUT, Unternehmensbesteuerung, ZfB 1961, S. 460 (476): Plaut empfiehlt
zwar grundsätzlich eine Bewertung zu Grenzkosten,
konzediert aber, daß eine solche Bewertung gegen
steuerliche Normen verstoßen mag. Vgl. ALBACH, Bewertungsprobleme, BB 1966, S. 377 (379 ff.); HÖRST-
MANN, Herstellkostenbegriff, StbJb 1968/69, S. 395
ff.; LAYER, Deckungsbeitragsrechnung, ZfbF 1969, S.
131 ff.; derselbe, Herstellkosten, DB 1970, S. 988
ff.; WOHLGEMUTH, Planherstellkosten, S. 17 ff.; derselbe, Eignung, ZfbF 1970, S. 387 ff.; KILGER, Plankostenrechnung, S. 665 ff.; HEINEN, Industriebetriebslehre, S. 749 f.. Kilger und - in Anlehnung an
ihn - Heinen behaupten, die Steuerpraxis habe sich
mit dem Fixkostenproblem nicht auseinandergesetzt.
Man muß Kilger und Heinen entgegenhalten, sich in ihren umfangreichen Opera mit kaum einem Wort mit der
theoretischen Basis der Steuerbilanz auseinanderzusetzen. Vgl. zur theoretischen Kritik an einer solchen Vorgehensweise STÜTZEL, Elementarkategorien,
ZfB 1966, S. 769 (784 ff.).

stenrechnungskalkülen auf die bilanzielle Erzeugnisbewertung. In nur wenigen Unternehmungen schließlich geht
den deskriptiven und präskriptiven Aussagen zum Herstel-
lungskostenproblem eine eingehende Auseinandersetzung
mit der theoretischen Basis voran [1]. So verwundert es
nicht, daß in der Steuerpraxis weiterhin die Vorstellung
eines einheitlich zu definierenden Herstellungskostenbegriffs existiert [2]. Versucht man diese Vorstellung auszu-
räumen, so stellt sich die Frage, welche Merkmale ein Kostenrechnungssystem bestimmen, dessen Zweck die Ermittlung der Herstellungskosten von Erzeugnissen in der
Steuerbilanz ist. Unter dem Aspekt deskriptiver Pragmatik werden die in der Kostenrechnungsliteratur beschriebenen und analysierten Merkmale realer Kostenrechnungssysteme skizziert und abgegrenzt. Unter dem Aspekt präskriptiver Pragmatik werden sie im Falle alternativ zu-
lässiger Rechnungsinhalte eines einzelnen Merkmals dem
Grade ihrer Vorziehenswürdigkeit nach - gemessen an den
Grundannahmen bzw. den Anforderungen - ausgewählt oder
ggf. einer weiteren theoretischen Betrachtung unterzogen.

I. Die deskriptive Pragmatik

Der Terminus 'System' wird in der betriebswirtschaftlichen Literatur als die Gesamtheit geordneter Merkmale
bzw. Elemente definiert. Kostenrechnungssysteme sind Mo-
delltypen, die durch bestimmte Merkmalskombinationen zu
kennzeichnen sind [3]. Einzelne Vertreter der Betriebs-

---

1) Vgl. etwa Dieter SCHNEIDER, Thesen, DB 1970, S. 1697
ff.; derselbe, Gewinnermittlung, ZfbF 1971, S. 352
ff.; vornehmlich für die aktienrechtliche Bilanz
NETH, Herstellungskosten, S. 26 ff.; DIETZ, Normierung, S. 99 f.; LEFFSON, Grundsätze, S. 161 ff..
2) Vgl. z. B. LENZ, Bedeutung, StBp 1965, S. 241 (241);
NETH, Herstellungskosten, S. 3. Daß dieser Begriff
nicht einheitlich sein kann, sondern unter bestimmten
Bedingungen eingegrenzt werden muß, wird in dieser
Untersuchung zu zeigen sein.
3) Vgl. MEFFERT, Kosteninformationen, S. 62. Zum System-
begriff vgl. FUCHS, Systemtheorie, HdO, Sp. 1618
(1619 ff.).

wirtschaftslehre [1] haben die realen Erscheinungsformen
von Kostenrechnungssystemen analysiert und nach verschie-
densten Gesichtspunkten typologisiert. So gliedert z. B.
Schwarz [2] die Kostenrechnung nach folgenden Merkmalen:

1. Merkmal: Objekt - Kostenarten-, Kostenstellen- und
   Kostenträgerrechnung
   Kostenarten-, Kostenstellen- und Kostenträger-Zeit-
   rechnung sind Periodenrechnungen, auch Betriebsabrechnung genannt. Dagegen besteht die Aufgabe der Kostenträger-Stückrechnung in der Zurechnung von Kosten
   auf die Leistung, auf das einzelne Kalkulationsobjekt,
   das fertige oder unfertige Erzeugnis [3].

---

1) Vgl. NOWACK, Kostenrechnungssysteme, S. 47 ff.; BÖR-
   NER, Costing, Diss. rer. pol., München 1961, S. 245
   ff.; KOSIOL, Kostenrechnung, S. 73 ff.; derselbe,
   Rechnungswesen, S. 608 ff.; MEFFERT, Kosteninformationen, S. 62 ff.; SCHWARZ, Kostenträgerrechnung, S.
   24 ff..
2) Vgl. SCHWARZ, Kostenträgerrechnung, S. 24 ff. et
   passim.
3) RIEBEL lehnt diese traditionelle Unterteilung ab und
   plädiert in Anlehnung an SCHMALENBACH (Kostenrechnung,
   S. 268 ff.) für eine Aufspaltung der Kostenrechnung in
   eine universelle, systematisch datenregistrierende
   Grundrechnung einerseits, in je nach Rechnungszweck
   ausgestaltete, auf ihr fußende Sonderrechnung andererseits. Riebel bezeichnet die Grundrechnung als kombinierte Kostenarten-, Kostenstellen-, Kostenträgerrechnung vor Schlüsselung der Gemeinkosten. Die in dem
   System des Rechnens mit relativen Einzelkosten nicht
   dem Kostenträger direkt zurechenbaren Kosten, die Gemeinkosten, wären - unter Zugrundelegung des geltenden
   Steuerrechts - erst in der Sonderrechnung gesondert zu
   verrechnen. Neben der systematischen Grundrechnung wäre lediglich eine Art ergänzender steuerlicher Be-
   triebsabrechnungsbogen anzulegen. Vgl. dazu RIEBEL,
   Einzelkosten, ZfhF 1959, S. 213 (214, 218, 223); derselbe, Aufbau, ZdB 1964, S. 84 ff.; derselbe, Durchführung, ZdB 1964, S. 117 ff., 142 ff.; derselbe,
   Preiskalkulation, ZfhF 1964, S. 549 (589 ff.); derselbe, Entscheidungen, NB 1967, S. 1 (11 f.). Vgl. in
   Anlehnung an Riebel LAYER, Anwendbarkeit, S. 189 ff..
   Vgl. zur Funktion der Grundrechnung und der Sonderrechnungen beim Aufbau einer Theorie wirklichkeitsna-
   her Kostenerfassung die sehr fundierte Studie von
   HUMMEL, Kostenerfassung, S. 53 ff..

2. Merkmal: Zeitbezug - vergangenheits- und zukunftsorientierte Kostenrechnungen
   Vergangenheitsrechnungen dienen der Dokumentation und
   der Rechenschaftslegung für interne und externe Infor-
   mationsempfänger. Zukunftsorientierte Kostenrechnungen - z. B. Betriebsabrechnungen -gelten durch die
   Planung und verbindliche Vorgabe der Kosten als wirksame Lenkungsrechnungen der Unternehmungsführung. Durch
   Vergleich der Planwerte mit den Istwerten und die differenzierte Analyse der Abweichungsursachen verfügt
   ein Management über eine der Verwirklichung ihrer Zielsetzungen adäquate Kontrollrechnung.

3. Merkmal: Grad der Kostennormierung - Ist-, Normal-
   und Plankostenrechnungen [1]
   Istkosten sind tatsächlich realisierte Kosten. Die Erfassung und Verrechnung allein von Istkosten z. B. für
   die Kalkulationsobjekte 'fertige und unfertige Erzeugnisse' ist wegen der zeitlichen und sachlichen Abgrenzung einzelner Kostenarten nicht möglich. Antizipierte
   Teilbeträge solcher Kostenarten (z. B. Abschreibungen)
   sind nicht tatsächliche, sondern normalisierte oder
   geplante Kosten.

   Normalkosten finden in den kostenrechnerischen Infor-
   mationskalkülen der Unternehmungspraxis vornehmlich
   zum Zwecke der Vereinfachung der innerbetrieblichen
   Leistungsverrechnung und der Kalkulationssätze der
   Hauptkostenstellen ihre Verwendung. Sie werden als statische oder aktualisierte Mittelwerte aus den Ist-Ko-
   sten vergangener Perioden ermittelt. Den höchsten Grad
   der Kostennormierung verkörpern Plankosten, d. h. mit
   Planpreisen bewertete, analytisch ermittelte Verbrauchsmengen.

---

1) Vgl. auch NOWACK, Kostenrechnungssysteme, S. 47 ff.;
   KILGER, Plankostenrechnung, S. 27 ff.; zur Plankostenrechnung s. auch MAREK, Plankostenrechnung, Diss. rer.
   pol., Nürnberg 1969, S. 26 ff..

4. Merkmal: Umfang der Zurechnung auf Kostenträger
   - Voll- und Teilkostenrechnungen
   Je nach sachlichem Umfang [1] der quantitativen oder
   qualitativen Verrechnung der Kosten auf das jeweilige
   Kalkulationsobjekt spricht man von Voll- oder Teilkostenrechnung. In der kostenträgerorientierten Vollkostenrechnung werden sämtliche Kosten auf die Kostenträger verteilt, in der Teilkostenrechnung dagegen nur bestimmte Kostenarten, während der Rest unmittelbar dem Betriebsergebnis- bzw. dem Gewinn- und Ver-
   lustkonto angelastet wird. Dabei ist zu beachten, daß
   sich theoretisch "die unvollständige Verrechnung der
   Kosten auf alle Stufen des Informationssystems beziehen" kann [2].

5. Merkmal: Zeitfolge und Häufigkeit der Durchführung
   - regelmäßig oder doch häufig und selten, unregelmäßig erstellte Rechnungen
   Nach dem Wiederholungsrhythmus wird zwischen regelmäßig und unregelmäßig, fallweise erstellten Informationsrechnungen unterschieden.

II. Die präskriptive Pragmatik

Die Entscheidung über das Kostenrechnungssystem hat methodisch vom Zweck auszugehen, prüft die Alternativen der
genannten Merkmale hinsichtlich ihrer Kriterienerfüllung
durch Vergleich mit den Grundannahmen und Anforderungen [3].
Eine solche Vorgehensweise führt zu folgender Ausgangsba-

---

1) KOSIOL, Kostenrechnung, S. 100 ff..
2) MEFFERT, Kosteninformationen, S. 65. Zum Problem,
   wirklichkeitsnahe und eindeutige, d. h. nachprüfbare
   Kostendaten zu erhalten, vgl. die detaillierte Analyse von HUMMEL, Kostenerfassung, S. 17 ff..
3) Vgl. zur methodischen Vorgehensweise ENGELS, Bewertungslehre, S. 45 ff.; MEFFERT (Kosteninformationen,
   S. 69 f.) spricht von 'normativer' Pragmatik, wir
   verwenden das gebräuchliche Begriffspaar deskriptiv -
   präskriptiv.

sis bei der Suche nach einer "befriedigenden" Wertkonvention 'Herstellungskosten' in einem zweckadäquaten Kostenrechnungssystem.

Objekt des Kostenrechnungssystems zur Erzeugnisbewertung
ist die Kostenträger-Stückrechnung, aufbauend auf der
Kostenarten-, Kostenstellen- und Kostenträger-Zeitrech-
nung. Der Wiederholungsrhythmus bestimmt sich nach dem
Einkommensermittlungszeitraum, der für Bezieher von Gewinneinkunftsarten im Regelfall, für Bezieher von Überschußeinkunftsarten grundsätzlich gilt: Zwölfmonats-
periode [1]. Eine Unternehmung, die fertige und unfertige
Erzeugnisse zu bewerten hat, hat das gesuchte Kostenrechnungssystem nach Abschluß eines Wirtschaftsjahres
bzw. eines Rumpfwirtschaftsjahres anzuwenden.

Der Zeitbezug dieser Kostenrechnung kann angesichts der
Anforderung 'Nachprüfbarkeit' allein vergangenheitsbezo-
gen sein. Gleiches gilt - den Sachinhalt des Kostenrechnungssystems betreffend - für den Grad der Kostennormierung: Das Anschaffungswertprinzip und die Nachprüfbarkeit
der Wertermittlung gestatten bis auf wenige Ausnahmen
allein das Rechnen mit Istkosten.[2] Soweit normalisierte
Verbrauchsmengen (Abschreibungen) oder Verbrauchsfolgen
(Lifo-/Fifo-Methode) Eingang in dieses Kostenrechnungssystem finden, sind sie aus den Grundannahmen bzw. den
Anforderungen zu begründen. Kostenträgerrechnungen auf
der Grundlage von Normalkosten oder Plankosten bleiben
in dieser Untersuchung außer Betracht. Das Problem solcher Rechnungskalküle liegt in der Verrechnung der Abweichungen zwischen Istkosten und Normal- oder Plankosten (sog. Über- bzw. Unterdeckungen). In Abhängigkeit
von der angewandten Erfassungsmethode und der Qualität

---

1) Vgl. ROSE, Ertragsteuern, S. 46.
2) JONASCH, Kostenrechnung, S. 65 (73).

der Planung werden unterschiedliche Abweichungen und Herstellungskosten ermittelt [1].

---

[1] Ablehnende Auffassungen: JELLEN, Fertigungsgemeinkosten, Diss. rer. pol., Wien 1950, S. 158 f.; Willy MEIER, Herstellungswert, S. 82. SCHWARZ, Herstellungskosten, HdB Bd. II, Sp. 2679 (2683 f.); JONASCH, Herstellungskosten, S. 96 ff.; Urteil BFH IV 14/59 U v. 26. 7. 1962, BStBl 1962 III, S. 389 (390); Urteil BFH I 103/63 U v. 15. 2. 1966, BStBl 1966 III, S. 468 (470); VAN DER VELDE, Herstellungskosten, S. 91; WÖHE, Steuerlehre, Bd. I, S. 398. FRANK, Ableitung, BB 1967, S. 177 (179); FRISCHKOPF, Herstellungskosten, Diss. rer. pol., Bern 1969, S. 286 ff.; HUMMEL, Kostenerfassung, S. 24 f., 93 f., 102, 147 f. unter dem Gesichtspunkt der Nachprüfbarkeit; LITTMANN, Einkommensteuerrecht, § 6 Anm. 81, S. 623.
NETH (Herstellungskosten, S. 84 ff., 106 ff.) bejaht für die aktienrechtliche Bilanz unter systematischem Bezug auf die von ihm unterstellte theoretische Basis den Ansatz von Normal- und Plankosten. Nach kurzer kritischer Darstellung der Behandlung im Steuerrecht scheint ihm das "strikte Festhalten an dem Ansatz der tatsächlich für die Herstellung aufgewendeten Kosten ... nicht gerechtfertigt. Eine Verschlechterung des Betriebsergebnisses infolge des Nichterreichens der als realisierbar anzusehenden Vorgaben sollte auch durch eine entsprechend geringere Bemessungsgrundlage und damit durch eine geringere Steuerlast Berücksichtigung finden" (S. 108). Dies ist nach Ansicht des Verfassers eine angeblich 'betriebswirtschaftliche' Argumentation, die einen Steuerpraktiker gar nicht überzeugen kann. Abgesehen davon, daß hier Werturteile gefällt werden ohne Bezug auf eine Wertbasis, enthält die Argumentation Leerformeln: Was heißt exakt 'realisierbar'? Gibt es einen Konsens darüber? Was ist unter 'Vorgaben' zu verstehen? Ist ihre Ermittlung zweckadäquat? Unbeantwortete Fragen, dennoch die genannten Schlußfolgerungen Neths.
Bejahende Auffassungen vertreten ferner KILGER, Abweichungen, ZfB 1952, S. 503 ff.; derselbe, Plankostenrechnung, S. 608 ff.; SCHWANTAG, Plankostenrechnung, ZfB 1952, S. 65 (76 ff.); PLAUT, Grenz-Plankostenrechnung, ZfB 1953, S. 347 (358 ff.); PATTERSON, Abweichungen, ZfB 1955, S. 357 ff.; insbesondere WOHLGEMUTH, Planherstellkosten, S. 170 ff.; derselbe, Eignung, ZfbF 1970, S. 387 ff. mit weiteren Literaturangaben; WILLE, Standardkostenrechnung, S. 147 ff..

Die Frage nach dem Sachumfang der Verrechnung der Kosten
auf die jeweiligen Leistungen (Vollkosten oder Teilkosten) wird im folgenden das Kernproblem dieser Untersuchung sein. Doch zunächst ist die semantische Dimension
der Kostenrechnung zu erörtern, denn der Herstellungskostenbegriff des gesuchten Systems wird "als spezifischer Kostenbegriff verstanden, der aus dem allgemeinen
Kostenbegriff (Kosten schlechthin) durch Hinzufügung
weiterer Abgrenzungsmerkmale sachlogisch abgeleitet
werden kann" [1].

C. Die semantische Dimension der Kostenrechnung

Die Vielfalt definitorischer Ansätze, einen in der Betriebswirtschaftslehre allgemein anerkannten Kostenbegriff zu entwickeln, hat zwar zu einer Verengung der
Skala abweichender Auffassungen geführt, zu einer auf-
fälligen "Übereinstimmung hinsichtlich der formellen
Strukturelemente des Ausdrucks 'Kosten'. Die Auffassungen über die semantische Interpretation dieses Ausdrucks, d. h. über die Bestimmung des Sinngehalts der
formalen Strukturelemente, weichen jedoch teilweise erheblich voneinander ab" [2].

'Kosten' sind nicht ein "Begriff an sich, sondern nur
Begriff genannte Gedankengebilde" [3]. Der dem Kostenbegriff zugeordnete Rahmen ist der betriebliche Werte-
kreislauf einer Unternehmung [4].

Nach welchen Kriterien sollte ein solcher Begriff gebildet sein? Szyperski hält unter Hinweis auf die Aus-

---

1) HERZIG, Herstellungskosten, BB 1970, S. 116 (116).
2) HEINEN, Kostenlehre, S. 41; vgl. ferner KOCH, Diskussion, ZfhF 1958, S. 355 (355 f.); BUCHNER, Zielvariable, ZfbF 1967, S. 350 (357); ADAM, Kostenbewertung, S. 18.
3) SZYPERSKI, Anwendung, S. 359; vgl. auch THIELMANN,
   Kostenbegriff, S. 16 ff.; GLÖCKNER, Finden, S.185 ff..
4) Vgl. Erich SCHNEIDER, Rechnungswesen, S. 3 ff.; derselbe, Wirtschaftstheorie, S. 42 ff.; POHMER, Werteumlauf, S. 305 ff.; HEINEN, Kostenlehre, S. 49 f..

richtung am Untersuchungszweck das Kriterium der Zweck-
mäßigkeit oder Brauchbarkeit für das entscheidende Auswahlkriterium eines Begriffes [1]. Koch dagegen betont in
Ausrichtung an den Regeln der Logik die Kriterien der
Widerspruchsfreiheit und Eindeutigkeit [2]. "Die unterschiedliche Gewichtung der Kriterien hat für die Beurteilung der Definitionen des Kostenbegriffs erhebliche
Konsequenzen" [3].

Kosten als quantitativer betriebswirtschaftlicher Begriff [4] "sind rechnerischer Ausdruck des Verbrauchs betrieblicher Wirtschaftsgüter" [5]. Als Pendant steht den
Kosten die betriebliche Leistung gegenüber, "die rechnerischer Ausdruck der Entstehung von Wirtschaftsgütern
ist" [5]. Je nachdem, ob der Kostenbegriff an den Real-
güter- oder den Geldbewegungen des betrieblichen Werte-
umlaufs anknüpft, heißt er in Anlehnung an Koch wertmäßiger oder pagatorischer Kostenbegriff [6]. Diese beiden
konträren Interpretationen des allgemeinen Kostenbegriffs sind das derzeitige Ergebnis jahrzehntelanger
Diskussionen in der betriebswirtschaftlichen Rechnungs-
theorie und -praxis.

Das Untersuchungsziel zwingt jedoch zu einer Entscheidung für einen allgemeinen Kostenbegriff als Basis zur
Ableitung des spezifischen Kostenbegriffs 'Herstellungskosten'. Daher erweist sich die Erörterung beider
Kostenbegriffe als notwendig, zumal die Auffassungen
weiterhin auseinandergehen. Die sprachliche Kennzeich-
nung des Kostenbegriffs erfolgt in der jüngeren Litera-

---

1) Vgl. SZYPERSKI, Anwendung, S. 359 f..
2) Vgl. KOCH, Diskussion, ZfhF 1958, S. 355 (366 ff.).
3) HEINEN, Kostenlehre, S. 47.
4) Vgl. CARNAP, Logik, S. 15; SZYPERSKI, Problematik,
   S. 51; HEINEN, Kostenlehre, S. 47 ff..
5) MENRAD, Kosten, HdR Sp. 870 (870).
6) KOCH, Diskussion, ZfhF 1958, S. 355 ff.; derselbe,
   Frage, ZfB 1959, S. 8 ff.; derselbe, Kontroverse,
   S. 48 ff.. Vgl. auch DIEDERICH, Betriebswirtschaftslehre, S. 215 ff..

tur durch die Bestimmung der Extension des Begriffes,
d. h. durch Nennung des Begriffsumfangs und durch die
Analyse der Intension des Begriffes, d. h. durch Nennung des Begriffsinhaltes [1]. Der wertmäßige und der
pagatorische Kostenbegriff werden zunächst unter dem
Aspekt ihrer beiden Extensionskomponenten Menge und
Wert analysiert und auf ihre Eignung als allgemeiner
Kostenbegriff der Betriebswirtschaftslehre hin geprüft [2].

I. Die Extension des allgemeinen Kostenbegriffs

1. Der wertmäßige Kostenbegriff

Kosten im Sinne dieses Kostenbegriffs sind leistungsverbundener, bewerteter Güterverbrauch [3]. Der Begriff

---

1) Die sprachanalytische Unterscheidung CARNAPs (Einführung, S. 40 f.) verwendet SZYPERSKI (Problematik, S. 21 ff.; derselbe, Anwendung, S.357 ff.) für
   die Untersuchung quantitativer Begriffe der Betriebswirtschaftslehre. Vgl. zur Anwendung dieser
   Unterscheidung bei der Analyse des Kostenbegriffs
   ferner MEFFERT, Beziehungen, Diss. rer. pol., München 1964, S. 180 ff.; derselbe, Kosteninformationen, S. 112 ff.; ELLER, Kostenlehre, S. 16 ff.; HEI-
   NEN, Kostenlehre, S. 51 ff.; ADAM, Kostenbewertung,
   S. 18 ff.; HERZIG, Herstellungskosten, BB 1970, S.
   116 (116 ff.); JACOBI, Herstellungskosten, FR 1970,
   S. 204 (205).
2) SZYPERSKI (Problematik, S. 134 ff.) kennt außerdem
   eine Bereichsextension. Diese ist jedoch nach Ansicht von Meffert, Heinen, Adam und Herzig - s. die
   Angaben in FN 1 S. 85 - für die Darstellung des allgemeinen Kostenbegriffs in die Mengenextensionskomponente einbezogen. Die Frage der Einengung des Kostenbegriffs auf eine Teilmenge der unternehmerischen Aktionen - einen Bereich - stellt sich erst
   für die Bestimmung spezifischer Kostenbegriffe; vgl.
   ADAM, Fragen, S. 14..
3) Vgl. MENRAD, Kosten, HdR Sp. 870 (871). Aus der Fülle von Beiträgen zur Definition dieses Kostenbegriffs
   vgl. SCHMALENBACH, Selbstkostenrechnung, ZfhF 1919,
   S. 257 (267 ff.); derselbe, Kostenrechnung, S. 5;
   HATHEYER, Kosten, S. 11; KOSIOL, Analyse, S. 11 et
   passim; derselbe, Kostenrechnung, S. 20; NOWACK,

'Kosten' wird mit dieser Definition durch die drei
Merkmale Güterverbrauch, Leistungsverbundenheit und
Bewertung eingegrenzt [1].

a) Die Mengenextension

Konstitutive Merkmale dieser Extensionskomponente der
Kosten sind der Güterverbrauch und seine Leistungsverbundenheit [2]: ein quantitatives Problem in der Frage
nach der Menge der Güter, ein qualitatives Problem in
der Frage nach der Art der Güter, die im Kostenbegriff
erfaßt werden [3].

aa) Der Güterverbrauch

"Güter sind werthabende Dinge schlechthin und ohne jede
Einschränkung", ihre betriebswirtschaftliche Werteigen-

Fortsetzung FN 3 S. 85
Kostenrechnungssysteme, S. 16; HEINEN, Kosten, S.
18 ff.; derselbe, Kostenlehre, S. 56 f.; ZOLLER,
Kostenzurechnungsprinzip, KRP 1969, S. 161 (163);
ausführliche Literaturangaben enthalten die Arbeiten von MENRAD, Kostenbegriff, S. 24 ff., von THIEL-
MANN, Kostenbegriff, S. 34 ff., von HERZIG, Herstellungskosten, BB 1970, S. 116 (116 f.), von HUCH, Kostenrechnung, S. 23 ff..

1) Vgl. NOWACK, Kostenrechnungssysteme, S. 16 f.; MEN-
RAD, Kostenbegriff, S. 24; KOSIOL, Analyse, S. 11;
derselbe, Kostenrechnung, S. 20; THIELMANN, Kostenbegriff, S. 186 ff.; CORDES/HÖFFKEN, Steuern, S. 38
ff.; TROTTMANN, Kostenbegriff, Diss. rer. pol., München 1968, S. 14; HEINEN, Kostenlehre, S. 58, 73.
Kosiol u. a. gebrauchen den Terminus 'Leistungsbezo-
genheit'. Darauf wird hier verzichtet, da mit dem Ad-
jektiv 'bezogen' der Eindruck einer Finalbeziehung
vermittelt wird (vgl. MENRAD, S. 54). Andere in der
Literatur geläufige Termini sind die 'Betriebsbe-
dingtheit' (MELLEROWICZ, Kosten, Bd. I, S. 4), die
Leistungsbedingtheit, die Leistungsnotwendigkeit (vgl.
SELIG, Kostenbegriff, Diss. rer. pol., St. Gallen
1947, S. 247 f.).
2) Vgl. ELLER, Kostenlehre, S. 16.
3) Vgl. MEFFERT, Beziehungen, Diss. rer. pol., München
1964, S. 186; derselbe, Kosteninformationen, S. 115;
HEINEN, Kostenlehre, S. 59.

schaft resultiert nicht nur aus ihrer spezifischen Eignung für Produktion oder Konsum, sondern vornehmlich aus
ihrer relativen Knappheit [1]. Träger von Wert sind Real-
güter und Nominalgüter [2]; sie unterliegen dem Wertverzehr, wenn sie "dem Wirkungs- und Verfügungsbereich der
Wirtschaftseinheit ganz oder teilweise entzogen werden
und damit ihr spezifischer Wertcharakter für die Wirtschaftseinheit untergeht" [3]. Die Frage ist, welcher
Wertverzehr kostenwirksam ist. Kosiol unterscheidet den
erfolgsunwirksamen externen Güterverzehr (Gütertausch)
vom erfolgswirksamen internen Güterverzehr, der sich ohne unmittelbare Koppelung mit einem von außen zufließen-
den Gegenwert vollzieht, ein Prozeß interner Vermögensumschichtung [4]. Dieser erfolgswirksame interne Güterverzehr heißt 'Güterverbrauch' [5].

Der Güterverbrauch bildet "ein notwendiges, jedoch kein
hinreichendes Merkmal für die Bestimmung der Mengenkom-

---

1) KOSIOL, Analyse, S. 12 f.; derselbe, Kostenrechnung,
   S. 21 f.; vgl. HERZIG, Herstellungskosten, BB 1970,
   S. 116 (116 f.).
2) KOSIOL (Analyse, S. 13) erfaßt neben der bis dahin
   ausschließlich realgüterwirtschaftlichen Basis der
   Verbrauchskomponente auch den Verbrauch der Nominalgüter. Vgl. auch GUTENBERG (Produktion, S. 338), der
   ebenfalls die Kosten des Faktoreinsatzes (Faktoreinsatzmengen multipliziert mit den Faktorpreisen) für
   zu eng definiert hält; er erweitert diesen Begriff daher unter Einbeziehung der Nominalgüter als "Sachgü-
   ter, Werkstoffe, Arbeitsleistungen, Dienstleistungen,
   multipliziert mit ihren Preisen zuzüglich bestimmter
   Steuern und öffentlicher Abgaben". Vgl. ferner POH-
   MER, Werteumlauf, S. 305 (318); MENRAD, Kosten, HdR
   Sp. 870 (870).
3) KOSIOL, Analyse, S. 14.
4) Vgl. KOSIOL, Analyse, S. 15 f.; derselbe, Kostenrechnung, S. 23 f.; HERZIG, Herstellungskosten, BB 1970,
   S. 116 (117).
5) KOSIOL, Analyse, S. 17; zur weiteren Auslegung des
   Merkmals 'Güterverbrauch' vgl. auch HUMMEL, Kostenerfassung, S. 160 f..

ponente des wertmäßigen Kostenbegriffes" [1]. Güterverbrauch führt nur in Verbindung mit dem Merkmal der Leistungsverbundenheit zu Kosten; der Leistungsbegriff
verkörpert die Bezugsbasis des Kostenbegriffs [1].

ab) Die Leistungsverbundenheit

Die Einengung der quantitativen Komponente der Mengen-
extension des wertmäßigen Kostenbegriffs durch das
Kriterium der Leistungsverbundenheit erfordert eine
Antwort auf zwei Fragen [2]:
Was besagt der Begriff 'Leistung'?
Welcher Art ist die Beziehung zwischen Leistungsent-
stehung und Güterverbrauch?

Der Begriff 'Leistung' ist nach Auffassung betriebswirtschaftlicher Autoren

(1) nicht technologisch, sondern ökonomisch zu verste-
    hen, abzuleiten aus der "Mittel-Zweck-Beziehung
    betriebswirtschaftlicher Betätigung" [3]: Der Be-

---

1) HEINEN, Kostenlehre, S. 66; vgl. ferner SCHMALEN-
   BACH, Kostenrechnung, S. 6; MELLEROWICZ, Kosten,Bd.I,S.
   5; KOSIOL, Analyse, S. 23; MENRAD, Kostenbegriff,
   S. 51; ELLER, Kostenlehre, S. 17; ADAM, Kostenbewertung, S. 20 f.; HUMMEL, Kostenerfassung, S. 160
   ff..
2) Die Ambivalenz des Begriffs 'Leistung' bedarf einer
   Verdeutlichung. 'Leistung' hat als Teilmerkmal der
   Mengenextension des Kostenbegriffs die Funktion der
   Determinierung des kostenwirksamen Güterverbrauchs,
   andererseits sehen viele Autoren im Leistungsbegriff
   als Rechengröße einen polaren Begriff, ein Korrelat
   zum Kostenbegriff (Gefahr einer Zirkeldefinition: so
   MENRAD, Kostenbegriff, S. 51 f.). Vgl. etwa LEHMANN,
   Leistung, S. 7 ff.; KOLBINGER, Leistungsidee, HdB,
   Bd. III, Sp. 3777 (3785); derselbe, Korrelationen,
   S. 107 ff.; MELLEROWICZ, Leistung, HdB, Bd. III, Sp.
   3774 (3775); FÄHNDRICH, Wesen, BFuP 1963, S. 281
   (282); EHRT, Zurechenbarkeit, S. 14 f.; THIELMANN,
   Kostenbegriff, S. 187 ff.; MENRAD, Kosten, HdR Sp.
   870 (870 f.).

griff umfaßt einerseits als Ergebnis betrieblicher
Tätigkeit den Zuwachs an Gütern und Dienstleistungen, andererseits die betriebliche Tätigkeit als
solche [1];

(2) nicht nur als das am Markt absetzbare Produkt [2]
bzw. das vom Markt anerkannte Ergebnis einer Fak-
torenkombination anzusehen (externe Leistung) [3].
Anderenfalls wäre "der Verbrauch von Gütern und
Diensten für innerbetriebliche Leistungen oder für
eine Produktion auf Lager" in Zwischen- und Endsta-
dien des Fertigungsprozesses nicht unter den Kostenbegriff zu subsumieren (interne Leistungen) [4].
"Der Begriff der Leistung muß soweit gefaßt werden,
daß er zwar nicht die Produktionsfaktoren selbst,
wohl aber jedes Kombinationsergebnis dieser Faktoren bis zu den Absatzleistungen hin umschließt";
Kosten sind dann der bewertete Güterverbrauch der
zum Rechnungsobjekt ausgewählten Leistung [5].

Zwischen der Leistungsentstehung und dem Güterverbrauch
existieren bestimmte Beziehungen. Zur Interpretation
dieser Beziehungen bedient man sich materieller und for-
meller Prinzipien [6], mit denen die Abgrenzung des ko-

---

1) Vgl. BOUFFIER, Betriebswirtschaftslehre, S. 22 (23);
   HENZEL, Kosten, S. 43 ff.; MENRAD, Kosten, HdR Sp.
   870 (877 f.).
2) Vgl. SCHNUTENHAUS, Grundlagen, S. 57 f.; BOSSHARDT,
   Kostenrechnung, S. 32.
3) Vgl. KOSIOL, Analyse, S. 23; NETH, Herstellungskosten,
   S. 4.
4) NETH, Herstellungskosten, S. 4; vgl. KOSIOL, Analyse,
   S. 24.
5) KOSIOL, Analyse, S. 24; vgl. auch SCHMALENBACH, Kostenrechnung, S. 10 f.; Adolf MÜLLER, Grundzüge, S.
   41 ff.; MENRAD, Kosten, HdR Sp. 870 (877 f.); HUMMEL,
   Kostenerfassung, S. 166 ff.. Zur Fülle explizit ge-
   nannter oder stillschweigend unterstellter Inhalte
   des Leistungsbegriffs vgl. BESTE, Leistung, ZfhF
   1944, S. 1 (6).
6) Vgl. EHRT, Zurechenbarkeit, S. 15 f.; RIEBEL, Fragwürdigkeit, S. 49 (49 ff.); derselbe, Kosten, S. 19;
   NIETZER, Sozialleistungen, Diss. rer. pol., München
   1962, S. 14 ff..

stenwirksamen vom kostenunwirksamen Güterverbrauch, "die
Gegenüberstellung von Kosten und Leistung in objekt- und
periodenbezogenen Rechnungen begründet wird"[1]. Diver-
gierende Auffassungen über den Charakter dieser Beziehungen konnten bislang in der betriebswirtschaftlichen Literatur nicht ausgeräumt werden. Das Verursachungsprinzip
- nach Heinen das Fundamentalprinzip der Kostenrechnung,
nach Hummel eine pseudonormative Leerformel[2] - impliziert Kausal- und Finalbeziehungen, mit Hilfe derer der
betriebliche Realprozeß abgebildet werden soll[3]. Als

1) RIEBEL, Fragwürdigkeit, S. 49 (49); vgl. ferner LINTZ-
   HÖFT, Kosten, Diss. rer. pol., Hamburg 1968, S. 19
   ff.. Die Prinzipien, die zur Erklärung der Beziehungen
   zwischen Güterverbrauch und Leistungsentstehung (Leistungsverbundenheit) dienen, erfüllen ebenfalls die
   Funktion, die Zurechnung von Kosten auf Leistungen
   (Zurechnungsprinzipien) zu begründen. Ihre sachlogische Verbundenheit besteht darin, daß die Interpretation der Güterverbrauch-Leistungsentstehung-Beziehung
   des allgemeinen Kostenbegriffs die zulässigen Zurechnungsprinzipien eingrenzt, da die Deduktion spezifischer Kostenbegriffe in der Determinierung der Extensionskomponenten des allgemeinen Kostenbegriffs besteht. Der Frage nach der allgemeinen Güterverbrauch-
   Leistungsentstehung-Beziehung im Zusammenhang mit der
   Begriffsextension schließt sich im Zusammenhang mit
   der Begriffsintension des allgemeinen Kostenbegriffs
   die Frage nach den Zurechnungsprinzipien an. Vgl. dazu
   auch Dieter SCHNEIDER, Kostentheorie, ZfhF 1961, S.
   677 (693 ff.); EHRT, Zurechenbarkeit, S. 6, 16; HER-
   ZIG, Herstellungskosten, BB 1970, S. 116 (118).
2) Vgl. HEINEN, Zuschlagskalkulation, ZfhF 1958, S. 1
   (5); HAAS, Kosten, Diss. rer. pol., Mannheim 1950, S.
   44; Gerhard DORN, Kostenrechnung, S. 57; KILGER, Plankostenrechnung, S. 328, 331. HUMMEL (Kostenerfassung,
   S. 112) kritisiert dagegen in völlig gegenteiliger
   Auffassung, es gehe "kaum zu weit, wenn man das Verursachungsprinzip zu den "pseudonormativen Leerformeln"
   rechnet, d. h. zu jenen Prinzipien, die zwar einleuch-
   tend klingen, tatsächlich aber kaum einen Normgehalt
   besitzen". (Unterstrichen vom Verfasser)
3) Aus der Fülle der Literatur zum Verursachungsprinzip
   in der Kostenrechnung vgl. vor allem EHRT, Zurechenbarkeit, S. 7 ff.; KOSIOL, Analyse, S. 7 (26 f.); HEI-
   NEN, Zuschlagskalkulation, ZfhF 1958, S. 1 (2 ff.);
   BÖTTGER, NAPP-ZINN, RIEBEL, SEIDENFUS, WEHNER, Wegekostenrechnung, S. 45 (53 ff.); RUNGE, Kostenverursachungsprinzip, BFuP 1963, S. 178 ff.; VODRAZKA, Kostenzurechnung, ÖBW 1964, S. 11 ff.; KOCH, Stückko-

Kausalprinzip (causa efficiens) betrachtet es den Güterverbrauch (= Wirkung) als durch die Leistungsentstehung verursacht (Ursache-Wirkung-Beziehung). Als Finalprinzip (causa finalis) betrachtet es den Güterverbrauch "als Mittel der Leistungserstellung, und damit als Ursache der Leistungsentstehung" (Mittel-Zweck-Beziehung) [1]. Der Einzelverbrauch wird als der für eine einzelne Leistungseinheit direkt erfaßte Güterverbrauch definiert, der variable Gemeinverbrauch als der zwar indirekt erfaßte, jedoch der einzelnen Leistungseinheit eindeutig zurechenbare Güterverbrauch. Der fixe Gemeinverbrauch wird als der indirekt erfaßte, nur der Gesamtheit der Leistungseinheiten zurechenbare Güterverbrauch erklärt. Demnach sind nach dem Kausalprinzip der Einzelverbrauch und der variable Gemeinverbrauch, nach dem Finalprinzip auch der fixe Gemeinverbrauch Gegenstand der Güterverbrauch-Leistungsentstehung-Beziehung.

In Umkehrung dieser allgemeinen Auffassung der Begriffe causa efficiens und causa finalis [2] spricht Kosiol von

---

Fortsetzung FN 3 S. 90
stenrechnung, ZfB 1965, S. 325 (328 ff.); MAYER jun., Kostenzurechnung, S. 149 ff.; MUNZEL, Kosten, S. 48 ff.; VORMBAUM, Kalkulationsarten, S. 13 ff.; SCHNUTENHAUS, Entwertung, DB 1967, S. 129 ff.; FRAAS, Grundlagen, S. 216 ff.; derselbe, Kostenverursachung, S. 33 ff.; RIEBEL, Fragwürdigkeit, S. 49 ff.; derselbe, Kosten, S. 19 f.; HERZIG, Herstellungskosten, BB 1970, S. 116 (117 ff.); KOHNEMUND, Kausalitätsprinzip, BFuP 1970, S. 237 ff.; derselbe, Deckungsbeitragsrechnung, S. 9 ff., mit weiteren Literaturangaben; WEBER, Kosten, S. 21 ff.. Dieter SCHNEIDER (Kostentheorie, ZfhF 1961, S. 677 (696)) bezweifelt allerdings, ob "tiefschürfende philosophische Erörterungen über Kausalität und Finalität dem praktischen Problem" hier der Güterverbrauch-Leistungsentstehung-Beziehung und damit der Kostenzurechnung nützen.
1) RIEBEL, Fragwürdigkeit, S. 49 (49 f.); vgl. ferner EHRT, Zurechenbarkeit, S. 8 ff.; HERZIG, Herstellungskosten, BB 1970, S. 116 (117). Zum Begriff 'causa' vgl. HOFFMEISTER, Wörterbuch, S. 135.
2) Vgl. KOHNEMUND, Deckungsbeitragsrechnung, S. 14 f..

causa finalis, wenn der Güterverbrauch durch die Leistungsentstehung hervorgerufen wird [1]. Nach dieser fi-
nalen Interpretation wird der Kostencharakter "nur dem
willentlichen Realgüterverbrauch" zugesprochen, während
der Kostencharakter des sog. Zwangsverbrauchs abgelehnt
wird [2]. Diese Ablehnung veranlaßt Kosiol, dieses finale
Verursachungsprinzip durch das sog. Kosteneinwirkungsprinzip zu substituieren: "Man muß umgekehrt fragen,
welcher Güterverbrauch als causa efficiens (Wirkursache)
im Produktionsprozeß auf die Leistung einwirkt, so daß
diese ohne ihn nicht zustande kommt. Erst aufgrund dieses umfassenden Prinzips wird es möglich, auch den
Zwangsverbrauch (Vernichtung und Abgabe) und den Vorrä-
tigkeitsverbrauch als leistungsbezogen anzusehen und als
Kosten zu behandeln" [3] [4].

Diese mit dem Verursachungsprinzip begründeten Beziehungen stellen nach Ansicht ihrer Interpreten wirklichkeitsnahe Abbildungen des betrieblichen Realprozesses
dar. Dagegen steht die Ansicht einer wachsenden Zahl von
Autoren, das Verursachungsprinzip stelle ein zwar plausi-
bel lautendes, aber weitgehend inhaltsleeres Abbildungs-

---

1) Vgl. KOSIOL, Analyse, S. 26.f.; derselbe, Kostenrechnung, S. 29 f..
2) ELLER, Kostenlehre, S. 17.
3) KOSIOL, Kostenrechnung, S. 29 f.. Im Sinne dieser
   Auffassung will Kosiol das Verursachungsprinzip beibehalten (s. S. 30). Ausdrücklich in diesem Sinne verstehen auch ADLER/DÖRING/SCHMALTZ (Rechnungslegung, §
   155, TZ 63 ff.) dieses Prinzip.
4) MELLEROWICZ (Kosten, Bd. I, S. 5; Betriebswirtschaftslehre, Bd. IV, S. 92) sieht nur den betriebsnotwendigen Güterverbrauch (= Normalverbrauch) als kostenwirksam an. Gleicher Auffassung ist SCHWARZ, Kostenträgerrechnung, S. 12. Eine solche Einengung der Mengenextensionskomponente des allgemeinen Kostenbegriffs ist
   abzulehnen. Ein Kostenbegriff mit der an sich leerformelhaften Mengenextensionskomponente 'Normalverbrauch'
   ist der Kategorie spezifischer Kostenbegriffe zuzuordnen; vgl. KOSIOL, Analyse, S. 28; JONASCH, Herstellungskosten, S. 28; HEINEN, Kostenlehre, S. 71 f.;
   HERZIG, Herstellungskosten, BB 1970, S. 116 (117), mit
   weiteren Literaturhinweisen.

prinzip dar [1]. Die Beziehung zwischen dem Einzelverbrauch und dem von der Kapazitätsausnutzung abhängigen,
variablen Gemeinverbrauch einerseits und der Leistungsentstehung andererseits als kausal und damit als Real-
beziehung zu erklären, ohne die Voraussetzungen für die
Annahme eines Kausalprozesses im einzelnen geprüft zu
haben, sei eine nicht haltbare Hypothese [2]. Die Beziehung zwischen dem von der Kapazitätsausnutzung begrenzt
unabhängigen, fixen Gemeinverbrauch und der Leistungsentstehung als Finalbeziehung zu interpretieren [3], ist

1) Vgl. HUMMEL, Kostenerfassung, S. 112. VAN DER VELDE
(Erkenntnisse, StbJb 1962/63, S. 179 (182)) spricht
von einer "Überspitzung des Verursachungsprinzips
auf steuerlichem Gebiet". Tatsächlich behauptet der
BdF im BFH-Urteil vom 15. 2. 1966 (I 103/63, BStBl
1966 III S. 468 (468 f.)), daß Abschnitt 33 Abs. 1
Satz 2 EStR vom Verursachungsprinzip ausgehe: Zwischen Kosten und Kostenträgern existierten Kausalbe-
ziehungen - meint aber Finalbeziehungen -. Der I. Se-
nat des BFH schließt sich dieser Auffassung offensichtlich an. Die theoretische Widerlegung dieser
Auffassung hat RIEBEL (Fragwürdigkeit, S. 49 ff.)
überzeugend dargetan. Die Formulierung RODENSTOCKs
(Genauigkeit, S. 13) verdeutlicht die Unbestimmtheit,
den Leerformelcharakter des Verursachungsprinzips.
Rodenstock hält die Kostenrechnung nur dann für rich-
tig, "wenn alle kostenbeeinflussenden Größen gemäß
ihrer V e r u r s a c h u n g auf die Erzeugnisse
(= Kostenträger) verrechnet werden". Funktionale Beziehungen zwischen allen Kosteneinflußgrößen und den
Kostenträgern kann Rodenstock nicht belegen, daher
seine Aussage "von einem mehr oder weniger konsequent
durchgeführten Verursachungsdenken"! Diese Erkenntnis
vom Präzisionsmangel des Verursachungsprinzips äußern
auch der Arbeitskreis Chemische Industrie, Bewertung,
WPg 1965, S. 65 (73); KOCH, Gemeinkostenverteilungsschlüssel, ZfbF 1965, S. 169 (181); derselbe, Stückkostenrechnung, ZfB 1965, S.325 (327 ff.); THIELMANN,
Kostenbegriff, S. 191; KUPFERNAGEL/POLASCHEWSKI/REICH,
Kostenrechnung, S. 86 f.; FRAAS, Kostenverursachung,
S. 140 ff..
2) Vgl. z. B. HEINEN, Zuschlagskalkulation, ZfhF 1958,
S. 1 (2 ff.); BÖHM/WILLE, Deckungsbeitragsrechnung,
S. 52, 154; ALBACH, Bewertungsprobleme, BB 1966, S.
377 (380 f.); derselbe, Rechnungslegung, NB 1966, S.
178 (180 f.); KILGER, Plankostenrechnung, S. 86.
3) Vgl. z. B. VORMBAUM, Kalkulationsarten, S. 15 f.;
SCHNUTENHAUS, Entwertung, DB 1967, S. 129 (131 ff.).

lediglich im Hinblick auf die Gesamtheit der hergestellten Leistungseinheiten zutreffend. Der Auffassung, eine
Finalbeziehung für die einzelne Leistungseinheit zu kon-
struieren, diese Beziehung trotz der Problematik der
Messung des nicht direkt zurechenbaren Güterverbrauchs
und ihres Mangels an Eindeutigkeit als   R e a l - B e -
z i e h u n g   anzusehen, kann nicht gefolgt werden.

Riebel, der eine Studie über das Verursachungsprinzip im
Rechnungswesen verfaßt hat [1], widerlegt überzeugend die
These, zwischen Güterverbrauch und Leistungsentstehung
könnten kausale oder finale Beziehungen bestehen. Riebel
will das Verursachungsprinzip durch das sog. Identitätsprinzip ersetzen, mit Hilfe dessen sich die Abbildung der
gesuchten Beziehung - auch im Hinblick auf die einzelne
Leistungseinheit - als real und damit als material klas-
sifizieren lasse [1]. Seine Analyse ergab, "daß im (technologischen) Kausalprozeß ... der kombinierte Einsatz aller ... Produktionsfaktoren unter den spezifischen Pro-
zeßbedingungen den Ursachenkomplex darstellt", der als
doppelte Wirkungen desselben Kausal- oder Finalprozesses
den Güterverbrauch   u n d   die Leistungsentstehung zur
Folge hat [2]. Güterverbrauch und Leistungsentstehung sind
allein als Wirkungen derselben - identischen - Entschei-
dungskette "einander eindeutig und zwingend gegenüber-
stellbar", d. h. zurechenbar [3]. Die Identität ihrer Ur-

---

1) Vgl. RIEBEL, Entscheidungen, NB 1967, S. 1 (9); derselbe, Fragwürdigkeit, S. 49 (54 ff.); derselbe, Kosten, S. 19 ff.. Vgl. in Anlehnung an Riebel HUMMEL,
   Kostenerfassung, S. 112, 191; GEESE, Steuern, S. 24
   f.; ZOLLER, Kostenzurechnungsprinzip, KRP 1969, S.
   161 (162 f.); HERZIG, Herstellungskosten, BB 1970,
   S. 116 (118 f.); LAYER, Herstellkosten, DB 1970, S.
   988 (991).
2) RIEBEL, Kosten, S. 20 f.; derselbe, Fragwürdigkeit,
   S. 49 (61). Vgl. auch DIETRICH (Realisationsprinzip,
   Diss. rer. pol., Wien 1964, S. 16), die betont, daß
   Leistung "ja nur aus dem Leistungsgesamt aller Be-
   triebsteile entstehen kann".
3) RIEBEL, Entscheidungen, NB 1967, S. 1 (9); vgl. auch
   V. KORTZFLEISCH, Kostenquellenrechnung, ZfbF 1964, S.
   318 (318).

sache erklärt ihre Verbundenheit [1]. Kostenwirksamer Güterverbrauch einer Bezugsgröße (z. B. einer Werbeaktion,
eines Käufers, einer Kostenstelle, eines Kostenträgers)
ist nur der auf dieselbe Disposition wie die Existenz
der Bezugsgröße zurückführbare Einzelverbrauch [2]. Ein
mit verschiedenen Bezugsgrößen verbundener Güterverbrauch ist nicht anteilig einer einzelnen, sondern nur der
Gesamtheit der Bezugsgrößen zurechenbar [3].

Indem Riebel nicht ausschließt, den nach dem Identitätsprinzip nicht eindeutig zurechenbaren Güterverbrauch
für bestimmte Zwecke in die Güterverbrauch-Leistungsentstehung-Beziehung und damit in die Mengenextensionskomponente des Kostenbegriffs einzubeziehen [4], versagt er dem
Identitätsprinzip, das materiale Güterverbrauch-Leistungsentstehung-Beziehungen charakterisiert, in Kenntnis der
pragmatischen Dimension der Kostenrechnung den Anspruch
genereller Gültigkeit, eröffnet er die Möglichkeit formaler Güterverbrauch-Leistungsentstehung-Beziehungen. Ver-
bindendes Element materialer und formaler Beziehungen ist
die Zweckabhängigkeit. Koch sieht gerade "die Schwäche
der Konzeption des Kostenverursachungsprinzips darin, daß
sie überhaupt nicht auf die verschiedenen Zwecke der Kostenrechnungen ... abstellt, sondern daß ein einheitli-
ches, auf jegliche Kostenrechnung anwendbares Prinzip auf-
gestellt werden soll" [5].

Aus dem Gesagten folgt für die Beziehung zwischen Güterverbrauch und Leistungsentstehung im allgemeinen Kostenbegriff:

1) Vgl. KOCH, Stückkostenrechnung, ZfB 1965, S. 325
   (329); HERZIG, Herstellungskosten, BB 1970, S. 116
   (119).
2) Vgl. RIEBEL, Entscheidungen, NB 1967, S. 1 (9 ff.);
   HUMMEL, Kostenerfassung, S. 191.
3) Vgl. RIEBEL, Fragwürdigkeit, S. 49 (61).
4) Vgl. RIEBEL, Kosten, S. 21 f..
5) KOCH, Gemeinkostenverteilungsschlüssel, ZfbF 1965,
   S. 169 (181); derselbe, Stückkostenrechnung, ZfB 1965,
   S. 325 (327 ff.).

(1) Kausale oder finale Beziehungen im Sinne des Verur-
    sachungsprinzips existieren [1] nicht. Wirkliche und
    reale und damit material eindeutige Beziehungen sind
    allein nach dem Identitätsprinzip objektivierbar [2].

(2) Darüber hinaus existieren formale, d. h. ohne unmit-
    telbaren Bezug auf innere Sachzusammenhänge bestimm-
    te Beziehungen, basierend auf Annahmen über die Rea-
    lität [3]. Solche Interpretationen der Güterverbrauch-
    Leistungsentstehung-Beziehung verkörpern das Durch-
    schnittskosten-[4], Kostenanteil-[5], Leistungsentspre-
    chungsprinzip Kochs [6], das Prinzip möglichst gleich-
    mäßiger und kontinuierlicher Verteilung Bosshardts[7],
    das Kostenbegründungsprinzip Käfers [8] etc. [9].

(3) Ähnlich dem Leistungsbegriff ist auch die Leistungs-
    verbundenheit zwischen Güterverbrauch und Leistungs-
    entstehung im allgemeinen Kostenbegriff flexibel zu
    fassen. Diese Beziehung ist nicht auf ein einheitli-
    ches Grundprinzip limitierbar. Die Entscheidung über
    die Annahme einer bestimmten Beziehung fällt erst bei
    der Ableitung eines spezifischen Kostenbegriffs in
    Abhängigkeit vom Rechnungszweck, konkretisiert sich

1) Vgl. WEBER, Kosten, S. 15.
2) Vgl. WEILBACH, Ökonomität, S. 1 (6); RIEBEL, Fragwürdigkeit, S. 49 (60 f.); derselbe, Kosten, S. 21; Dieter SCHNEIDER, Reform, StuW 1971, S. 326 (335).
3) Vgl. HERZIG, Herstellungskosten, BB 1970, S. 116
   (118); vgl. ferner SCHWARZ, Gesichtspunkte, NB 1962,
   S. 145 ff.; KLOIDT, Kalkulationslehre, S. 33 ff.;
   RIEBEL, Fragwürdigkeit, S. 49 (51).
4) KOCH, Durchschnittskosten, ZfhF 1953, S. 303 (307,
   317 ff.).
5) KOCH, Gemeinkostenverteilungsschlüssel, ZfbF 1965,
   S. 169 (170).
6) KOCH, Stückkostenrechnung, ZfB 1965, S. 325 (331 ff.).
7) BOSSHARDT, Kostenrechnung, S. 83.
8) KÄFER, Standardkostenrechnung, S. 35.
9) Das Proportionalitätsprinzip RUMMELs (Kostenrechnung,
   S. 12 ff.) wird entweder als aus dem Verursachungsprinzip abgeleitetes Hilfsprinzip angesehen und damit
   abgelehnt, oder es gilt als ein formales Prinzip. Vgl.
   RIEBEL, Fragwürdigkeit, S. 49 (51); KOHNEMUND, Kausalitätsprinzip, BFuP 1970, S. 237 (240).

in der Wahl des Zurechnungsprinzips [1] [2]. Daher
hängt auch die Abgrenzung des kostenwirksamen vom
kostenunwirksamen Güterverbrauch von der engen oder
weiten Konkretisierung der Leistungsverbundenheit
- je nach Rechnungszweck - ab [3].

b) Die Wertextension

Die Bewertung dient der Transformation des durch heterogene Maßgrößen, durch direkte oder indirekte Bezugsbasen

---

1) Vgl. SCHMALENBACH, Kostenrechnung, S. 5 f., 11; Adolf
   MÖLLER, Grundzüge, S. 33; SWOBODA, Verrechnung, NB
   1960, S. 151 (155); Dieter SCHNEIDER, Nutzungsdauer,
   S. 13 ff.; derselbe, Kostentheorie, ZfhF 1961, S. 677
   (693 ff.); BISCHOFF, Kostenzurechnungsmöglichkeiten,
   KRP 1964, S. 249 ff.; HUMMEL, Zurechnungsakrobatik,
   KRP 1968, S. 59 ff.; ROSE, Steuerlehre, Jahrbuch der
   Fachanwälte für Steuerrecht 1970/1971, S. 77 (80);
   GEESE, Steuern, S. 15; MENRAD, Kosten, HdR Sp. 870
   (871 ff.).
2) Zu dem gleichen Ergebnis kommt HERZIG (Herstellungskosten, BB 1970, S. 116 (117 ff.)), allerdings in der
   Auffassung, die mit dem Kosteneinwirkungsprinzip Kosiols charakterisierte Beziehung derart einengen zu
   können, daß z. B. auch das Identitätsprinzip Riebels
   als spezielles Kostenzurechnungsprinzip subsumierbar
   wäre. Dem kann hier nicht gefolgt werden, denn Kosiol
   versteht sein Kosteneinwirkungsprinzip weiterhin als
   Verursachungsprinzip, wenn auch umfassenderer Art,
   das materielle Beziehungen abdecken soll (Prinzip "im
   realen Sinne"). Versteht Herzig das Kosteneinwirkungsprinzip nicht im Sinne Kosiols, sondern als flexibles,
   die Leistungsverbundenheit nicht determinierendes
   Prinzip, so besteht zu der hier vertretenen Auffassung
   faktisch kein Unterschied.
3) Die Darlegungen zur Mengenextensionskomponente des
   allgemeinen Kostenbegriffs machen die Spannweite der
   Bedenken gegen die generelle Behauptung MAASSENs (Berechnung, FR 1963, S. 510 (514)) deutlich, in der Betriebswirtschaftslehre würden die kalkulatorischen
   Zinsen und der kalkulatorische Unternehmerlohn als
   Kostenbestandteile verstanden. Die Einbeziehung solcher Kostenarten kann nur unter einem anderen Rechnungszweck - z. B. den Entzug endgültig entgehender
   Steuerzahlungen im Rahmen der Einheitsbewertung/Vermö-
   gensteuer zu verhindern - in Erwägung gezogen werden.
   Bezogen auf diesen Rechnungszweck ist ein anderer spezifischer Kostenbegriff abzuleiten (vgl. z. B. Urteil
   BFH III R 100-101/72 v. 20. 7. 1973, DB 1973 S.

gemessenen Güterverbrauchs in Geldeinheiten [1]. Die pragmatische Dimension der jeweiligen kostenrechnerischen In-
formationsrechnung bestimmt die Wahl des Wertansatzes [2].
Ob Anschaffungspreise, Tagesbeschaffungspreise des Wieder-
beschaffungstages, des Umsatztages, eines bestimmten Ka-
lendertages oder ob innerbetriebliche Verrechnungspreise
als Kostenwertarten angesetzt werden, entscheidet der
Rechnungszweck [3]. Diese Extensionskomponente des allgemein wertmäßigen Kostenbegriffs zeichnet sich durch "völ-
lige Offenheit" [4] aus. "Offenheit darf jedoch nicht mit
Unbestimmtheit verwechselt werden; denn sobald der Zweck
der Rechnung bzw. das vorgegebene Ziel feststeht, ist
aus der "Leerformel" des allgemeinen wertmäßigen Kostenbegriffes ein materiell eindeutig bestimmter spezieller
Kostenbegriff geworden" [5].

2. Der pagatorische Kostenbegriff

Das methodische Konzept der Befürworter dieses allgemeinen Kostenbegriffs [6] zeichnet sich durch zwei Kriterien

---

Fortsetzung FN 3 S. 97
2173 f.). Die Aussage Maassens ist ein typisches Beispiel für das falsche Verständnis der Betriebswirtschaftslehre im allgemeinen und der Kostenrechnung im
besonderen. Die Auffassung der Vertreter des pagatorischen Kostenbegriffs ignoriert Maassen.
1) Vgl. HERZIG, Herstellungskosten, BB 1970, S. 116
(117); vgl. ferner KOSIOL, Kostenrechnung, S. 31 ff..
Zur Bewertung der verbrauchten Gütermengen als Wert-
messungsproblem vgl. auch BROCKNER, Maßskalen, Diss.
rer. pol., TH Darmstadt 1969, S. 151 ff..
2) Vgl. MEFFERT, Beziehungen, Diss. rer. pol., München
1964, S. 199; derselbe, Kosteninformationen, S. 121.
3) Vgl. HEINEN, Kostenlehre, S. 75 f.; POHMER, Werteumlauf, S. 318 f..
4) KOSIOL, Kostenrechnung, S. 34.
5) ADAM, Kostenbewertung, S. 34; vgl. ferner THIELMANN,
Kostenbegriff, S. 197.
6) Vgl. vor allem KOCH, Diskussion, ZfHF 1958, S. 355
ff.; derselbe, Frage, ZfB 1959, S. 8 ff.; derselbe,
Kontroverse, S. 48 ff..
Außer Koch vertreten einen auf Geldausgaben basieren-
den Kostenbegriff RIEGER, Privatwirtschaftslehre, S. _

aus: Ausgangsbasis der Begriffsbildung sind nicht die
Real- und Nominalgüterbewegungen im Innenbereich, sondern "die Geldbewegungen im Außenbereich des Wertekreis-
laufes" einer Unternehmung [1]. Anders als beim wertmäßigen Kostenbegriff soll nicht das der pragmatischen Dimension analoge Prinzip der Zweckbezogenheit, sondern das
der Eindeutigkeit, der Widerspruchslosigkeit und der Wirk-
lichkeitsnähe das methodische Vorgehen bestimmen; unabhängig von der Kostenrechnung selbst soll der Kostenbegriff allein "ein Denkelement zur Gewinnung theoretischer
Aussagen" sein [2].

Fortsetzung FN 6 S. 98
59, 189; SCHÄFER, Grundfragen, ZfB 1950, S. 553
(558); SEISCHAB, Demontage, ZfB 1952, S. 19 ff.; LIN-
HARDT, Kosten, S. 124 (129 f.); FETTEL, Marktpreis,
S. 94; derselbe, Kostenbegriff, ZfB 1959, S. 567 f..

In neuerer Zeit wird der pagatorische Kostenbegriff
- zum Teil im Zusammenhang mit der Ableitung der steuerlichen Herstellungskosten - von folgenden Autoren
befürwortet: ALBACH, Entwicklungstendenzen, StbJb
1965/66, S. 307 (311); in unmittelbarer Anlehnung an
Albach HÖRSTMANN, Herstellkostenbegriff, StbJb 1968/
69, S. 395 (414); KUHN, Einbeziehung, NB 1967, S. 9
(12); HERZIG, Herstellungskosten, BB 1970, S. 116
(118); JACOBI, Herstellungskosten, FR 1970, S. 204
(205); vgl. ferner TIPKE, Gutachten, zitiert nach
SCHAEUBLE, Wirkung, S. 209 (222). Der entscheidungs-
und ausgabenorientierte Kostenbegriff RIEBELs (Fragwürdigkeit, S. 49 (60 ff.)) und HUMMELs (Kostenerfassung, S. 150 ff.) stellt im Gegensatz zum pagatorischen Kostenbegriff nicht auf die entrichteten Ausgaben schlechthin ab, sondern nach dem Identitätsprinzip allein auf solche Ausgaben, die "durch die jeweilige Entscheidung über die Existenz des betreffenden
Kalkulationsobjektes (zusätzlich) ausgelöst werden"
(Riebel, S. 62). Kosten sind in Anlehnung an die Strukturelemente des wertmäßigen Kostenbegriffs "die geldli-
chen Äquivalente von leistungsbezogenen Güterverbräu-
chen" (Hummel, S. 176). Hummel muß jedoch zugeben, daß
in Sonderrechnungen für bestimmte Zwecksetzungen auf
andere Kostenwertarten zurückgegriffen werden muß (Hummel, S. 176 ff., 184).
1) Vgl. HEINEN, Kostenlehre, S. 81 f..
2) KOCH, Diskussion, ZfhF 1958, S. 355 (372, 366 ff.);
derselbe, Frage, ZfB 1959, S. 8 (11 ff.).

'Kosten' sind die "im Rahmen des betrieblichen Prozesses
entrichteten Entgelte" [1], negativ formuliert "die mit
Herstellung und Absatz einer Erzeugniseinheit bzw. einer
Periode verbundenen, 'nicht kompensierten Ausgaben'" [2].
'Kosten' sind eine monetäre Größe, eine "spezifische
Ausgabenkategorie" [2].

a) Die Mengenextension

Trennt man die 'nicht kompensierten Ausgaben' von der Gesamtheit der entrichteten Entgelte, so gilt zur Abgrenzung des kostenwirksamen Güterverbrauchs, daß dieser erstens mit Ausgaben verbunden sein muß, zweitens in Beziehung zum Herstellungs- und zum Absatzbereich stehen
muß. Die Verbrauchsarten Unternehmerlohn und Eigenkapi-
talzins sind nicht unter die Mengenextensionskomponente
subsumierbar [3].

Die ausdrückliche Einbeziehung des Absatzbereiches neben
dem Herstellungsbereich läßt die Folgerung zu, daß der
zur Abgrenzung kostenwirksamer Ausgaben unterstellte
Leistungsbegriff weit zu verstehen ist [4]. Die Art der
Beziehung zwischen Güterverbrauch und Leistungsentstehung - die Leistungsverbundenheit - konstatiert gerade
Koch nicht als Kausalbeziehung, sondern als "eine Beziehung der Komplementarität, genauer: der Zweckverbundenheit ..." [5].

b) Die "Wert"extension

Koch erachtet die Wertkomponente des wertmäßigen Kostenbegriffs als materiell indeterminiert. Sein Bemühen,

1) KOCH, Kontroverse, S. 51.
2) KOCH, Diskussion, ZfhF 1958, S. 355 (361).
3) Vgl. KOCH, Diskussion, ZfhF 1958, S. 355 (383 ff.);
   HERZIG, Herstellungskosten, BB 1970, S. 116 (117).
4) Vgl. MEFFERT, Beziehungen, Diss. rer. pol., München
   1964, S. 192; derselbe, Kosteninformationen, S. 118.
5) KOCH, Stückkostenrechnung, ZfB 1965, S. 325 (331).

einen logisch eindeutigen Begriff zu finden, unabhängig
von der Verifizierung in der Kostenrechnung, führt zur
Bezugnahme auf den historischen Anschaffungspreis als
einer semantisch eindeutigen "Wert"extension. Ein Bewertungsproblem existiert nicht [1].

c) Die Modifikation durch sog. Hypothesen

Die für eine praktisch-normative Betriebswirtschaftslehre unumgängliche Konfrontation mit der pragmatischen
Dimension zwingt zur Modifikation der engen, materiell
fixierten Begriffsbildung durch Rückgriff auf zweck- und
prämissenbedingte Hypothesen, um auf diese Art die Ableitung realitätsnaher spezifischer Kostenbegriffe zu-
zulassen [2]. "Die den spezifischen Kostenbegriffen zugrunde liegenden Hypothesen bzw. Hypothesenkombinationen
bestimmen die Art und das Ausmaß der Abweichungen der
Extensionskomponenten der spezifischen Kostenbegriffe
von denen des allgemeinen pagatorischen Kostenbegriffes" [3].

Der Nachteil der Hypothesenbildung ist jedoch die Ver-
wässerung der methodisch klaren Konzeption. An die Stelle des Bewertungsproblems tritt ein Hypothesenproblem,
denn es "gibt keine einwandfreien Grenzen für die Hypothesenbildung. Durch entsprechende Hypothesen läßt sich

---

1) Vgl. HERZIG, Herstellungskosten, BB 1970, S. 116
(117). HEINEN (Kostenlehre, S. 88, 93) bemerkt mit
Recht, daß der Ausdruck "Wertextension" im pagatorischen Kostenbegriff durch den Terminus "Preisexten-
sion" zu ersetzen wäre, da dieser Kostenbegriff an
die tatsächlichen Entgelte - die Anschaffungspreise -
anknüpfe. Aus diesem Grunde ist der Ausdruck "Wert"-
extension durch Anführungszeichen gekennzeichnet.
2) Vgl. KOCH, Diskussion, ZfhF 1958, S. 355 (369 ff.).
3) HERZIG, Herstellungskosten, BB 1970, S. 116 (118);
vgl. auch MENRAD, Kostenbegriff, S. 144.

der pagatorische auch in den wertmäßigen Kostenbegriff
überführen" [1].

3. Die Entscheidung für den wertmäßigen Kostenbegriff als
   allgemeinen Kostenbegriff

Der allgemeine Kostenbegriff als quantitativer betriebswirtschaftlicher Begriff kann nicht als Denkelement rein
theoretischer Aussagensysteme fungieren, wenn der Betriebswirtschaftslehre ein praktisch-normatives Wissen-
schaftsziel gestellt ist. Diesem Anspruch entspricht der
pagatorische Kostenbegriff nicht, da "die Hypothesenbildung den Inhalt des Kostenbegriffes wegen der scharfen
Trennung zwischen diesem und der Kostenrechnung nicht beeinflußt" [2]. Den Rückgriff auf Hypothesen, um die pragmatische Dimension einzubeziehen, kennzeichnet Menrad
als zirkelhaftes Vorgehen [3]. Der Extensionsvergleich
Heinens erweist den pagatorischen Kostenbegriff als Unterbegriff des wertmäßigen: Die auf den allgemeinen wertmäßigen Kostenbegriff folgende Intensionsstufe findet - z. B.
für den Zweck der Periodenerfolgsrechnung - eine Wertkomponente, die durch den Ansatz der Anschaffungspreise
fixiert ist [4]. Schließlich legt der wertmäßige Kostenbe-

---

1) MEFFERT, Beziehungen, Diss. rer. pol., München 1964,
   S. 194 f.; derselbe, Kosteninformationen, S. 120;
   vgl. ferner ENGELMANN, Kostenbegriff, ZfB 1958, S.
   558 (560); HELD, Kostenbegriff, ZfB 1959, S. 170 (173
   f.); ZOLL, Kostenbegriff, ZfB 1960, S. 15 ff., 96
   (108 f.); SZYPERSKI, Anwendung, S. 351 (370); MENRAD,
   Kostenbegriff, S. 146; THIELMANN, Kostenbegriff, S.
   197; MUNZEL, Kosten, S. 19; TROTTMANN, Kostenbegriff,
   Diss. rer. pol., Mannheim 1968, S. 24; ZOLLER, Kostenzurechnungsprinzip, KRP 1969, S. 161 (163 f.);
   ADAM, Kostenbewertung, S. 30.
2) THIELMANN, Kostenbegriff, S. 197.
3) Vgl. MENRAD, Kostenbegriff, S. 146.
4) Vgl. HEINEN, Kostenlehre, S. 101 ff.; HUMMEL, Kostenerfassung, S. 126 f.. Ausgehend von dieser Feststellung kann dem Vorgehen von KUHN, ALBACH, HÖRSTMANN,
   HERZIG, JACOBI und TIPKE (vgl. die Literaturangaben
   in FN 6 S. 98/99) nicht gefolgt werden. Die Behauptung
   ALBACHs (Entwicklungstendenzen, StbJb 1965/66, S. 307
   (312)), das Ergebnis der Diskussion über den allgemeinen Kostenbegriff sei der pagatorische Begriff Kochs,

griff der betriebswirtschaftlichen Entscheidungstheorie
keinerlei Beschränkung auf - so bei der Bewertung der
Knappheit der Produktionsfaktoren Eigenkapital und dis-
positive Unternehmer-Eigentümer-Arbeit - [1]. Kosiol
sieht daher "keine Denknotwendigkeit" des pagatorischen
Kostenbegriffs [2], denn der wertmäßige, dessen formale
Strukturelemente anerkannt, deren semantische Dimension
flexibel ist - Güterverbrauch, Leistungsverbundenheit,
Bewertung -, erlaubt die Fixierung der Extensionskomponenten, ohne die Begriffsbasis zu verlassen. Die Entscheidung über die Fixierung hängt allein vom Rechnungszweck ab [3] [4].

Aus diesen Gründen empfiehlt es sich, den wertmäßigen
Kostenbegriff als allgemeinen Kostenbegriff zu wählen.
Dieser Begriff ist die Basis, dessen sprachliche Varia-
tion zur Bildung von Unterbegriffen, von spezifischen
Kostenbegriffen führt.

Fortsetzung FN 4 S. 102
stellt eine unzulässig einseitige Vereinfachung der
Auffassungen dar. Dem Vorteil des pagatorischen Kostenbegriffs - unmittelbare Eignung für Informationsrechnungen mit der Wertkomponente 'Anschaffungspreise' - stehen erhebliche Nachteile als allgemeiner
Kostenbegriff gegenüber. Offenbar werten die genannten
Autoren den allgemeinen Kostenbegriff bereits aus der
Perspektive des spezifischen Zwecks "Bilanzielle Periodenerfolgsrechnung". Vgl. auch die ablehnende Haltung von BECK, Beschäftigungsschwankungen, Diss. rer.
pol., München 1966, S. 27 f.; NETH, Herstellungskosten, S. 5.
1) Vgl. HEINEN, Kostenlehre, S. 105; DIEDERICH, Betriebswirtschaftslehre, S. 217.
2) Vgl. KOSIOL, Kostenrechnung, S. 35; LINTZHÖFT, Kosten,
Diss. rer. pol., Hamburg 1968, S. 18.
3) Vgl. VOLKMANN, Herstellungskosten, ZfhF 1960, S. 375
(376 f.); CLARK, Studies, S. 67 ff., 177 ff., zitiert
nach POHMER, Werteumlauf, S. 305 (322; vgl. ferner
S. 341); SCHMALENBACH, Kostenrechnung, S. 6, 11.
4) Man muß HERZIG (Herstellungskosten, BB 1970, S. 116
(118)) in der Hinsicht folgen, daß die Betriebswirtschaftslehre "keinen eindeutigen allgemeinen Kostenbegriff kennt", ihn aber dahingehend ergänzen, daß sie
einen solchen eindeutigen gar nicht kennen kann. Die

II. Die Intension des allgemeinen Kostenbegriffs für den Zweck der Ermittlung steuerlicher Herstellungskosten

1. Der intensionale Variationsraum des allgemeinen Kostenbegriffs

Fragt man nach den zulässigen Variationen, nach den Unterbegriffen oder spezifischen Kostenbegriffen, die durch Hinzufügung spezifischer Merkmale aus dem allgemeinen Kostenbegriff ableitbar sind, so stellt man die Frage nach dem logischen Umfang oder dem "intensionalen Variationsraum" [1]. Die Offenheit des allgemeinen Kostenbegriffs hat zur Folge, daß bei m Variationen der Mengenkomponente und k möglichen Wertkomponenten m · k spezifische Kostenbegriffe denkbar sind [2]. Daher ist der allgemeine Kostenbegriff zunächst auf den spezifisch steuerlichen Kostenbegriff einzuengen, der die Basis des spezifischen steuerlichen Herstellungskostenbegriffs verkörpert.

Meffert [3] systematisiert die Unterbegriffe des allgemeinen Kostenbegriffs nach der Art der verbrauchten Wirtschaftsgüter (natürliche Kostenarten), nach ihrer rechnungsorganisatorischen - direkten oder indirekten - Erfaßbarkeit (Einzelkosten - Gemeinkosten), nach ihrer

---

Fortsetzung FN 4 S. 103
pragmatische Dimension der Kostenrechnung zwingt zur Annahme eines flexiblen allgemeinen Kostenbegriffs, der auf den nächstfolgenden Stufen des Begriffsystems durch zweckgemäße Determinierung der Extensionskomponenten eindeutig wird.
1) SZYPERSKI, Problematik, S. 29.
2) Vgl. hierzu HERZIG, Herstellungskosten, BB 1970, S. 116 (118, 119 f.); MENRAD, Kostenbegriff, S. 93; derselbe, Kosten, HdR Sp. 870 (872).
3) MEFFERT, Beziehungen, Diss. rer. pol., München 1964, S. 204; derselbe, Kosteninformationen, S. 123 ff.; vgl. auch MELLEROWICZ, Kostenbegriffe, HdB Bd. II, Sp. 3364 (3373ff.); RIEBEL, Bereitschaftskosten, ZfbF 1970, S. 372 (373).

Zurechenbarkeit auf Bezugsgrößen - z. B. Abrechnungsperioden, Kostenstellen, Kostenträger - (Einzelkosten - unechte und echte Gemeinkosten), nach ihrer Reagibilität bei schwankender Kapazitätsausnutzung (fixe Kosten, Bereitschaftskosten - variable Kosten, Leistungskosten), schließlich nach ihrer Erzeugnisbezogenheit (Erzeugnisfixkosten, Erzeugnisgruppenfixkosten, allgemeine Fixkosten). Andere Autoren nennen exemplarisch die Ist-, Normal- und Plankosten, die Voll- und Teilkosten, die Herstell(ungs)-, Stück-, Selbst-, Perioden- oder Zeitraum- und Kapazitätskosten, primäre Kosten und sekundäre Kosten [1].

Die in der betriebswirtschaftlichen Literatur entwickelten kostenrechnerischen Informationssysteme beruhen regelmäßig entweder auf den Unterbegriffen Einzelkosten und Gemeinkosten oder den Unterbegriffen variable Kosten und fixe Kosten. Wenn auch beide Unterbegriffsarten grundsätzlich als Alternativen bei der Bildung des spezifisch steuerlichen Kostenbegriffs bzw. steuerlichen Herstellungskostenbegriffs anzusehen sind, so muß dennoch bereits an dieser Stelle gesagt werden, daß die Beschränkung des intensionalen Variationsraums des allgemeinen Kostenbegriffs auf das Merkmal der Kostenreagibilität gegenüber Variationen der Kapazitätsausnutzung [2] abzuleh-

1) Vgl. KOSIOL, Analyse, S. 28; KLOIDT, Kalkulationslehre, S. 16; MENRAD, Kostenbegriff, S. 94; BUCHNER, Zielvariable, ZfbF 1967, S. 350 (357); SCHWARZ, Kostenträgerrechnung, S. 13 ff..
2) Die Unterbegriffsart 'variable-fixe Kosten' kann auf jede beliebige Kosteneinflußgröße bezogen werden. Daraus resultiert die Relativität dieser Unterbegriffsart. Ist die Kapazitätsausnutzung diese Bezugsgröße, so setzen eindeutige Aussagen über den Funktionalzusammenhang zwischen Kosten und Kapazitätsausnutzung eine Klärung des Kapazitätsbegriffs voraus.

(1) Der Kapazitätsbegriff umfaßt das quantitative und qualitative Leistungsvermögen eines Potentialfaktors oder eine Potentialfaktorkombination (eine betriebliche Teileinheit, ein Gesamtbetrieb) in einem Zeitabschnitt. Potentialfaktoren sind nicht beliebig teilbare, langfristig nutzbare Produktionsfaktoren. (Vgl.

nen ist. Wie zu zeigen sein wird, gilt dies, obwohl erstens die betriebswirtschaftliche Kostentheorie nahezu
einhellig auf dieser teilweise produktionstheoretisch
fundierten Klassifikation beruht, obwohl zweitens die
Bedeutung der Kosteneinflußgröße 'Kapazitätsausnutzung'
nicht in Frage gestellt werden soll. Die ausschließliche

Fortsetzung FN 2 S. 105
KERN, Fertigungskapazitäten, S. 27; HEINEN, Kostenlehre, S. 364 f..)
Unter der qualitativen Kapazität ist die Art der Leistungen zu verstehen, für deren Fertigung der Poten-
tialfaktor nutzbar ist, sowie seine Eignung für die
Kombination mit anderen Potentialfaktoren. Eine Beschränkung der Kapazitätsmessung auf die quantitative
Kapazität ist als Beschränkung auf das mengenmäßige
Leistungsvermögen zu verstehen. (Vgl. GUTENBERG, Produktion, S. 72 ff.; HEINEN, Kostenlehre, S. 290 ff.).
Als wirtschaftlicher Unterbegriff des allgemeinen Kapazitätsbegriffs gilt die sog. Optimalkapazität, als
technischer Unterbegriff unter dem Gesichtspunkt der
Mengenbegrenzung die sog. Maximalkapazität und die
sog. Normalkapazität. Für die Kapazitätsmessung fungieren als Maßstab einerseits Ausbringungsmengen bei
homogenen Leistungen bzw. Einproduktbetrieben und Leistungsmerkmale, andererseits in Ausnahmefällen Ausstattungsmerkmale. (Vgl. KERN, Fertigungskapazitäten,
S. 156; HENZEL, Kosten, S. 81 f.; HEINEN, Kostenlehre,
S. 364 f.).

(2) Die Kapazitätsausnutzung ist eine Resultante aus
den beiden Komponenten Beschäftigung und Leistungsintensität. Die Beschäftigung ist als reine Zeitgröße
anzusehen; gleichwohl wird sie in der Praxis und teilweise in der Theorie mit der Kapazitätsausnutzung
gleichgesetzt, und dies trotz des Nachweises der mit
dieser Gleichsetzung verbundenen Ungenauigkeiten durch
die Arbeiten von MELLEROWICZ (Kosten, Bd. I, S. 207
ff.; derselbe, Kapazitätsproblem, HdB Bd. II, Sp. 2953
ff.), KERN (Fertigungskapazitäten, S. 16 ff.), CLAR
(Kapazitätsnutzung, S. 69 ff.).
Setzt man die drei absoluten Größen Kapazitätsausnutzung, Beschäftigung und Leistungsintensität in Beziehung zu einem bestimmten Kapazitätsbegriff - z. B. der
Maximalkapazität -, so erhält man die relativen Größen
Kapazitätsausnutzungsgrad, Beschäftigungsgrad, Leistungsgrad. Der Kapazitätsausnutzungsgrad ist das Verhältnis zwischen der tatsächlichen und der möglichen
Leistung. Vgl. zur Verdeutlichung dieser Zusammenhänge
die schematische Übersicht bei KERN, Fertigungskapazitäten, S. 34.

Bindung des steuerlichen Herstellungskostenbegriffs an diese Unterbegriffsart steht jedoch im Widerspruch zur theoretischen Basis der Steuerbilanz. Zur Belegung dieser These ist es erforderlich, die produktions- und kostentheoretischen Zusammenhänge der Theorie der variablen und fixen Kosten kurz zu erörtern und die Entscheidung für die Unterbegriffsart Einzelkosten und Gemeinkosten in dieser Untersuchung zu begründen.

2. Die Unterbegriffsart 'variable und fixe Kosten'

a) Produktions- und kostentheoretische Grundlagen

Die betriebswirtschaftliche Kostentheorie hat zur Erklärung des Zusammenhangs zwischen Kosten und ihren Einflußgrößen synthetisch, analytisch und synthetisch-analytisch orientierte Modellansätze gebildet [1]. Diese Modellansätze, deren synthetisch-analytische Phase als noch nicht abgeschlossen anzusehen ist, sind wie folgt zu unterscheiden.

- Die synthetisch orientierten Modelle lassen sich durch die Untersuchung der Kapazitätsausnutzung als einzig dominante Kosteneinflußgröße, durch ihre gesamtbetrieblich ausgerichteten Aussagen sowie durch ihren Mangel an produktionstheoretischer Fundierung charakterisieren.

- Die analytischen Modellansätze fußen auf den Produktionsfunktionen vom Typ A und Typ B; ihren Mittelpunkt bilden mehrere, grundsätzlich gleichwertige Haupt-Kosteneinflußgrößen. Gutenberg [2] analysiert unter Zugrundelegung der für die industrielle Unternehmung als repräsentativ erachteten Produktionsfunktion vom Typ B die Wirkung von fünf Haupt-Kosteneinflußgrößen: Faktorqualitäten, Faktorproportionen, Faktorpreise, Betriebs-

---

1) Vgl. HEINEN, Kostenlehre, S. 368 f., 395 ff., 469 ff.; PRESSMAR, Kosten-Leistungs-Funktion, Diss. rer. pol., Hamburg 1968, S. 22 ff..
2) Vgl. GUTENBERG, Produktion, S. 344 ff..

größe, Fertigungsprogramm. Die Wirkung der einzelnen
Haupt-Kosteneinflußgröße wird indessen nach der Methode isolierender Abstraktion unter Konstanz der übrigen
Kosteneinflußgrößen aufgezeigt. Modelltheoretischer Be-
zugspunkt ist jedoch nicht die gesamtbetriebliche Beziehung zwischen den Faktoreinsatzmengen (Input) und
den Ausbringungsmengen (Output), vielmehr werden neben
den unmittelbaren Input-Output-Beziehungen durch das
System der Verbrauchsfunktionen [1] auch die mittelba-
ren Input-Output-Abhängigkeiten erklärt, die zwischen
dem Verbrauch einer Faktoreinsatzmenge für eine gelei-
stete Arbeitseinheit und der technischen Leistung
eines bestimmten Aggregates (Betriebsmittels) bestehen.

- Die synthetisch-analytischen Modellansätze der jüngeren Produktions- und Kostentheorie beruhen auf der
Produktionsfunktion vom Typ C. Mit Hilfe dieser Modellansätze versucht man, sämtliche relevanten Kosteneinflußgrößen simultan zu erfassen und darzustellen. Die Methode der isolierenden Analyse der Kostenabhängigkeiten wird aufgegeben und durch die Entwicklung gesamtbetrieblicher, multivariabler Kostenmodelle
ersetzt [2].

Tatsache ist, daß diese synthetisch-analytischen Modelle
erst in ihren Grundzügen konzipiert sind, so daß die
Theorie der variablen und fixen Kosten produktionstheoretisch weiterhin auf dem Typ B fußen muß. Die stetig
teilbaren Produktionsfaktoren, die im Fertigungsprozeß
verbraucht werden, d. h. als einzelne Input-Einheit für
eine einzelne Output-Einheit untergehen, heißen sog.
Repetierfaktoren, z. B. die Werk-, Hilfs-, Betriebsstof-

---

1) Vgl. GUTENBERG, Produktion, S. 326 ff.; PRESSMAR,
   Kosten-Leistungs-Funktion, Diss. rer. pol., Hamburg
   1968, S. 128 ff..
2) Vgl. HEINEN, Kostenlehre, S. 469 ff., 530 f.; KNÖPFER,
   Formel, Diss. rer. pol., Erlangen/Nürnberg 1961, S.9.

fe [1]; die beschränkt oder gar nicht teilbaren Produktionsfaktoren, die ein Leistungspotential darstellen, das der Herstellung mehrerer Leistungseinheiten dient, heißen sog. Potentialfaktoren, z. B. die Betriebsmittel [1].

Die variablen Kosten umfassen
(1) den outputabhängigen Verbrauch an Repetierfaktoren als dem allein von der Ausbringungsmenge, nicht von den Einsatzbedingungen der Potentialfaktoren abhängigen Verbrauch,
(2) den potentialfaktor-abhängigen Verbrauch an Repetierfaktoren als dem von der Leistungsintensität der Potentialfaktoren abhängigen, durch eine lediglich mittelbare Beziehung mit der Ausbringungsmenge verbundenen Verbrauch [2],
(3) den technologisch bedingten Verbrauch an Potentialfaktoren (z. B. die leistungsabhängige Abschreibung), der die gleiche Input-Output-Abhängigkeit aufweist wie der potentialfaktor-abhängige Verbrauch an Repetierfaktoren [3].

Die variablen Kosten sind demnach der leistungsverbundene, bewertete Güterverbrauch, der sich bei Variation der Ausbringungsmenge "entweder limitational in direkter Abhängigkeit von der erzeugten Produktmenge oder limitational entsprechend dem Verlauf der Verbrauchsfunktionen" [4] ändert.

---

1) Vgl. HEINEN, Kostenlehre, S. 223 f.; BRUHN, Potentialfaktoren, Diss. rer. pol., Köln 1963, S. 70 ff..
2) Vgl. HEINEN, Kostenlehre, S. 224 ff.; KILGER, Kostentheorie, S. 53 ff..
3) BECK, Beschäftigungsschwankungen, Diss. rer. pol., München 1966, S. 67 ff., 73.
4) JACOBS, Kostenrechnung, S. 23. Aus dieser theoretischen Erklärung leiten z. B. die Vertreter des Direct Costing ihren Systemvorschlag ab, unter Bezug auf das oben kritisierte Verursachungsprinzip lediglich die variablen Kosten der einzelnen Herstellungsleistung zuzurechnen, da nur diese durch sie "verursacht" seien.

Empirische Kostenerhebungen haben die Wahrscheinlichkeit
linearer Gesamtkostenverläufe - bei konstanten Kapazitäten und Fertigungsverfahren - ergeben. Unter dieser Bedingung verhalten sich die variablen Kosten proportional
zur Ausbringungsmenge, eine Bedingung, auf der die Vertreter der Grenzkostenrechnung ihr Kostenrechnungssystem
aufbauen. Indessen können progressive und degressive Ent-
wicklungen der variablen Kosten nicht ausgeschlossen werden: Erstens ist der Verlauf der Verbrauchsfunktionen für
jede einzelne Faktorart einer jeden betrieblichen Teileinheit in der Regel unbekannt. Zweitens zeigt der Kostenverlauf bei Änderungen des Kapazitätsausnutzungsgrades unter
bestimmten Bedingungen ein nicht-lineares Bild: ein Faktum, das die Kostentheorie durch die Hypothese der Kompensation von progressiven und degressiven Kostenwirkungen eliminiert [1].

Die Wirkungen der sogenannten intensitätsmäßigen, zeitlichen und quantitativen Anpassungsentscheidungen an geänderte Kapazitätsausnutzungsgrade, die isoliert und auch
kombiniert realisiert werden, werden noch aufzuzeigen
sein [2].

Die fixen Kosten umfassen den Verbrauch an Potentialfaktoren, der - bei Konstanz der anderen Kosten-Einflußgrö-
ßen - von den Variationen der Kapazitätsausnutzung unabhängig, zumindest innerhalb bestimmter Kapazitätsinterval-

---

1) Vgl. DLUGOS, Grenzkostenkalkulation, S. 479 (496 ff.,
   503); LONZ, Schwankungen, Diss. rer. pol., FU Berlin
   1969, S. 42; HEINEN, Kostenlehre, S. 406 ff.. Zu theoretischen Aussagen über den Kostenverlauf unter Hinweis auf empirische Kostenuntersuchungen vgl. vor allem GUTENBERG, Kostenkurven, ZfhF 1953, A. 1 ff.; derselbe, Produktion, S. 361 ff., 390 ff.; REUSTLE, Kostenfunktion, Diss. rer. pol., Freiburg i. Br. 1958,
   S. 43 ff..
2) Vgl. S. 249 ff. in dieser Untersuchung.

le in seiner Höhe unverändert bleibt [1]. Heinen kennzeichnet die Theorie der fixen Kosten mangels expliziter produktionstheoretischer Begründung als "ein System von Aussagen über die Entstehungsgründe und Formen der fixen Kosten" [2]. Die Entstehungsgründe sind: erstens die beschränkte oder nicht mögliche Teilbarkeit betrieblicher Potentialfaktoren, zweitens die von den Erwartungen über die zukünftige Kapazitätsausnutzung abhängigen betriebspolitischen Entscheidungen [3], drittens der juristische und institutionelle Verpflichtungsrahmen [4], viertens der zwar beabsichtigte, technisch wie auch juristisch mögliche, wirtschaftlich aber wegen der nicht gegebenen Verkaufsfähigkeit nicht realisierbare Kapazitätsabbau [5].

Die Formen: Definitionsgemäß sind die fixen Kosten begrenzt unabhängig von der jeweiligen Kapazitätsausnutzung. Dieser Unabhängigkeitsbereich wird durch die Intervallbreite der fixen Kostenart fixiert, die Intervallbreite ihrerseits durch die Kapazität des zugrundeliegenden Potentialfaktors bemessen [6]. Kongruiert die-

---

1) Vgl. SCHRÖDER, Kosten, Diss. rer. pol., Köln 1926; SCHMALENBACH, Kostenrechnung, S. 59; BÖRNER, Costing, Diss. rer. pol., München 1961, S. 45 f.; MUNZEL, Kosten, S. 23 ff.; vor allem die literaturkritische Studie von KÖRPICK, Kosten, S. 6 ff.; SÖVERKRÜP, Abbaufähigkeit, S. 21 ff.. Carl W. MEYER (Kostenprobleme, Betriebswirtschaftliche Umschau 1963, S. 75 (77)) hat ermittelt, daß etwa 40 verschiedene Fixkostenbegriffe und etwa 90 verschiedene Definitionen existieren.
2) Vgl. HEINEN, Kostenlehre, S. 426; KURZ, Fixkostentheorien, S. 28 ff..
3) GUTENBERG, Produktion, S. 350 ff..
4) HEINEN, Kostenlehre, S. 435 f..
5) Herbert HAX, Preisuntergrenzen, ZfhF 1961, S. 424 (426).
6) Vgl. KILGER, Kostentheorie, S. 85; HEINEN, Kostenlehre, S. 427.

se Kapazität des Potentialfaktors mit dem maximalen Ka-
pazitätsbereich des Betriebs, so spricht man von einer
absolut fixen Kostenart. Umfaßt diese Kapazität lediglich ein einzelnes Kapazitätsintervall, so spricht man
von einer relativ fixen Kostenart, einer intervallfixen
oder sprungfixen Kostenart [1]. Ist die Intervallbreite
der Potentialfaktoren unterschiedlich dimensioniert,
dann unterscheidet sich auch der Festigkeitsgrad oder die
Abbaufähigkeit der fixen Kostenarten [2].

Das durch die Kapazität der Potentialfaktoren gegebene
Leistungspotential ist zeitlich nicht unbeschränkt "kon-
servierbar", sondern geht unabhängig von seiner Nutzung
unter [3]. Daraus kann nicht gefolgert werden, fixe Kosten
verkörperten kalenderzeitproportionale Kosten [4]. Fixe
Kosten sind keine Funktion der Zeit; nicht die Zeit ist
ihr Entstehungsgrund, sondern die in der Zeit den Poten-
tialfaktorverbrauch auslösenden Einflußfaktoren. Kürpick
sieht die Zeit als Schlüsselgröße bzw. als Bemessungsgrundlage, um mit Hilfe der Zeiteinheiten die fixen Kosten auf die Abrechnungsperioden zu verteilen [5]. Kalen-
derzeitproportionalität der fixen Kosten würde bedeuten,

---

1) Vgl. KILGER, Kostentheorie, S. 80 ff.; HEINEN, Kostenlehre, S. 427.
2) Vgl. z. B. SOVERKROP, Abbaufähigkeit, S. 44 ff..
3) Vgl. BÜRNER, Costing, Diss. rer. pol., München 1961,
   S. 46 ff., 162 f..
4) Zu den Betriebswirtschaftlern, die die fixen Kosten
   als Zeitkosten interpretieren, gehören vor allem RUM-
   MEL, Ordnung, Die Betriebswirtschaft 1930, S. 33 (36);
   derselbe, Kostenrechnung, S. XI, 209 f.; FÖRSTER, Kosten, Diss. rer. pol., München 1951, S. 5; LEHMANN,
   Abhängigkeit, Betriebswirtschaftliche Rundschau 1926,
   S. 145 (147); SCHMALENBACH, Kontenrahmen, ZfhF 1927,
   S. 433 (442).
5) Vgl. KÖRPICK, Kosten, S. 108 f.. Vgl. ferner DIEDERICH,
   Betriebswirtschaftslehre, S. 48; SOVERKROP, Abbaufähigkeit, S. 41 ff.; WEBER, Kosten, S. 30 ff..

"daß (abgesehen von Kapazitäts- und Preisveränderungen
und der Umwandlung von variablen in fixe Kosten und umgekehrt) in jeder Periode (zum Beispiel je Monat) Fixkosten in gleicher Höhe entstünden" [1]. Die unterschiedliche Abbaufähigkeit beweist die Heterogenität dieser
Kosten. Unabhängig davon, ob die fixen Kosten "durch den
Zeitablauf oder durch mit der Zeit korrelierte Ursachen"
bedingt sind [2] oder ob die Zeit lediglich den Vertei-
lungsmaßstab darstellt, resultiert die Zurechnungsproble-
matik der fixen Kosten auf die Erzeugniseinheiten aus
dem Umstand, daß ihre Beziehung zu der Erzeugnismenge
als indirekt zu qualifizieren ist [3]. Daher werden die
fixen Kosten auch als "Kapazitätskosten" bezeichnet [4].
In Abhängigkeit von der Höhe der Kapazitätsausnutzung
eines Potentialfaktors - dem Kapazitätsausnutzungsgrad -
werden die ungenutzten Fixkostenanteile als Leerkosten,
der komplementäre Begriff als Nutzkosten bezeichnet.
"Leerkosten sind diejenigen fixen Kosten, die dem Verhältnis des nicht genutzten Teiles des Intervalls zum gesamten Intervall entsprechen, Nutzkosten sind diejenigen fixen Kosten, die dem Verhältnis des genutzten Teiles des
Intervalls zum gesamten Intervall entsprechen" [5].

Auch in dieser Untersuchung wird der Kosteneinflußgröße
'Kapazitätsausnutzung' ein dominanter Platz eingeräumt,
da man davon ausgehen kann, daß diese Kosteneinflußgröße
einen maßgeblichen Einfluß auf das Kostenniveau ausübt
und die Leistungsentstehung durch Kapazitätsausnutzung
als betriebliches Sachziel gilt. Dennoch kann der spezifisch steuerliche Kostenbegriff nicht auf den intensionalen Variationsraum begrenzt werden, der durch das Kriterium des Kostenverhaltens bei schwankender Kapazitätsausnutzung fixiert ist.

1) MUNZEL, Kosten, S. 27.
2) BÜRNER, Costing, Diss. rer. pol., München 1961, S. 46.
3) Vgl. HEINEN, Kostenlehre, S. 430 f.; KÄFER, Proportionalisierung, ZfB 1958, S. 120 (122).
4) Vgl. MELLEROWICZ, Kosten, Bd. I, S. 288 f..
5) HEINEN, Kostenlehre, S. 427. Diese für den weiteren
   Verlauf der Untersuchung wichtige Unterscheidung in

b) Die Ablehnung des durch die Unterbegriffsart variable
   und fixe Kosten eingeschränkten Intensionsraumes

Die Auffassung, den spezifisch steuerlichen Kostenbegriff
nicht auf den Intensionsraum zu beschränken, der durch
die Unterbegriffsart variable und fixe Kosten determiniert ist, folgt aus den Anforderungen der Einkommensbesteuerung und stützt sich auf die Kritik an drei grund-
sätzlichen Fiktionen dieser Unterbegriffsart [1].

(1) Fiktion 1: Die Kosteneinflußgröße 'Kapazitätsausnut-
    zungsgrad' unter Konstanz der übrigen Kosteneinfluß-
    größen. Ohne Zweifel dominieren in der betriebswirt-
    schaftlichen Produktions- und Kostentheorie solche
    Kostenmodelle, die den Funktionalzusammenhang zwi-
    schen der Kostenhöhe und der Kapazitätsausnutzung zum
    Gegenstand haben, deren Aussagen zum Verhalten der
    variablen Kosten zudem explizit produktionstheore-
    tisch unterbaut sind. Aussagen über die Wirksamkeit
    jeder anderen Kosteneinflußgröße werden in den ana-
    lytisch orientierten Kostenmodellen stets unter der
    Bedingung der ceteris-paribus-Klausel, d. h. unter
    Konstanz der übrigen Kosteneinflußgrößen gemacht, so
    von Gutenberg über die Faktorqualitäten, die Faktor-
    preise, die Betriebsgröße, das Fertigungsprogramm [2].
    - Die Faktorqualitäten zeigen sich in der Beschaf-
    fenheit der technisch-organisatorischen Ferti-
    gungsbedingungen. Neben sog. oszillativen Änderun-
    gen der Faktorqualitäten, die ohne Wirkung auf die
    Kostenhöhe sind,können sich stetige oder mutative
    Qualitätsänderungen des gesamtbetrieblichen Pro-
    duktionsfaktor-Gefüges kostenerhöhend oder kosten-
    senkend auswirken.

Fortsetzung FN 5 S. 113
Leerkosten und Nutzkosten führte GUTENBERG (Produktion, S. 348 ff.) in die betriebswirtschaftliche Literatur ein.
1) Vgl. explizit JACOBI, Herstellungskosten, FR.1970, S.
   204 (205 f., FN 26). Vgl. auch HENZEL, Kosten, S. 158.
2) Vgl. GUTENBERG, Produktion, S. 344 ff. et passim.

- Die Faktorpreise wirken auf die Kostenhöhe direkt, d. h. über die Wertextensionskomponente, ohne das Mengengerüst zu tangieren, oder indirekt, d. h. über eine Faktorpreisänderung, die eine Faktorqualitätenänderung z. B. durch alternative Substitution induziert.

- Die Betriebsgröße - definiert als die "zu einem bestimmten Zeitpunkte zur Verfügung stehenden produktionstechnischen Anlagen" [1] - kann multiplen oder mutativen Variationen unterzogen werden. Multiple Betriebsgrößenänderungen zeichnen sich durch die Variation der Zahl der eingesetzten Potentialfaktoren aus, ohne jedoch die Art der Faktoren zu ändern: Das Resultat ist eine Verlängerung der Gesamtkostenkurve. Mutative Betriebsgrößenvariationen dagegen zeichnen sich durch die Änderung der angewandten Fertigungsverfahren und der eingesetzten Produktionsfaktoren aus. Der kostengünstige Einsatz solcher Fertigungsverfahren, die die Herstellung großer Stückzahlen ermöglichen, führt zu einem degressiv steigenden Kostenverlauf, der sog. Kostenkurve bei langfristiger Anpassung. Zusätzlich sind die Wirkungen der Betriebsgrößenänderung auf die Kostenhöhe anderer betrieblicher Funktionsbereiche

---

Fortsetzung FN 2 S. 114
Vgl. zu den Bemühungen, die funktionalen Abhängigkeiten zwischen der Kostenhöhe und dem Gesamtkomplex ihrer Einflußfaktoren zu erforschen, SCHMALENBACH, Kostenrechnung, S. 41 ff.; HALL, Rechnen, S. 1 ff.; WUTTKE, Kosten-Einflußgrößenrechnung, ZfB 1958, S. 385 ff.; KNOPFER, Formel, Diss. rer. pol., Erlangen/Nürnberg 1961, S. 12 ff.; PACK, Elastizität, S. 61 ff.; HEINEN, Kostenlehre, S. 368 ff.; HÄNDLE, Kosteneinflußgrößen, Diss. rer. pol., Erlangen/Nürnberg 1968, S. 24 ff.; HENZE, Leistungserstellungsprogramm, Diss. rer. pol., Karlsruhe 1968, S. 18 ff.; WALDSCHMIDT, Kostenänderungen, Diss. ing., TU Clausthal 1968, S. 92 ff.; BÖHMER, Lerneffekte, Diss. rer. pol., Münster 1970, S. 9 ff.; vgl. zu den Methoden der Analyse von Einflußgrößen KORPICK, Kostenrechnung, S. 177 ff.; SCHRIEVER, Einflussgrößenrechnung, Diss. rer. pol., Göttingen 1970, S. 9 ff..
1) GUTENBERG, Betriebsgröße, HdB Bd. I Sp. 800 (801);

in dem Kostenmodell zu untersuchen [1].

- Das Fertigungsprogramm - definiert als quantitative
  und qualitative Zusammensetzung der hergestellten
  oder herzustellenden Erzeugnisse [2] - führt im Zusammenhang mit Änderungen oder starken Schwankungen
  seiner Zusammensetzung zu Änderungen der Kostenhöhe,
  da "die fertigungstechnische Ausstattung des Betriebes nur noch unvollkommen den neuen fertigungstechnischen Anforderungen" entspricht [3]. Die analysierten Problemkreise dieser Kosteneinflußgröße [4]
  sind das kritische Standardisierungs- oder Typisie-
  rungsmaß, das die Frage der herzustellenden und hergestellten Erzeugnisarten betrifft und damit ebenso
  wie das Problem der sog. fertigungstechnischen Elastizität oder Anpassungsfähigkeit eines Betriebes
  häufig kostenwirksame Qualitätsänderungen der Repe-
  tier- oder Potentialfaktoren auslöst. Das dritte
  Problem betrifft die Änderung der Los- bzw. Auf-
  tragsgröße, d. h. der Menge der Erzeugniseinheiten,
  die hintereinander und ohne Zwischenschaltung anderer, mit Sortenwechselkosten verbundener Erzeugnisarten durch den Einsatz bestimmter Potentialfaktoren gefertigt werden. Die Kostenwirkungen werden
  durch die losvariablen Lager- und Zinskosten sowie
  durch die losfixen Kosten dargestellt [5].

Fortsetzung FN 1 S. 115
GÜPPL, Kosteneinflußgrößen, Diss. rer. pol., Köln
1963, S. 74 ff..
1) Vgl. HEINEN, Konzentration, S. 1633 (1641 ff.); derselbe, Kostenlehre, S. 459 ff..
2) Vgl. GUTENBERG, Produktion, S. 444; HÄNDLE, Kosteneinflußgrößen, Diss. rer. pol., Erlangen/Nürnberg,
   1968, S. 192 f..
3) GUTENBERG, Produktion, S. 347.
4) Vgl. HEINEN, Kostenlehre, S. 446 ff..
5) Vgl. GUTENBERG, Sortenproblem, HdB Bd. III Sp. 4897
   (4901 f.); ELLINGER, Ablaufplanung, S. 88 ff..

(2) Fiktion 2: Keine Interdependenzen zwischen den Ko-
    steneinflußgrößen

    Ebensowenig wie die Fiktion einer Kosteneinflußgrö-
    ße als Ausgangsbasis eines auf nachprüfbaren Tatbe-
    ständen fußenden Steuerrechts fungieren kann, kann
    der Fiktion nichtexistenter Interdependenzen zwi-
    schen den skizzierten Einflußgrößen zugestimmt wer-
    den. Liegt bereits in der Auswahl der sog. Haupt-
    Kosteneinflußgrößen Gutenbergs eine faktische Be-
    schränkung, so ist die gleiche Feststellung für die
    Verbundwirkungen zwischen den Einflußgrößen zu tref-
    fen. Die Vertreter analytisch orientierter Kosten-
    modelle versuchen, in einer multivariablen Kosten-
    funktion exakt abgegrenzt, gleichwertige Einflußgrö-
    ßen als unabhängige Variable aufzuzeigen. Neben der
    isolierten Darstellung der einzelnen Einflußgrößen
    in ihrer Kostenwirkung finden sich nur seltene, ver-
    bale Hinweise auf Wechselwirkungen [1]. Der Verzicht
    auf ihre eingehende Analyse kommt einem Verzicht auf
    eine wirklichkeitsnahe Erklärung des Kostenphänomens
    gleich, da die Interdependenzen "sich nur bei simul-
    taner Variation der betroffenen Einflußgrößen berück-
    sichtigen" lassen [2].

---

1) Vgl. z. B. SCHÖNNENBECK, Kostenrechnung, Diss. rer.
   pol., Köln 1950, S. 116 ff.; KORPICK, Kostenrechnung,
   S. 212 ff.; PACK, Elastizität, S. 71 f..
2) HEINEN, Kostenlehre, S. 396. Vgl. LAYER, Anwendbarkeit,
   S. 54 f. LONZ (Schwankungen, Diss. rer. pol., FU Berlin 1969, S. 44), dessen Untersuchung sich überwiegend darauf beschränkt, in sehr allgemeiner Form die
   kostentheoretischen Grundlagen des Kostenrechnungs-
   kalküls zur Ermittlung der Herstellungskosten fertiger und unfertiger Erzeugnisse zu kritisieren, um in
   einer Antithese zu diesen Ausführungen den Lösungsver-
   such mit Hilfe einer betriebswirtschaftlichen Dispo-
   sitionsrechnung zu beleuchten, sagt: "Durch das bewußte
   oder unbewußte Ignorieren anderer Größen oder durch
   das Einführen einer ceteris-paribus-Klausel sind aber
   die Einflußmöglichkeiten anderer Faktoren noch nicht
   aus der Welt geschafft. Dieser Tatsache darf man sich
   bei der Erklärungsfindung nicht verschließen".

(3) Fiktion 3: Die Kostenspaltung

Voraussetzung einer theoretisch exakten Aufspaltung
der Gesamtkosten in variable und fixe Kostenanteile
ist das Vorhandensein eines linearen Gesamtkosten-
verlaufs, eine in der Kostentheorie unterstellte
Prämisse, von Dlugos als "eine höchst bedenkliche
Vereinfachung" bezeichnet [1]. Die Unterbegriffsart
variable und fixe Kosten ist für den Zweck einer
Deduktion des steuerlichen Kostenbegriffs bzw. Herstellungskostenbegriffs unbrauchbar, wenn durch das
Verfahren der Kostenspaltung subjektive, disposi-
tionsabhängige, unzureichend belegbare Entscheidungen über die Eingangsinformationen in den Kostenrechnungskalkül transferiert werden [2].

Die technologischen Verfahren der Rechnungspraxis
- die sog. buchtechnische, die mathematische und
die analytische Kostenauflösung - verletzen die
Anforderung 'Überprüfbarkeit', da sich für eine genaue Aufspaltung der sog. semivariablen Kosten oder
Mischkosten "keine eindeutigen, theoretisch zwingen-
gen Schlußfolgerungen ableiten" lassen, und zwar unabhängig davon, ob aus den Korrelationen zwischen
dem Kapazitätsausnutzungsgrad und der Kostenhöhe
oder ob aus dem Verbrauch der Faktoreinsatzmengen
auf den Anteil dieser Kosteneinflußgröße an den Gesamtkosten geschlossen wird [3]. Die Folgerung: Die

---

1) DLUGOS, Grenzkostenkalkulation, S. 479 (503). Vgl.
   auch MEFFERT, Beziehungen, Diss. rer. pol., München
   1964, S. 167 f., 206.
2) Vgl. bereits FISCHER/HESS/SEEBAUER, Buchführung, S.
   352; vgl. ferner EVERS (Kostenauflösung, ZfR 1966,
   S. 129 (132)), der auf die strengen Prämissen der Ko-
   stenaufspaltung verweist. Vgl. auch MEFFERT, Kosteninformationen, S. 188.
3) MEFFERT, Kosteninformationen, S. 185 f., 188; LONZ,
   Schwankungen, Diss. rer. pol., FU Berlin 1969, S.
   37 ff., 188 ff.; HENZEL, Kosten, S. 155 ff.. Vgl. zu
   den Verfahren und Schwierigkeiten der Kostenspaltung
   HEINEN, Kostenanalyse, HdB Bd. II Sp. 3400 ff.; BÖR-
   NER, Costing, Diss. rer. pol., München 1961, S. 48

Mengenextensionskomponente eines an die Unterbegriffsart 'variable und fixe Kosten' gebundenen steuerlichen Kostenbegriffs kann manipuliert werden [1], mit der Folge einer möglichen Verletzung der Anforderung Vergleichbarkeit. Unter der Voraussetzung, daß statische Regressions- und Korrelationsanalysen eine mathematisch-statistisch überprüfbare Trennung des Potentialfaktorverbrauchs in den technologisch bedingten und den zeitlich bedingten Güterverbrauch konzedierten, müssen die notwendigen Prüfhandlungen - gemessen an dem Schwierigkeitsgrad der Rechnung und an dem Rechenumfang - gegen das Einfachheitskriterium verstoßen [2].

Das Ergebnis:

Trotz der Fortentwicklung der betriebswirtschaftlichen Kostentheorie bleibt in den Kostenmodellen Gutenbergs und Heinens eine Prämissendiskrepanz, die eine Unternehmungsleitung zur Ableitung interner Entscheidungswerte trotz

---

Fortsetzung FN 3 S. 118
ff.; Dieter SCHNEIDER, Kostentheorie, ZfhF 1961, S. 677 (680 ff.), mit ausführlichen Literaturhinweisen; HARRMANN, Deckungsbeitragsrechnung, DB 1965, S. 1017 (1020); MELLEROWICZ, Kalkulationsverfahren, S. 99.

[1] SCHMITZ (Kostentheorie, Diss. rer. pol., Köln 1957, S. 120) ist der Auffassung, die Ermittlung fixer und variabler Kosten sei "weniger von den objektiven Notwendigkeiten der Produktion, als von den Dispositionen des Kostenrechners bestimmt, wobei eine Übereinstimmung mit der Realität mehr oder weniger vorhanden sein kann, jedoch nicht sein muß. Eine Reihe von Kosten werden proportional bzw. fix durch die Art ihrer Erfassung". Vgl. vor allem auch WEBER, Kosten, S. 34 ff.. Vgl. ferner LONZ, Schwankungen, Diss. rer. pol., FU Berlin 1969, S. 42, 189 ff.; LEFFSON, Grundsätze, S. 171; DÖLLERER, Anschaffungskosten, BB 1966, S. 1405 (1407); FRANK, Ableitung, BB 1967, S. 177 (180).

[2] Vgl. BROCKNER, Maßskalen, Diss. rer. pol., TH Darmstadt 1969, S. 123 ff.; RECKSIEGEL, Korrelationsanalyse, Diss. rer. pol., Münster 1972, S. 37 ff.. Vgl. auch das Gutachten 1971, Abschnitt V, TZ 124.

der Sachverhaltskomplexität akzeptieren kann - begründet z. B. mit wirtschaftszweigbezogenen Eigenheiten
(Saisonbetriebe, Kampagnebetriebe) oder mit Wahrschein-
lichkeitserwartungen über die Wirksamkeit der Kosteneinflußgröße 'Kapazitätsausnutzungsgrad'.

Zur Ableitung von Nicht-Entscheidungswerten, die an externe Adressaten gerichtet sind, stellen die genannten
Fiktionen nicht konzedierbare Ermessensentscheidungen
dar, wie der Vergleich mit den Anforderungen der Einkommensbesteuerung zeigt. Die Bindung des intensionalen
Variationsraums des allgemeinen Kostenbegriffs an die
Unterbegriffsart 'variable - fixe Kosten' bei der Ableitung des spezifisch steuerlichen Kostenbegriffs bzw.
Herstellungskostenbegriffs ist daher abzulehnen. Diese
Aussage gilt [1] unabhängig davon, ob - je nach Zurechnungsprinzip - allein die variablen Kosten (Grenzkostenrechnung, Direct Costing) [2] oder auch anteilige fixe
Kosten (modifizierte Vollkostenrechnung) [2] erfaßt werden. Ein Kostenrechnungssystem, das auf den Fiktionen
einer relevanten Kosteneinflußgröße unter Konstanz anderer Größen, nichtexistenter Wechselwirkungen sowie eindeutiger Kostenspaltung beruht, umfaßt nur Teile der
Wirklichkeit [3].

1) So auch WEBER, Kosten, S. 42.
2) Vgl. MUNZEL, Kosten, S. 58 ff.; HEINE, Costing,
   ZfhF 1959, S. 515 ff.; zur deutschsprachigen und
   amerikanischen Literatur über das Direct Costing
   als Kostenrechnungssystem vgl. vor allem HUMMEL, Lagerbestandsveränderungen, ZfbF 1969, S. 155 (155 f.).
3) Dieses Untersuchungsergebnis macht die Problematik
   der Bewertungsregeln deutlich, welche die Vertreter
   des Direct Costing oder z. B. ALBACH (Bewertungsprobleme, BB 1966, S. 377 (380 f.)) oder HÖRSTMANN
   (Herstellkostenbegriff, StbJb 1968/69, S. 395 (414
   ff.)) oder LAYER (Herstellkosten, DB 1970, S. 988
   (990 ff.)) empfehlen, wenn sie behaupten, fertige
   und unfertige Erzeugnisse seien allein mit den variablen Kosten zu bewerten.

3. Die Unterbegriffsart 'Einzelkosten und Gemeinkosten' nach den Kriterien der Zurechenbarkeit und der rechnungsorganisatorischen Erfaßbarkeit

Einzelkosten und Gemeinkosten weisen den einer Bezugsgröße eindeutig zurechenbaren bzw. den direkt erfaßbaren und den dieser Bezugsgröße nicht eindeutig zurechenbaren bzw. den indirekt erfaßbaren, leistungsverbundenen bewerteten Güterverbrauch aus. Einzelkosten und Gemeinkosten spiegeln das Ergebnis der Gesamtheit wirksamer Kosteneinflußgrößen wider.

Das Kriterium der Zurechenbarkeit der Kosten läßt sich in Anlehnung an Riebel wie folgt darstellen: Je nach Auswahl der relevanten Bezugsgröße (z. B. Kostenstellen oder Kostenträger) konkretisiert Riebel Einzelkosten in bezug auf die gewählte Bezugsgröße - daher relative Einzelkosten -, unechte und echte Gemeinkosten [1]. Ist die Bezugsgröße einer Kostenartenrechnung die jeweils betrachtete Periode, dann sind bestimmte Kostenarten Perioden-Einzelkosten, andere - z. B. Abschreibungen über mehrere Perioden - Peroden-Gemeinkosten. Das gleiche gilt in einer Kostenstellenrechnung für Kostenstellen-Einzelkosten und Kostenstellen-Gemeinkosten, in einer Kostenträger-Stückrechnung für Kostenträger-Einzelkosten und Kostenträger-Gemeinkosten.

Einzelkosten sind der einer Bezugsgröße direkt zurechenbare, bewertete Güterverbrauch. Unechte Gemeinkosten repräsentieren den einer Bezugsgröße zwar eindeutig zurechenbaren Güterverbrauch, der aber aus Einfachheits- und Wirtschaftlichkeitsgründen nicht als direkter Einzelverbrauch erfaßt wird, sondern mittels geeigneter Verteilungsschlüssel - im Gegensatz zu den nicht schlüsselfähi-

---

1) Vgl. RIEBEL, Entscheidungen, NB 1967, S. 1 (9) et passim. Weitere Literaturangaben vgl. oben FN 1 S. 94 in dieser Untersuchung.

gen echten Gemeinkosten - den einzelnen Bezugsgrößen zugerechnet werden kann (z. B. Energieverbrauch). Echte Gemeinkosten umfassen jenen Güterverbrauch, der mit mehreren Bezugsgrößen gekoppelt und nur der Gesamtheit dieser
Bezugsgrößen zurechenbar ist.

Das Kriterium rechnungsorganisatorischer Erfaßbarkeit
läßt sich in Anlehnung an Koch wie folgt umreißen:
Die für eine einzelne Leistungseinheit direkt erfaßbaren
"Gesamtkostenanteile" bezeichnet Koch als Einzelkosten,
die für diese einzelne Leistungseinheit nur indirekt erfaßbaren, rechnerisch zugeschlüsselten "Gesamtkostenanteile" bezeichnet er als Gemeinkosten [1]. Anteilige Gemeinkosten homogener Leistungseinheiten lassen sich
durch Division der Gesamtgemeinkosten durch die Menge
der Leistungseinheiten ermitteln. Anteilige Gemeinkosten
heterogener Leistungseinheiten werden in etwa folgender
Vorgehensweise [2] ermittelt.

- Auswahl der Schlüsselgröße(n) (z. B. Fertigungslöhne,
  -zeiten, -materialgewichte, -materialkosten),
- Errechnung der Schlüsseleinheitskosten (Gemeinkosten
  einer Kostenstelle: Schlüsseleinheiten),
- Gemeinkostenanteil einer Leistungseinheit = Schlüsseleinheitskosten x Zahl der Schlüsseleinheiten einer
  Leistungseinheit.

In der Kostenartenrechnung sind die in bezug auf die betrachtete Periode nicht als Einzelkosten dieser Periode
erfaßten Kostenarten durch Schlüsselung "als Periodenge-
meinkosten auf die Abrechnungsperioden zu verteilen" [3].

---

1) Vgl. KOCH, Stückkostenrechnung, ZfB 1965, S. 325 (331
   ff.) et passim; derselbe, Gemeinkostenverteilungsschlüssel, ZfbF 1965, S. 169 ff.; BUSSMANN, Rechnungswesen, S. 48 ff.; Urteil BFH I 219/63 v. 31. 7. 1967,
   BStBl 1968 II S. 22 (23); WÖHE, Steuerlehre, Bd. I, S.
   397 f..
2) Vgl. zu dieser Vorgehensweise auch JACOBS, Kostenrechnung, S. 30.
3) KOCH, Gemeinkostenverteilungsschlüssel, ZfbF 1965,
   S. 169 (198).

In der Kostenstellenrechnung werden die Kostenarten in
dem Verhältnis den Kostenstellen zugeteilt, in dem den
Stellenleistungen ein leistungsentsprechender Anteil an
den mit der Gesamtleistung verbundenen Gesamtkosten zukommt. Diese Verteilung ist für die direkt erfaßbaren
Stelleneinzelkosten unproblematisch, anders dagegen für
die nur indirekt erfaßbaren Stellengemeinkosten, da "regelmäßig in verschiedenen Kostenstellen unterschiedliche
Periodengesamtleistungen vollbracht werden" [1]. Sie müssen mit geeigneten Schlüsselgrößen geschlüsselt werden.

Daher ist die Entscheidung über die Schlüsselgröße als
dem variablen Verfahrensmerkmal ausschlaggebende Bedeutung beizumessen. Das gilt für die direkte und indirekte
Gemeinkostenschlüsselung [2]. Die Auswahl der Schlüsselgrößen muß dem Oberprüfbarkeitskriterium genügen, d. h.
fachlich qualifizierte Beobachter müssen bei voneinander
unabhängiger Sachverhaltsanalyse zu gleichen oder zumindest vergleichbaren Entscheidungen gelangen.

Die Entscheidung, den Intensionsraum des allgemeinen Kostenbegriffs für die Ableitung des spezifisch steuerlichen Kostenbegriffs und auch des Herstellungskostenbegriffs auf die Unterbegriffsart Einzelkosten und Gemeinkosten festzulegen, fußt darauf, daß der Konfliktbereich
mit den Anforderungen der Einkommensbesteuerung 'Oberprüfbarkeit' und 'Einfachheit' für diese Unterbegriffsart auf
die Wahl der Schlüsselgröße(n) beschränkt ist. "Für diese
beiden Elemente des allgemeinen Kostenbegriffes kennt die

---

1) KOCH, Gemeinkostenverteilungsschlüssel, ZfbF 1965,
   S. 169 (198).
2) Vgl. KOCH, Stückkostenrechnung, ZfB 1965, S. 325 (335
   f.). Zur Gemeinkostenschlüsselung vgl. bereits hier
   aus der Fülle von Literaturbeiträgen KIESSLING, Genauigkeit, Diss. rer. oec., Leipzig 1938, S. 16 ff.;
   BRÜMER, Fertigungslohn, Diss. rer. pol., TU Berlin
   1957, S. 24 ff., 176 ff.; HEINEN, Zuschlagskalkulation, ZfhF 1958, S. 1 (6 ff.); RODENSTOCK, Genauigkeit, S. 13 ff.; KOSIOL, Buchhaltung, S. 307 ff.;
   MELLEROWICZ, Kosten, Bd. II/I, S. 386 ff..

Theorie keine explizite Analogie. Dieser Sachverhalt
erklärt sich aus dem generell-bestimmenden Charakter
der kostentheoretischen Modelle" [1].

Die Kostenhöhe ist eine Funktion sämtlicher Kosteneinflußgrößen. Wenn für die Ableitung des steuerlichen
Herstellungskostenbegriffs auf die Unterscheidung in
Einzelkosten und Gemeinkosten zurückgegriffen wird, obwohl sich die meisten betriebswirtschaftlichen Kosten-
rechnungsmodelle bislang an die in der Kostentheorie
übliche Unterscheidung in variable und fixe Kosten an-
lehnen, dann deshalb, um dem geringen Abstraktionsniveau
eines an externe Adressaten gerichteten Kostenrechnungs-
kalküls zu genügen.

---

1) LONZ (Schwankungen, Diss. rer. pol., FU Berlin 1969,
   S. 184 ff.) bezweifelt, ob die Einteilung der Kosten
   in Einzelkosten und Gemeinkosten z. B. im Hinblick
   auf Löhne und Abschreibungen Sinn hat. Lonz begründet diese Auffassung damit, daß diese Unterbegriffsart keine Aussage darüber mache, ob Lohnkosten im
   Falle der Nicht-Produktion entfielen oder nicht, ob
   Abschreibungen auf den Gebrauchsverschleiß oder sonstige Verschleißfaktoren zurückzuführen seien. Dem
   ist entgegenzuhalten, daß die Einteilung in Einzel-
   und Gemeinkosten über die Kostenreagibilität keine
   Aussage macht, es sei denn, das Kriterium des Kostenverhaltens gegenüber Schwankungen der Kapazitätsausnutzung wird ergänzend eingefügt. Wenn dies geschieht,
   dann umfassen die Einzelkosten im Sinne Riebels nur
   einen Teil der variablen Kosten, da die Lohnkosten
   als unechte Einzelkosten zu den echten Gemeinkosten
   zählen, dann umfassen die variablen Gemeinkosten sowohl die unechten Gemeinkosten als auch die variablen
   echten Gemeinkosten. Allerdings werden die variablen
   echten Gemeinkosten nach dem Identitätsprinzip nicht
   zugerechnet, da sie nicht eindeutig einem Erzeugnis
   zurechenbar sind. Fixe Kosten verkörpern im Hinblick
   auf die Bezugsgröße 'Erzeugnis' lediglich einen speziellen Typ echter Gemeinkosten (vgl. RIEBEL, Kosten,
   S. 26). Einzelkosten im Sinne Kochs umfassen Materialkosten und Lohnkosten, unterscheiden sich jedoch von
   den variablen Kosten in bezug auf die variablen Gemeinkosten.

III. Die Ableitung des Begriffs steuerlicher Herstellungskosten durch Determinierung der Extensionskomponenten des steuerlichen Kostenbegriffs

Welches sind die Intensionsmerkmale des spezifisch steuerlichen Kostenbegriffs, dessen Zweck es ist, Basis zur Ableitung der Herstellungskosten fertiger und unfertiger Erzeugnisse in der Steuerbilanz zu sein?

Wie bereits unter dem Gesichtspunkt präskriptiver Pragmatik erläutert, umfaßt dieser Kostenbegriff den tatsächlich der Leistungserstellung verbundenen, bewerteten Güterverbrauch der Herstellungsperiode, je nach Zurechnungsprinzip unter Einschluß solcher Kostenarten, die ihrer zeitlichen und/oder sachlichen Abgrenzung wegen normalisierte Istmengen und/oder Istpreise umfassen: die Istkosten. Im folgenden sind die Extensionskomponenten dieses Kostenbegriffs darzustellen.

1. Die Wertextension

Die Wertkomponente ist eindeutig determiniert bzw. wird durch die Bandbreite normalisierter Istpreise determiniert: Die Grundannahme Anschaffungswertprinzip verweist auf die historischen Anschaffungspreise [1]. Diese Grundannahme führt für den Fall der Einzelbewertung von Wirtschaftsgütern, die bei der Leistungserstellung verbraucht werden, zu eindeutigen Wertansätzen. Wenn die verbrauchten Wirtschaftsgüter - z. B. das Fertigungsmaterial - Preisschwankungen unterworfen sind, dann ist eine Einzelbewertung häufig nicht möglich, da der Identitätsnachweis der Anschaffungskosten wegen nicht getrennter Lagerung nicht exakt oder nur schwierig nachweisbar ist. In einem solchen Fall kann eine Sammelbewertung gleichartiger Wirtschaftsgüter oder eine Gruppenbewertung annähernd

---

[1] Vgl. EYMER, Herstellungskosten, Diss. rer. pol., Köln 1952, S. 75 f.; BURG, Bewertung, Diss. rer. pol., Wien 1960, S. 65.

gleichwertiger oder solcher gleichartiger Wirtschaftsgüter vorgenommen werden, für die ein Durchschnittswert
bekannt ist. Durch bestimmte Fiktionen wird unterstellt,
daß die Wirtschaftsgüter, die bei der Leistungserstellung verbraucht werden, mit den durchschnittlichen Anschaffungskosten oder mit den zuletzt oder zuerst ange-
fallenen Anschaffungskosten bewertet werden. Solche Fiktionen sind das Verfahren der gewogenen Durchschnitts-
ermittlung [1], das Verfahren des Last-in-First-out
(Lifo), das Verfahren des First-in-First-out (Fifo),
sofern sachlogisch glaubhafte, d. h. überprüfbare zeitliche Verbrauchsfolgen gegeben sind [2].

2. Die Mengenextension

a) Der Güterverbrauch

Die Mengenkomponente ist abzugrenzen. Das Merkmal 'Güterverbrauch' umfaßt allein solche Verbrauchsarten, die

---

1) Die Durchschnittsbewertung beruht auf der Fiktion,
   daß jedes Wirtschaftsgut die gleiche Chance des La-
   gerabgangs hat. Das Argument, die als gewogener
   Durchschnitt ermittelten Anschaffungspreise seien
   keine fiktiven, sondern tatsächliche Anschaffungspreise der verbrauchten Wirtschaftsgüter (so z. B.
   RAU, Lifo-Bewertung, BB 1966, S. 439; VOGEL, Auswirkungen, DB 1966, S. 909 (911)), ist falsch, da die
   Anschaffungspreise dieser Wirtschaftsgüter lediglich
   auf den tatsächlichen beruhen.
2) Vgl. zur Verfahrensfiktion bei Roh-, Hilfs- und Betriebsstoffen Abschnitt 36 Abs. 2, Abs. 3 EStR;
   HERRMANN/HEUER, Kommentar, § 6 Anm. 86 c - 86 e;
   BLÜMICH/FALK, Einkommensteuergesetz, § 6 Anm. 5, S.
   672 f.; ADLER/DÖRING/SCHMALTZ, Rechnungslegung, Bd.
   1, § 155, TZ 42, S. 105; SCHNIER, Bewertung, Diss.
   rer. pol., Göttingen 1969, S. 117 ff.; JACOBI, Herstellungskosten, FR 1970, S. 204 (209); WÖHE, Steuerlehre, Bd. I, S. 520 ff.; NETH, Herstellungskosten,
   S. 116 f.. Die steuerliche Zulässigkeit der Verbrauchsfolgen nach dem Lifo- und Fifo-Verfahren sind
   an die Nachweispflicht gebunden. Diese Bedingung kongruiert mit der Anforderung Nachprüfbarkeit, so daß
   die Auffassung von BANGE (Herstellungskosten, Diss.
   rer. pol., Würzburg 1970, S. 151), die mit Hilfe dieser Verfahren errechneten Aufwendungen seien "nicht
   in die bilanzrechtlichen Herstellungskosten einre-

durch den Begriff der steuerlich abzugsfähigen Betriebsausgaben gemäß § 4 Abs. 4 EStG und durch gesonderte Bestimmungen - z. B. §§ 4 Abs. 5, 6 a, 12, 15 EStG und §
12 KStG - gedeckt sind [1]. Diese Besonderheit des spezifisch steuerlichen Kostenbegriffs bedeutet, daß die sog.
Zusatzkosten (aufwandslose Kosten), die sog. Anderskosten
(aufwandsungleiche Kosten) und die sog. Grundkosten (auf-
wandsgleiche Kosten) [2], die durch die genannten steuerlichen Sondervorschriften als steuerlich nicht abzugsfä-

Fortsetzung FN 2 S. 126
chenbar", abzulehnen ist. Diese Bedingung besagt
nicht, daß "nicht von einer fiktiven, sondern von
einer tatsächlichen" Verbrauchsfolge die Rede sein
kann, wie Neth meint. Es geht um ein Glaubhaftmachen,
um einen Nachweis, den ein sachverständiger Dritter -
zu vergleichbaren Ergebnissen gelangend - nachvollzie-
hen kann. Ohne diese Bedingung gehen Bewertungsmanipu-
lationen in die steuerliche Gewinnermittlung ein, die
Neth im Rahmen der aktienrechtlichen Zielsetzungen
als zulässig ansieht, obwohl er selbst zu dem Ergebnis kommt, daß der Jahresabschluß durch die Unterstellung dieser Verbrauchsfolgen "mit ziemlich großer
Wahrscheinlichkeit" nicht den bestmöglichen Einblick
in die Vermögens- und Ertragslage zeigt, daß ferner
die Durchschnittsbewertung einen solchen Einblick erheblich verbessert (NETH, Herstellungskosten, S. 123
ff.). Die Argumentation, daß die Zulässigkeit dieser
Verfahren in der aktienrechtlichen Bilanz auch zu ihrer Übernahme in der Steuerbilanz führen muß, geht an
der theoretischen Basis der Steuerbilanz vorbei (vgl.
dazu VOGEL, Auswirkungen, DB 1966, S. 909 (912)).

1) Zur Abgrenzung der Begriffe 'Betriebsausgaben-Auf-
wand-Kosten' vgl. BOMMARIUS, Herstellungswert, Diss.
rer. pol., Frankfurt a. M. 1958, S. 24 ff.; VAN DER
VELDE, Herstellungskosten, S. 87 f.; Gutachten VDMA,
Zweifelsfragen, S. 7 f.; vor allem BURG, Bewertung,
Diss. rer. pol., Wien 1960, S. 38 ff., 65 f.; ESSER,
Herstellungskosten, AG 1962, Sonderbeilage II/62, S.
1 (4); Walter LENZ, Herstellungskosten, S. 24 f.;
NETH, Herstellungskosten, S. 7 f.; HERRMANN/HEUER,
Kommentar, § 6 Anm. 50 a, E 180. Adolf MÜLLER (Grundzüge, S. 34) meint, die Zweckabhängigkeit des Kostenbegriffs auf die Wertkomponente beschränken zu können,
während die Mengenkomponente für die meisten Zwecksetzungen gleich sei. Nach den bisherigen Ergebnissen
der vorliegenden Untersuchung ist diese Auffassung
abzulehnen.

2) Vgl. KOSIOL, Buchhaltung, S. 89 ff.; SCHLENK, Kostentheorie, Diss. rer. pol., Wien 1959, S. 14 ff.; BANGE,
Herstellungskosten, Diss. rer. pol., Würzburg 1970, S.
62 ff..

hig klassifiziert sind, in diesem Kostenbegriff eliminiert sind. Die Erfassung anderer Güterverbrauchsarten im
spezifisch steuerlichen Kostenbegriff und ihre mögliche
Inklusion im abgeleiteten Herstellungskostenbegriff
stellt einen Verstoß gegen die Grundannahme 'Realisationsprinzip' dar, da steuerlich nicht abzugsfähige Betriebsausgaben in dieser Periodenerfolgsrechnung als Ge-
winnanteile gelten [1].

b) Die Leistungsverbundenheit bzw. die Güterverbrauch-
   Leistungsentstehung-Beziehung

Im Merkmal 'Leistungsverbundenheit' kann der Leistungsbegriff jede Bezugsgröße umfassen, die innerhalb der
zweckbezogenen betrieblichen Tätigkeit zum Rechnungsobjekt erhoben wird [2]. Die Art der Güterverbrauch-Leistungsentstehung-Beziehung wird erst durch die Feststellung des Rechnungszwecks - z. B. eine bestimmte Perioden-
erfolgsermittlung oder Stückerfolgsermittlung - determiniert. Beide Teilmerkmale des Leistungsverbundenheits-
Kriteriums der Mengenextensionskomponente des steuerlichen Kostenbegriffs werden auf der nächstfolgenden Be-
griffsebene konkretisiert und auf diese Art der kostenwirksame Güterverbrauch vom kostenunwirksamen Güterverbrauch der jeweils betrachteten Leistungskategorie abgegrenzt [3].

ba) Die Leistungskategorie 'Herstellungsleistung'

Die Untergliederung des Gesamtkomplexes 'Unternehmung'
nach Funktionsbereichen läßt in der Regel den Leistungs-

---

1) Vgl. ECKSTEIN, § 6 EStG, Steuer-Warte 1937, S. 243
   (243); UNTERGUGGENBERGER, Plankostenrechnung, Diss.
   rer. pol., Wien 1959, S. 66 ff.; BISCHOFF, Herstellungskosten, KRP 1967, S. 121 (123 f.), 125.
2) Vgl. z. B. den kostenrechnerischen Informationskalkül 'Erfolgsermittlung eines Gewinnspielautomaten',
   den SCHAEUBLE (Wirkung, S. 209 ff.) anhand der
   Rechtsprechung des Bundesverfassungsgerichts analysiert.
3) Vgl. KOSIOL, Analyse, S. 28.

erstellungs- und den Leistungsverwertungsbereich [1] oder
- aufbauorganisatorisch detaillierter - die Bereiche Beschaffung, Fertigung, Entwicklung, Absatz, Verwaltung
unterscheiden [2]. Die Determinierung des allgemeinen Leistungsbegriffs auf das Resultat des Zusammenwirkens aller
Funktionsbereiche - die einzelne Leistungseinheit als
hier relevante Bezugsgröße - führt "zur Konkretisierung
des dieser Leistungskategorie entsprechenden Kostenbegriffes, den Stückkosten" [3]. Die weitere Einengung der
Bereichsextension des Stückkostenbegriffs auf den Leistungsbegriff der Herstellungsphase - Herstellungsleistung - führt zum spezifischen Kostenbegriff der Herstellungsphase - Herstellungskosten -, [4].

Die Leistungskategorie 'Herstellungsleistung' muß als
Teil der Gesamtleistung gegenüber solchen Leistungseinheiten anderer Funktionsbereiche abgegrenzt werden, die
nicht auf die Herstellungsphase gerichtet sind. Mehrdeu-
tige Herstellungsleistungen ziehen entsprechende Varian-
ten der Herstellungskosten nach sich, d. h. dem Bewertenden eröffnen sich unter Umständen Manipulationsspielräume.
Wie im Zusammenhang mit der Mengenextensionskomponente
des allgemeinen Kostenbegriffs gezeigt wurde, ist die
Leistungsentstehung immer gleichzeitig mit einem Güterverbrauch gekoppelt. Es gilt demnach, die Herstellungsleistung der betrachteten Herstellungsperiode abzugrenzen, um den mit ihr verbundenen Güterverbrauch zurechnen

---

1) Vgl. GUTENBERG, Produktion, S. 2; WÖHE, Betriebswirtschaftslehre, S. 173 f..
2) Vgl. BELLINGER, Gliederungssystem, ZfB 1955, S. 228
   ff., 346 ff.; Arbeitskreis KRÄHE, Organisation, S. 99
   ff.; KOSIOL, Kostenrechnung, S. 115. Diese Funktionsbereiche werden in der Kostenrechnung Abrechnungsbereichen bzw. Kostenstellen gleichgesetzt, unterteilt
   in Haupt-, Hilfs-, Nebenkostenstellen.
3) HERZIG, Herstellungskosten, BB 1970, S. 116 (118).
4) Arbeitskreis Chemische Industrie, Bewertung, WPg
   1965, S. 65 (70); HERZIG, Herstellungskosten, BB 1970,
   116 (118 f.).

zu können [1]. Im Falle des fertigen Erzeugnisses scheint
die Leistungskategorie eindeutig. Der Fall des unfertigen Erzeugnisses macht den Bereich der Indeterminiertheit deutlich: Unfertige Erzeugnisse sind Herstellungsleistungen von Beginn einer ersten Leistungsart (i. e.
das Teil- oder Endergebnis einer Tätigkeit) bis zu der
letzten Leistungsart vor Gebrauchs- oder Verwendungsreife des Erzeugnisses als sog. absatzreifes Erzeugnis. Betrachtet man ein Erzeugnis als ein Kombinationsergebnis
von Dienst- und Sachleistungen, dann stellt sich das Erzeugnis in der Phase des Herstellungsprozesses, in der
es sich noch nicht in der Form des Sachguts, sondern in
der Form einer ausgeführten Dienstleistung abbilden
läßt - z. B. als Leistung im Bereich der Fertigungsplanung
oder der Fertigungsorganisation von Beginn der Ferti-

---

1) Vgl. BÖRNSTEIN, Fertigungsgemeinkosten, DB 1959, S.
353 (354); VAN DER VELDE, Herstellungskosten, S. 86
f.; SCHWARZ, Abstimmung, S. 24 ff.. Die Auffassung
Essers, die Abgrenzung der genannten Funktionsbereiche sei unerheblich für den steuerlichen Herstellungskostenbegriff, ist abzulehnen. Zwar ist Esser
beizupflichten, daß der Rückgriff auf die früheren
LSÖ- und die heutigen LSP-Bestimmungen für eine solche Abgrenzung irrelevant sei: Der BFH (I 70/57 U v.
5. 8. 1958, BStBl 1958 III S. 392) hat diese Auffassung ausdrücklich ausgesprochen, die Finanzverwaltung
im Abschnitt 33 EStR 1958 den bis dahin üblichen Ver-
weis auf die LSP-Bestimmungen aufgegeben. In Nr. 10
Abs. 5 der Leitsätze heißt es lediglich, eine Zwi-
schensumme Herstellungskosten sei dort zu ziehen, wo
sie branchen- oder betriebsüblich sei. Die Zielsetzung der Leitsätze für die Preisermittlung aufgrund
der Selbstkosten bei Leistungen für öffentliche Auftraggeber vom 15. 11. 1938 sowie der Leitsätze für
die Preisermittlung aufgrund von Selbstkosten vom
21. 11. 1953 auf der einen Seite und die Zielsetzung
der Ermittlung der Herstellungskosten von Herstellungsleistungen in der Steuerbilanz haben nichts
miteinander gemein (vgl. GROCHLA, Kalkulation, S. 13
ff.; Walter LENZ, Herstellungskosten, S. 20 f., 23).
Man muß Eßer jedoch entgegnen, daß - wie oben gezeigt wurde - ein Kostenbegriff immer das Pendant zu
einem bestimmten Leistungsbegriff ist, so die Herstellungskosten zu der Herstellungsleistung - als un-

gung - als nur schwer konkretisierbare und daher nur
schwer meßbare Leistungseinheit dar [1].

Der unterstellte Leistungsbegriff bzw. der analoge Kostenbegriff sind abhängig von der zugrunde liegenden
Leistungsentstehung-Güterverbrauch-Beziehung, die im
spezifischen Leistungs- und Kostenbegriff durch das Zurechnungsprinzip konkretisiert wird, dessen Wahl sich
nach dem Rechnungszweck bestimmt. Leistungsentstehung-
Güterverbrauch-Beziehungen, die erst dann den Realprozeß als rechnerisch abbildbar betrachten, "wenn die
Entstehung der beiden Größen, die zueinander in Beziehung gesetzt werden sollen, sich auf ein und dieselbe
(= identische) Entscheidung zurückführen" lassen [2],
sind Beziehungen nach dem Identitätsprinzip. Das heißt,
die Leistungskategorie und auch die Kostenkategorie
existieren erst dann, wenn diese Identitätsbeziehung
besteht. Nur solche Leistungsarten werden Bestandteil
der Herstellungsleistung, die ohne diese Herstellungs-
entscheidung entfielen.

Leistungsentstehung-Güterverbrauch-Beziehungen, die
außer der Fertigungsleistung auch die anteiligen Leistungen der mit dem Fertigungs- und Absatzbereich ge-

---

Fortsetzung FN 1 S. 130
fertiges oder fertiges Erzeugnis -. Daraus folgt die
Notwendigkeit, die Leistungskategorie 'Herstellungsleistung' zu umgrenzen. Der Güterverbrauch dieser
Leistungskategorie wird in Abhängigkeit vom Kostenzurechnungsprinzip als kostenwirksam oder kostenunwirk-
sam klassifiziert. Eine solche Gegenüberstellung von
Leistung und Kosten praktiziert indirekt auch Eßer:
Ähnlich wie Abschnitt 33 EStR oder das Gutachten des
VDMA bildet er Leistungsarten- und Kostenartenkata-
loge, im Falle von Abgrenzungsschwierigkeiten mit
Hilfe von Abgrenzungskonventionen.
1) Vgl. zur Abgrenzung der unfertigen Erzeugnisse vor
allem BP-Kartei Teil I, Konto: Halbfertige Arbeiten,
S. 2 ff.; vgl. ferner SCHINDELE, Bewertung, StBp
1964, S. 155 (156 f.); RASCHER, Ermittlung, KRP 1966,
S. 215 ff.. Zur Typologie von Dienstleistungen, die
Bestandteil von Erzeugnissen werden, vgl. MALERI,
Dienstleistungsproduktion, S. 45 ff..
2) RIEBEL, Ertragsbildung, S. 147 (151).

meinsam in Verbindung stehenden Funktionsbereiche als
Bestandteil der Herstellungsleistung enthalten, sind
Beziehungen nach dem Leistungsentsprechungsprinzip. Hier
gilt es, die Gesamtleistung in Leistungseinheiten der
einzelnen Funktionsbereiche zu unterteilen und die Leistungsanteile an der Herstellungsleistung zu bestimmen.
Folgerichtig werden die Gesamtkosten aufgeteilt im Verhältnis der Gesamtkosten zu den Leistungseinheiten, die
Kosten der Leistungseinheiten wiederum im Verhältnis der
Kosten der Leistungseinheit zu ihrem Leistungsanteil,
die der Herstellungsleistung zugerechnet werden [1].

bb) Die Abgrenzung der Leistungskategorie 'Herstellungs-
    leistung' gegenüber den Leistungsarten der Funk-
    tionsbereiche Beschaffung, Absatz, Verwaltung, For-
    schung und Entwicklung

Unterstellt man, daß die Herstellungsleistung auf der
Grundlage der Beziehung nach dem Identitätsprinzip sich
aus den Leistungsarten des Fertigungsbereichs im engeren Sinne [2] herauskristallisiert, so ist eine solche
Herstellungsleistung zumindest gegenüber dem Absatzbereich abzugrenzen, in dem ebenfalls einige Leistungsarten in einer Identitätsbeziehung zum einzelnen Erzeugnis stehen [3]. Unterstellt man, daß die Herstellungslei-

---

1) Vgl. KOCH, Gemeinkostenverteilungsschlüssel, ZfbF
   1965, S. 169 (182).
2) In Anlehnung an Hennig will Riebel den Terminus
   'Fertigung', der im Rahmen dieser Untersuchung auf
   den Industriebetrieb eingeschränkt ist, durch den
   Terminus 'Erzeugung' ersetzen, da er der mechani-
   schen Industrie entlehnt sei. Vgl. RIEBEL, Erzeugungsverfahren, S. 12; HENNIG, Betriebswirtschaftslehre, S. 9; vgl. ferner KERN, Industriebetriebslehre, S. 9; WÖHE, Betriebswirtschaftslehre, S. 173 f..
3) Vgl. dazu bereits STRUTZ, Generalunkosten, DStBl
   1924, Sp. 103 (106); BOETTCHER, Herstellungspreis,
   Diss. jur., Erlangen 1928, S. 53 ff.. Die Leistungen
   des Absatz- oder Vertriebsbereichs werden nach geltendem Handels- und Steuerrecht nicht zur Herstellungsleistung gerechnet. Die Gründe: Erstens bedeu-

stung auf der Grundlage der Beziehung nach dem Leistungsentsprechungsprinzip sich anteilmäßig aus den Leistungen
aller Funktionsbereiche mit Ausnahme des Absatzbereichs
ergibt, so sind neben der Abgrenzung der Fertigungsleistung gegenüber den Leistungen des Beschaffungsbereichs,
des Verwaltungsbereichs und des Entwicklungsbereichs auch
die Leistungsanteile der Herstellungsleistung an der Gesamtleistung dieser einzelnen Funktionsbereiche abzugrenzen. Existieren zwischen zwei Funktionsbereichen sachlogisch nicht eindeutig abgrenzbare Leistungsarten, so sind
sie durch Abgrenzungsfiktionen dem einen oder anderen Bereich zuzuordnen.

- Abgrenzung des Beschaffungsbereichs -

Der Beschaffungsbegriff umfaßt die Beschaffung von Sach-
gütern (Wirtschaftsgüter des Anlagevermögens, Roh-,
Hilfs-, Betriebsstoffe, Waren), von Dienstleistungen und
Rechten, in der Praxis "Einkauf" genannt.[1] Der Begriff um-

Fortsetzung FN 3 S. 132
tet Herstellung terminologisch Fertigung oder Erzeugung oder Leistungserstellung, nicht Absatz oder Vertrieb oder Leistungsverwertung, zweitens widerspräche
ihre Einbeziehung dem Realisationsprinzip. Anderer
Auffassung ist BURG (Bewertung, Diss. rer. pol., Wien
1960, S. 54, 73 ff.). Burg will den Wert der bis zum
Bilanzstichtag getätigten Absatzleistungen für fertige und unfertige Erzeugnisse aktivieren, solange ihr
Verkaufswert größer ist als ihr Herstellungswert unter
Einschluß dieser Absatzleistungen; vgl. auch VOLK-
MANN, Herstellungskosten, ZfhF 1960, S. 375 (380 f.);
IFFLÄNDER, Vertriebskosten, Diss. rer. pol., TU Berlin 1962, S. 77 ff.; KELLER, Vertriebskosten, Diss.
rer. pol., Mainz 1969, S. 39 ff.; ADLER/DÖRING/
SCHMALTZ, Rechnungslegung Bd. I, § 155, TZ 68, S. 493.
1) Vgl. MUNZ, Beschaffung, HdB Bd. I Sp. 671 ff.;
SCHWARZ, Abstimmung, S. 24 f.. BESTE (Fertigungswirtschaft, HdW Bd. I S. 111 (260 ff.) und GROCHLA (Materialwirtschaft, S. 13 f.) verstehen die Materialwirtschaft als von dem Beschaffungsbereich abzugren-
zenden Funktionsbereich, dessen Aufgaben mit der Ver-
fügbarkeit der beschafften Materialien beginnt und
mit der sog. Materialausgabe enden.

faßt nicht die Beschaffung von Kapital und Arbeitskräften. Dient der Beschaffungsbereich sämtlichen Funktionsbereichen, so können nur bestimmte Beschaffungsleistungen Bestandteil der Herstellungsleistung sein. Bei einer Unterscheidung der Beschaffungsleistungen nach den Leistungsarten der Beschaffungsvorbereitung und -durchführung [1] werden die sog. Bedarfsplanung, die Beobachtung des Beschaffungsmarktes, das Einholen alternativer Angebote zur Beschaffungsvorbereitung gerechnet, die Bestellung, der Transport, die Warenübernahme und Wareneingangskontrolle, die Lagerhaltung vor der Fertigung sowie die Materialausgabe zur Beschaffungsdurchführung. Sollen bestimmte Beschaffungsleistungen als Teil der Herstellungsleistung qualifiziert werden, so ist Voraussetzung, daß sie erstens für die einzelnen Funktionsbereiche abgrenzbar sind, daß zweitens die Beschaffungsleistungen für Wirtschaftsgüter, die im Herstellungsprozeß der jeweiligen Herstellungsperiode verwendet werden, gegenüber den Leistungsanteilen anderer Herstellungsperioden abgesondert werden können.

Es sei der Fertigungsbereich als Bezugsgröße gewählt, um unter Zugrundelegung des Identitätsprinzips und des Leistungsentsprechungsprinzips eindeutig bzw. direkt erfaßbare und nicht eindeutig bzw. indirekt erfaßbare Beschaffungsleistungen für diesen Funktionsbereich abzugrenzen. Nach dem Identitätsprinzip werden solche Beschaffungsleistungen, die als dieser Bezugsgröße nicht eindeutig zurechenbar klassifiziert werden, eliminiert. Nach dem Leistungsentsprechungsprinzip werden die nur indirekt erfaßbaren Beschaffungsleistungen durch die Annahme leistungsentsprechender (tatsächlicher oder fiktiver) Maßgrößen auf diese Bezugsgröße verteilt.

---

1) Vgl. SCHÄFER, Unternehmung, S. 172 f.; in Anlehnung daran HAASIS, Materialgemeinkosten, KRP 1961, S. 117 (119 f.).

Wird diese Abgrenzungsmöglichkeit gegenüber anderen Funktionsbereichen unterstellt, so werden die Beschaffungsleistungen nach dem Identitätsprinzip auf Leistungseinheiten bezogen, die in dieser Herstellungsphase sich nicht aus greifbaren Sachgütern, sondern aus "abstrakten" Dienstleistungsarten zusammensetzen. Nicht zurechenbare Beschaffungsleistungen werden ausgesondert. Zurechenbare Beschaffungsleistungen werden sich im Einzelfall für ein einzelgefertigtes Erzeugnis, selten jedoch für sorten-, serien- oder massengefertigte Erzeugnisse finden lassen. Auch nach dem Leistungsentsprechungsprinzip lassen sich Beschaffungsleistungen aus der Vorbereitungs- und Durchführungsphase im Einzelfall eines einzelgefertigten Erzeugnisses direkt erfassen. Die Aufspaltung der allein indirekt erfaßbaren Leistungsarten für die Bestellung, den Wareneingang, die Wareneingangsprüfung und die Lagerhaltung von Wirtschaftsgütern, die Bestandteil eines Erzeugnisses werden, erweist sich als ein nicht lösbares Aufteilungsproblem. Sind Leistungsanteile nicht nachprüfbar zu ermitteln, so sind Manipulationsmöglichkeiten gegeben.

Bedenkt man, daß die Beschaffungsleistungen zwar in der Absicht getätigt werden, die zu beziehenden oder bezogenen Wirtschaftsgüter im Herstellungsprozeß umzuwandeln, umzuformen oder sonstwie zu verwenden, daß ihr Status herstellungsunabhängiger, marktmäßiger Verwertbarkeit jedoch noch fortbesteht, so liegt es nahe, diese Beschaffungsleistungen den Beschaffungsobjekten zuzurechnen oder den bewerteten Güterverbrauch dieser Beschaffungsleistungen als Periodenaufwand zu behandeln [1].

---

1) Vgl. BOETTCHER, Herstellungspreis, Diss. jur., Erlangen 1928, S. 10 f.; Gutachten VDMA, Zweifelsfragen, S. 13 f.; ESSER, Herstellungskosten, AG 1962, Sonderbeilage II/62, S. 1 (5). SANDIG, Bilanzierungsfähigkeit, WPg 1957, S. 64 (64 f.). Eine weitere Alternative wäre, diesen Güterverbrauch den Anschaffungseinzelkosten als Anschaffungsgemeinkosten hinzuzurechnen;

Erst die Entscheidung, die bezogenen Wirtschaftsgüter
aus dem Beschaffungsbereich in den Fertigungsbereich zu
übertragen - konkretisiert in der sog. Materialanforderung -, macht eindeutige und erfaßbare Beziehungen erkennbar, welche die Beschaffungsleistungen als Teilleistung der Herstellungsleistung erklären lassen: die Be-
arbeitung der Materialanforderung, die Materialausgabe,
die Transportleistung vom Lager vor der Fertigung und
während der Fertigung (Handlager, Zwischenlager) zu den
Fertigungsstellen, die Materialprüfung [1].

Nach dem Identitätsprinzip eindeutig zurechenbare oder
nach dem Leistungsentsprechungsprinzip direkt bzw. indirekt erfaßbare Beschaffungsleistungen als Teil der
Herstellungsleistung gelten als unfertiges Erzeugnis.

- Abgrenzung des Absatzbereichs -

Der Absatzbegriff umfaßt die "Vorbereitung, Anbahnung,
Durchführung und Abwicklung der vertriebs- und absatz-

Fortsetzung FN 1 S. 135
vgl. z. B. VAN DER VELDE, Anschaffungskosten, DB
1964, S. 526 (527 ff.); neuerdings BANGE, Herstellungskosten, Diss. rer. pol., Würzburg 1970, S. 143
ff.. Der BFH hat sich diesen Bemühungen gegenüber
in ständiger Rechtsprechung u. a. wegen der Abgrenzungsschwierigkeiten ablehnend geäußert; vgl. Urteil
BFH I D I/58Sv. 26. 1. 1960, BStBl 1960 III S. 191
(193); Urteil BFH I 219/63 v. 31. 7. 1967, BStBl
1968 II S. 22 (23 f.); bestätigend Urteil BFH IV R
4/68 v. 24. 2. 1972, DB 1972, S. 806 f..
1) Vgl. zur Abgrenzung des Beschaffungs- und Fertigungsbereichs auch Willy MEIER, Herstellungswert, S. 72;
RÖDDER, Vorratshaltung, DB 1970, S. 174 (176). GÜN-
THER (Prinzipien, Diss. rer. pol., Erlangen/Nürnberg
1968, S. 62 f.) argumentiert, die Lagerung vor der
eigentlichen Fertigung sei durch die Marktgegebenhei-
ten bedingt, daher nicht mit dem Herstellungsprozeß
verbunden. Abschnitt 33 Abs. 2 Satz 1 EStR sieht dagegen vor, auch die Kosten der Lagerhaltung des Fertigungsmaterials in die Herstellungskosten einzubeziehen, rechnet aber die Kosten des Einkaufs und des
Wareneingangs zu den allgemeinen Verwaltungskosten,
für die ein Wahlrecht besteht. Zur Verbundenheit der

orientierten Tätigkeit" [1]. Auch die Absatzleistungen können nach den Funktionen der Absatzvorbereitung und der Ab-
satzdurchführung untergliedert werden. Der Bereich zwischen Fertigung und Absatz ist abzugrenzen, da Auffas-
sungsunterschiede darüber bestehen, ob einzelne Leistungsarten abschließende Tätigkeiten für das Erreichen der Ver-
brauchs- oder Verwendungsreife oder beginnende Tätigkeiten
für die marktmäßige Verwertung eines Erzeugnisses darstellen. Solche Leistungsarten sind die Transportleistungen
für die Verbringung oder Versendung der Erzeugnisse in
sog. Fertigerzeugnislager, die Verpackungs- und Lagerhaltungsleistungen.

Bischoff sieht unter dem Begriff 'Leistungen' sämtliche
Leistungen "vom Zeitpunkt der Disposition des Materials bis
zum Zeitpunkt der Lagerung als Fertigprodukt" durch die Herstellungsleistung abgedeckt [2]. Eine solche Betrachtung
übersieht, daß Lagerhaltungsleistungen durchaus noch Bestandteil der Herstellungsleistung sein können, wenn erst
diese Lagerhaltung die Verbrauchs- oder Verwendungsreife der
Erzeugnisse herbeiführt: so z.B. die Lagerzeiten für den
Gärungsprozeß alkoholischer Getränke[3]. Gleiches gilt für

Fortsetzung FN 1 S. 136
innerbetrieblichen Transportleistung mit der Herstellungsleistung vgl. KESSLER, Kosten, Diss. rer. pol.,
Köln 1970, S. 35 ff..
1) BUDDEBERG, Absatz, HdB Bd. I Sp. 30 (31); vgl. GUTEN-
BERG, Absatz, S. 1 ff.; SUNDHOFF, Vertrieb, HdB Bd.
IV, Sp. 5976 (5977).
2) BISCHOFF, Herstellkosten, KRP 1967, S. 121 (121);
vgl. auch NETH, Herstellungskosten, S. 5. Vgl. auch
Urteil RFH I A 31/33 v. 5. 12. 1933, RStBl 1934, S. 621
(621); Willy MEIER, Herstellungswert, S. 74 f..
3) Vgl. MEHRMANN, Waren, S. 209; RAU, Herstellungskosten, BB 1962, S. 704 (704 f.); derselbe, Lagerkosten, DB 1963, S. 11 (11 f.); BURNSTEIN, Fertigungsgemeinkosten, DB 1959, S. 381 (384); Walter LENZ,
Herstellungskosten, S. 34 f.; VAN DER VELDE, Herstellungskosten, S. 101 f.. SCHÄFER (Industriebetrieb,
Bd. 2, S. 242 ff.) rechnet in einer Funktionsanalyse
des betrieblichen Fertigungsprozesses bestimmte Verpackungsleistungen ausdrücklich zur Fertigungslei-

die Verpackungsleistungen. Ist die Verbrauchs- oder Verwendungsreife eines Erzeugnisses nur durch eine bestimmte Art der Warenumschließung oder Verpackung zu erreichen,
ist das Erzeugnis ohne eine solche Verpackung nicht ab-
satzfähig, so sind diese Leistungsarten zur Herstellungsleistung zu rechnen. Das gilt z. B. für Gas- und Sauer-
stoffbehälter, Spezialumhüllungen für Seifenpulver, Zi-
garettenschachteln, Milchtüten etc. [1]. Äußere und zu-
sätzliche absatzfördernde Verpackungsleistungen sind Absatzleistungen [2]. Transportleistungen zum Fertigerzeugnislager gelten für verbrauchs- oder verwendungsreife Erzeugnisse als absatzvorbereitende Leistungen, in den genannten Ausnahmefällen als Bestandteile der Herstellungsleistung.

- Abgrenzung des Verwaltungsbereichs -

Unter Verwaltungsleistungen ist die Ausübung einer orga-
nisatorischen Grundfunktion zu verstehen. Der Begriff
der allgemeinen Verwaltung umfaßt Tätigkeiten, die nur
mittelbar den betrieblichen Funktionsbereichen (Beschaffung, Fertigung, Forschung und Entwicklung, Absatz) dienen, der Begriff der speziellen Verwaltung umfaßt die
den einzelnen Funktionsbereichen unmittelbar verbundenen Tätigkeiten, z. B. die sog. Fertigungsverwaltung,
die sog. Vertriebsverwaltung. Der Verwaltungsbereich
stellt als "Informationssphäre eine wesentliche Mittler-
stellung im Betrieb dar, die die notwendige Verbindung
zwischen betrieblich-technischem Geschehen und wirtschaftlicher Entscheidungshandlung herstellt" [3].

Fortsetzung FN 3 S. 137
stung, desgleichen bestimmte Lagerhaltungsleistungen,
die u. U. voll in den Fertigungsprozeß integriert
sein können.
1) Vgl. oben FN 3 S. 137/138 in dieser Untersuchung.
2) Vgl. SCHINDELE, Einzelfragen, StBp 1963, S. 162 (163
f.); BÜRNSTEIN, Fertigungsgemeinkosten, DB 1959, S.
381 (384); BLÜMICH/FALK, Einkommensteuergesetz Bd. I,
§ 6 Anm. 10, S.696 f..
3) SCHULZE, Organisation, HdO Sp. 344 (345); THOMS, Verwaltung, HdB Bd. IV Sp. 6019 (6020 ff.).

Die Schwierigkeiten, die einer Abgrenzung der allgemeinen Verwaltungsleistungen für die einzelnen Funktionsbereiche entgegenstehen, entsprechen denjenigen, die bei der Abgrenzung der Beschaffungsleistungen erörtert wurden. Werden dem Fertigungsbereich als Bezugsgröße spezielle Verwaltungsleistungen eindeutig zugerechnet bzw. direkt erfaßt, so gelten sie als Teilleistung der Fertigungsleistung: z. B. die Leitung von Förderbrükken im Braunkohletagebau, von Schaltstationen in Kraftwerken, die Bedienung von Spezialwerkzeugautomaten, die Überwachung chemischer Prozesse mit Hilfe elektronischer Meß- und Steuereinrichtungen [1]. Werden spezielle Verwaltungsleistungen nicht eindeutig zugerechnet bzw. indirekt erfaßt (z. B. die Lohn- und Personalverwaltung), so entfällt nach dem Identitätsprinzip selbst in bezug auf diese Bezugsgröße der Identitätsnachweis, stellt sich einer Zurechnung nach dem Leistungsentsprechungsprinzip das Problem, die leistungsentsprechenden Anteile der einzelnen Funktionsbereiche zu ermitteln [2]. Unterstellt man, diese leistungsentsprechenden Anteile ermitteln zu können, dann werden sie - ebenso wie die der Bezugsgröße Fertigungsbereich direkt erfaßbaren, speziellen Verwaltungsleistungen - im nächsten Schritt auf die noch schwer konkretisierbare oder bereits reale

---

1) Vgl. die Beispiele bei KUPFERNAGEL/ POLASCHEWSKI/ REICH, Kostenrechnung, S. 81.
2) Die Definition, die sog. Fertigungsverwaltung umfasse solche Leistungsarten, die mit der Fertigung auf's engste zusammenhängen (vgl. z. B. ROHRER, Ermittlung, StBp 1962, S. 6 (7)), stellt eine Leerformel dar. Nach Auffassung des Arbeitskreises 'Herstellungskosten' des VDMA ist herstellende Tätigkeit "alles, was dem technischen Fluß der Fertigung dient", Verwaltungsleistungen dagegen solche Tätigkeiten, "die nicht unmittelbar dem Fluß der Fertigung dienen": eine ebenso leerformelhafte Definition (vgl. Gutachten VDMA, Zweifelsfragen, S. 11; VAN DER VELDE, Herstellungskosten, S. 97 f.).

Leistungseinheit der Herstellungsperiode bezogen: Die
Leistungsanteile dieser Verwaltungsleistungen als Teil
der Herstellungsleistung der Herstellungsperiode sind
regelmäßig nur indirekt erfaßbar, d. h. mit Hilfe von
Maßgrößen zu ermitteln; die der Bezugsgröße Fertigungsbereich nach dem Identitätsprinzip eindeutig zurechenbaren speziellen Verwaltungsleistungen der Fertigungsplanung, -organisation und -kontrolle sind - bezogen
auf die Leistungseinheit - nicht eindeutig, lediglich
der Gesamtheit der Leistungseinheiten eindeutig zurechenbar. Die praktischen Abgrenzungsschwierigkeiten,
die in vielen Einzelfällen der Ermittlung der Leistungsanteile entgegenstehen, sind durch Abgrenzungsfiktionen zu regeln [1]. Die allgemeinen Verwaltungsleistungen sind dagegen nach dem Identitätsprinzip
Leistungen für die Unternehmung als Ganzes, daher auch
nur dieser Bezugsgröße eindeutig zurechenbar. Leistungsentsprechende Anteile dieser allgemeinen Verwaltungsleistungen an der Herstellungsleistung der Herstellungsperiode lassen sich nicht bilden, da Fiktionen
zur Leistungsentsprechung sich in bezug auf die einzelne Leistungseinheit nicht einmal glaubhaft machen lassen [2].

---

1) Bescheid RFH v. 21. 11. 1939, bestätigt durch Urteil
   RFH I 67/39 v. 5. 3. 1940, RStBl 1940 S. 683 (684
   f.); VAN DER VELDE, Herstellungskosten, S. 99 f.;
   ESSER, Herstellungskosten, AG 1962, Sonderbeilage
   II/62, S. 1 (5); HERRMANN/HEUER, Kommentar, § 6
   Anm. 50 f, E 193 f..
2) Vgl. zu dieser Auffassung JELLEN, Fertigungsgemeinkosten, Diss. rer. pol., Wien 1950, S. 138 ff.; BUCH-
   NER, Herstellungskosten, ZfB 1963, S. 710 (713). Diese Ermittlungsschwierigkeiten haben den schweizeri-
   schen Steuergesetzgeber veranlaßt, die anteilige Erfassung allgemeiner Verwaltungsleistungen als Teil
   der Herstellung gänzlich auszuschließen, während das
   deutsche Einkommensteuerrecht in Abschnitt 33 Abs. 2
   EStR ein Wahlrecht vorsieht. Vgl. René M. SCHMID,
   Bilanzierung, S. 54; FRISCHKOPF, Herstellungskosten,
   Diss. rer. pol., Bern 1969, S. 148 f.. Im Zusammenhang mit dem spezifischen Rechnungszweck der Ein-
   heitsbewertung/Vermögensteuer setzt sich der BFH
   über jedwede Abgrenzungs- und Zurechnungsschwierigkeiten hinweg: vgl. Urteil BFH III R 100-101/72 v.
   20. 7. 1973, DB 1973 S. 2173 (2173 f.).

- Abgrenzung des Forschungs- und Entwicklungsbereichs -

Der Funktionsbereich 'Forschung und Entwicklung' umfaßt
s ä m t l i c h e Leistungsarten, die sich auf die Gewinnung neuer "Erkenntnisse für mögliche neue oder ver-
besserte Erzeugnisse", Fertigungssysteme, Fertigungsverfahren, Materialien und ihre Anwendungsmöglichkeiten erstrecken [1]. Zu unterscheidende Phasen dieses durch "me-
thodisches, systematisches und nachzuprüfendes Suchen
nach Problemlösungen" charakterisierten Funktionsbereichs
sind die Grundlagenforschung, die angewandte Forschung,
die Entwicklung - untergliedert als Neuentwicklung, Weiterentwicklung, Erprobung - und die Konstruktion [2].
Forschungs- und Entwicklungsleistungen sind auf die Zukunft ausgerichtet. Ihr Beginn ist der Zeitpunkt der
Formulierung einer Aufgabenstellung, ihr Ende in bezug
auf die Erzeugnisforschung und -entwicklung der Zeitpunkt, der die Leitungsinstanzen befähigt, anhand der
Entwicklungs-, Erprobungs- und Konstruktionsinformatio-
nen über die Fertigungsvorbereitung und die fertigungstechnische Ausführung zu entscheiden [3].

Die Abgrenzung der Leistungen dieses Funktionsbereiches
bedarf der Erörterung, da - wie zu zeigen sein wird -
in der Literatur einzelne Entwicklungs- und Konstruktionsleistungen als Teil der Herstellungsleistung der
relevanten Herstellungsperiode behandelt werden.

Allgemeine Zustimmung findet die Auffassung, daß zwischen der Grundlagenforschung und der angewandten For-

---

1) MELLEROWICZ, Entwicklungstätigkeit, S. 10; derselbe,
   Industrie Bd. 2, S. 182 ff.; vgl. KERN, Industriebetriebslehre, S. 30 ff..
2) KERN, Industriebetriebslehre, S. 30 f.; vgl. BACHEM,
   Ertragsverrechnungen, Diss. rer. pol., Köln 1970, S.
   22 ff..
3) Vgl. KALVERAM, Industriebetriebslehre, S. 268, 281;
   SCHÄFER, Industriebetrieb Bd. 2, S. 220 ff..

schung einerseits und der Herstellungsleistung der Herstellungsperiode andererseits weder zurechenbare noch direkt oder indirekt erfaßbare Beziehungen existieren: Die Leistungskategorien dieser Forschungsbereiche müssen regelmäßig fingiert werden, die Forschungsperiode und die Herstellungsperiode fallen regelmäßig auseinander [1].

Auffassungsdifferenzen bestehen in der Frage, ob einzelne Entwicklungs- und Konstruktionsleistungen zur Herstellungsleistung zählen oder nicht. Die Möglichkeit gegenseitiger Abgrenzung der Neuentwicklungs-, Weiterentwicklungs-, Erprobungs- und Konstruktionsleistungen sei gegeben.

Neuentwicklungsleistungen für eine bestimmte Erzeugnisart sind zwar zweckgerichtete Tätigkeiten, deren Ergebnis ein Modell des projektierten Erzeugnisses ist, doch ist ihre Zurechnung oder Erfassung als Leistungsanteil der Herstellungsleistung in der Regel auszuschließen [2]:

---

1) Vgl. HÜNING, Behandlung, Diss. rer. pol., Köln 1956, S. 112 ff.; BRINKMANN, Aktivierungspflicht, Diss. jur., Köln 1958, S. 97 ff.; MELLEROWICZ, Entwicklungstätigkeit, S. 259; derselbe, Industrie Bd. 2, S. 209; GROH, Verrechnung, Diss. jur., Bonn 1960, S. 71 ff.; SCHILLER, Aktivierung, Diss. rer. oec., Erlangen/Nürnberg 1964, S. 33 ff.. Anderer Auffassung sind ERHARD, Aktivierung, BB 1955, S. 990 ff.; BÖRNSTEIN, Aktivierung, BB 1957, S. 553 ff.; VOGT, Bilanzierung, Diss. rer. pol., Köln 1967, S. 207 ff., 223 f., 234 ff.. Zur Frage der Erfassung, Zurechnung und Prognose der Forschungs- und Entwicklungsleistungen vgl. besonders BÜNING, Probleme, BFuP 1969, S. 493 ff.; UNTERGUGGENBERGER, Überlegungen, ZfB 1972, S. 263 ff..
2) Vgl. HAVER, Aktivierung, BB 1954, S. 653 (655); FLUME, Entwicklungskosten, DB 1958, S. 1045 (1047 f.); Erlaß Fin. Min. NRW v. 4. 12. 1958, BStBl 1958 II S. 189; FRISCHKOPF, Herstellungskosten, Diss. rer. pol., Bern 1969, S. 216 f.; BINDER (Behandlung, BB 1956, S. 537 (540)) will diese Entwicklungsleistungen zurechnen, wenn sie "im einzelnen aufgewendet" sind. Einige Vertreter der Finanzverwaltung verstehen grundsätzlich Entwicklungsleistungen als Teil der Herstellungsleistung, so z. B. ERHARD (Aktivierung, BB 1955, S. 990 (991)), der behauptet, Entwicklungsleistungen

Erstens entfallen diese Entwicklungsleistungen nicht
auf den Zeitraum der Herstellung. Sie werden vorher getätigt. Zweitens nützen diese Entwicklungsleistungen
für ein bestimmtes Erzeugnis der gesamten Erzeugnismenge dieses Erzeugnisses, unabhängig davon, ob das Ende
der Entwicklungsperiode und der Beginn der Fertigungsperiode in derselben oder in unterschiedlichen Perioden
liegen. Nach dem Identitätsprinzip sind diese Leistungen
nur der Gesamtheit der Erzeugnisse eindeutig zurechenbar, nach dem Leistungsentsprechungsprinzip wären diese
Leistungen auf die zu prognostizierenden Fertigungsperioden und Erzeugnismengen zu verteilen, mit dem Risiko der
Schätzung und dem Verstoß gegen die Anforderung Nachprüfbarkeit. Drittens besteht im Falle einer fehlerhaf-
ten Prognose die Wahrscheinlichkeit eines Verstoßes gegen die Grundannahme 'Realisationsprinzip' [1].

Eine Ausnahme, Neuentwicklungsleistungen von der Erfassung als Bestandteil der Herstellungsleistung auszuschließen, kann nur dann anerkannt werden, wenn die Entscheidung über die spätere Fertigung eines oder mehrerer
Erzeugnisse - quantitativ exakt bestimmt - im Zeitpunkt
der Aufnahme der Entwicklungsleistungen bereits feststeht.

Die gleiche Argumentation trifft auf solche Weiterentwicklungsleistungen für bestimmte Erzeugnisse der laufenden Fertigung zu, die zu "wesentlichen Änderungen
dieser Erzeugnisse" führen, so der gemeinsame Länderer-

Fortsetzung FN 2 S. 142
(Entwicklungskosten) seien Fertigungsleistungen (Fertigungsgemeinkosten) und daher Herstellungsleistung
(Herstellungskosten), ohne eine sachlogische Funktionsanalyse des Fertigungsbereichs vorzunehmen; vgl.
auch BÜRNSTEIN, Aktivierung, BB 1957, S. 553 (554 f.).
1) Vgl. MELLEROWICZ, Entwicklungstätigkeit, S. 278 ff.,
284 f..

laß vom 4. 12. 1958 [1]. Eine Ausnahme macht dieser Erlaß für solche Weiterentwicklungsleistungen, die zu un-
wesentlichen Änderungen der Erzeugnisse der laufenden
Fertigung führen: Diese Entwicklungsleistungen werden
als Bestandteil der Fertigungs- und Herstellungsleistung
behandelt [2].

Die letztgenannte Bestimmung des Ländererlasses kann
aus betriebswirtschaftlich-theoretischer Sicht nicht un-
widersprochen bleiben. Die Kritik richtet sich erstens
gegen das unbestimmte, leerformelhafte Unterscheidungs-
kriterium 'wesentlich - unwesentlich', dessen Präzisionsmangel Manipulationsmöglichkeiten eröffnet. Die Kritik
richtet sich zweitens gegen die nicht-funktionale Interpretation dieser Leistungen als Fertigungsleistung: Offensichtlich schließt sich der Ländererlaß der Auffassung
Mellerowicz's an, der aus Einfachheits- und Wirtschaft-
lichkeitserwägungen solche Entwicklungsstellen, die ört-
lich im Fertigungsbereich untergebracht sind (Betriebs-
labor, Qualitätsanalysen, Entwicklungs- und Verbesse-
rungsarbeiten geringeren Umfangs), dem Fertigungsbereich
zuordnet.[3]. Sie richtet sich drittens gegen die Behandlung dieser Entwicklungsleistungen als Leistungen
einer Periode, da sie nach dem Identitätsprinzip allein
der Gesamtheit der Erzeugnisse zuzurechnen sind, nach
dem Leistungsentsprechungsprinzip anteilig auf sämtliche Fertigungsperioden zu verteilen sind.

1) Erlaß Fin. Min. NRW v. 4. 12. 1958, BStBl 1958 II
   S. 189.
2) Erlaß Fin. Min. NRW v. 4. 12. 1958, BStBl 1958 II
   S. 189; vgl. auch HAVER, Behandlung, BB 1959, S. 125
   (126); SCHILLER, Aktivierung, Diss. rer. oec., Er-
   langen/Nürnberg 1964, S. 43; Walter LENZ, Herstellungskosten, S. 32 f..
3) MELLEROWICZ, Entwicklungstätigkeit, S. 242, 284,
   287; derselbe, Industrie Bd. 2, S. 209; SCHWARZ,
   Abstimmung, S. 25.

Der theoretischen Ablehnung steht dennoch die praktische
Zurechnung dieser wegen ihres absolut und relativ geringen Anteils häufig in den Hilfskostenstellen des Fertigungsbereichs getätigten Entwicklungsleistungen als Bestandteil der Herstellungsleistung gegenüber, sofern das
Leistungsentsprechungsprinzip der Ermittlung der Herstellungsleistung zugrunde gelegt wird: Die Bestimmung
des Ländererlasses für die Schätzung von Weiterentwicklungsleistungen der laufenden Fertigung mit unwesentli-
cher Erzeugnisänderung ist im Hinblick auf die Anforderung 'Einfachheit' eine praktikable Abgrenzungskonven-
tion [1]: Zwei Prozent der Gesamtleistung für Grundlagenforschung, Neuentwicklung, Weiterentwicklung können als
anteilige Herstellungsleistung der Herstellungsperiode
angesetzt und wiederum anteilig den am Bilanzstichtag
zu bewertenden Herstellungsleistungen zugerechnet werden. Die Zahl der Prüfhandlungen, die notwendig sind, um
Überprüfbarkeit zu konstatieren, ist gering.

Leistungen zur Erprobung neu- oder weiterentwickelter
Erzeugnisse dienen der Feststellung, ob die Fertigung
aufzunehmen ist und welches Fertigungsverfahren bzw.
welche Spezialwerkzeuge ggf. zu wählen sind. Ein Beispiel ist die sog. Null-Serie. Die Erprobung kann ergeben, daß das Erzeugnis nicht oder nach zusätzlichen
Änderungen verkaufsfähig ist, daß es besonderer Fertigungsverfahren bedarf, daß es konstruktions- und fer-
tigungsfähig ist [2]. Die Behandlung der Erprobungslei-
stungen als Teil der Herstellungsleistung ist für den
Regelfall unbestimmter Leistungsmengen aus den gleichen
Gründen abzulehnen, die im Zusammenhang mit den Neuentwicklungsleistungen genannt wurden. Das gilt auch für
die Konstruktionsleistungen, die die technischen Zeich-
nungen, die technischen Berechnungen, die tabellarischen

1) Erlaß Fin. Min. NRW v. 4. 12. 1958, BStBl 1958 II S.
   189 (190); vgl. auch Walter LENZ, Herstellungskosten,
   S. 16 f..
2) Vgl. MELLEROWICZ, Industrie Bd. 2, S. 185; KERN, Industriebetriebslehre, S. 31; KALVERAM, Industriebetriebslehre, S. 268 ff., 281 ff..

Gesamtstücklisten für jedes Erzeugnisteil, für das Ge-
samterzeugnis und für das Fertigungsverfahren umfassen[1].
Diese Leistungen stellen zwar letzte Teilleistungen vor
der Entscheidung über die Fertigungsplanung und den an-
schließenden technischen Fertigungsvollzug dar, sind jedoch nach dem Identitätsprinzip allein der Gesamtheit
der Erzeugnisse zurechenbar, während die Anwendung des
Leistungsentsprechungsprinzips an den nicht überprüfba-
ren Schätzungen scheitert.

Dagegen werden erzeugnisgebundene Forschungs-, Entwick-
lungs-, Erprobungs- und Konstruktionsleistungen, die
- vertraglich vereinbart - im Auftrage Dritter für die
Herstellung eines bestimmten Erzeugnisses ausgeführt werden, als Bestandteil der Herstellungsleistung behandelt [2]. Dieser Regelung steht entgegen, daß die Entwicklungsperiode und die Fertigungsperiode auseinander-
fallen, daß demnach die Entwicklungsleistung nicht auf
den Zeitraum der Fertigung entfallen kann. Die Praxis
rechnet diese Leistungen zur Herstellungsleistung, da sie
nach dem Identitätsprinzip der Bezugsgröße 'Leistungseinheit' eindeutig zurechenbar, nach dem Leistungsentsprechungsprinzip direkt erfaßbar sind, wenn ein Einzelauf-
trag vorliegt. Sofern vertraglich fixierte Erzeugnismengen vereinbart sind, können nach dem Leistungsentsprechungsprinzip die Entwicklungsleistungen als Teil der Herstellungsleistung der vereinbarten Herstellungsperioden
behandelt werden. Auch die Grundannahme Realisationsprinzip steht der Zurechnung nicht im Wege, wenn das Preisri-
siko durch eine mit dem Auftraggeber abgeschlossene Ent-
geltsvereinbarung abgedeckt wird.

Sog. Angebotsentwicklungen und -konstruktionen gelten
als Absatzleistungen.

---

1) KERN, Industriebetriebslehre, S. 31 f.; anderer Auffassung sind MELLEROWICZ, Industrie Bd. 2, S. 149 ff.;
   ERHARD, Aktivierung, BB 1955, S. 990 (990 f.).
2) Vgl. VAN DER VELDE/FUCHS, Entwicklungsaufwand, DB
   1956, S. 971 (974); BINDER, Behandlung, BB 1956, S.
   537 (540); Erlaß Fin. Min. NRW v. 4. 12. 1958, BStBl

bc) Die Entscheidung über das Kostenzurechnungsprinzip
als Entscheidung über die Alternative 'Teilkostenkalkulation' oder 'Vollkostenkalkulation'

Ist die Herstellungsleistung abgegrenzt [1], so wird ihr
- verbunden durch die unterstellte Güterverbrauch-Leistungsentstehung-Beziehung - der bewertete Güterverbrauch als Pendant gegenübergestellt: die Herstellungskosten der Herstellungsperiode. In dieser Feststellung
zeigt sich, daß die Aussonderung des kostenwirksamen Güterverbrauchs vom kostenunwirksamen Güterverbrauch, der
der Leistungskategorie 'Herstellungsleistung' gegenübersteht, abhängig ist von der Entscheidung über die Güter-

---

Fortsetzung FN 2 S. 146
1958 II S. 189 (190); ADLER/DÜRING/SCHMALTZ, Rechnungslegung, Bd. I, § 155 TZ 50.
1) Wir sagten oben, daß zwischen zwei Funktionsbereichen
   nicht überprüfbar abgrenzbare Leistungen dem einen
   oder dem anderen fiktiv zuzuordnen seien. SCHÄFER
   (Industriebetrieb Bd. 2 , S. 247) kommt nach einer
   ausführlichen Erörterung industriebetrieblicher Funktionen zu dem Ergebnis, daß der betriebliche Organi-
   sationsaufbau und -ablauf Unterschiede, Spielräume,
   Wahlmöglichkeiten zulassen müsse - mit Ausnahme jedoch der zentralen Fertigungsfunktion -. Wenn Wahlmöglichkeiten bestehen, so kann dies nicht bedeuten,
   daß die Unternehmung bestimmte Leistungen beliebig
   innerhalb oder außerhalb der Herstellungsleistung zurechnen oder erfassen kann (vgl. z. B. zur Behandlung
   von Forschungs- und Entwicklungsleistungen MUTZE, Behandlung, DB 1956, S. 974 (976)): Die Zuordnung zu
   dem einen oder dem anderen Funktionsbereich bedarf im
   Hinblick auf das Nachprüfbarkeitskriterium einer sachlogischen, betriebsbezogenen Begründung.Werden die
   Funktionsbereiche, die in der Kostenrechnung als Ab-
   rechnungsbereiche bzw. Kostenstellen (Haupt-, Hilfs-,
   Nebenkostenstellen) untergliedert werden, derart zusammengefaßt, daß eine eindeutig zurechenbare oder direkt bzw. indirekt erfaßbare Gegenüberstellung von
   Leistungen und Kosten ermöglicht wird, so werden Abgrenzungsprobleme vermieden. (Vgl. z. B. zur Kosten-
   stellenbildung nach dem Prinzip der Produktbezogenheit
   MELLEROWICZ, Kalkulationsverfahren, S. 166 ff.; PETE-
   REK, Fixkostendeckungsrechnung, Diss. rer. pol., TU
   Berlin 1967, S. 52 ff.; MUHME, Grenzprinzip, Diss. rer.
   pol., TU Berlin 1967, S. 82 f.. Vgl. auch HERZIG, Herstellungskosten, BB 1970, S. 116 (119).

verbrauch-Leistungsentstehung-Beziehung bzw. - im spezifischen Kostenbegriff - von der Entscheidung über
das Zurechnungsprinzip [1]. Wie bei den Untersuchungen
zum allgemeinen Kostenbegriff gezeigt wurde, existiert
kein materiales Prinzip,das eine bestimmte Beziehung
als generell gültig erklären will [2]. Die Arten der Güterverbrauch-Leistungsentstehung-Beziehung und damit
die Prinzipien der Zurechnung von Kosten auf Leistungen
sind vielmehr so zahlreich, wie Rechnungszwecke existieren: Entsprechend groß ist die Anzahl der Leistungs-
begriffe, die Anzahl der Stückkostenbegriffe, die Anzahl
der Herstellungskostenbegriffe [3].

Der Zweck dieser Untersuchung ist die Ermittlung des
Wertes fertiger und unfertiger Erzeugnisse im Rahmen
steuerlicher Gewinnermittlung auf der Grundlage der
Grundannahmen und Anforderungen der Einkommensbesteuerung. Ein Zurechnungsprinzip, das die Herstellungsleistung und damit die Herstellungskosten nach dem Kriterium der Identitätsbeziehung abgrenzt, in dem nur solche Güterverbrauchsarten der Herstellungsleistung zugerechnet werden, die in einer eindeutig zurechenbaren
Beziehung zu ihr stehen, konkretisiert den steuerlichen
Herstellungskostenbegriff auf der Basis einer Teilkostenkalkulation.

Ein Zurechnungsprinzip, das die Herstellungsleistung und
damit die Herstellungskosten nach dem Kriterium der Leistungsentsprechung abgrenzt, in dem neben den direkt erfaßbaren Güterverbrauchsarten auch solche einbezogen
werden, die anteilig aus den Leistungsgesamtheiten anderer Funktionsbereiche indirekt erfaßt werden, konkretisiert den steuerlichen Herstellungskostenbegriff auf der
Basis einer Vollkostenkalkulation.

---

1) Vgl. MOEWS, Aussagefähigkeit, S. 17.
2) Vgl. S. 95 in dieser Untersuchung.
3) Vgl. HERZIG, Herstellungskosten, BB 1970, S. 116
   (119 f.). Dieter SCHNEIDER (Kostentheorie, ZfhF 1961,

Das Identitätsprinzip und das Leistungsentsprechungsprinzip gelten in der Betriebswirtschaftslehre als repräsentative Zurechnungsprinzipien [1]. Welches Zurechnungsprinzip der hier vorausgesetzten theoretischen Basis (Grundannahmen und Anforderungen) gerecht wird,
wird zu zeigen sein. In jedem Falle steht fest: Die Suche nach einem "einheitlichen" oder "allgemein gülti-
gen" Herstellungskostenbegriff [2], nach "tatsächlichen" [3] oder "wirklichen" [4] oder "richtigen" [5] Her-

---

Fortsetzung FN 3 S. 148
S. 677 (693)) konstatiert, "daß es gar kein einheit-
liches Kostenzurechnungsprinzip geben kann. Die einzige allgemein gültige Aussage ist die, daß der Rechnungszweck das Zurechnungsprinzip und damit den Rechnungsinhalt festlegt" (im Original gesperrt gedruckt,
Anm. d. Verf.). Vgl. auch NETH, Herstellungskosten,
S. 44; s. die weiteren Literaturangaben in FN 1 S.
97 dieser Untersuchung.
1) Vgl. ZOLLER, Kostenzurechnungsprinzip, KRP 1969, S.
161 ff.; HERZIG, Herstellungskosten, BB 1970, S.
116 (119).
2) Vgl. z. B. JELLEN, Fertigungsgemeinkosten, Diss. rer.
pol., Wien 1950, S. 140. ROHRER (Ermittlung, StBp
1962, S. 6 (7 f.)) doziert, die Ausführungen des BFH
(Gutachten I D I/58 S v. 26. 1. 1960, BStBl 1960 III
S. 191 ff.) trügen "das Signum der Allgemeingültigkeit auf der Stirn"!! Vgl. auch ESSER, Herstellungskosten, AG 1962, Sonderbeilage II/62, S. 1 (1 f.);
NIEMANN, Herstellungskosten, StbJb 1968/69, S. 429
(431), UELNER).
3) Vgl. FRANK, Ableitung, BB 1967, S. 177 (179).
4) Vgl. EYMER, Herstellungskosten, Diss. rer. pol., Köln
1952, S. 75, 96; ZOLLER, Kostenzurechnungsprinzip,
KRP 1969, S. 161 (167).
5) Vgl. Gutachten RFH Gr. S. D 7/38 v. 4. 2. 1939, RStBl
1939 S. 321 (321 f., Nr. I, 6, 10); Egon ZIMMERMANN,
Herstellungskosten, S. 14; Walter LENZ, Herstellungskosten, S. 18; LENZ, Bedeutung, StBp 1965, S. 241
(241 f.); BURG, Bewertung, Diss. rer. pol., Wien
1960, S. 77; LAYER, Deckungsbeitragsrechnung, ZfbF
1969, S. 131 (131); NETH, Herstellungskosten, S. 53.

stellungskosten ist endgültig aufzugeben, auch von der
Finanzverwaltung [1] [2].

Zweiter Teil:

Der gerundive Wert alternativer Herstellungskosten – abhängig von dem unterstellten Kostenzurechnungsprinzip, gemessen an den Grundannahmen und Anforderungen der theoretischen Basis –

A. Vorbemerkungen und Annahmen

Bevor anhand von Zahlenbeispielen von unterschiedlichen Kostenzurechnungsprinzipien abhängige, alternative Herstellungskosten im Hinblick auf ihre Übereinstimmung mit der theoretischen Basis der Steuerbilanz geprüft werden, sind einige Vorbemerkungen zum weiteren Verlauf der Untersuchung angebracht und die Annahmen der folgenden Untersuchungsbeispiele zu erläutern.

---

1) Die unzureichende Auseinandersetzung mit der neueren methodologischen und werttheoretischen Literatur führten in der Vergangenheit nicht wenige Steuerpraktiker, aber auch manchen Steuerwissenschaftler auf diese Suche. Das auslegungsflexible Verursachungsprinzip diente jeglicher Argumentation. Zum Ende einer solchen Suche vgl. HERZIG (Herstellungskosten, BB 1970, S. 116 ff.). Vgl. auch BISCHOFF, Kostenzurechnungsmöglichkeiten, KRP 1964, S. 249 (251); ROSE, Steuerlehre, Jahrbuch der Fachanwälte für Steuerrecht 1970/1971, S. 77 (82); MOEWS, Aussagefähigkeit, S. 202; LUTZ, Herstellungsaufwand, DB 1971, S. 253 (254 f.); DIETZ, Normierung, S. 100.
2) Die Erörterungen haben gezeigt, daß der Spielraum der Indeterminiertheit des Kostenbegriffs, dessen Wertkomponente durch realisierte Anschaffungspreise nachprüfbar festgestellt wurde, vorwiegend aus dem Mangel an eindeutiger Abgrenzbarkeit, Zurechenbarkeit und Erfaßbarkeit der Mengenkomponente resultiert. Diese Feststellung unterstreicht, daß eine an der Wertkomponente orientierte Entscheidung für den pagatorischen Kostenbegriff die begrenzte Unbestimmtheit des steuerlichen Kostenbegriffs, die Unmöglichkeit, ihn "wirklich" und "einheitlich" zu ermitteln, nicht ausgeräumt hätte.

I. Die Untersuchung bei Annahme der Kapazitätsausnutzung als dominanter Kosteneinflußgröße

Die Feststellung, daß die Kostenhöhe eine Funktion eines Gesamtkomplexes wirksamer Kosteneinflußgrößen ist, führte in dieser Untersuchung zu dem Ergebnis, daß ein Kostenrechnungsmodell zur Ermittlung der Herstellungskosten der Erzeugnisse in der Ertragsteuerbilanz die simultane Wirkung der Kosteneinflußgrößen umfassen muß. Aus diesem Grunde wurde die Unterbegriffsart 'variable und fixe Kosten' als Intensionsbasis des allgemeinen Kostenbegriffs für die Ableitung spezifischer Kostenbegriffe abgelehnt[1]. Der Forschungsstand der theoretischen Betriebswirtschaftslehre läßt eine simultane Abbildung des funktionalen Gesamtzusammenhangs zwischen Kostenhöhe und Kosteneinflußgrößen noch nicht zu. Es sind theoretische Erklärungen mit Hilfe der Methode isolierender Abstraktion erarbeitet. Daher liegt die Frage nahe, ob eine dominante Kosteneinflußgröße existiert und ob die Wirkungen einer solchen Einflußgröße - isoliert analysiert - in dem abzuleitenden Herstellungskostenbegriff zu beachten sind und wie das ggf. zu geschehen hat.

Die betriebswirtschaftliche Kostenlehre stimmt nahezu darin überein, daß eine solche Kosteneinflußgröße die Kapazitätsausnutzung ist[2]. Bei Unterscheidung der vom jeweils realisierten Kapazitätsausnutzungsgrad unabhängigen Kosten (fixe Kosten, Kapazitätskosten) in Nutzkosten und Leerkosten schlagen sich die Wirkungen des jeweils realisierten Kapazitätsausnutzungsgrades in der hier unterstellten Unterbegriffsart nach dem Identitätsprinzip in den nicht eindeutig zurechenbaren, echten Gemeinkosten, nach dem Leistungsentsprechungsprinzip in den

---

1) Vgl. oben S. 114 ff. in dieser Untersuchung.
2) Vgl. dazu vor allem SCHMALENBACH, Kostenrechnung, S. 41 ff.; MELLEROWICZ, Kosten, Bd. I, S. 207 ff.; GUTENBERG, Produktion, S. 348 ff.; HEINEN, Kostenlehre, S. 368 ff.; PACK, Elastizität, S. 63 ff.; DIEDERICH, Betriebswirtschaftslehre, S. 45.

indirekt erfaßbaren Gemeinkosten nieder: Unterstellt man
eine Kapazitätsnorm, die mit dem realisierten Kapazitätsausnutzungsgrad identisch ist, so sind alle fixen Kosten
Nutzkosten. Weicht der realisierte Kapazitätsausnutzungsgrad von der Kapazitätsnorm ab, so entstehen Leerkosten,
bei rückgängigem Kapazitätsausnutzungsgrad mit der Wirkung, daß auf die Herstellungsleistung ein steigender
Fixkostenanteil in Höhe der nicht genutzten Kapazität
entfallen muß. Die graphische Darstellung dieses Zusammenhangs zeigt sich in folgendem Bild [1].

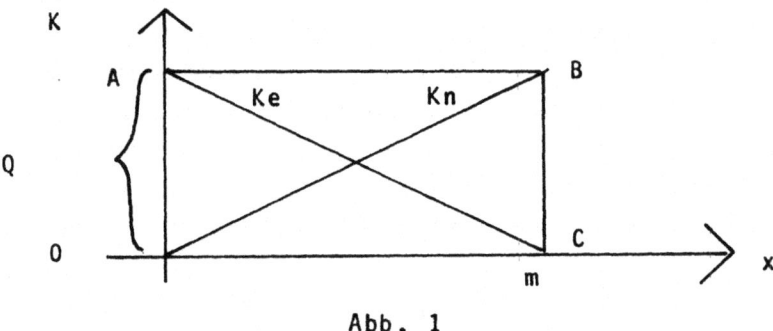

Abb. 1

Q   = Gesamte fixe Kosten
Ke = Kurve der Leerkosten
Kn = Kurve der Nutzkosten
K   = Gesamtkosten
m   = Kapazität, gemessen in Ausbringungsmengen
x   = Ausbringungsmenge

Die jeweiligen Leer- und Nutzkostenanteile werden als
Ordinantenwert, nicht als Fläche abgelesen.

---

1) Vgl. GUTENBERG, Produktion, S. 348 ff.. Zum Zusammenhang zwischen Kapazitätsausnutzungsgrad und Periodenerfolg vgl. HUMMEL, Lagerbestandsveränderungen, ZfbF
   1969, S. 155 (159 f.). Bereits an dieser Stelle sei
   vermerkt, daß bei rückgängigem Kapazitätsausnutzungsgrad nicht nur die fixen Kosten, sondern auch variable Kosten in gewissen Grenzen von der Variation der
   Kapazitätsausnutzung unabhängig sind.

In diesem Zusammenhang stellt sich die Frage, ob die
von der realisierten Kapazitätsausnutzung unabhängigen
Kosten der Herstellungsleistung in der Steuerbilanz zuzurechnen sind oder nicht. Ggf. nur in Höhe der Nutzkosten oder auch unter Einschluß der Leerkosten? Oder
sind die Leerkosten nicht mit der Herstellungsleistung
verbundener, bewerteter Güterverbrauch, demnach kein
Bestandteil der Mengenextensionskomponente, daher nicht
aktivierbarer Periodenaufwand? Das sog. Fixkostenproblem [1] oder auch Leerkostenphänomen [2] muß bei der
Ableitung der Herstellungskosten fertiger und unfertiger Erzeugnisse in der Steuerbilanz ggf. in einer solchen Art und Weise Berücksichtigung finden, die der
Kommunikationsbeziehung zwischen Unternehmung und Finanzverwaltung genügt. Das heißt, die Messung der betrieblichen Kapazität, der Kapazitätsnorm und des Kapazitätsausnutzungsgrades und die davon abhängigen Entscheidungen müssen nachprüfbar sein. Manipulationsspielräume dürfen nicht entstehen.

Der folgende Untersuchungsteil wird in zwei Problemkreise unterteilt. Es soll gezeigt werden,

(1) ob unter der Bedingung der Kongruenz von Kapazi-
    tätsausnutzungsgrad (KAN) und Kapazitätsnorm (KN)
    ein auf dem Identitätsprinzip basierendes Kalkula-
    tionsverfahren - Teilkostenkalkulation - oder ob
    ein auf dem Leistungsentsprechungsprinzip basieren-
    des Kalkulationsverfahren - Vollkostenkalkulation -
    der theoretischen Basis der Steuerbilanz genügt;

---

1) WALTHER, Fixkostenproblem, HdB Bd. II, Sp. 1965 ff.;
   vgl. HENZEL, Kosten, S. 260 ff.; KORNAGEL, Fixkostenproblem, Diss. rer. pol., Berlin 1962, S. 12 ff.;
   KORPICK, Kosten, S. 55.
2) GOMBEL, Leerkosten, ZfbF 1964, S. 65 (78).

(2) wie unter der Bedingung unterhalb und überhalb der
    Kapazitätsnorm realisierter Kapazitätsausnutzungs-
    grade (KAN ⋛ KN) vor allem das Fixkostenproblem der
    Vollkostenkalkulation in der Steuerbilanz geregelt
    werden muß, ohne in leerformelhaften, Manipulations-
    spielräume eröffnenden Empfehlungen (notwendig, an-
    gemessen) zu verharren.

II. Das Identitätsprinzip und das Leistungsentsprechungsprinzip als Kostenzurechnungsprinzipien

Der Zurechnung der Kosten auf die Herstellungsleistung
der Herstellungsperiode werden in den Untersuchungsbei-
spielen zunächst das Identitätsprinzip und das Leistungsentsprechungsprinzip zugrunde gelegt. Beide Prinzipien
gelten - wie oben gesagt wurde - als repräsentative Zurechnungsprinzipien [1]. Die aus ihrer Anwendung resultierenden Herstellungskosten werden auf ihre Zweckadäquanz mit der theoretischen Basis der Steuerbilanz geprüft. Besteht keine Zweckadäquanz, so ist ein modifi-
ziertes Zurechnungsprinzip zu finden.

Nach dem Identitätsprinzip ist nur jener Güterverbrauch
kostenwirksamer Bestandteil des spezifischen Kostenbegriffs 'Herstellungskosten', der auf dieselbe Entscheidung zurückgeht wie die Existenz der Herstellungsleistung: Unter dem Gesichtspunkt eindeutiger Zurechenbarkeit zählt dazu der bewertete Einzelverbrauch und der
unechte Gemeinverbrauch. Das Identitätsprinzip dieses
Inhalts soll als Identitätsprinzip im engen Sinne bezeichnet werden (Idp i. e. S.). Fertigungslöhne gelten
als der Herstellungsleistung nicht eindeutig zurechenbare, unechte Einzelkosten oder Schein-Einzelkosten, die
zwar mit der Erfassung der Fertigungslohnzeiten als der
Zahl der Schlüsseleinheiten für das Erzeugnis direkt er-

---

1) Vgl. die Angaben auf S. 149 dieser Untersuchung.

faßbar sind, "tatsächlich aber für zwei oder mehrere
Kalkulationsobjekte gemeinsam entstehen, so daß es sich
in Wirklichkeit um echte Gemeinkosten handelt", d. h.
um Kosten der Betriebsbereitschaft [1]. Zieht man in Ab-
weichung von Riebel diese unechten Einzelkosten in die
Zurechnung nach dem Identitätsprinzip ein, so soll das
Prinzip dieses Inhalts als Identitätsprinzip im weiten
Sinne bezeichnet werden (Idp i. w. S.) [2].

Nach dem Leistungsentsprechungsprinzip dagegen wird
- ausgehend von einer Komplementaritätsbeziehung zwischen Gesamt-Güterverbrauch und Gesamt-Leistungsmenge -
in der Kostenträger-Stückrechnung der einzelnen Leistungseinheit ein leistungsentsprechender Kostenanteil
an den Gesamtkosten zugerechnet. Das heißt, daß unter
dem Gesichtspunkt rechnungsorganisatorischer Erfaßbarkeit der der Herstellungsleistung verbundene, bewertete
Güterverbrauch durch die direkt erfaßten "Gesamtkostenanteile" - Einzelkosten - und durch die anteiligen, indirekt erfaßten Gesamtkostenanteile - Gemeinkosten -
nicht nur des Fertigungsbereichs, sondern auch der abgegrenzten übrigen Funktionsbereiche [3] bestimmt wird.

---

1) RIEBEL, Entscheidungen, NB 1967, S. 1 (4); derselbe,
   Kosten, S. 34 f..
2) Vgl. z. B. Dieter SCHNEIDER, Reform, StuW 1971, S.
   326 (336). Die Lohnkosten als unechte Einzelkosten
   sind nur dann Einzelkosten im Sinne Riebels, wenn in
   einem Abrechnungsbereich nur ein einziges Erzeugnis
   hergestellt wird oder wenn die Unternehmung in einer
   Herstellungsperiode nur ein einziges Erzeugnis herstellt. Unter dieser Bedingung sind sämtliche Kosten
   Einzelkosten des Erzeugnisses: vgl. dazu z. B. HEL-
   PENSTEIN, Erfolgsbilanz, S. 351 f.; NETH, Herstellungskosten, S. 75.
3) Vgl. KOCH, Stückkostenrechnung, ZfB 1965, S. 325
   (331 ff.); derselbe, Gemeinkostenverteilungsschlüssel, ZfbF 1965, S. 169 ff..

III. Die Kostenstruktur industrieller Fertigungsbetriebe als typologisches Strukturmerkmal

1. Die Bedeutung typologischer Strukturmerkmale für die Ausgestaltung betriebsbezogener Kostenrechnungskalküle

Die Beziehung zwischen der Formalstruktur kostenrechnerischer Informationskalküle und der realen Struktur des Fertigungsprozesses ist zwangsläufig eng, denn die Herstellung der Erzeugnisse schlägt sich in einer - abhängig von der Erzeugnis- bzw. Leistungsart - differenzierten, betriebsspezifisch detaillierten Ausgestaltung der Fertigungsphase nieder. Die allgemeine Funktion der Kostenrechnung als quantitative Wiedergabe betrieblicher Prozeßgegebenheiten bedingt eine Anlehnung ihrer strukturalen Aufbau- und Ablaufgestaltung an die realen Verhältnisse. Wenn es gilt, die komplexen Eigenheiten und Erscheinungsformen industrieller Fertigungsbetriebe darzustellen, ist eine Typologisierung, d. h. die Bildung von allgemeinen Merkmalen über die technisch-ökonomische Betriebsstruktur, von Merkmalen über den Fertigungsaufbau und den Fertigungsablauf nicht zu umgehen [1]. Auf diese Weise werden die Einflußfaktoren deutlich, die die Ausgestaltung kostenrechnerischer Informationskalküle bestimmen können. Schäfer [2] zählt zu den technisch-

---

1) Vgl. Karl HAX, Industriebetrieb, HDSW Bd. 5, Sp. 243 ff.; MELLEROWICZ, Industrie, Bd. 1, S. 41 ff.; KALVERAM, Industriebetriebslehre, S. 42 ff.; FUNKE/BLOHM, Grundzüge, S. 40 ff.; SCHÄFER, Industriebetrieb, Bd. 1, S. 16 f.; KERN, Industriebetriebslehre, S. 22 ff.; HEINEN, Industriebetriebslehre, S. 31 f..
2) Vgl. SCHÄFER, Industriebetrieb, Bd. 1, S. 16 ff., Bd. 2, S. 205 ff.; vgl. ferner HORRMANN, Betriebstypen, Diss. rer. pol., Nürnberg 1953, S. 8 ff., 59 ff.; RIEBEL, Erzeugungsverfahren, S. 19 ff.; vgl. zur Darstellung der Fertigungssysteme in der Literatur GÜNTHER, Prinzipien, Diss. rer. pol., Erlangen/Nürnberg 1968, S. 114 ff..

ökonomischen Strukturmerkmalen u. a. die Art der Stoff-
verwertung, die entweder primär mechanische oder chemische Technologie, den Fertigungstyp (Massen-, Serien-,
Einzelfertigung), den Grad der Spezialisierung. Merkmale des Fertigungsaufbaues sind u. a. die räumliche Ordnung der Fertigung, die Art und Größenordnung der Ferti-
gungsmittel, das Fertigungssystem (Werkbank-, Baustel-
lenfertigung, produktionsmittelorientierte Fertigung,
Werkstätten und Fließfertigung). Merkmale des Fertigungsablaufs sind der Fertigungsinhalt, der räumliche und der
zeitliche Ablauf.

Der Einfluß der genannten Merkmale richtet sich entsprechend auf den Aufbau und den Ablauf der Kostenrechnung,
zeigt sich in der Detaillierung der Kostenarten-, Kosten-
stellen- und Kostenträgerrechnung, der Kostenerfassung,
der Wahl des Kalkulationsverfahrens. Die Entscheidung
über das anzuwendende Kalkulationsverfahren ist ein ge-
eignetes Anschauungsbeispiel für die wechselseitige Beziehung zwischen Fertigungsstruktur und Formalstruktur
der Kostenrechnung, hier zwischen dem Fertigungsprogramm
und dem Kalkulationsverfahren. Kosiol [1] [2] verdeutlicht
diese Tatsache an folgendem Schaubild (Abb. 2).

---

1) KOSIOL, Kostenrechnung, S. 109 ff.; derselbe, Kalkulation, S. 177; KLOIDT, Kalkulationslehre, S. 36 ff.;
vgl. die grundlegenden Arbeiten von HEBER/NOWACK, Betriebstyp, S. 141 ff.; NOWACK, Betriebstyp, Diss.
ing., TH Darmstadt 1934, S. 11 ff..
2) Die Übersicht zeigt die gebräuchlichen Kalkulationsverfahren, d. h. die Methoden der Verrechnung von
Kosten auf den Kostenträger, deren er sich wahlweise
bedienen kann: Divisionskalkulation - einfach und
einstufig, mehrfach (simultan), mehrstufig (sukzessiv) -, Zuschlagskalkulation - Verrechnung von Ge-
samt- oder von Stellenzuschlägen, kumulativ oder
elektiv - und Äquivalenzziffernrechnung - ein durch
Kostengewichtung zusätzlich differenzierendes Verfahren -. Vgl. auch KLOIDT, Verfahren, S. 380 (398
ff.); derselbe, Kalkulationslehre, S. 67 ff.; KALVE-
RAM, Rechnungswesen, S. 336 ff..

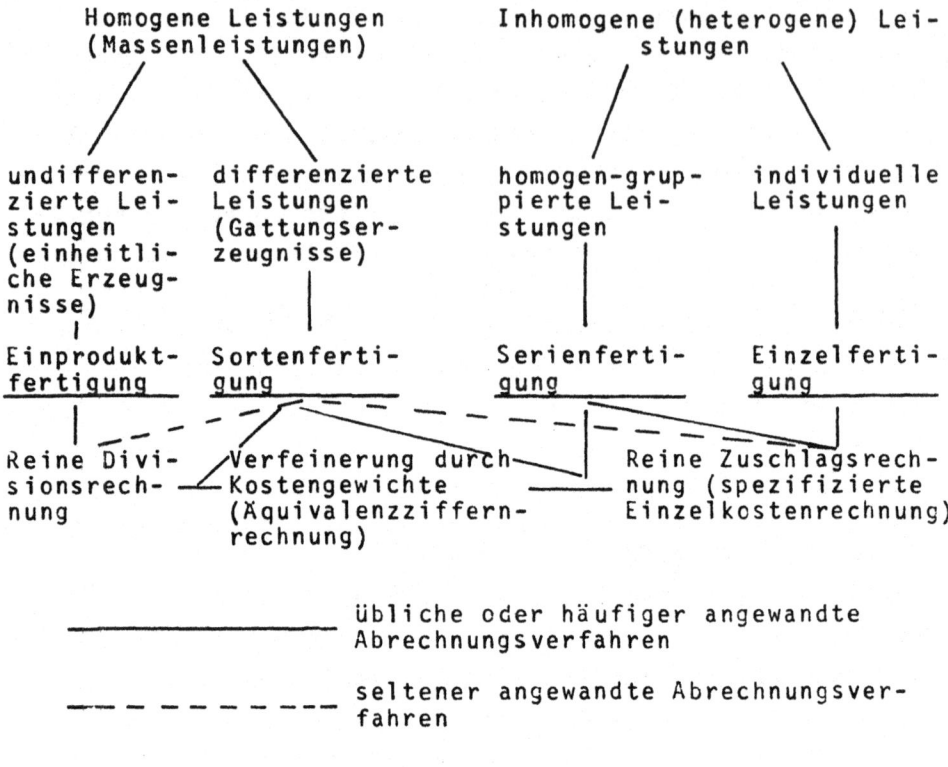

Abb. 2

Fertigungsprogramm und Kalkulationsverfahren

Die Beziehung zwischen Fertigungsablauf und Kostenrech-
nungsstruktur, ihr Einfluß auf den Aufbau der Kostenträgerrechnung zeigt sich im Zusammenhang mit der Abnahme
oder Zunahme der Zahl der Erzeugnisse im Fertigungsablauf, in der Einfachheit oder Kompliziertheit der Gemeinkostenverrechnung. Der Einfluß zeigt sich ferner im
Zusammenhang mit der Kontinuität - Einproduktfertigung -
oder Diskontinuität des Fertigungsablaufs - Sorten-,
Serien-, Einzel-, Partie-, Chargenfertigung -. Er zeigt
sich im Zusammenhang mit der verbundenen oder unverbun-

denen Fertigung, erweist sich als besonders komplex im
Falle der Kuppelproduktion [1].

Aus diesen Darlegungen folgt, daß eine wie auch immer ge-
artete, steuerrechtlich verbindliche Regelung der Ermittlung der Herstellungskosten fertiger und unfertiger Erzeugnisse lediglich einen Rahmen abgeben kann, innerhalb
dessen den betriebsspezifischen, strukturalen Gegebenheiten nachweisbar Rechnung getragen werden kann [2]. Die Annahmen des folgenden Zahlenbeispiels zur Kostenarten- und
Kostenstellenstruktur sowie die Annahme der Divisions-
und Zuschlagsrechnung als Kalkulationsverfahren sind daher lediglich Prämissen der Untersuchung.

2. Empirische Untersuchungen des Statistischen Bundesamtes zur Kostenstruktur industrieller Fertigungsbetriebe 1966 als Ausgangspunkt für ein Zahlenbeispiel

Das Wissenschaftsprogramm der praktisch-normativen Betriebswirtschaftslehre legt nahe, Aussagen zur Ermittlung der Herstellungskosten fertiger und unfertiger Erzeugnisse in der Steuerbilanz empirisch zu belegen. Eine
brauchbare empirische Unterlage stellt die periodisch
wiederholte Analyse der Kostenstruktur deutscher Indu-
strieunternehmungen durch das Statistische Bundesamt dar,
dessen Erhebung aus dem Jahre 1966 auszugsweise in den
Tabellen 1 und 2 wiedergegeben ist [3]. Ein solcher empi-

---

1) Vgl. KOSIOL, Kostenrechnung, S. 118 ff.; derselbe,
   Kalkulation, S. 177 ff.; FASSBENDER, Kostenerfassung,
   S. 15 ff..
2) Vgl. Arbeitskreis Chemische Industrie, Bewertung,
   WPg 1965, S. 65 (71); KOSIOL, Kostenrechnung, S. 107;
   GRUND, Gegenwartsfragen, StbJb 1966/67, S. 19 (40
   f.); SCHÄFER, Industriebetrieb Bd. 2, S. 247 ff.;
   RIEBEL, Kosten, S. 15.
3) Statistisches Jahrbuch, S. 173 ff.. Auszüge enthalten
   die Tabellen 1 und 2 im Anhang dieser Untersuchung
   S. 433 ff.. Jüngere statistische Daten zur Kostenstruktur siehe im Statistischen Jahrbuch 1973, S.
   198 f..

risch abgesicherter Hintergrund des folgenden Zahlenbeispiels gibt den Ergebnissen gerade unter dem Gesichtspunkt der einkommensteuerlichen Anforderung 'Vergleichbarkeit' nicht unerhebliches Gewicht.

Die Kostenstruktur gilt als typologisches Struktur-
merkmal [1]. Je nach betriebsspezifischer, teilweise
nach industriezweigspezifischer Eigenheit dominiert
der Anteil der Materialkosten an den Gesamtkosten - ma-
terialintensiv-, der Anteil der Lohnkosten - lohnin-
tensiv - oder der Anteil der Kapitalkosten an den Gesamtkosten - kapitalintensiv - [2].

Die in der Tabelle 1 im Anhang dieser Untersuchung dargestellten, innerhalb der Industriezweige nach Betriebsgrößen differenzierten Angaben spiegeln folgendes
Bild:

---

1) Vgl. die Literaturangaben in FN 1 S. 156 dieser Untersuchung.
2) Diese Unterscheidung der Kostenstruktur nach den In-
   tensitätsanteilen der Materialkosten, der Lohnkosten
   und der Kapitalkosten findet sich auch bei HENZEL,
   Kosten, S. 14 f., bei KERN, Industriebetriebslehre,
   S. 27, bei SCHÄFER, Unternehmung, S. 213 f., bei
   MELLEROWICZ, Industrie, Bd. I, S. 38 ff.. Allerdings fußen die Untersuchungen Henzels und Mellerowicz's auf älteren Kostenstrukturanalysen. Nach Mellerowicz repräsentieren die sog. 'sonstigen Kosten'
   der amtlichen Kostenstrukturstatistik die Kapitalkosten, da die außerdem in dieser Position enthalte-
   nen Fremdleistungskosten und Kosten der menschlichen
   Gesellschaft entweder unbedeutend oder annähernd
   gleichmäßig verteilt seien. Das Verfahren der Ermittlung der anteiligen Kostenarten in Prozent von der
   Gesamtproduktion ist insoweit zu kritisieren, als
   die Bezugsgrundlage 'Gesamtproduktion' definiert ist
   als wirtschaftlicher Umsatz plus Bestandsveränderungen an fertigen und unfertigen Erzeugnissen eigener
   Produktion plus selbsterstellten Anlagen. Der Umsatz
   ist eine Funktion der verkauften Mengeneinheiten
   multipliziert mit ihrem Preis. Der Preis ist selten
   eine Funktion der Kosten. Auch Mellerowicz begründet
   seinen Rückgriff auf die umsatzbezogene Kostenstruk-
   turanalyse mit dem Hinweis darauf, daß selbstkosten-
   bezogene Kostenstrukturanalysen fehlten, die Gesamt-

(1) Die maximale Abweichung der Materialkosten beim
    Vergleich zwischen den angeführten Industriezwei-
    gen reicht von 6,4 % (Ziegelindustrie) bis 59,9 %
    (Schiffbau), i. e. 53,5 %; beim vertikalen Ver-
    gleich innerhalb der einzelnen Industriezweige bei
    differenten Betriebsgrößen von 2,0 % (Montage und
    Reparatur) bis 24,6 % (Schiffbau), i. e. 22,6 %.
    Ergänzt man diese Betrachtung durch den Kostenan-
    teil der sog. Hilfsstoffe, so erstreckt sich die
    erstgenannte Abweichung von 0,8 % (Uhren-, Sitz-
    möbelindustrie) auf 16,7 % (Ziegelindustrie), i.
    e. 15,9 %, die zweitgenannte Abweichung von 0,2 %
    (Uhren-, Stahlblechindustrie) auf 6,0 % (Ziegel-
    industrie) i. e. 5,8 %.

    Die Zusammenfassung beider Kostenarten signifi-
    ziert unter Bezug auf die Materialkosten teilwei-
    se reduzierte Gesamtabweichungen, beim Vergleich
    zwischen den Industriezweigen von 15,3 % (Natur-
    steinindustrie) auf 61,5 % (Schiffbau), i. e.
    46,2 %, beim Vergleich innerhalb der einzelnen In-
    dustriezweige von 1,6 % (Montage und Reparatur)
    auf 24,6 % (Schiffbau), i. e. 23,0 %.

(2) Die maximale Abweichung der Lohnkosten reicht beim
    Vergleich zwischen den Industriezweigen von 12,2 %
    (Holz-, Zellstoff-, Papierindustrie) bis 31,7 %
    (Eisengießerei), i. e. 19,5 %; beim Vergleich in-
    nerhalb der einzelnen Industriezweige bei differen-
    ten Betriebsgrößen von 1,1 % (Montage und Reparatur)
    bis 16,5 % (Holzschliff-, Zellstoff-, Papierindu-
    strie), i. e. 15,4 %.

Fortsetzung FN 2 S.160
Übersicht industrieller Kostenstrukturunterschiede
aber bedeutsam sei (vgl. MELLEROWICZ, Industrie, Bd.
I, S. 39). Dieses Argument trifft auch auf die hier
angestellte Untersuchung zu.

(3) Die maximale Abweichung der Kapitalkosten beim Ver-
    gleich zwischen den angeführten Industriezweigen
    reicht von 1,6 % (Schiffbau) bis 13,1 % (Natur-
    steinindustrie), i. e. 11,5 %; beim Vergleich in-
    nerhalb der einzelnen Industriezweige bei differen-
    ten Betriebsgrößen von 0,3 % (Gummiverarbeitende
    Industrie) bis 3,9 % (Natursteinindustrie) [1] ,
    i. e. 3,6 %.

Bei isolierter Betrachtung der einzelnen Kostenarten
erweisen sich die Abweichungen sowohl zwischen den genannten Industriezweigen als auch jeweils innerhalb
eines Industriezweigs bei differenten Betriebsgrößen
als ganz erheblich. Dem Betrachter stellt sich zwangsläufig die Frage, ob, in welcher Richtung und in welchem Maße die Zusammenfassung der einzelnen Kostenarten
zu den Gruppen 'Material-, Hilfsstoff-, Lohnkosten' und
'Material-, Hilfsstoff-, Lohn-, Kapitalkosten' die Ungleichheiten tendenziell verringert oder nicht.

Die Zusammenfassung zeigt folgendes Bild:

(1) Die maximale Abweichung der Material-, Hilfsstoff-
    und Lohnkosten beim Vergleich zwischen den ange-
    führten Industriezweigen reicht von 38,0 % (Natur-
    steinindustrie) bis 81,1 % (Schiffbau), i. e.
    43,1 %; beim vertikalen Vergleich innerhalb der
    einzelnen Industriezweige bei differenten Betriebs-
    größen von 1,2 % (Ziegelindustrie) bis 16,2 %
    (Schiffbau), i. e. 15,0 %.

(2) Die maximale Abweichung der Material-, Hilfsstoff-,
    Lohn- und Kapitalkosten beim Vergleich zwischen den
    angeführten Industriezweigen reicht von 47,2 % (Na-
    tursteinindustrie) bis 84,4 % (Schiffbau), i. e.
    37,2 %; beim vertikalen Vergleich innerhalb der

---

1) Die höhere Abweichungsdifferenz von 6,3 % in der
   Schneidwaren- und Besteckindustrie geht auf einen
   Einzelfall zurück; sie bleibt aus diesem Grunde un-
   berücksichtigt. Vgl. Tabelle 1 Anlage 1 S. 433 ff..

einzelnen Industriezweige bei differenten Betriebsgrößen von 0,9 % (Ziegelindustrie) [1] bis 15,3 %
(Schiffbau), i. e. 14,4 %.

In der Tabelle 3 sind die Prozentsätze der maximalen Abweichungsdifferenzen in einer vergleichenden Übersicht
einander gegenübergestellt.

Kostenarten/-gruppen	maximale Abweichungsdifferenzen	
	'zwischen'	'innerhalb'
Materialkosten	53,5 %	22,6 %
Material-, Hilfsstoffkosten	46,2 %	23,0 %
Material-, Hilfsstoff-, Lohnkosten	43,1 %	15,0 %
Material-, Hilfsstoff-, Lohn-, Kapitalkosten	37,2 %	14,4 %

Tabelle 3

Aus den getroffenen, empirisch belegten Feststellungen
sind folgende Folgerungen zu ziehen:

(1) Ausgehend von den Materialkosten ist mit der Zunahme
    der in die Betrachtung einbezogenen Kostenarten eine
    Abnahme der maximalen Abweichungsdifferenzen verbun-
    den. Diese Abnahme kann auch als tendenzieller Abbau
    von Ungleichheiten interpretiert werden.

(2) Diese Auslegung wird bestätigt durch einen horizon-
    talen Vergleich der Abweichungsdifferenzen innerhalb
    der einzelnen Industriezweige. Ein Beispiel: Inner-
    halb der Unternehmungen der Holzschliff-, Zellstoff-,

---

1) Die niedrigere Abweichungsdifferenz von 0,3 % in der
   Schneidwaren- und Besteckindustrie ist durch den in
   FN 1 S.162 bereits genannten Einzelfall bedingt; sie
   bleibt daher auch hier unbeachtet. Vgl. Tabelle 1
   Anlage 1 S. 433 ff. in dieser Untersuchung.

Papierindustrie reduziert sich die maximale Abwei-
chungsdifferenz mit der Zunahme der einbezogenen
Kostenarten von 21,1 % (Materialkosten), 18,7 %
(Material-, Hilfsstoffkosten), 4,8 % (Material-,
Hilfsstoff-, Lohnkosten), 4,7 % (Material-, Hilfs-
stoff-, Lohn-, Kapitalkosten) (vgl. Tabelle 1).

(3) Das heißt: Die aus den industriezweig- und unter-
nehmungsspezifischen Eigenheiten resultierenden
maximalen Abweichungen der einzelnen Kostenarten
material-, lohn- oder kapitalintensiver Unternehmungen gleichen sich - gemessen an der Gesamtleistung - erst mit der Zusammenfassung der einzelnen
Kostenarten zu einer Gesamtkostensumme [1] tendenziell aus. Diese Feststellung wird bei der Beurteilung der mit dem Identitätsprinzip und dem Leistungsentsprechungsprinzip ermittelten Herstellungskosten von Bedeutung sein. Im folgenden dienen
die empirischen Daten zunächst der Konkretisierung
von Zahlenbeispielen. Die Auswahl zweier Beispiel-
unternehmungen aus den beiden Industriezweigen
'Sägewerke' und 'Werkzeugherstellung' fußt auf den
in Tabelle 1 angegebenen Kostenstrukturzahlen.

3. Die Leistungsarten- und Kostenartenstruktur zweier
   Beispielsunternehmungen unterschiedlicher Industriezweige

Die Bedeutung der Wahl zweier Unternehmungen für die
weitere Untersuchung liegt darin, daß zur Ableitung der
Herstellungskosten fertiger und unfertiger Erzeugnisse
unter Anwendung des Identitätsprinzips und des Leistungsentsprechungsprinzips auf die beispielhafte Lei-

---

1) Die Addition der Material-, Lohn- und Kapitalkosten
   zu einer Gesamtkostensumme ist im Hinblick auf solche Kostenarten, die in dieser Analyse nicht angesetzt sind, eine Teilkosten- oder eine modifizierte
   Vollkostensumme.

stungs- und Kostenstruktur dieser Unternehmungen abge-
stellt wird. Die Auswahl der Beispielsunternehmungen
kann nach dem Kriterium der maximalen oder mittleren
Abweichungsdifferenzen der Kostenstrukturwerte getroffen werden, und zwar einerseits bezogen auf einzelne,
isoliert betrachtete oder auf mehrere, kombiniert betrachtete Kostenarten, andererseits innerhalb einzelner oder zwischen mehreren Industriezweigen.

Die Auswahl nach dem Kriterium maximaler Abweichungsdifferenzen hätte den Vorzug, die bei Aktivierung einzelner Kostenarten extremen Aktivierungsungleichheiten
offenzulegen. Einer solchen Wahl könnte jedoch entgeg-
net werden, auf Ausnahmen und nicht auf typische Unternehmungen Bezug zu nehmen. Eine Beschränkung auf
einen Industriezweig wäre einer Beschränkung auf die
Dominanz einer Kostenart gleichzusetzen. Dagegen eröffnet die vergleichsweise Aktivierung fertiger und
unfertiger Erzeugnisse unterschiedlicher Industriezweige Erkenntnisse über die Erfolgswirkungen material-,
lohn- und/oder kapitalintensiver Unternehmungen, wenn
die Zurechnung der Kostenarten nach dem Identitätsprinzip und nach dem Leistungsentsprechungsprinzip
erfolgt.

Gegeben sei eine Sägewerk-Unternehmung, deren Gesamtleistung mit DM 1 899 293 in die Gruppe der Unternehmungen von 1 - 2 Millionen DM einzuordnen sei. Die in
der Tabelle 4 fixierten, empirischen Kostenstrukturwerte geben folgendes Bild:

Isolierte Kostenarten	% von Gesamtleistung	Kombinierte Kostenarten	% von Gesamtleistung
Material-kosten	56,5	Material-, Hilfsstoff-kosten	58,1
Hilfsstoff-kosten	1,6	Material-, Hilfsstoff-, Lohnkosten	72,8
Lohnkosten	14,7		
Kapital-kosten	4,5	Material-, Hilfsstoff-, Lohn-, Kapitalkosten	77,3

Tabelle 4

Die Materialkosten dominieren absolut, der Anteil der
Lohnkosten und der Kapitalkosten ist im Vergleich zu
Unternehmungen anderer Industriezweige relativ gering
(s. Tabelle 1).

Es sei angenommen, die Beispielsunternehmung fertige
und verkaufe nur ein einziges Erzeugnis: Schnittholz.
Zu dem Zwecke sei die Unternehmung in vier Funktionsbereiche gegliedert, die gleichzeitig als Kostenstellen gelten: Beschaffung, Fertigung, Vertrieb, Verwaltung. In der Kostenträgerrechnung bediene man sich
der einfachen Divisionsrechnung, die für jeden der
Kostenbereiche getrennt ausgeführt wird. Die aus
48 000 fm Rundholz hergestellten Erzeugniseinheiten
Schnittholz betragen bei 65 % Ausbeutungsquote
31 200 cbm [1]; davon seien 20 000 cbm Erzeugniseinheiten in der abgelaufenen Periode verkauft, der zu bewer-
tende Fertigerzeugnisbestand ergebe 11 200 cbm. Aus der
Vorperiode seien keine Bestände übernommen worden.

Das Kostenarten-Bild der Unternehmung stellt sich wie
folgt dar:

---

1) Die Annahmen zu dieser Beispielsunternehmung fußen
   auf einem Beispiel KOSIOLs, Divisionsrechnung, S.
   9 f..

I Abteilung 'Fertigung'	gesamt	je fm Rund- holz	je cbm Schnitt- holz
Materialeinzelkosten			
- 48 000 fm Rundholz a DM 20,-- ab Wald	960 000	20,--	30,77
- Anfuhr Klotzplatz	115 000	2,40	3,69
	1 075 000	22,40	34,46
Materialgemeinkosten			
- Materialausgabe	9 000	0,19	0,29
Fertigungseinzelkosten			
- Schneidelohn	251 277	5,23	8,05
- Sozialkosten	27 919	0,58	0,89
Fertigungsgemeinkosten			
- Personalkosten	12 000	0,25	0,38
- Sozialkosten	3 000	0,06	0,09
- Abschreibungen	66 475	1,38	2,12
- Zinsen	9 496	0,20	0,31
- Versicherungen	9 500	0,20	0,31
- Hilfsstoffkosten	30 388	0,63	0,97
- Instandhaltung	32 288	0,67	1,03
Sa. Einzel-, Gemeinkosten	1 526 343	31,79	48,90
II Abteilung ' Beschaffung '	31 000		
III Abteilung ' Vertrieb '	26 000		
IV Abteilung ' Verwaltung '	42 000		

Tabelle 5

Gegeben sei des weiteren eine Unternehmung der Werkzeugindustrie, deren Gesamtleistung mit DM 3 000 000 in die
Gruppe der Unternehmungen von 2 - 5 Mill. DM einzuordnen
sei.

Die empirischen Kostenstrukturzahlen der Tabelle 6 weisen folgende Kostenartenanteile an der Gesamtleistung
aus:

Isolierte Kostenarten	% von Ge- samtleistung	Kombinierte Kostenarten	% von Ge- samtleist.
Material- kosten	34,7	Material-, Hilfsstoff- kosten	36,8
Hilfsstoff- kosten	2,1	Material-, Hilfsstoff-, Lohnkosten	57,4
Lohnkosten	20,6		
Kapital- kosten	9,3	Material-, Hilfsstoff-, Lohn- und Ka- pitalkosten	66,7

Tabelle 6

Im Gegensatz zu der Sägewerk-Unternehmungsgruppe überwiegen die Materialkosten nur relativ. Die Lohnkosten
repräsentieren in Vergleich zu Unternehmungen anderer
Industriezweige einen Mittelwert. Der Anteil der Kapitalkosten erweist sich als relativ hoch.

Es sei angenommen, die Werkzeugunternehmung fertige und
verkaufe drei Erzeugnisse: Schraubendreher, Schrauben-
schlüssel, Zangen [1]. Materialgrundlage sei einheitlich
die Stahlsorte 31 Chrom V 3, Rundstahl und Flachstahl.
Die als Kostenbereiche abgegrenzten Funktionsbereiche
der Unternehmung seien in den Beschaffungs-, den Ferti-
gungs-, den Verwaltungs- und den Absatzbereich gegliedert. Der Fertigungsbereich umfasse eine Hilfskostenstel-

_____

1) Die Annahme von nur 3 Erzeugnissen - in den folgenden
   Tabellen A, B, C bezeichnet - dient der Vereinfachung
   des Beispiels. In Wirklichkeit ist das Fertigungsprogramm einer Werkzeugunternehmung - je nach Unterneh-

le und vier Hauptkostenstellen: Warmformgebung (KSt I),
Zerspannung/Verbindung (KSt II), Oberflächenbehandlung
(KSt III), Montage (KSt IV) [1]. Da die Erzeugnisse in
begrenzter Stückzahl und konstruktiv unterschiedlich
- daher mit unterschiedlichem Fertigungsablauf - hergestellt werden, liegt die sog. Serienfertigung vor [2].
Die Tabelle 7 [3] gibt die Verteilung der Kostenarten
nach dem Identitätsprinzip wieder: Bezugsgröße ist die
Herstellungsleistung, das einzelne Erzeugnis. Dement-
sprechung werden nach diesem Zurechnungsprinzip im engen
Sinne die Materialkosten, im weiten Sinne auch die Lohnkosten als Einzelkosten ausgewiesen, die Hilfsstoffkosten als unechte Gemeinkosten in den Kostenstellen erfaßt und den Erzeugnissen schlüsselweise zugerechnet,
die übrigen Kostenarten als nicht schlüsselfähige echte
Gemeinkosten festgehalten. Die Tabelle 8 [4] gibt die
Verteilung der Kostenarten in der Kostenstellenrechnung
nach dem Leistungsentsprechungsprinzip wieder. Nach dem
Kriterium rechnungsorganisatorischer Erfaßbarkeit sind

Fortsetzung FN 1 S. 168
mungsgröße - außerordentlich vielseitig. Vgl. dazu
TOEPFER, Werkzeugindustrie, Diss. rer. pol., Hamburg
1963, S. 196 ff., 248 ff..

1) Zur Beschreibung des Fertigungsprozesses in der Werkzeugindustrie vgl. TOEPFER, Werkzeugindustrie, Diss.
rer. pol., Hamburg 1963, S. 74 ff., 312 ff.. Weitere
Angaben zum Fertigungsprozeß erhielt der Verfasser
durch den Fachverband Werkzeugindustrie e. V., Rem-
scheid, sowie durch die Firma Belzer, Wuppertal-Kronenberg.
2) Vgl. GUTENBERG, Produktion, S. 109 f.; KERN, Industriebetriebslehre, S. 25 f..
3) Siehe Tabelle 7 Anlage 3 im Anhang dieser Untersuchung S. 438.
4) Siehe Tabelle 8 Anlage 4 im Anhang dieser Untersuchung S. 439.

die Gemeinkosten mit einem leistungsentsprechenden Kostenanteil den Kostenstellen zugerechnet, die Material- und Lohnkosten als Einzelkosten außerhalb der Kostenstellenrechnung direkt erfaßt. Die Bedingungen der Serienfertigung setzen für die Kostenträger-Stückrechnung nach dem Leistungsentsprechungsprinzip die Anwendung differenzierter Kostenstellenzuschlagsätze voraus, d.h. die Gemeinkosten werden mit Hilfe geeigneter Zuschlagsgrundlagen den Kostenträgern zugerechnet. Solche Zuschlagsgrundlagen sind z. B. - als Wert- oder Mengenzuschläge - für den Materialbereich die Materialeinzelkosten oder die Materialgewichte, für den Fertigungsbereich die Fertigungszeiten [1], für den Verwaltungsbereich die Summe der Einzelkosten oder der Einzelkosten zuzüglich der Material- und Fertigungsgemeinkosten [2].

Abschließend sei unterstellt, daß zu Beginn der Herstellungsperiode kein Erzeugnisbestand gegeben war. Das Verhältnis der hergestellten zu den verkauften zu den am Bilanzstichtag der Herstellungsperiode gelagerten Erzeugniseinheiten betrage:

für das Erzeugnis

- A   32 200 : 19 800 : 12 400 Einheiten
- B   36 400 : 27 800 :   8 600 Einheiten
- C   39 600 : 23 500 : 16 100 Einheiten

---

1) BRÖMER (Fertigungslohn, Diss. rer. pol., TU Berlin 1957, S. 24 ff., 169 ff.) analysiert eingehend die Eignung der Zuschlagsgrundlage 'Fertigungslohn' - als Zeitlohn, Leistungslohn, Prämienlohn - und grenzt ihren Brauchbarkeitsbereich praktisch auf handarbeitsintensive Fertigungsstrukturen ein. Als Zuschlagsgrundlage empfiehlt Brömer die Fertigungszeit, da sie als mengenmäßige Schlüsselgröße von einer Bindung an Preise und Preisschwankungen frei sei. Vgl. auch RUMMEL, Kostenrechnung, S. 5 f., 100 f.; KOCH (Gemeinkostenverteilungsschlüssel, ZfbF 1965, S. 169 (191 ff.).
2) Vgl. MUNZEL, Kosten, S. 100 ff..

Aufbauend auf den erläuterten Annahmen wird im folgenden die Kostenträger-Stückrechnung exemplifiziert, und
zwar zunächst unter der Bedingung der Kongruenz von Kapazitätsnorm und Kapazitätsausnutzung.

B. Herstellungskosten bei Übereinstimmung von Kapazitätsnorm und Kapazitätsausnutzungsgrad

I. Herstellungskosten nach dem Identitätsprinzip im engen und weiten Sinne

1. Beispiele für die Erzeugniskalkulation nach dem Identitätsprinzip

Der Umfang der Herstellungskosten wird durch die Wahl
des Identitätsprinzips bestimmt. Den Erzeugnissen werden - wie oben gezeigt - nach diesem Zurechnungsprinzip
im engen Sinne allein die Material-Einzelkosten und die
unechten Gemeinkosten zugerechnet, nach diesem Zurechnungsprinzip im weiten Sinne auch die unechten Einzelkosten - die Lohn-Einzelkosten - [1]. Legt man dieser
Ermittlung der Herstellungskosten die in der Tabelle 1
aufgrund einer Leistungsflußanalyse unterstellten, empirisch fundierten, den Kostenstellen zugerechneten
Kostenarten zugrunde, so ergeben sich für die am Bilanzstichtag zu bewertenden Erzeugnisse der Sägewerk- und
der Werkzeugunternehmung die Werte, die den folgenden
Tabellen zu entnehmen sind.

---

1) Vgl. die Ausführungen zum Identitätsprinzip in dieser Untersuchung S.154 . Für die Äußerung NETHs (Herstellungskosten, S. 73), im Teilkostenrechnungssystem
des Rechnens mit relativen Einzelkosten werde nur mit
Einzelkosten gerechnet, besteht kein Anlaß: Die
unechten Gemeinkosten zählen - wie gezeigt wurde -
ebenfalls zu den der Bezugsgröße 'Herstellungsleistung' zurechenbaren Kosten. Diese Einzelkosten und
unechten Gemeinkosten nach dem Identitätsprinzip sind
nicht identisch mit den variablen Kosten, wenn man
die Kapazitätsausnutzung als einzige oder dominante

Kostenkategorien	Gesamtkosten	Stückkosten je cbm
Material-EK	1 075 000	34,46
unechte GK	30 388	0,97
Kosten gem.Idp i.e.S.	1 105 388	35,43
unechte EK		
- Fertigungslohn	251 277	8,05
- Sozialkosten	27 919	0,89
Kosten gem.Idp i.w.S.	1 384 584	44,37

Tab. 9: Sägewerk

Aus der Multiplikation der cbm-Stichtag-Schnittholzmenge
mit den Kosten pro cbm Schnittholz unter Zugrundelegung
des Identitätsprinzips im engen und weiten Sinne resultieren entsprechend unterschiedliche Bestandswerte:

35,43 DM x 11 200 cbm = 396 818 DM gem. Idp i. e. S.
44,37 DM x 11 200 cbm = 496 944 DM gem. Idp i. w. S.

Die Bestandswerte sollen zur Beurteilung der Wirkungen des
jeweils gewählten Identitätsprinzips einem fiktiven Marktwert des Stichtagsbestandes [1] gegenübergestellt werden.
Der Marktwert pro cbm Schnittholz wird ermittelt aus der
Division des autonom angenommenen Wertes der Gesamtleistung (DM 1 899 293) [2] durch die genannten Erzeugniseinheiten (31 200 cbm Schnittholz). Die Multiplikation der
cbm-Stichtagsmenge mit dem ermittelten Marktpreis pro cbm
Schnittholz ergibt den fiktiven Marktwert des Stichtagsbestandes, der als Bezugsgröße dient:

1 899 293,-- DM : 31 200 cbm =   60,87 DM
        60,87 DM x 11 200 cbm =   681 744,-- DM

Fortsetzung FN 1 S. 171
Kosteneinflußgröße unterstellt. Die variablen Teile
der echten Gemeinkosten werden mangels eindeutiger Zurechenbarkeit von einer Zurechnung auf die Herstellungsleistung ausgeschlossen.
1) Der fiktive Marktwert als Bezugsgröße für die Bestandswerte nach dem jeweiligen Identitätsprinzip wird
in diesem Beispiel aus dem Wert der Gesamtproduktion
der Kostenstrukturstatistik gleich Gesamtleistung abgeleitet. Vgl. dazu auch zur Problematik der Annahme
der Gesamtleistung S. 160 FN 2 in dieser Untersuchung.
2) Vgl. dazu das Beispiel der Sägewerk-Unternehmung S.
165 in dieser Untersuchung.

Der prozentuale Anteil des Bestandswertes am Marktwert des Stichtagsbestandes auf der Basis des Identitätsprinzips im engen Sinne ist 58,2 %, auf der Basis im weiten Sinne 72,9 %; die Differenz beträgt 14,7 %.

Kosten-kategorien	Erzeugnis A		Erzeugnis B		Erzeugnis C	
	Ges. kosten	Stück	Ges. kosten	Stück	Ges. kosten	Stück
Material-EK	364 350	11,32	260 250	7,15	416 400	10,52
unechte GK						
KSt I	3 710		7 410		7 430	
KSt II	-		4 536		6 804	
KSt III	5 159		14 496		4 915	
KSt IV	4 640		-		-	
Kosten gem. Idp i. e. S.	377 859	11,73	286 692	7,88	435 549	11,00
unechte EK	123 600	3,84	265 740	7,30	228 660	5,77
Kosten gem. Idp i. w. S.	501 459	15,57	552 432	15,18	664 209	16,77

Tab. 10 : Werkzeughersteller

Die methodisch in gleicher Weise wie im Beispiel der Sägewerkunternehmung errechneten Bestandswerte zeigen folgende Ergebnisse (E = Erzeugniseinheiten):

- Identitätsprinzip im engen Sinne
  Erzeugnis A   12 400 E x 11,73 DM = 145 452 DM
  Erzeugnis B   8 600 E x 7,88 DM = 67 768 DM
  Erzeugnis C   16 100 E x 11,00 DM = 177 100 DM

- Identitätsprinzip im weiten Sinne
  Erzeugnis A   12 400 E x 15,57 DM = 193 068 DM
  Erzeugnis B   8 600 E x 15,18 DM = 130 548 DM
  Erzeugnis C   16 100 E x 16,77 DM = 269 997 DM

Wenn der Erzeugnisanteil am Wert der Gesamtleistung für das Erzeugnis A mit 39 % (1 170 000 DM), für B 25 % (750 000 DM), für C 36 % (1 080 000 DM) unterstellt wird, dann errechnet sich der Marktwert des Stichtagsbestandes wie im Beispiel der Sägewerkunternehmung dargetan:

```
Erzeugnis A   1 170 000,-- DM : 32 200 E
            =      36,33 DM x 12 400 E = 450 492,-- DM
Erzeugnis B     750 000,-- DM : 36 400 E
            =      20,60 DM x  8 600 E = 177 160,-- DM
Erzeugnis C   1 080 000,-- DM : 39 600 E
            =      27,27 DM x 16 100 E = 439 047,-- DM
```

In diesem Beispiel beträgt der prozentuale Anteil des Bestandswertes am Marktwert des Stichtagsbestandes nach dem

- Identitätsprinzip im engen Sinne

```
Erzeugnis A   145 452 DM :   450 492 DM = 32,3 %
Erzeugnis B    67 768 DM :   117 160 DM = 38,3 %
Erzeugnis C   177 100 DM :   439 047 DM = 40,3 %
              390 320 DM : 1 066 699 DM = 36,6 %
```

nach dem

- Identitätsprinzip im weiten Sinne

```
Erzeugnis A   193 068 DM :   450 492 DM = 42,9 %
Erzeugnis B   130 548 DM :   177 160 DM = 73,7 %
Erzeugnis C   269 997 DM :   439 047 DM = 61,5 %
              593 613 DM : 1 066 699 DM = 55,6 %
```

Die Differenz beträgt 19 %.

Diese beispielhaften, empirisch fundierten Aussagen über
die Herstellungskosten von Erzeugnissen werden im folgenden Untersuchungsabschnitt einer zweckbezogenen Wertung unterzogen. Bezugsbasis ist die im ersten Kapitel
entwickelte theoretische Basis der Steuerbilanz. Die
Wertung der Erzeugniskalkulation nach dem Identitätsprinzip wie auch nach dem Leistungsentsprechungsprinzip
wird sich überwiegend auf das Beispiel der Werkzeugunternehmung beziehen. Auf das Beispiel der Sägewerkunternehmung wird im Zusammenhang mit der Wertung der Herstellungskosten nach dem Identitätsprinzip unter dem Gesichtspunkt der Anforderung Vergleichbarkeit zurückgegriffen.

2. Wertung der Erzeugniskalkulation nach dem Identi-
tätsprinzip

a) Wertung und Grundannahmen

Das Anschaffungswertprinzip ist durch die Festlegung der
Wertkomponente des steuerlichen Kostenbegriffs auf die
historischen Anschaffungspreise im Begriff der steuerlichen Herstellungskosten unabhängig vom Identitätsprinzip
oder Leistungsentsprechungsprinzip oder modifizierten
Zurechnungsprinzip berücksichtigt, es braucht daher in
den folgenden Wertungen nicht weiter untersucht zu werden. Die Wertung in bezug auf die Grundannahmen beschränkt sich auf das Realisationsprinzip und das Imparitätsprinzip.

aa) Die Grundannahme 'Realisationsprinzip'

Die Erzeugnisbewertung mit den Herstellungskosten nach
dem Identitätsprinzip sowohl im engen als auch im weiten
Sinne kann mit dem Realisationsprinzip begründet werden[1].

---

1) Vgl. z. B. KUNTZ, Bewertung, Diss. rer. pol., Köln
   1936, S. 42 ff.; BÖHLER, Bilanz, S. 203; KRONENBERG,

Um den Ausweis nicht realisierter Gewinne und damit die
Verletzung eines fundamentalen Grundsatzes ordnungsmäßiger Buchführung zu vermeiden, werden die Erzeugnisse
nach dieser Auffassung nur mit den Einzelkosten und unechten Gemeinkosten bewertet. Die echten Gemeinkosten
(fixen Kosten) sind danach nicht durch die einzelne Erzeugniseinheit "verursacht", sondern sind Kosten der
Betriebsbereitschaft, daher Periodenkosten. Da diese
Periodenkosten für die Herstellung nicht "notwendig"
sind - sie fallen unabhängig von der Herstellung an - [1],
gilt als Gewinn einer Erzeugniseinheit nicht die Differenz zwischen dem Verkaufserlös und den gesamten Kosten,
sondern die Differenz zwischen dem Verkaufserlös und den
Kosten nach dem Identitätsprinzip. In der Teilkosten-
Terminologie der Betriebswirtschaftslehre wird dieser
Differenzbetrag als Deckungsbeitrag bezeichnet. Ein Verstoß gegen das Realisationsprinzip folgt unter Zugrundelegung dieser Gewinndefinition zwingend, wenn andere Ko-

Fortsetzung FN 1 S. 175
Bestandsveränderungen, DB 1952, S. 913 f.; HEINE,
Costing, ZfhF 1959, S. 515 (519); ALBACH, Bewertungsprobleme, BB 1966, S. 377 (380 f.); in Anlehnung an Albach vgl. HÖRSTMANN, Herstellkostenbegriff, StbJb 1968/69, S. 395 ff.; KILGER, Plankosten-
rechnung, S. 667 ff.; HEINEN, Industriebetriebslehre,
S. 750; BÖHM/WILLE, Deckungsbeitragsrechnung, S. 187
f.; KRUSE, Bilanzierung, S. 35 f., mit ausführlichen
Hinweisen auf die amerikanische Literatur; MÄNNEL,
Vollkostenrechnung, ZfB 1967, S. 759 (774 ff.); derselbe, Deckungsbeitragsrechnung, BBK F. 21, S. 739
(740); derselbe, Bestandsbewertungs-Vorschriften,
RDO 1969, S. 172 (173 f.); MUHME, Grenzprinzip,
Diss. rer. pol., TU Berlin 1967, S. 162 ff.; Dieter
SCHNEIDER, Thesen, DB 1970, S. 1697 (1699 ff.); der-
selbe, Reform, StuW 1971, S. 326 (336 f.).
1) Vgl. ALBACH, Bewertungsprobleme, BB 1966, S. 377
(380 f.); mit einer ähnlichen Begründung vgl. KALI-
SCHER, Bewertung, ZfhF 1930, S. 265 (272); Urteil
RFH VI A 1111/31 v. 14. 1. 1932, StuW 1932, Teil II
Bd. I Nr. 255, Sp. 522 f.; HELPENSTEIN, Erfolgsbi-
lanz, S. 364 f..

sten als die Einzelkosten und unechten Gemeinkosten der Herstellungsleistung zugerechnet werden [1].

Dieses mit dem Realisationsprinzip begründete Postulat nach Anerkennung der Teilkostenkalkulation für die Erzeugnisbewertung in der Steuerbilanz ist in der Literatur nicht ohne Widerspruch geblieben. Erscheint es schon nicht überzeugend, auf der Basis einer vorgegebenen, formalen Gewinndefinition die Zurechnung echter Gemeinkosten auf die Herstellungsleistung zu versagen [2], so muß angesichts der Untersuchungen zum allgemeinen Kostenbegriff die Berufung auf ein durch das Verursachungsprinzip abgestütztes Realisationsprinzip abgelehnt werden: Erstens dient das Untersuchungsziel allein der Feststellung, ob bestimmte Herstellungskosten als Wertkonvention in der Steuerbilanz geeignet sind [3]. Untersuchungsgegenstand ist nicht die Frage der Übertragung ontologisch verstandener Aussagen der theoretischen Betriebswirtschaftslehre auf die Erzeugnisbewertung: Aussagen, über die entgegen aller Behauptung in der Betriebswirtschaftslehre keine einheitliche Auffassung besteht [4]. Zweitens ist nachgewiesen, daß das Verursachungsprinzip für die Erklärung "realer" Beziehungen zwischen Kosten und Leistungen ungeeignet ist, daß die Ausgestaltung der zum Untersuchungsgegenstand erhobenen Beziehung sich vielmehr nach dem Rechnungszweck rich-

---

1) Vgl. KLUGE, Maßgeblichkeitsprinzip, Diss. rer. pol., FU Berlin 1969, S. 178.
2) Vgl. KLUGE, Maßgeblichkeitsprinzip, Diss. rer. pol., FU Berlin 1969, S. 178 f.; WEBER, Kosten, S. 74 f..
3) Vgl. FRANK, Ableitung, BB 1967, S. 177 (179); NETH, Herstellungskosten, S. 67.
4) Ein typisches Beispiel für eine solche Vorgehensweise ist HÖRSTMANN, Herstellkostenbegriff, StbJb 1968/69, S. 395 ff.. Der Verfasser kann sich des Eindrucks nicht erwehren, daß Hörstmann stark akzentuierte, normative Thesen formuliert, um durch eine Erzeugnisbewertung mit den Teilkosten z. B. nach dem Identitätsprinzip den nach seiner Ansicht "gigantischen

ten muß [1]. Kluge bemerkt: "Es ist reine Willkür, die
Aktivierung fixer Kosten mit dem Hinweis zu verbieten,
damit würden künftige Gewinne aktiviert und daher gegen
das Realisationsprinzip verstoßen werden. Das Risiko
der 'Geldwerdung' eines aktivierten Vermögensgegenstan-
des hängt nicht von dem Verhältnis ab, in dem fixe und
variable Kosten zueinander stehen" [2].

Die Auffassung Kruses, allein die Teilkostenkalkulation
- hier nach dem Identitätsprinzip - schütze die Unternehmung vor dem Ausweis nicht realisierter Gewinne, zumal
"insbesondere die aktivierten fixen Fertigungsgemeinkosten auf starken Marktwiderstand stoßen" [3], ist abzulehnen. Durch die Erzeugnisbewertung vollzieht sich lediglich ein Vorgang der Vermögensumschichtung [4]. Ausdruck

---

Fortsetzung FN 4 S. 177
volkswirtschaftlichen Aufwand" zur Durchsetzung von
Teilwertabschlägen zu umgehen. Hörstmann verbindet
also die Ermittlung der Herstellungskosten mit der Ermittlung des Teilwerts. Um dieser Auffassung Nachdruck zu verleihen, identifiziert er unzulässigerwei-
se die Auffassung Albachs mit der "einheitlichen"
Meinung der Betriebswirtschaftslehre, erklärt er die
Grenzkostenrechnung zur einzigen Methode der Kostenrechnung, die Erzeugnisbewertung mit variablen Kosten
als das Verlangen "der" Betriebswirtschaftslehre
(S. 415, 426 f.). Zur Kritik an Hörstmann vgl. auch
JACOBI, Herstellungskosten, FR 1970, S. 204 (206).
1) Vgl. S. 96 f. in dieser Untersuchung.
2) KLUGE, Maßgeblichkeitsprinzip, Diss. rer. pol., FU
Berlin 1969, S. 179 f.. Vgl. auch FRANK, Ableitung,
BB 1967, S. 177 (181).
3) Vgl. KRUSE, Bilanzierung, S. 36. Vgl. zum Zusammenhang zwischen Marktpreis und Kosten SCHULZ, Bewertungsprobleme, Diss. rer. pol., Neuchâtel 1965, S.
8 ff..
4) Vgl. Gutachten RFH Gr. S. D 7/38 v. 4. 2. 1939, RStBl
1939 S. 321 (321, Nr. 3); VAN DER VELDE, Sicht, DB
1969, S. 1213 (1213 f.).

des Wertes eines durch Vermögensumschichtung entstande-
nen Erzeugnisses sind die Herstellungskosten. Diese Herstellungskosten sind gemäß dem Realisationsprinzip durch
marktbezogene Alternativwerte zu korrigieren, wenn diese
Alternativwerte über das Vorhandensein von Realisationsrisiken informieren, da die voraussichtlichen Verkaufspreise die kalkulierten Herstellungskosten nicht übersteigen. Wenn gilt, daß der Preis keine Funktion der Kosten ist, dann können diese Realisationsrisiken sämtliche kalkulierten Kostenarten betreffen, dann ist ihre
Beschränkung auf aktivierte fixe Fertigungsgemeinkosten
sachlogisch nicht haltbar. Wenn die Bedingung eintritt,
daß der voraussichtliche Verkaufspreis eines Erzeugnisses die gemäß dem Rechnungszweck zuzurechnenden Kosten
nicht deckt, liegt in ihrer Aktivierung eine Verletzung
des Realisationsprinzips [1]. Ein solcher Fall ist z. B.
regelmäßig der aus produktions- und/oder absatzpoliti-
schen Überlegungen hergestellte sog. Verlustartikel:
Ist bereits bei Aufnahme dieses Erzeugnisses in das Pro-
duktionsprogramm erkennbar, daß - welches Zurechnungsprinzip auch immer zugrundegelegt ist - die Kosten des
Erzeugnisses nicht im Preis vergütet werden, so muß sich
der steuerliche Wert dieses Erzeugnisses nach den Regelungen über den niedrigeren Teilwert bestimmen. Das Argument Neths, den Bestandserhöhungen stünden in der Ge-
winn- und Verlustrechnung "die auf sie entfallenden Aufwendungen gegenüber", übersieht, daß es für den Gewinn-
ausweis gerade von entscheidender Bedeutung ist, in welcher Höhe der Bestandswert die aufwandsgleichen Kosten,
die auf der Aufwandseite der Gewinn- und Verlustrechnung
erfaßt sind, neutralisiert [2]. Steht den aufwandsgleichen

---

1) Vgl. TUBBESING, Bewertung, WPg 1965, S. 617 ff.;
   NETH, Herstellungskosten, S. 76.
2) NETH, Herstellungskosten, S. 53.

Kosten ein Bestandswert 'Herstellungskosten nach dem
Identitätsprinzip im engen oder weiten Sinne' gegenüber, der durch den voraussichtlichen Verkaufspreis
nicht zu decken ist, so ist in einer solchen Bewertung
ebenso ein Verstoß gegen das Realisationsprinzip zu sehen wie bei einem Bestandswert unter Zugrundelegung
der Herstellungskosten nach dem Leistungsentsprechungsprinzip.

Herstellungskosten nach dem Identitätsprinzip im engen
und im weiten Sinne sind - gemessen am Realisationsprinzip - demnach wie folgt zu werten:

(1) Die Erwartung, daß die voraussichtlichen Verkaufs-
    preise in aller Regel die Herstellungskosten nach
    dem Identitätsprinzip übersteigen, bedeutet, daß
    das Realisationsprinzip den Ansatz solcher Herstel-
    lungskosten zuläßt, da die Wahrscheinlichkeit
    niedrigerer, vom Markt hergeleiteter Alternativ-
    werte gering ist [1].

(2) Die Folge einer solchen Bewertung - die unterblei-
    bende, anteilige Zurechnung echter Gemeinkosten -,
    kann im Widerspruch zum Realisationsprinzip im Sin-
    ne dynamischer Periodenabgrenzung und seiner Ergän-
    zung durch den Grundsatz der Abgrenzung der Sache
    und der Zeit nach stehen, sofern der Rechnungszweck
    einen anderen Grundsatzinhalt verlangt [2] [3]. Reali-

---

1) LAYER, Anwendbarkeit, S. 185. Vgl. auch DAHL, Aktivierung, S. 81 f..
2) Wie bereits im 1. Kapitel dieser Untersuchung - s. S.
   66 FN 1 - dargelegt wurde, läßt das "statische" Realisationsprinzip Dieter SCHNEIDERs (Thesen, DB 1970,
   S. 1697 (1699 f.)) allein die Erzeugnisbewertung mit
   den Herstellungskosten nach dem Identitätsprinzip zu.
3) LAYER (Anwendbarkeit, S. 181; derselbe, Deckungsbeitragsrechnung, ZfbF 1969, S. 131 (142 ff.); derselbe,
   Herstellkosten, DB 1970, S. 988 (990 ff.)) interpretiert den Grundsatz der Abgrenzung der Sache und der
   Zeit nach dahingehend, daß nur aktivierungsfähig sei,

sierter Periodenaufwand der Herstellungsperiode ist nach dem Identitätsprinzip die Differenz zwischen den gesamten Kosten und den Herstellungskosten nach dem Identitätsprinzip. Ob der als Ertragsposten in Höhe der Herstellungskosten nach dem Identitätsprinzip ausgewiesene Wert des Stichtagsbestandes - dem Grundsatz der Abgrenzung der Sache nach folgend - die aufwandsgleichen Kosten der Aufwandsseite der Gewinn- und Verlustrechnung in einer solchen Höhe neutralisiert, wie es dem Zweck der Steuerbilanz gemäß ist, kann aus dem Realisationsprinzip nicht näher konkretisiert werden. Eine Entscheidung darüber kann nur in Verbindung mit den weiteren Auswahlkriterien gefällt werden.

ab) Die Grundannahme 'Imparitätsprinzip'

Die Annahme der fast sicheren Erwartung, daß die voraussichtlichen, aufwandverminderten Verkaufspreise die Herstellungskosten nach dem Identitätsprinzip übersteigen, hat eine hohe Wahrscheinlichkeit [1]. Daraus folgt, daß die Periodisierung eines negativen Erfolgsbeitrages nach

---

Fortsetzung FN 3 S. 180
was der Unternehmung in der Zukunft einen bestimmten Vermögensvorteil bringe. Im Hinblick auf die Erzeugnisbewertung folge daraus, nur solche Kosten zu aktivieren, "deren Entstehung in der abgelaufenen Periode zu einer Aufwandsersparnis in künftigen Perioden führt" (DB 1970, S. 991). Dies sind seines Erachtens die sog. beschäftigungsproportionalen Kosten und - in Ausnahmefällen - die abbaufähigen beschäftigungsfixen Kosten. Vgl. dazu auch SEICHT, Grenzkostenrechnung, ZfB 1963, S. 693 ff.; KILGER, Plankostenrechnung, S. 668 f.. Abgesehen davon, daß Layer methodisch die Aktivierungsfrage innerhalb der Bewertungsfrage diskutiert, kann seinem Vorgehen nicht gefolgt werden, einen von ihm festgelegten Grundsatzinhalt zum Rechnungszweck zu erklären, um wieder zu deduzieren, was der Grundsatz beinhaltet. Zur Kritik vgl. KLUGE, Maßgeblichkeitsprinzip, Diss. rer. pol., FU Berlin 1969, S. 180 f..
1) Vgl. LEFFSON, Grundsätze, S. 343 ff..

dem Imparitätsprinzip bei einer Erzeugnisbewertung mit
den Herstellungskosten nach dem Identitätsprinzip im engen oder im weiten Sinne durch das Heruntergehen auf
einen niedrigeren Wert nicht wahrscheinlich ist. Das
Sinken der Verkaufspreise bei einer Teilwertermittlung
nach dem Prinzip der preisabhängigen Bewertung z. B.
als Folge einer Wertminderung der Erzeugnisse oder eines
allgemeinen Niveaurückgangs der Verkaufspreise wird in
der Regel außerordentlich stark sein müssen, um zu einem
Teilwert unterhalb der Herstellungskosten nach dem Identitätsprinzip zu führen. Die Realistik dieser Hypothese
scheint auch dann gegeben, wenn der voraussichtliche Verkaufspreis nicht nur nach dem Prinzip verlustfreier Bewertung, sondern auch um einen durchschnittlichen Unter-
nehmergewinn vermindert wird. Die Erzeugnisbewertung
nach dem Identitätsprinzip "führt zu einem niedrigeren
Wert als dem Wert, der bei der Einrechnung von beschäftigungsfixen Kosten entstehen würde, so daß der Zeitwert
der Bestände stärker sinken muß, um unter diesen Herstellungskostenwert zu fallen, womit zunächst einmal das
Prinzip der verlustfreien Bewertung eingehalten ist" [1].
Daraus folgt, daß das Imparitätsprinzip einer Bewertung
fertiger und unfertiger Erzeugnisse nach dem Identitätsprinzip im engen und weiten Sinne nicht entgegensteht.

---

1) LAYER, Anwendbarkeit, S. 185. Vgl. auch KREIS, Bestandsbewertung, Archiv für das Eisenhüttenwesen 1933/
34, S. 433 (437); REMMLINGER, Warenbewertung, Industrie und Steuer 1941 Teil I, S. 37 (40); FUNK, Bestandsbewertung, DB 1961, S. 1653 (1655 f.); NETH,
Herstellungskosten, S. 76. KOCH (Niederstwertprinzip, WPg 1957, S. 1 (5), 31 (31 ff.), 60 (62)) und
LEFFSON (Niederstwertvorschrift, WPg 1967, S. 57 (57
f.)) vertreten die Auffassung, es sei Grundsatz ordnungsmäßiger Buchführung, nicht die Verkaufspreise
des Stichtages, sondern die künftigen Verkaufspreise
für die Erzeugnisse bei der Entscheidung über eine
Wertkorrektur nach dem Identitätsprinzip zu berücksichtigen.

b) Wertung und Anforderungen

Die Entscheidung über die Zweckadäquanz der Erzeugnisbewertung mit den Herstellungskosten nach dem Identitätsprinzip richtet sich neben den Grundannahmen nach
den Anforderungen der Einkommensbesteuerung. Daher ist
festzustellen, ob die Ermittlung der Herstellungskosten
nach dem Identitätsprinzip im engen Sinne und im weiten
Sinne dem Nachprüfbarkeitskriterium, dem Einfachheitskriterium und dem Vergleichbarkeitskriterium genügen.

ba) Die Anforderung 'Nachprüfbarkeit'

Betrachtet man das Identitätsprinzip im engen Sinne, so
zeichnen sich Herstellungskosten nach diesem Prinzip
gerade dadurch aus, daß die Herstellungsleistung bzw.
das Erzeugnis in eindeutiger Weise an den zugrundeliegenden Verbrauchsvorgang gekoppelt ist. Der durch das
hergestellte Erzeugnis zum Ausdruck gebrachte Vermö-
genswert wird mit dem bewerteten Güterverbrauch identifiziert, der denselben Entstehungsgrund hat. Hummel
spricht von der objektiv meßbaren Mengenkomponente dieses Einzelkostenbegriffs [1]. Gelingt es, die unechten
Gemeinkosten durch Anwendung solcher Methoden zu schlüs-
seln, daß der Zusammenhang zwischen der verbrauchten Kostenart und der Herstellungsleistung nachweisbar besteht (z. B. mit Hilfe von Korrelationsdiagrammen), dann
genügt dieser Herstellungskostenbegriff dem Nachprüfbarkeitskriterium der Steuerbilanz.

Betrachtet man das Identitätsprinzip im weiten Sinne, so
entsteht im Vergleich zum Identitätsprinzip im engen
Sinne die Schwierigkeit, Lohn-Einzelkosten als sog. unechte Einzelkosten nachprüfbar dem einzelnen Erzeugnis
zuzurechnen. Zwar sind sie in ihrem "technisch-mengenmä-
ßigen Ausmaß eindeutig" mit der einzelnen Herstellungs-

---

1) Vgl. HUMMEL, Kostenerfassung, S. 187 ff., 192.

leistung verbunden, doch wird ihre Zurechnung durch die
Anhänger Riebels abgelehnt, da ein "materiell eindeuti-
ges geldliches Äquivalent" lediglich für das gesamte
Beschaffungsquantum existiert [1]. Dem steht entgegen,
daß die Fertigungszeiten, die den Fertigungslöhnen zugrunde liegen, in aller Regel direkt für ein Erzeugnis
gemessen werden können. Die Auflösung dieses Widerspruchs
liegt in der Definition der Nachprüfbarkeit: Wenn Nachprüfbarkeit nicht im Sinne "eindeutiger" Zurechenbarkeit, sondern im Sinne der durch einen sachverständigen
Dritten nachvollziehbaren Zurechnung von Kosten auf Leistungen verstanden wird, dann genügen auch Herstellungskosten nach dem Identitätsprinzip im weiten Sinne dieser
Anforderung der Steuerbilanz [2].

bb) Die Anforderung 'Einfachheit'

Während - wie oben bereits erwähnt wurde - die häufig
als einfach erachtete Trennung der Kosten in variable
und fixe Bestandteile tatsächlich komplizierte Korrelations-
tions- und Regressionsanalysen notwendig macht, zeichnet sich die Erfassung der Einzelkosten und unechten Gemeinkosten nach dem Identitätsprinzip durch ihre Einfachheit aus. Die erforderliche Zahl von Prüfhandlungen,
um die Nachprüfbarkeit der ermittelten Herstellungskosten festzustellen, läßt sich unter Zugrundelegung des

---

1) HUMMEL (Kostenerfassung, S. 210 ff.) lehnt sich mit
   dieser Argumentation weitgehend an RIEBEL (Entscheidungen, NB 1967, S. 1 (5 f.); derselbe, Gestaltung,
   S. 11 (22)) an. Vgl. auch KRÜMMELBEIN, Leistungsverbundenheit, S. 52 f.. Zur Erfaßbarkeit von Lohnein-
   zelkosten für die einzelne Herstellungsleistung vgl.
   BRÜMER, Fertigungslohn, Diss. rer. pol., TU Berlin
   1957, S. 10 ff..
2) Zu diesem Ergebnis gelangt auch Dieter SCHNEIDER,
   Thesen, DB 1970, S. 1697 (1702 f.).

Identitätsprinzips wie folgt umreißen: Ist eine eindeutige Zurechnung möglich? Wenn ja: Herstellungskosten. Wenn
nein: Unechte Gemeinkosten? Wenn ja: Herstellungskosten.
Wenn nein: Unechte Einzelkosten oder echte Gemeinkosten?
Wenn unechte Einzelkosten: Prüfung des technisch-mengen-
mäßigen Ausmaßes [1]. Sämtliche Kosten, die nach dem Identitätsprinzip zugerechnet werden, stehen in einer unmittelbaren Beziehung zu der Herstellungsleistung - die unechten Einzelkosten zumindest technisch-mengenmäßig -.
Das bedeutet, das sog. Fixkostenproblem, die Umwandlung
von Zeitkosten in Stückkosten, beschränkt sich auf die
Zurechnung von unechten Einzelkosten bei Zugrundelegung
des Identitätsprinzips im weiten Sinne, wird jedoch
"entlastet" durch die Möglichkeit der technisch-mengen-
mäßigen Erfaßbarkeit.

Auch Hörstmann betont die Einfachheit der Bewertung der
Erzeugnisse mit ihren Teilkosten, zumal mit der Teilkostenkalkulation die Möglichkeit gegeben ist, den "gigantischen Aufwand" zur Durchsetzung eines Teilwerts bei
der Finanzverwaltung zu umgehen [2]. Dem ist entgegenzuhalten, daß bei unsicheren Erwartungen z. B. über die
voraussichtlichen Verkaufspreise der Erzeugnisse dem
hier unterstellten Nachprüfbarkeitskriterium bereits
echte "Glaubwürdigkeitsfälle, die sich hilfsweise in
vertrauenswürdige, intersubjektiv nachprüfbare Erwartungen transformieren lassen" [3], genügen, um einen niedri-

---

1) Zur Menge und zur Reihenfolge von Teilschritten, um
   die Nachprüfbarkeit der Kosten nach dem Identitätsprinzip zu konstatieren, vgl. das Prüfschema bei
   HUMMEL, Kostenerfassung, S. 198 f.. Den Gesichtspunkt
   der Einfachheit der Teilkostenermittlung heben auch
   andere Autoren hervor, so z. B. HEINE, Costing, ZfhF
   1959, S. 515 (529); BÜRNER, Costing, Diss. rer. pol.,
   München 1961, S. 157; HÖRSTMANN, Herstellkostenbegriff, StbJb 1968/69, S. 395 (428).
2) Vgl. HÖRSTMANN, Herstellkostenbegriff, StbJb 1968/69,
   S. 395 (427 f.).
3) Vgl. LEFFSON, Grundsätze, S. 363; BAETGE, Objektivierung, S. 75 ff..

geren Erzeugniswert unterhalb der Herstellungskosten
bei Einbeziehung anteiliger echter Gemeinkosten gegenüber der Finanzverwaltung durchzusetzen.

Man kann sagen, daß die Ermittlung der Herstellungskosten fertiger und unfertiger Erzeugnisse nur dann einfacher gestaltet werden kann, wenn keine Zurechnung von
Kosten auf die Herstellungsleistung erfolgt [1].

bc) Die Anforderung 'Vergleichbarkeit'

Die Prüfung der Herstellungskosten nach dem Identitätsprinzip unter dem Vergleichbarkeitskriterium erstreckt
sich auf den Vergleich zwischen Beziehern von Gewinneinkünften - beispielhaft dargelegt anhand der Säge-
werk- und der Werzeugunternehmung - sowie auf den Vergleich zwischen den Beziehern von Gewinneinkünften und
den Beziehern von Oberschußeinkünften.

bca) Der Vergleich zwischen zwei Beziehern von Gewinn-
     einkünften

bcaa) Der Vergleich unter Zugrundelegung des Identi-
      tätsprinzips bei faktisch unterschiedlichen Ko-
      stenstrukturen

Zu vergleichen sind die prozentualen Anteile der nach
dem Identitätsprinzip im engen und im weiten Sinne ermittelten Bestandswerte, gemessen an dem Marktwert des
jeweiligen Stichtagsbestandes. Zu diesem Zweck sind die
bereits an anderer Stelle [2] ermittelten Zahlenangaben
in der Tabelle 11 zusammengefaßt.

---

1) ZOLLER (Kostenzurechnungsprinzip, KRP 1969, S. 161
   (165 f.)) glaubt, zu einem Nullwert nur durch die
   Kombination des Identitätsprinzips mit dem pagatorischen Kostenbegriff zu gelangen. Zoller übersieht,
   daß eine zweckgemäße Determinierung der Extensionskomponenten des wertmäßigen Kostenbegriffs zu dem
   gleichen Ergebnis führen kann.
2) Vgl. oben S.172 ff. in dieser Untersuchung.

Werte Unterneh- mung	Marktwert	Idp i.e.S.	%	Idp i.w.S.	%
Sägewerk	681 744	396 818	58,2	496 944	72,9
Werkzeug	1 066 699	390 320	36,6	593 613	55,6
Abweichung			21,4		17,3

Tabelle 11

Der Vergleich zeigt, daß - wie bereits bei der Darstellung der Kostenstrukturunteruntersuchungen des Statistischen Bundesamtes deutlich wurde - je nach Faktoreinsatz-
intensität bei Zugrundelegung des Identitätsprinzips die
Herstellungskosten sich nach dem Kriterium bemessen, ob
die Kosten der Bezugsgröße 'Herstellungsleistung' eindeutig zurechenbar sind oder nicht. Eine material-kostenin-
tensive Unternehmung wie das Sägewerk muß - in jedem Falle nach dem Identitätsprinzip im engen Sinne - gegenüber
einer lohn- oder kapitalkostenintensiven Unternehmung unterschiedlich behandelt sein, wenn der gleiche Marktwert
des Stichtagsbestandes unterstellt wird. Das ergibt sich
daraus, daß dieses Prinzip die einen Kostenarten ein-
schließt, die anderen ausschließen muß. Die Folge: Bei
gleichem Marktwert der Erzeugnisse, bei in der Höhe gleichen Gesamtkosten und daher gleichem kalkulatorischen Gewinn resultiert das unterschiedliche steuerpflichtige
Einkommen allein aus dem Umstand, daß die Faktoreinsatz-
intensitäten differieren. Im Fall der Beispielsunternehmungen beträgt der Unterschied der Herstellungskosten
nach dem Identitätsprinzip im engen Sinne im Vergleich
beider Unternehmungen 21,4 %. Bezieht man nach dem Identitätsprinzip im weiten Sinne die Lohnkosten in die Herstellungskosten ein, so wird damit zumindest zwischen
lohn- und materialkostenintensiven Unternehmungen ein
tendenzieller Ausgleich der Kostenstruktur herbeige-
führt. Dennoch bleibt im Vergleich der Beispielsunterneh-

mungen eine Abweichung von 17,3 % [1]. Die verbleibende
Differenz muß sich ex definitione auf die Kapitalkosten
sowie in dieser Untersuchung nicht erfaßte Kostenarten
erstrecken.

Der mögliche Einwand, diese Kritik am Identitätsprinzip
im engen und weiten Sinne bedeute ein "Gleichmachen" unterschiedlicher Kostenstrukturen, übersieht, daß auch in
dieser Untersuchung die typologischen Strukturmerkmale
industrieller Fertigungsbetriebe als faktisch unterschiedlich vorausgesetzt wurden [2]. Von einer Suche nach
absoluter Gleichheit kann nicht die Rede sein. Dies
folgt schon daraus, daß anderenfalls bei gleicher Ferti-

---

1) Vgl. auch die Kritik von BÖHLER/PAULICK, Einkommensteuer, § 6 Anm. 5, S. 13 a f.; Ludwig MÖLLER, Maßgeblichkeit, Diss. rer.pol., Köln 1967, S. 157; FRANK,
Ableitung, BB 1967, S. 177 (180); DIETZ, Normierung,
S. 100 f.; Gutachten 1971, Abschnitt V, TZ 129, S.
461. Dieter SCHNEIDER (Reform, StuW 1971, S. 326
(335 f.)) übergeht dieses Argument, obwohl es - wie
gezeigt wurde - von wesentlicher Bedeutung für die Beurteilung einer Gewinnermittlung ist, der gleiche
wirtschaftliche Tatbestände zugrunde gelegt werden.
Es sei wiederholt, daß die Kostenstrukturwerte, die
der Ermittlung der Herstellungskosten nach dem Identitätsprinzip für die Sägewerk- und die Werkzeugunternehmung ausgewählt wurden, mittlere - und nicht extre-
me - Abweichungsdifferenzen aufweisen. Das bedeutet,
daß bei Auswahl extrem lohn- und materialkosteninten-
siver Unternehmungen die aus der Erzeugnisbewertung
mit den Herstellungskosten nach dem Identitätsprinzip
resultierenden Ungleichheiten entsprechend größere
Abweichungsdifferenzen aufweisen müßten. Siehe dazu
in dieser Arbeit S. 166.
2) Dieser Einwand könnte von Betriebswirtschaftlern gemacht werden, die in Kostenrechnungskalkülen "richtige", innere Sachzusammenhänge widerspiegelnde Kosten-
werte suchen, daher die Zurechnung anderer als eindeutig bzw. direkt zurechenbarer Kosten auf Leistungen
ablehnen, daher zwangsläufig die aus unterschiedlichen
Kostenstrukturen resultierenden Ungleichheiten ohne
die Möglichkeit eines tendenziellen Ausgleichs akzeptieren müssen.

gungs- und Kostenstruktur eine Verletzung der Anforderung 'Vergleichbarkeit' bereits daraus resultierte, daß
eine Unternehmung im Vergleich zu einer anderen unterschiedlich teure Betriebsmittel oder Rohstoffe einkauft.
Der Begriff der Herstellungskosten nach dem Identitätsprinzip erfaßt unter dem Merkmal 'Eindeutigkeit' jedoch
allein das Gemeinsame der Herstellungskosten unterschiedlicher Unternehmungen, negiert implizit das Individuelle,
die betriebliche Eigenheit. Der Begriff verkörpert "eine
Fiktion, die ein identisches tertium comparationis von
der Fülle individueller Erscheinungen abstrahiert und als
wirkliche neue Individualität ausgibt" [1]. Bestimmt man
dieses Merkmal zum Vergleichskriterium, dann bedeutet
diese Entscheidung unmittelbar eine Entscheidung über
das Unwesentliche der unterschiedlichen Merkmale für die
Gleichsetzung der Vergleichsobjekte. Die Entscheidung
"enthält somit eine Aussage darüber, daß die Vergleichsobjekte insgesamt gesehen oder doch hinsichtlich der Besteuerung im wesentlichen gleich sind, sowie daß die Un-
terschiedlichkeit für den Vergleichszweck der Lastenauf-
lage unwesentlich sind" [2]. Herstellungskosten nach dem
Identitätsprinzip schließen jedoch zwangsläufig wesentliche Kostenstrukturunterschiede von einer Zurechnung
auf die Herstellungsleistung aus. Das Identitätsprinzip
also, das reale, erkennbare, greifbare Beziehungen zwischen Güterverbrauch und Leistungsentstehung wiederge-
ben soll, versagt sich in der Riebel'schen Form einem
Ausgleich der Unterschiede. Herstellungskosten, bei deren Ermittlung Materialkosten, Lohnkosten und Kapitalkosten als Eigenschaften zusammengefaßt sind, müssen
zwangsläufig geringere Ungleichheiten aufweisen als die
nach einem Merkmal vorgenommene Ermittlung der Herstellungskosten nach dem Identitätsprinzip. Es sei wiederholt: Nicht reale oder einen "valor-intrinsecus" verkör-

1) PRASS, Kontrollfähigkeit, StbJb 1955/56, S. 123 (142).
2) PRASS, Kontrollfähigkeit, StbJb 1955/56, S. 123
   (142 f.).

pernde, sondern zweckadäquate Herstellungskosten fertiger und unfertiger Erzeugnisse werden für die Steuerbilanz gesucht.

bcab) Der Versuch, die Ungleichheiten durch die Zurech-
      nung echter Gemeinkosten auf bestimmte Erzeugnis-
      arten oder Erzeugnisgruppen zu reduzieren

Der Block der echten Gemeinkosten zeichnet sich in der
Regel durch die Heterogenität seiner Zusammensetzung aus.
Es kann angenommen werden, daß die bei Anwendung des
Identitätsprinzips aufgezeigten Ungleichheiten bei der
Ermittlung der Herstellungskosten abgeschwächt werden,
indem die echten Gemeinkosten unter Ausnutzung ihrer unterschiedlich engen oder weiten Beziehung zu der Herstellungsleistung nach dem Kriterium ihrer Zurechenbarkeit
bestimmten Erzeugnisarten oder Erzeugnisgruppen zugeordnet werden.

Agthe [1] und Mellerowicz [2] differenzieren die echten
Gemeinkosten in Schichten, die sich nach der Erzeugnis-
nähe richten: Erzeugnis-Gemeinkosten, Erzeugnisgruppen-
Gemeinkosten, Kostenstellen-Gemeinkosten, Bereichs-Ge-
meinkosten und Unternehmens-Gemeinkosten.

Schwarz [3] und Munzel [4] vereinfachen diese Differenzierung der Bezugsbasen in Erzeugnis-Gemeinkosten, Erzeugnisgruppen-Gemeinkosten und Allgemeine Gemeinkosten. Eine
weitere Unterteilung ist ihres Erachtens in der Praxis
häufig nicht oder nur schwierig möglich. Fazit: Den Kostenstellen, die unter dem Gesichtspunkt ihrer Erzeugnisbezogenheit gebildet werden, werden die echten Gemein-

---

1) Vgl. AGTHE, System, ZfB 1959, S. 404 ff.; derselbe,
   Fixkostendeckung, ZfB 1959, S. 742 ff..
2) Vgl. MELLEROWICZ, Kalkulationsverfahren, S. 154 ff..
3) Vgl. SCHWARZ, Gesichtspunkte, NB 1962, S. 147 f.,
   169 ff.; derselbe, Kostenträgerrechnung, S. 45 ff..
4) Vgl. MUNZEL, Kosten, S. 80. Vgl. ferner WILLE, Direkt-

kosten so zugeordnet, daß dem Grundsatz der direkten Zurechenbarkeit der Kosten auf bestimmte Erzeugnisarten
oder Erzeugnisgruppen möglichst weitgehend Rechnung getragen wird [1].

Schwierigkeiten entstehen, wenn eine Erzeugnisart bzw.
eine Erzeugnisgruppe, der in einer erzeugnisnäheren
Schicht echte Gemeinkosten zuzurechnen wären, an mehr
als _einer_ Erzeugnisgruppe der nachfolgenden - erzeugnis-
ferneren - Schicht beteiligt ist, der echte Gemeinkosten
zuzurechnen sind: der Fall der sog. nicht-konvergieren-
den Gemeinkostenentstehung (Fixkostenentstehung) [2].
Zwei Beispiele: Für das Erzeugnis M aus der Gruppe MN
sind gemeinsam mit dem Erzeugnis O aus der Gruppe OP
Erzeugnisgruppen-Gemeinkosten zu bilden. Dem Erzeugnis
M sind außer den Gemeinkosten der Gruppe MN auch noch
Gemeinkosten des Erzeugnisses S aus der Kostenstelle II
und der Erzeugnisgruppe RST zuzurechnen.

Der Fall nicht-konvergierender Gemeinkostenentstehung
ist in der Realität die Regel: Unternehmungen mit einer
Vielzahl von Erzeugnissen, Teilerzeugnissen, Erzeugnisgruppen, deren Herstellung nicht in einer Kostenstelle
abgeschlossen wird, sondern im Fertigungsablauf unterschiedliche Bearbeitungsstufen in unterschiedlichen Kostenstellen beansprucht. Trifft dies zu, dann können

---

Fortsetzung FN 4 S. 190
kostenrechnung, ZfB 1959, S. 737 f.; SEICHT, Grenzkostenrechnung, ZfB 1963, S. 693 ff.; HENZEL, Vollkostenrechnung, ZfB 1967, S. 485 ff..
1) Vgl. MELLEROWICZ, Kalkulationsverfahren, S. 166.HEI-
NEN (Handelsbilanzen, S. 117 f.) will Erzeugnisgrup-
pen- und Kostenstellen-Gemeinkosten, nicht aber Allgemeine Gemeinkosten in die Herstellungskosten einbeziehen.
2) Vgl. PETEREK, Fixkostendeckungsrechnung, Diss. rer.
pol., TU Berlin 1967, S. 52 ff.; vgl. ferner MUHME,
Grenzprinzip, Diss. rer. pol., TU Berlin 1967, S.82 f..

nach Ansicht von Peterek [1] drei Lösungswege für die
Zurechnung echter Gemeinkosten begangen werden:

(1) Die echten Gemeinkosten werden anteilmäßig geschlüs-
    selt. Dieser Weg widerspräche dem Hauptprinzip des
    Identitätsprinzips.
(2) Die Kostenstellen werden derart gebildet, daß nur
    eine bestimmte Erzeugnisart oder Erzeugnisgruppe
    in ihnen hergestellt wird. Der Nachteil ist eine
    komplizierte Vielzahl von Kostenstellen.
(3) Die echten Gemeinkosten werden der Schicht zugerech-
    net, der sie ohne Schlüsselung zurechenbar sind.
    Der Nachteil ist, daß bestimmte Gruppengemeinkosten
    lediglich in einer erzeugnisferneren Schicht, u.
    U. nur als Allgemeine Gemeinkosten verrechnet wer-
    den können [2].

Es erscheint daher fraglich, ob die Ungleichheiten, die
aus der Anwendung des Identitätsprinzips im engen und
weiten Sinne resultieren , durch die Schichtenbildung
echter Gemeinkosten und ihrer Zurechnung auf bestimmte
Erzeugnisarten oder Erzeugnisgruppen reduziert werden
können: Die Bildung der Kostenstellen nach dem Prinzip
ihrer Erzeugnisbezogenheit ist nur in Grenzen möglich.
Die Zurechnung der echten Gemeinkosten nach dem Prinzip
der direkten Zurechenbarkeit ist bei nicht-konvergierender Gemeinkostenentstehung kaum objektivierbar, daher
kaum überprüfbar, in jedem Falle mit Verstößen gegen das

---

1) Vgl. PETEREK, Fixkostendeckungsrechnung, Diss. rer.
   pol., TU Berlin 1967, S. 54 ff..
2) Dieses Argument ist HUCH (Kalkulation, DB 1973, S.
   781 f.) entgegenzuhalten, der die Möglichkeit untersucht, die Fixkostendeckungsrechnung Agthes und Melle-
   rowiczs auch für Mehrproduktunternehmungen zur Vollkostenrechnung auszubauen.

Einfachheitskriterium verbunden [1]. Wenn in der Kostenträger-Stückrechnung die Zurechnung der echten Gemeinkosten auf die Herstellungsleistung nach dem Kosten-
tragfähigkeitsprinzip [2] oder nach dem Verhältnis der
sog. direkten Kosten [3] abgelehnt wird, die echten Gemeinkosten dagegen in dem Verhältnis den einzelnen Erzeugnissen zugerechnet werden, in dem die Erzeugnisse
die für die Erzeugnisgruppe zur Verfügung gestellte Kapazität genutzt haben [4], dann besteht im Vergleich zu
der Zurechnung nach dem Leistungsentsprechungsprinzip
kein grundlegender Unterschied mehr.

bcb) Der Vergleich der Bezieher von Gewinneinkünften
     und der Bezieher von Überschußeinkünften

Wie bereits bei der Einführung der Anforderung 'Vergleichbarkeit' als Auswahlkriterium dargetan [5], zielt
dieses Kriterium ab auf den Grundsatz der Gleichmäßigkeit der Besteuerung, d. h.: "Unterschiedslose Besteuerung gleicher steuerlicher Leistungsfähigkeit (gleich
erachteter wirtschaftlicher Tatbestände)", des Einkommens [6]. Es wurde darauf verwiesen, daß der wesentliche
Unterschied zwischen der Gewinnermittlung und der Über-
schußrechnung darin besteht, daß bei der Gewinnermittlung durch Vermögensvergleich Bewertungsentscheidungen

---

1) Vgl. FUNK, Bestandsbewertung, DB 1961, S. 1653
   (1653); SCHWARZ, Gesichtspunkte (2. Teil), NB 1962,
   S. 169 (169); vgl. auch BUSSMANN, Rechnungswesen, S.
   137; LONZ, Schwankungen, Diss. rer. pol., FU Berlin
   1969, S. 199 f.. Für den Fall, daß eine Gruppenbewertung fertiger und unfertiger Erzeugnisse steuerlich
   zulässig ist, kann - zumindest bei konvergierender
   Gemeinkostenentstehung - der Teil der echten Gemeinkosten der Erzeugnisgruppe zugerechnet werden, der
   für diese Gruppe identifizierbar ist; vgl. dazu auch
   MELLEROWICZ, Kalkulationsverfahren, S. 212 f..
2) Vgl. AGTHE, Fixkostendeckung, ZfB 1959, S. 742 (743);
   MELLEROWICZ, Kalkulationsverfahren, S. 179 f..
3) Vgl. PETEREK, Fixkostendeckungsrechnung, Diss. rer.
   pol., TU Berlin 1967, S. 144 ff..
4) Vgl. SONNEFELD, Mythos, ZfB 1962, S. 44 (52 ff.).
5) Vgl. oben S. 35 f. in dieser Untersuchung.
6) Dieter SCHNEIDER, Reform, StuW 1971, S. 326 (329).

anfallen, daß bei der Oberschußrechnung nur die Erträge
bedeutsam sind [1]. Trotz dieser unterschiedlichen Aus-
gangssituation gilt es im Hinblick auf das Vergleichbarkeitskriterium, Anhaltspunkte für eine sachverhalts-
gemäße Würdigung der Erzeugnisbewertung im Rahmen der
Gewinnermittlung im Vergleich zur Einkommensermittlung
der Oberschußrechnung zu finden, die eine Bewertung mit
den Herstellungskosten nach dem Identitätsprinzip positiv oder negativ beurteilen lassen.

Der Gewinn wird ermittelt durch den Vermögensvergleich
von 2 Stichtagen (Jahresanfang - Jahresende). Verfügt
eine Beispielsunternehmung zum Jahresanfang nur über
Barmittel, investiert sie diese Barmittel im Jahresab-
lauf in den Erwerb von Produktionsfaktoren zur Herstellung von Erzeugnissen, dann werden diese Mittel umge-
schichtet. Der in Einzelkosten und unechten Gemeinkosten bemessene Güterverbrauch der Produktionsfaktoren
ist eindeutig identifizierbarer Bestandteil der Herstellungsleistung geworden. Dieter Schneider spricht
von selbständig veräußerbaren Wirtschaftsgütern, bezieht die unechten Einzelkosten ein, da die Arbeits-
leistung, "die hinter den Fertigungslöhnen steht, ...
als selbständig erworbene Dienstleistung gedeutet werden" kann [2]. Der in echten Gemeinkosten bemessene Güterverbrauch der Produktionsfaktoren fungiert als Voraussetzung, als conditio sine qua non, ohne den die Herstellungsleistung nicht geplant, organisiert, realisiert
werden kann: Zeitgebundenes Leistungs- oder Nutzungspotential mit einer Nutzungsdauer, die größer oder kleiner
als die Herstellungsperiode oder gleich ist. Sieht man
an dieser Stelle von dem Zurechnungsproblem auf die Herstellungsperiode und die Herstellungsleistung ab - in
Anbetracht des Zwecks der Rechnung kann dies nicht das

1) Vgl. ROSE, Ertragsteuern, S. 41.
2) Dieter SCHNEIDER, Reform, StuW 1971, S. 326 (336).

entscheidende Kriterium sein -, dann ist durch die Tatsache der Voraussetzung dieser Produktionsfaktoren für die Herstellungsleistung die Leistungsverbundenheit gegeben [1]. Das nicht über den Zeitablauf hinweg speicherbare Nutzungspotential der Produktionsfaktoren wird in dem Stichtagsbestand an unfertigen und fertigen Erzeugnissen k o n s e r v i e r t , und zwar in dem Maße, in dem das zeitgebundene Nutzungspotential für die Leistungserstellung tatsächlich genutzt wird (Konservierungstheorie) [2]. Die Herstellungsleistung stellt sich demnach als Resultat der Verwertung stück- und zeitverbundener Produktionsfaktoren dar.

Unter der Bedingung, daß die am Markt erzielbaren Verkaufspreise die Erzeugniskosten bei Einbeziehung anteiliger echter Gemeinkosten übersteigen, führt die Erzeugnisbewertung mit den Herstellungskosten nach dem Identitätsprinzip im Vergleich zum Vollkostenansatz zu einer Gewinnreduktion in Höhe des gesamten zeitverbundenen Güterverbrauchs, der echten Gemeinkosten unter Ausschluß der unechten Einzelkosten, wenn das Identitätsprinzip im weiten Sinne zugrunde gelegt wird. Dieser zeitverbundene Güterverbrauch wird bei der Zurechnung der Kosten auf die Herstellungsleistung nach dem Identitätsprinzip allein den Erzeugnissen angelastet, die während der Herstellungsperiode am Markt veräußert werden [3]. Die Gewinnreduktion bedeutet

----

1) Vgl. den ausdrücklichen Hinweis im Forschungsbericht der N.A.C.A., Costing, S. 49; vgl. auch Gutachten 1971, Abschnitt V, TZ 126, S. 460; BANGE, Herstellungskosten, Diss. rer. pol., Würzburg 1970, S. 90 f..
2) Diese Konservierungstheorie wird erstmals von BÖRNER (Costing, Diss. rer. pol., München 1961, S. 162 ff.) vertreten. Sie findet sich wieder bei BECK, Beschäftigungsschwankungen, Diss. rer. pol., München 1966, S. 94; MEFFERT, Kosteninformationen, S. 182; NETH, Herstellungskosten, S. 62; MUNZEL, Kosten, S. 61 f.. Ohne irgendeine Begründung wird die nach der Konservierungstheorie mögliche Zurechnung echter Gemeinkosten auf die Erzeugnisse abgelehnt von MÄNNEL, Vollkostenrechnung, ZfB 1967, S. 759 (778).
3) Vgl. MEFFERT, Kosteninformationen, S. 182.

finanzwirtschaftlich einen Steuerkredit, erfolgswirt-
schaftlich eine Aufwandsreduktion in Höhe der ersparten
Zinsen für einen alternativen Bankkredit - in dieser
Höhe der Zinsersparnis indessen eine Gewinnerhöhung und
implizit eine höhere Steuerbelastung -. Dieser Steuerkredit hat den Charakter eines Dauerkredits, wenn der
Absatz der Periode in der auf die Produktion folgenden
Periode nicht zu einer Reduktion des Erzeugnisbestandes
führt. Das ist der Fall, wenn die Produktion der folgenden Periode gleich oder größer als der Absatz der
Erzeugnisse in dieser Periode ist. Erst wenn der Absatz
größer ist als der Zuwachs des Erzeugnisbestandes, reduziert sich der Steuerkredit in Höhe der auf die Be-
standsreduktion entfallenden anteiligen echten Gemeinkosten bis zu seiner Auflösung [1] [2]. Eine tatsächliche

---

1) Die Untersuchung der finanz- und erfolgswirksamen Beziehungen zwischen Erzeugnisbestand, Produktion und
Absatz zeigt beim Vergleich von Teilkostenkalkulation
und Vollkostenkalkulation im Ablauf einer oder mehrerer Perioden, daß dann, wenn der Produktionszuwachs
größer ist als der Absatz der Erzeugnisse, der Erfolg
bei Anwendung der Teilkostenkalkulation niedriger ist
als bei der Vollkostenkalkulation, der Steuerkredit
demnach größer. Wenn der Produktionszuwachs kleiner
ist als der Absatz der Erzeugnisse, dann zeigt sich
das umgekehrte Bild. Wenn die Produktion von Periode
zu Periode konstant ist, der Absatz jedoch variabel,
wenn ferner der Regelfall gegeben ist, daß der Stück-
deckungsbeitrag eines Erzeugnisses positiv ist, dann
resultieren aus der Anwendung der Teilkostenkalkulation größere Erfolgsschwankungen als bei der Vollkostenkalkulation. Die Aussagen zur Vollkostenkalkulation beziehen sich auf die Basis der Norm-Kapazitätsausnutzung. Die Aussage von LUTZ (Herstellungsaufwand, DB 1971, S. 253 (255)), die Teilkostenkalkulation führe zu höheren Steuereinnahmen, sei daher unter der fiskalischen Zielsetzung der Finanzverwaltung
von dieser zu bejahen, gilt demnach nur dann, wenn
der Absatz der Erzeugnisse nicht durch einen entsprechenden Produktionszuwachs kompensiert wird.
2) Vgl. dazu bereits HENZEL, Bilanzierung, ZfB 1931, S.
401 (406 ff.); RUTH/SCHMALTZ, Bilanz, S. 33 f.; schon
mit Beispielen für die Bildung und Auflösung des mit
der Teilkostenkalkulation verbundenen Steuerkredits
ECKSTEIN, Einführung, S. 41 ff.; KOHN, Bewertung, WPg

Steuerminderung oder eine Steuererhöhung findet statt,
wenn die aus der Erzeugnisbewertung mit den Herstellungskosten nach dem Identitätsprinzip induzierten Ge-
winnverlagerungen die steuerliche Bemessungsgrundlage
in unterschiedliche Zonen des progressiven Einkommen-
steuertarifs führen oder gesetzliche Steuersatzänderungen
eintreten.

Die Frage, ob solche Gestaltungsmöglichkeiten als eine
Verletzung des Gleichheitssatzes zu werten sind, ist zu
bejahen. Neth kommt in seiner Untersuchung der   b i -
l a n z p o l i t i s c h e n   Vorziehenswürdigkeit alternativ ermittelter Herstellungskosten bezüglich der
Teilkosten - hier der Herstellungskosten nach dem Identitätsprinzip - zu dem Ergebnis, ihr Ansatz bei der Erzeugnisbewertung "würde wesentlich zur Minimierung des
in der Steuerbilanz der Produktionsperiode auszuweisen-
den Gewinns beitragen und damit dem Ziel der   S t e u -
e r b i l a n z p o l i t i k   dienen" [1]. Der Gleichheitssatz jedoch "gebietet, daß Tatbestände vom Gesetz

---

Fortsetzung FN 2 S. 196
1953, S. 227 ff.; HARRMANN, Bewertung,BFuP 1962, S.
32 (41 f.); KILGER, Erfolgsrechnung, S. 63 ff.;
LEFFSON, Grundsätze, S. 164 ff.; HAHN, Kostenrechnung, NB 1965, S. 8 (9 f.); vor allem HUMMEL, Lagerbestandsveränderungen, ZfbF 1969, S. 155 (162 ff.);
NETH, Herstellungskosten, S. 83; ausführlich auch
WEBER, Kosten, S. 61 ff.; BLUME, Auswirkungen, DB
1972, S. 2073 ff.; PÜCKLER, Bestandsbewertung, DB
1973, S. 632 ff..
1) NETH, Herstellungskosten, S. 83 f.. Vgl. auch WEBER,
Kosten, S. 77 (Hinweis auf das Vorsichtsprinzip).
Unter diesem Gesichtspunkt ist die entschiedene Ab-
lehnung der Teilkostenrechnung durch eine Reihe von
Autoren zu verstehen, so z. B. durch DÖLLERER, Rech-
nungslegung, BB 1965, S. 1405 (1412 f.); derselbe,
Anschaffungskosten, BB 1966, S. 1405 (1407 ff.);
FRANK, Ableitung, BB 1967, S. 177 (180 f.); KLUGE,
Maßgeblichkeitsprinzip, Diss. rer. pol., FU Berlin
1969, S. 179 ff.; DIETZ, Normierung, S. 100.

aus gleich zu behandeln sind, die ungleich zu behandeln
Willkür bedeuten würde. Willkürlich aber ist eine verschiedene Behandlung, für die sich ein ... aus der Natur der Sache ergebender ... Grund nicht finden läßt"[1].
Da das Ergebnis der Erzeugnisbewertung mit den Herstellungskosten nach dem Identitätsprinzip unter den genannten Bedingungen ein Steuerkredit ist, der - wie oben gezeigt wurde [2] - den Beziehern von Überschußeinkünften
im allgemeinen versagt ist, kann von "gleichem wirtschaftlichen Tatbestand" oder aus dem Sachverhalt zwingend folgender Aufwandsrealisation des zeitverbundenen
Güterverbrauchs in der Herstellungsperiode nicht gesprochen werden [3]. Dieter Schneider dagegen, der den
Grundsatz unterschiedsloser Besteuerung gleicher steuerlicher Leistungsfähigkeit zum Axiom seiner Bilan-
zierungs- und Bewertungsregeln macht, deduziert sachlogisch aus den von ihm unterstellten Grundannahmen [4],

---

1) PRASS, Kontrollfähigkeit, StbJb 1955/56, S. 123 (165).
2) Vgl. oben S. 33 f. in dieser Untersuchung.
3) Vgl. zu diesem Ergebnis bereits Urteil RFH I A 321/26
   v. 12. 4. 1927, AS Bd. 21 S. 105 (106 f.); CARIUS,
   Herstellungskosten, Steuer-Warte 1939, S. 313 (315);
   ROHRER, Herstellungskosten, DB 1958, S. 1 (1); WÖHE,
   Steuerlehre, Bd. I, S. 403, 406; DIETZ, Normierung,
   S. 99 f..
4) Dieter SCHNEIDER (Thesen, DB 1970, S. 1697 ff.; derselbe, Reform, StuW 1971, S. 326 ff.) will den Rein-
   vermögenszugang eines Jahres ermitteln, in eindeutig
   nachprüfbarer Weise mit Hilfe der Grundannahmen 'Einzelbewertung'/'Realisationsprinzip'. Seine aus einem
   "statischen Wirtschaftsgutsbegriff" begründete Empfehlung, Herstellungskosten nur in dem Umfang zu bemessen, wie in ein Erzeugnis selbständige Wirtschaftsgüter eingegangen sind, steht notwendig in einem Gegensatz zum Grundsatz dynamischer Periodenabgrenzung
   von Aufwendungen und Erträgen, steht ferner im Gegensatz zur Anforderung vergleichbarer Einkommensermittlung, auf die jedoch Schneider zugunsten einer eindeutig nachprüfbaren Einkommensermittlung verzichtet.

die Erzeugnisse mit den Herstellungskosten nach dem
Identitätsprinzip im weiten Sinne zu bewerten. Sein
Ziel, den Gleichheitssatz durch Angleichung des Systems
der Einkommensermittlung der Gewinnermittler an das der
Bezieher von Überschußeinkünften zu verwirklichen, ver-
kehrt sich bezüglich der Erzeugnisbewertung faktisch in
das Gegenteil.

Das Ergebnis: Die Bewertung der Erzeugnisse mit den Herstellungskosten nach dem Identitätsprinzip im engen Sinne und/oder im weiten Sinne entspricht bezüglich der Anforderung 'Vergleichbarkeit' nicht dem Zweck der Steuerbilanz. Dies gilt sowohl für den Vergleich zwischen Beziehern von Gewinneinkünften als auch für den Vergleich
zwischen Beziehern von Gewinneinkünften und Überschußeinkünften. Das bedeutet, daß den Erzeugnissen anteilige
echte Gemeinkosten zuzurechnen sind [1]. Ob sich diese
Zurechnung mit Hilfe des Leistungsentsprechungsprinzips,
das in aller Regel der Vollkostenkalkulation zugrundegelegt wird, zweckgemäß verwirklichen läßt, muß im folgenden geprüft werden.

II. Herstellungskosten nach dem Leistungsentsprechungsprinzip

1. Ein Beispiel für die Erzeugniskalkulation nach dem
   Leistungsentsprechungsprinzip

Der einzelnen Herstellungsleistung sollen nach dem Leistungsentsprechungsprinzip rechnungsorganisatorisch direkt erfaßbare Gesamtkostenanteile - Kostenträger-Einzelkosten - und direkt erfaßbare Gesamtkostenanteile - Kostenträger-Gemeinkosten - zugerechnet werden [2]. Kern-

---

1) Vgl. auch STRUTZ, Generalunkosten, DStBl 1924, Sp.
   103 (106 f.).
2) Vgl. oben S. 120 f., S.154 f. in dieser Untersuchung.

problem ist die Annahme leistungsentsprechender Gemeinkostenanteile durch mengen- und/oder wertbezogene
Schlüsselgrößen. Versteht man die indirekt erfaßten Gemeinkosten entsprechend der Unterteilung Riebels als
unechte Gemeinkosten und echte Gemeinkosten, dann wird
bei Vorhandensein eindeutiger Korrelationen zwischen
der Kostenhöhe und der Leistungsmenge die Identifika-
tion leistungsentsprechender unechter Gemeinkosten allgemein akzeptiert.

Als ein von vornherein nicht behebbarer Mangel wird dagegen die leistungsentsprechende Erfassung echter Gemeinkosten gewertet: Die Zurechnung variabler echter Gemeinkosten wird abgelehnt, weil eine Gesamtheit von
wirksamen Kosteneinflußgrößen die Kostengröße ausmache,
die Kosteneinflußgröße 'Kapazitätsausnutzung' bei den
Gemeinkosten in der Regel aber nicht isolierbar sei [1].
Die Zurechnung fixer echter Gemeinkosten wird aus Gründen der Logik abgelehnt, weil diese Kosten zumindest in
Grenzen unabhängig von der Menge der Leistungseinheiten
seien. Die Dimension dieser Kosten sei nicht auf die
einzelne Herstellungsleistung bezogen - DM pro Stück -,
sondern auf die Leistungsgesamtheit eines Zeitabschnitts
- DM pro Zeitabschnitt - [2].

---

1) Vgl. oben S. 114 ff. in dieser Untersuchung.
2) Vgl. SCHWARZ, Gesichtspunkte, NB 1962, S. 145
   (145); KÖHLER, Vollkosten-Trägerrechnung, NB 1964,
   S. 43 ff.; RIEBEL, Mängel, ZdB 1964, S. 5 ff.; vgl.
   im übrigen die Kritik der Befürworter einer Teilkostenkalkulation an der Vollkostenkalkulation, S.
   175 f. FN 1 in dieser Untersuchung.

Demgegenüber vertreten die Vertreter des Leistungsentsprechungsprinzips die Auffassung, ggf. durch Rückgriff
auf ausgewählte Schlüsselgrößen den Nachweis leistungsentsprechender Beziehungen zwischen den Leistungseinheiten bzw. ihren Schlüsselgrößen und den echten Gemeinkosten führen zu können. Die fixen echten Gemeinkosten sollen entsprechend der Inanspruchnahme des Nutzungs- oder
Leistungspotentials auf die Herstellungsleistung verteilt
werden.

Die Möglichkeit einer sachlogischen Bildung leistungsentsprechender Gemeinkostenanteile der einzelnen Herstellungsleistung beruht grundsätzlich auf folgenden Voraussetzungen:

(1) Für den Fall der Kongruenz der Herstellungsperiode
    und der Periode, für die echte Gemeinkosten direkt
    erfaßt werden - Perioden-Einzelkosten -, muß der lei-
    stungsentsprechende Gemeinkostenanteil der einzelnen
    Herstellungsleistung ermittelt werden können.

(2) Für den Fall der Inkongruenz beider Perioden - Pe-
    rioden-Gemeinkosten - muß zunächst der Gemeinkosten-
    anteil der Herstellungsperiode (z. B. bei Abschrei-
    bungen, Forschungs- und Entwicklungskosten, Rückstel-
    lungen) ermittelt werden, sodann der Kostenanteil der
    einzelnen Herstellungsleistung. Dies setzt die Schät-
    zung der Leistungsgesamtheit aller Herstellungsperio-
    den, des Leistungsanteils der Herstellungsperiode an
    der Leistungsgesamtheit, der Nutzungsdauer von Inve-
    stitionen und des Nutzungsanteils der Herstellungs-
    periode - auch im Falle vertraglich festgelegter Bin-
    dungsdauern - voraus [1].

(3) Der leistungsentsprechende Gemeinkostenanteil der ein-
    zelnen Herstellungsleistung muß in der Regel auf fol-
    genden Verrechnungsstufen ermittelt werden:

_____

1) Vgl. dazu RIEBEL, Deckungsbeitragsrechnung, S. 67
   (71 ff.).

- Verrechnung der Kostenarten auf die Kostenstellen,
- Verrechnung der Kosten der innerbetrieblichen Leistungen,
- Verrechnung der Kosten der allgemeinen Kostenstellen und Hilfskostenstellen auf die Hauptkostenstellen,
- Verrechnung der Gemeinkosten auf den Kostenträger, die einzelne Herstellungsleistung [1].

Im Beispiel der Erzeugniskalkulation nach dem Leistungsentsprechungsprinzip, abgebildet in der Tabelle 12 [2], ist unterstellt, die Bildung leistungsentsprechender Gemeinkostenanteile sei voraussetzungsgemäß realisierbar. Die - beispielhaft - aus den Zahlenangaben der Werkzeugunternehmung errechneten Erzeugniswerte [3] sind im Hinblick auf die Grundannahmen und Anforderungen der Einkommensbesteuerung zu verwerten.

2. Wertung der Erzeugniskalkulation nach dem Leistungsentsprechungsprinzip

a) Wertung und Grundannahmen

Durch die Einbeziehung anteiliger, leistungsentsprechender Gemeinkosten in die Herstellungskosten fertiger und unfertiger Erzeugnisse wird implizit ein größerer Teil der Aufwendungen auf der Aufwandsseite der Gewinn- und Verlustrechnung "neutralisiert". Der Grundsatz der Abgrenzung der Sache und der Zeit nach erhält einen anderen Inhalt, da im Gegensatz zur Teilkostenkalkulation nach dem Identitätsprinzip auch anteilige echte Gemeinkosten entsprechend der Inanspruchnahme des Nutzungs-

---

1) Vgl. dazu SCHÖNFELD, Kostenrechnung I, S. 57 ff..
2) Siehe Tabelle 12 im Anhang dieser Untersuchung S.442.
3) Vgl. oben S. 168 ff. in dieser Untersuchung.

oder Leistungspotentials der einzelnen Herstellungsleistung bzw. dem Herstellungsertrag zugerechnet werden. Unter den Bedingungen einer solchen Zurechnung ist die
Wahrscheinlichkeit größer, daß - in Umkehrung der Aussage
Layers im Zusammenhang mit der Wertung der Herstellungskosten nach dem Identitätsprinzip [1] - ein Fallen des
Marktwertes des Erzeugnisbestandes unter die Herstellungskosten nach dem Leistungsentsprechungsprinzip die Anwendung des Imparitätsprinzips nach sich zieht [2]. Das Realisationsprinzip läßt eine Erzeugnisbewertung mit den Herstellungskosten nach dem Leistungsentsprechungsprinzip
solange zu, wie die voraussichtlichen, aufwandverminderten Verkaufspreise gleich hoch mit den oder höher als
die Herstellungskosten liegen [3]. Die Hypothese, daß auch
diese Annahme in der Realität die Regel ist, hat eine hohe Wahrscheinlichkeit [4]. Neth sieht keinen Konflikt mit
dem Realisationsprinzip: "Den Bestandserhöhungen stehen
die auf sie entfallenden Aufwendungen gegenüber, ein ver-
teilungsfähiger Gewinn und damit die Gefahr des Substanz-
entzugs resultiert daraus nicht" [5].

1) Vgl. oben FN 1 S. 182 in dieser Untersuchung.
2) Vgl. Urteil RFH III 74/39 v. 4. 6. 1940, AS Bd. 48 S.
   330 (333); WUTH, Fertigungsgemeinkosten, Industrie und
   Steuer 1941, Teil I, S. 158 ff.; RATH, Beziehungen,
   BlStA 1958, S. 305 (306 f.); SCHÜNNENBECK, Abhängigkeit, DB 1963, S. 1616 ff.; BEISSNER, KRP 1963, S. 207
   ff.; vor allem SCHÖRNER, Niederstwertprinzip, Diss.
   rer. pol., Köln 1963, S. 93 ff.; GOLDENAGEL, Bilanzierung, Diss. rer. pol., Köln 1964, S. 291 ff..
3) Vgl. bereits CALMES, Halbfabrikate, Zeitschrift für
   Handelswissenschaft und Handelspraxis 1908/9, S. 424
   (425 f.). Vgl. ferner JONASCH, Herstellungskosten, S.
   76 f.; DIETZ, Normierung, S. 100; KLUGE, Maßgeblichkeitsprinzip, Diss. rer. pol., FU Berlin 1969, S.
   179 f..
4) Urteil RFH I A 321/26 v. 12. 4. 1927, AS Bd. 21 S.
   105 (107); VEIEL, Herstellungskosten, S. 8.
5) NETH, Herstellungskosten, S. 52. Neth macht diese Aussage, nachdem er vorher auf den begrifflichen Unterschied des sog. unrealisierten Stückgewinns (d. h. unter Einbeziehung anteiliger echter Gemeinkosten) und
   des unrealisierten Deckungsbeitrags (d. h. ohne anteilige echte Gemeinkosten) aufmerksam gemacht hat. Vgl.
   auch das Gutachten 1971, Abschnitt V, TZ 128, S. 461.

Das Ergebnis: Wenn die Verkaufspreise nicht unter die
Herstellungskosten nach dem Leistungsentsprechungsprinzip fallen, kann von einer Aktivierung unrealisierter
positiver Erfolgsbeiträge und einem Verstoß gegen das
Realisationsprinzip nicht gesprochen werden. Eine Ausnahme könnte nur darin gesehen werden, daß der Bewerten-
de die Ermittlung des Gemeinkostenanteils der einzelnen
Herstellungsleistung durch die Wahl der Schlüsselgrößen
manipuliert mit der Folge, daß entgegen den Ermittlungs-
regeln des Leistungsentsprechungsprinzips der einzelnen
Herstellungsleistung ein nicht "leistungsentsprechender
Gemeinkostenanteil" zugerechnet wird. Dieses Problem
wird im Zusammenhang mit der Anforderung "Nachprüfbarkeit" zu prüfen sein. Fallen der Börsen- oder Marktpreis
am Bilanzstichtag oder der den Gegenständen "beizulegende" Wert - die Teilwertwiderlegung, nach dem Prinzip der
verlustfreien Bewertung oder auch unter Einbeziehung
eines Gewinnabschlages ermittelt - oder die Wiederherstellungskosten unter die Herstellungskosten nach dem
Leistungsentsprechungsprinzip, dann zwingt ein solcher
Sachverhalt nach dem Imparitätsprinzip zur Bewertung der
Herstellungsleistung auf den niedrigeren Wert. Auf diese
Art wird der unrealisierte, negative Erfolgsbeitrag der
Herstellungsperiode angelastet [1]. Eine nähere Konkretisierung lassen die Grundannahmen 'Realisationsprinzip'
und 'Imparitätsprinzip' bei der Wertung der Erzeugniskalkulation nach dem Leistungsentsprechungsprinzip nicht
zu: Sie stehen einer Bewertung der Erzeugnisse mit diesen Herstellungskosten nicht im Wege.

b) Wertung und Anforderungen

ba) Die Anforderung 'Nachprüfbarkeit'

Wie bereits oben gesagt, liegt das Kernproblem der Ermittlung leistungsentsprechender Gemeinkostenanteile in

---

1) Vgl. oben S. 181 f. in dieser Untersuchung. Vgl. auch
   ADLER/DÖRING/SCHMALTZ, Rechnungslegung, Bd. 1 § 155,
   TZ 163 ff., 179 ff..

der Verteilung echter Gemeinkosten mit Hilfe von Schlüsselgrößen oder Bezugsgrößen. Herstellungskosten nach dem Leistungsentsprechungsprinzip können der Erzeugnisbewertung in der Steuerbilanz nur unter der Bedingung zugrunde gelegt werden, daß die Erfaßbarkeit echter Gemeinkosten für die einzelne Herstellungsleistung keine willkürlichen Manipulationsmöglichkeiten bietet. Für solche Manipulationsmöglichkeiten scheint die anteilige, leistungsentsprechende Gemeinkostenverteilung jedoch Raum zu geben [1], und zwar aus folgenden Gründen.

Investitionen materieller oder immaterieller Art, deren Nutzungsdauer als vorläufig unbestimmt oder noch offen gekennzeichnet werden muß, sowie Verträge mit offenen oder festliegenden Kündigungsfristen, deren Bindungsdauern sich über die Herstellungsperiode hinaus erstrecken, verkörpern längerfristige Nutzungs- oder Leistungspotentiale [2]. Angesichts dieser Gegebenheit muß auch die mit diesem Leistungspotential herstellbare Leistungsgesamtheit teilweise unbestimmt oder offen sein, demnach auch der Leistungsanteil der betrachteten Herstellungsperiode an der Leistungsgesamtheit. Jede Annahme über Kosten, die für die betrachtete Herstellungsperiode als Bezugsgröße nicht direkt erfaßbar sind - die Annahme leistungsentsprechender Perioden-Gemeinkosten - ist erwartungsabhängig, daher zwangsläufig subjektiv [3]. Betrachtet man das Beispiel der Abschreibung längerfristig nutzbarer Wirtschaftsgüter, so muß das mit einem vergleichbaren Ergebnis abschließende Urteil eines sachverständigen Dritten angesichts der Komplexität technischer und wirtschaftlicher Wertminderungsfaktoren als

---

1) Vgl. dazu bereits ENDERS, Materialkosten, Diss. rer. pol., Frankfurt a. M. 1928, S. 9 ff.; KIESSLING, Genauigkeit, Diss. rer. oec., Leipzig 1938, S. 35 ff.; HENZEL, Erfassung, S. 245 ff..
2) Vgl. RIEBEL, Deckungsbeitragsrechnung, S. 67 (73 ff.).
3) Vgl. auch Urteil RFH VI A 1789/29 v. 6. 2. 1930, RStBl 1930 S. 346 (347). KOCH (Stückkostenrechnung,

mehr oder weniger zufällig gewertet werden [1]. Kosten,
die den Herstellungsleistungen der einzelnen Herstellungsperioden nicht nachprüfbar zugerechnet werden können, lassen sich noch viel weniger der einzelnen Herstellungsleistung bedingungsgemäß zurechnen.

Wenn unterstellt wird, der Anteil der Leistungsmenge der
Herstellungsperiode an der Leistungsgesamtheit des Nut-
zungs- oder Leistungspotentials könne bedingungsgemäß
erfaßt werden, dann gilt es, die Perioden-Einzelkosten
und Perioden-Gemeinkosten als gemeinsame echte Gemeinkosten der einzelnen Herstellungsleistung nach dem "Prinzip der Gemeinkostenanteilsgleichheit" rechnerisch zuzu-
teilen: Gleichbeschaffenen (größengleichen) Herstellungsleistungen sollen auch anteilsgleiche Gemeinkosten zugerechnet werden [2].

Während eine nach diesem Prinzip praktizierte Kostenzurechnung für eine Einproduktunternehmung akzeptiert
wird, erscheint zumindest der Anspruch der Ermittlung
"leistungsentsprechender" Gemeinkostenanteile für eine
mehrstufige Einproduktunternehmung mit uneinheitlicher
stufenweiser Ausbringung oder für eine in der Realität
die Regel darstellende Mehrproduktunternehmung kaum
haltbar [3]. Der zu ermittelnde Gemeinkostenanteil basiert auf der Errechnung der Schlüsseleinheitskosten,
diese auf der Auswahl einfacher oder kombinierter Schlüsselgrößen. Auswahlkriterium für die Entscheidung über die
Schlüsselgröße ist das Prinzip der minimalen Gemeinkostenstreuung, nach dem mit Hilfe von Korrelationsdiagram-

---

Fortsetzung FN 3 S. 205
ZfB 1965, S. 325 (331)) umgeht dieses Problem durch
die Annahme des "homo oeconomikus" und die Möglichkeit "exakter, detaillierter Prognosen".
1) Vgl. dazu Dieter SCHNEIDER, Nutzungsdauer, S. 33 ff..
2) Vgl. KOCH, Stückkostenrechnung, ZfB 1965, S. 325(333).
3) Vgl. RIEBEL, Kosten, S. 17.

men die Schlüsselgröße gewählt wird, "bei der das Ausmaß der Gemeinkostenstreuung am geringsten ist" [1].

Ist das Eindeutigkeitskriterium des Identitätsprinzips erfüllt, so wird dieses Prinzip der minimalen Streuung zwischen Kostenhöhe und Herstellungsleistung bzw. Schlüsselgröße für die Zurechnung der zwar indirekt erfaßten, aber eindeutig zurechenbaren unechten Gemeinkosten akzeptiert [2]. Ist das Eindeutigkeitskriterium nicht erfüllt, so wird die Zurechnung variabler und fixer echter Gemeinkosten nach dem Leistungsentsprechungsprinzip unter folgenden Bedingungen vorgenommen: Wenn die einzelne Herstellungsleistung "bei der betreffenden Periodensumme von Schlüsseleinheiten unter gegebenen Kalkulationsbedingungen stets den gleichen Gemeinkostenbetrag zugeteilt bekäme", dann wäre die Gemeinkostenverrechnung eindeutig [3]. Für das Beispiel der Mehrproduktunternehmung würde dies bedeuten, daß "die formale Transformation der realen heterogenen Leistungseinheiten in das fiktive Generalprodukt" qualitative Erzeugnisunterschiede übersehen würde, daß jedenfalls Unterschiede nur in dem Maße hingenommen würden, "als die realen Leistungseinheiten verschieden große Mengen der Einheit des Generalprodukts repräsentieren" würden [4]. Koch ermittelt die Gemeinkostenanteile für eine bestimmte Periodensumme von Schlüsseleinheiten unter konstanten Kalkulationsbedingungen - jedoch bei Variation der Mengenrelationen zwischen den unterschiedlichen Erzeugnisarten -. Das bedeutet, daß die Gemeinkostenanteile durch die Menge der Leistungseinheiten bzw. der Schlüsseleinheiten beeinflußt werden, daß sie aber - ceteris paribus - durch die variierbaren

1) KOCH, Gemeinkostenverteilungsschlüssel, ZfbF 1965, S. 169 (188).
2) Vgl. RIEBEL, Fragwürdigkeit, S. 49 (52); derselbe, Kosten, S. 59; anderer Auffassung DIETZ, Normierung, S. 100.
3) KOCH, Gemeinkostenverteilungsschlüssel, ZfbF 1965, S. 169 (187).
4) KOCH, Gemeinkostenverteilungsschlüssel, ZfbF 1965, S. 169 (187 f.).

Mengenrelationen nicht eindeutig bestimmt werden können [1]. Das in der Literatur genannte Postulat der Ein-
flußbezogenheit der Schlüsselgröße [2] wird demnach auf
die Ausbringungsmenge und ihre Mengenrelationen beschränkt. Während in der betriebswirtschaftlichen Kostenlehre seit Rummel in Anbetracht unterstellt linearer
Beziehungen zwischen Kosten und Leistungsmenge für die
Verrechnung variabler echter Gemeinkosten empfohlen wird,
solche Schlüsselgrößen zu suchen, denen gegenüber die
Gemeinkosten sich proportional verhalten - Proportionalitätsprinzip - [3], bestimmt Koch das Verhältnis zwischen dem maximalen und dem minimalen Gemeinkostenbetrag
zum Kriterium für die Wahl der Schlüsselgröße [4]. Das
Prinzip minimaler Gemeinkostenstreuung bietet den Vorzug,
keine mathematisch linearen oder proportionalen Beziehungen widergeben zu sollen, die nicht oder nur in Ausnahmefällen existieren [5]. Das Prinzip hat den Nachteil, den

---

1) Vgl. KOCH, Gemeinkostenverteilungsschlüssel, ZfbF
   1965, S. 169 (188).
2) Vgl. BRÖMER, Fertigungslohn, Diss. rer. pol., TU Berlin 1957, S. 181 ff.; JACOBS, Grundlage, Diss. rer.
   pol., TH Aachen 1966, S. 128 f..
3) Vgl. RUMMEL, Kosten, Archiv für das Eisenhüttenwesen
   1936/37, S. 419 (432 f.); derselbe, Kostenrechnung,
   S. 12 ff.; HEINEN, Zuschlagskalkulation, ZfhF 1958,
   S. 1 (3 ff.); KOSIOL, Kostenrechnung, S. 177; MUNZEL,
   Kosten, S. 49 f.. Die drei letztgenannten Autoren
   verneinen jedoch nicht die Existenz häufig nicht pro-
   portionaler Beziehungen.
4) Vgl. KOCH, Gemeinkostenverteilungsschlüssel, ZfbF
   1965, S. 169 (189). Zu den Erscheinungsformen möglicher Schlüsselgrößen vgl. bereits HENZEL, Erfassung,
   S. 108 ff.. Zur Gemeinkostenzurechnung mit Hilfe
   wahrscheinlichkeitsstatistischer Methoden vgl. auch
   FRAAS, Grundlagen, S. 41 ff..
5) Vgl. vor allem SCHÖNNENBECK, Kostenrechnung, Diss.
   rer. pol., Köln 1950, S. 140 ff.; BRÖMER, Fertigungslohn, Diss. rer. pol., TU Berlin 1957, S. 176 ff.;
   KOSIOL, Kostenrechnung, S. 179; MEFFERT, Kosteninformationen, S. 195 ff.; anderer Auffassung JACOBS,
   Grundlage, Diss. rer. pol., TH Aachen 1966, S. 132
   ff.; HABERBECK, KRP 1970, S. 17 ff..

Funktionalzusammenhang zwischen Kostenhöhe und Kosteneinflußgrößen im wesentlichen auf eine Kosteneinflußgröße beschränken zu müssen. Wenn die Periodenmenge der Schlüsseleinheiten für die Verrechnung variabler echter Gemeinkosten auf die Herstellungsleistung direkt über die Menge der Leistungseinheiten oder über eine ausgewählte Schlüsselgröße (z. B. die Fertigungszeit, das Materialgewicht, die Materialkosten etc.) gemessen wird, so bedeutet dies, daß die ermittelten "leistungsentsprechenden", variablen echten Gemeinkostenanteile als statistische Beziehungszahlen gelten müssen: Durchschnittskostenwerte [1].

Die Verrechnung fixer echter Gemeinkosten wird von den Kritikern der Vollkostenkalkulation - wie oben erläutert - grundsätzlich abgelehnt [2]. Auch die Vertreter des Leistungsentsprechungsprinzips negieren nicht die logische Diskrepanz zwischen der einzelnen Herstellungsleistung und den fixen echten Gemeinkosten. Sie sehen sich aber unter Bezugnahme auf die Zweckverbundenheit zwischen der Gesamtleistung und den Gesamtkosten nicht veranlaßt, diese Kosten nicht in die Mengenkomponente des spezifischen Kostenbegriffs 'Herstellungskosten' einzubeziehen. Die Leistungsverbundenheit soll durch den Nachweis positiver Korrelationen zwischen der Herstellungsleistung und den fixen echten Gemeinkosten bzw. ihren Schlüsselgrößen entsprechend der Inanspruchnahme des Nutzungs- oder Leistungspotentials durch die einzelne Herstellungsleistung belegt werden [3]. Abgesehen von dem Fall der direkten

---

1) Vgl. RUMMEL, Kosten, Archiv für das Eisenhüttenwesen 1936/37, S. 419 (422 f.); KOCH, Durchschnittskosten, ZfhF 1953, S. 303 (310 ff.); HEINEN, Zuschlagskalkulation, ZfhF 1958, S. 1 (4); KÖHLER, Vollkosten-Trägerrechnung, NB 1964, S. 43 (45 f.).
2) Vgl. oben S. 199 f. in dieser Untersuchung.
3) Vgl. SCHÖNFELD, Kostenrechnung I, S. 58; vgl. KÄFER, Proportionalisierung, ZfhF 1958, S. 120 (122, 124); Urteil BFH IV 14/59 v. 26. 7. 1962, BStBl 1962 III S. 389 (390). Dem Vorwurf der Willkür bei der Verrechnung fixer echter Gemeinkosten (so z. B. AGTHE, System, ZfB 1959, S. 404 (405); N.A.C.A., Costing, S. 71; Dieter

Verteilung fixer echter Erzeugnisgemeinkosten auf die
Menge der Leistungseinheiten werden auch hier die Gemeinkosten mit Hilfe von Schlüsselgrößen verteilt, die
nach dem Prinzip minimaler Gemeinkostenstreuung ausge-
sucht wurden. Die ermittelten fixen echten Gemeinkostenanteile sind wie die variablen echten Gemeinkostenanteile "leistungsentsprechend" im Sinne statistischer Beziehungszahlen, im Sinne durchschnittlicher Gemeinkosten
pro Herstellungsleistung [1]. Das heißt, variable und fixe
echte Gemeinkosten werden auf die Ausbringungsmenge bzw.
ihre Schlüsselgrößen bezogen.

Wenngleich die Anteilsermittlung mit Hilfe einer Schlüsselgröße oder Bezugsgröße [2] auf der Grundlage des Prinzips minimaler Gemeinkostenstreuung den Vorzug methodisch
nachprüfbarer Vorgehensweise bietet [3], sind in der Realität durch die Wahl möglichst einfacher Schlüsselgrößen

---

Fortsetzung FN 3 S. 209
SCHNEIDER, Reform, StuW 1971, S. 326 (335); RIEBEL
(Kosten, S. 59) begegnet BANGE (Herstellungskosten,
Diss. rer. pol., Würzburg 1970, S. 93) mit einer ana-
logen Anwendung des juristischen Willkürbegriffs. Danach wäre die Erzeugnisbewertung in der Steuerbilanz
willkürlich, wenn auf Grund eines bestimmten Auswahl-
prinzips - z. B. Identitätsprinzip - gleiche Sachverhalte ungleich behandelt würden. Da die Unterlassung
einer anteiligen Einbeziehung fixer echter Gemeinkosten in die Herstellungskosten - wie gezeigt wurde -
eine Ungleichbehandlung darstellt, ist die Zurechnung
dieser Gemeinkosten für den genannten Rechnungszweck
nicht willkürlich. Vgl. auch WEBER, Kosten, S. 59 ff..

1) Vgl. KOCH, Durchschnittskosten, ZfhF 1953, S. 303
(312 ff.); BRÜMER, Fertigungslohn, Diss. rer. pol.,
TU Berlin 1957, S. 28 f.; HEINEN, Zuschlagskalkulation, ZfhF 1958, S. 1 (4 f.); KÖHLER, Vollkosten-Trägerrechnung, NB 1964, S. 43 (45 f.); MUNZEL, Kosten,
S. 56.
2) Vgl. RUMMEL, Kostenrechnung, S. 8 f..
3) Vgl. KOCH, Durchschnittskosten, ZfhF 1953, S. 303
(326 f.); HÖRLIMANN, Genauigkeit, Unternehmung 1955,
S. 46 ff.. Vgl. zur Methodik der Prüfung WESSLING,
Wertansätze, S. 6 ff..

Manipulationsmöglichkeiten nicht ausgeschlossen, und
zwar zunehmend mit wachsender Entfernung der zu verrech-
nenden Kostenart bzw. der Kostenschicht von dem Erzeugnis. Solche Möglichkeiten bieten sich ferner durch das
Weglassen alternativer Schlüsselgrößen, schließlich
durch die Wahl fiktiver Schlüsselgrößen, sofern z. B.
die Inanspruchnahme bestimmter Leistungsarten des betrieblichen Nutzungs- oder Leistungspotentials nicht
meßbar ist [1]. Das Ausmaß der Unbestimmtheit "leistungsentsprechender", d. h. durchschnittlicher Gemeinkostenanteile wird auf den vier Verrechnungsstufen einer Vollkostenkalkulation kumuliert: bei der Verrechnung der Kostenarten auf die Kostenstellen, bei der Verrechnung
der innerbetrieblichen Leistungen [2], bei der Verrechnung der allgemeinen Kostenstellen und Hilfskostenstellen auf die Hauptkostenstellen, bei der Verrechnung der
"weitergewälzten" Gemeinkosten auf den Kostenträger [3].
Herstellungskosten, die mit Hilfe von Schlüsselgrößen am
Ende einer Schlüsselgrößenkette errechnet werden, sind
nicht mehr mit irgendwelchen "inneren Sachzusammenhän-
gen" erklärbar, sondern lediglich durch den Rechnungszweck.

---

1) Vgl. z. B. BOETTCHER, Herstellungspreis, Diss. jur.,
   Erlangen 1928, S. 21 ff.; KLOIDT, Kalkulationslehre,
   S. 30 f..
2) SAUER (Verrechnung, StBp 1963, S. 225 ff.) hat die
   Vorstellung, nach einer Verrechnung der innerbetrieblichen Leistungen zu Vollkosten zu "richtigen" Herstellungskosten zu gelangen! Vgl. zu den Möglichkeiten innerbetrieblicher Leistungsverrechnung MÜNSTER-
   MANN, Unternehmungsrechnung, S. 62 ff..
3) Vgl. zur Kritik daran SCHÜNNENBECK, Kostenrechnung,
   Diss. rer. pol., Köln 1950, S. 140 ff.; WEGNER, Fragwürdigkeit, S. 127 ff.; FAEHNDRICH, Grenzen, Industrielle Organisation 1963, S. 225 ff.; RIEBEL, Kosten, S. 17 ff.. BUCHNER (Herstellungskosten, ZfB
   1963, S. 710 (716 f.)) zieht aus diesem Ergebnis die
   Folgerung, steuerliche Herstellungskosten könnten
   nur Teilkosten sein, da diese "genau feststellbar"
   seien: In dem Kriterium der Genauigkeit die einzige
   Bezugsbasis für die Beurteilung steuerlicher Herstellungskosten zu sehen, reicht nicht aus; zur Höhe von
   Herstellungskosten im Sinne genauer, materiell greif-
   barer Kosten vgl. oben S.102 ff.in dieser Untersuchung.

Im Hinblick auf das Nachprüfbarkeitskriterium lassen sich
abschließend folgende Feststellungen treffen:

(1) Die Erfaßbarkeit von Perioden-Gemeinkosten für die
    betrachtete Herstellungsperiode läßt sich in Anbe-
    tracht der theoretischen Basis der Steuerbilanz nur
    durch die Bildung glaubwürdiger, intersubjektiv nach-
    prüfbarer Beziehungszahlen zwischen den Leistungen
    und den Kosten dieser Periode regeln, anderenfalls
    bleibt nur die Möglichkeit der Normierung dieser Ge-
    meinkosten oder der gänzliche Verzicht auf ihre Ein-
    beziehung in den spezifischen Kostenbegriff.

(2) Die Erfassung der anteiligen Gemeinkosten für die
    Herstellungsleistung ist zu prüfen. Die Prüfung
    durch einen oder mehrere sachverständige Dritte muß
    sich im Einzelfall auf die Auswahl einflußbezogener
    Schlüsselgrößen nach dem Prinzip minimaler Gemeinko-
    stenstreuung bzw. - vornehmlich für den Fall der
    Nichtmeßbarkeit der Inanspruchnahme des betrieb-
    lichen Nutzungspotentials - auf die Prüfung des Plausi-
    bilitätsgrades der gewählten Schlüsselgröße erstrek-
    ken. Wenn die Wahl der Schlüsselgröße nicht zumindest
    glaubwürdig nachvollziehbar ist, dann kann eine Zu-
    rechnung nicht erfolgen und auch nicht verlangt wer-
    den. Dieses Ergebnis trifft sich mit der Erwägung
    des BFH, "daß dann, wenn berechtigte Zweifel an der
    Verpflichtung zur Zurechnung von Aufwendungen zu den
    Herstellungskosten bestehen können, kein steuerli-
    cher Zwang zur Aktivierung gegen den Willen des
    Steuerpflichtigen geschaffen werden sollte" [1]. Im
    übrigen ist zu prüfen, ob bei der Verrechnung echter
    Gemeinkosten das Durchschnittskostenprinzip als Ko-
    stenzurechnungsprinzip angewendet wurde.

---

1) Urteil BFH I 70/57 v. 5. 8. 1958, BStBl 1958 III S.
   392 (394). BISCHOFF, Herstellkosten, KRP 1967, S. 121
   (124).

Dieses Ergebnis wirft die Frage auf, ob in Anbetracht
der mit der Vollkostenkalkulation verbundenen Ungenauigkeiten oder Unbestimmtheiten nicht auch andere Kostenrechnungssysteme - wie z. B. das Rechnen mit relativen
Einzelkosten, die Grenzkostenrechnung oder modifizierte
Vollkostenrechnungen, die zu internen Zwecken fungieren, - ebenfalls zu brauchbaren Ergebnissen führen. Diese
Frage ist zu bejahen, wenn die oben dargelegte Determinierung der Extensionskomponenten des steuerlichen Kostenbegriffs beachtet wird, wenn darüber hinaus bei der
Anwendung des Durchschnittskostenprinzips die Auswahl der
Schlüsselgrößen nach dem Prinzip minimaler Gemeinkostenstreuung, d. h. nicht willkürlich erfolgt. Die Auffassung
von Moews, die Auswahl der Schlüsselgröße bzw. der Zuteilung der echten Gemeinkosten auf die Herstellungsleistung
sei in das Belieben des Kostenrechners gestellt, ist abzulehnen [1]. Mit einer solchen Regelung wäre der Manipu-
lation durch Auswahl der Schlüsselgröße Tür und Tor ge-
öffnet: Herstellungsleistungen, die bei Anwendung des
Durchschnittskostenprinzips und Auswahl der Schlüsselgröße nach dem Prinzip minimaler Gemeinkostenstreuung lediglich geringe Stückgewinne auswiesen, könnten durch eine
hohe Zuteilung von Gemeinkostenanteilen zu einer Anwendung des Imparitätsprinzips und einer Bewertung zum
niedrigeren Teilwert zwingen. Dies würde bedeuten, daß
über den Umweg einer solchen willkürlichen Gemeinkosten-
anteilsrechnung die Aufwandsseite der Gewinn- und Verlustrechnung und damit der steuerpflichtige Gewinn manipuliert würde. Die Finanzverwaltung müßte zwangsläufig
einer Argumentation für die Bewertung nach dem Imparitätsprinzip, die auf ein solches Kostenrechnungssystem
zurückgreifen würde, negativ gegenüberstehen.

---

1) MOEWS, Aussagefähigkeit, S. 204 f.; vgl. ebenfalls
   KLUGE, Maßgeblichkeitsprinzip, Diss. rer. pol., FU

bb) Die Anforderung 'Einfachheit'

Während sich die Herstellungskosten nach dem Identitätsprinzip gerade durch die Einfachheit ihrer Ermittlung auszeichneten, muß ihre Ermittlung nach dem Leistungsentsprechungsprinzip zwangsläufig komplizierter werden. Das ergibt sich zum einen aus dem Umfang der durch die anteiligen echten Gemeinkosten gewachsenen Herstellungskosten, es ergibt sich zum anderen aus der aufgezeigten Vorgehensweise bei der Verrechnung der echten Gemeinkosten und der damit verbundenen größeren Zahl an Prüfhandlungen, die notwendig ist, um Nachprüfbarkeit zu konstatieren. Sofern die Nachprüfbarkeit nur im Einzelfall feststellbar ist, läßt sich auch eine Aussage über die Einfachheit der Ermittlungen nur im Einzelfall machen.

bc) Die Anforderung 'Vergleichbarkeit'

Der Vergleich der Herstellungskosten nach dem Leistungsentsprechungsprinzip zwischen der Sägewerkunternehmung und der Werkzeugunternehmung bestätigt die Schlußfolgerungen, die bei der Wertung der Herstellungskosten nach dem Identitätsprinzip unter dem Ver-

---

Fortsetzung FN 1 S. 213
Berlin 1969, S. 188. Gegen ein solches Pauschalverfahren wendet sich der BFH (IV R 4/68 v. 24.2.1972, DB 1972, S. 806 (807)), wenn außer Betracht bleibt, "bei w e l c h e n Waren solche Aufwendungen tatsächlich angefallen sind". Gegen die Bewertung eines Bilanzpostens mit Hilfe von Pauschalabschlägen - das gleiche gilt für Pauschalzuschläge - wendet sich auch Paul MÖLLERS, Kosten, BFuP 1973, S. 142 (143 f.). Möllers entwickelt eine "globale Hochrechnung", um aus einer Teilkostenrechnung Wertansätze abzuleiten, die den aktienrechtlichen Grundsätzen der Bewertungsstetigkeit und der Vergleichbarkeit genügen. Zu einer Möglichkeit, die für interne Informationszwecke angewandte Teilkostenkalkulation in eine für steuerliche Zwecke gebrauchte Vollkostenkalkulation umzurechnen, vgl. auch HUCH, Kalkulation, DB 1973, S. 781 f..

gleichbarkeitskriterium gezogen wurden: Die Zusammenfassung der Material-, Lohn- und Kapitalkosten der Unternehmungen zu einer Gesamtkostensumme gleicht die unterneh-
mungs- und industriezweigspezifischen, kostenstrukturel-
len Eigenheiten tendenziell aus [1]. Wenn die Herstellungskosten nach dem Identitätsprinzip im engen Sinne, dem
Identitätsprinzip im weiten Sinne und dem Leistungsentsprechungsprinzip mit ihren prozentualen Anteilen an den
Marktwerten der Stichtagsbestände einander gegenübergestellt werden - Tabelle 13 [2] -, dann zeigt der Vergleich
der Anteile eine Reduktion der Abweichungsifferenzen von
21,4 % (Identitätsprinzip im engen Sinne) auf 17,3 %
(Identitätsprinzip im weiten Sinne) bzw. auf 11,8 % (Leistungsentsprechungsprinzip).

Das Ergebnis: Herstellungskosten fertiger und unfertiger
Erzeugnisse sind in der Steuerbilanz auf einer Vollkosten-
basis unter Einbeziehung der indirekt erfaßten Gemeinkosten zu ermitteln. Riebel hat solcherart ermittelte Herstellungskosten wegen der stufenweisen Weiterverrechnung
fixer echter Gemeinkosten als "scheingenau", als "system-
bedingt falsch" qualifiziert [3] [4]. Dem Argument der

---

1) Vgl. oben S. 186 ff. in dieser Untersuchung.
2) Siehe Tabelle 13 Anlage 7 S. 443 in dieser Untersuchung.
3) Vgl. RIEBEL (Deckungsbeitragsrechnung, S. 23 (27), 35
   ff.) stützt seine Auffassung auf das Argument der Proportionalisierung fixer echter Gemeinkosten und die
   Produktionsverbundenheit in den Betrieben. Das Problem
   der Erzeugnisbewertung bei Verbundproduktion oder Kuppelproduktion, das darin besteht, daß im gleichen Fertigungsprozeß zwangsläufig aus demselben Ausgangsma-
   terial mehrere unterschiedliche Erzeugnisse hergestellt werden, deren Kosten jedoch eindeutig und
   nachprüfbar nicht den einzelnen Erzeugnissen, sondern
   lediglich der Gesamtheit der Erzeugnisse zugerechnet
   werden kann, muß einer gesonderten Untersuchung vorbe-
   halten werden; vgl. dazu z. B. MERIAN, Preisbildung,
   Diss. rer. pol., TH Dresden 1931; ALBRECHT, Kosten,
   Diss. rer. oec., Berlin 1934; BURG, Bewertung, Diss.
   rer. pol., Wien 1960, S. 107 ff.; HUDELMEIER, Kalkulation, Diss. rer. pol., Mannheim 1968, S. 15 ff..
4) RODENSTOCK (Genauigkeit, S. 145) sieht ein Fehlerin-
   tervall der Herstellungskosten von +/- 10 %, bezogen

Scheingenauigkeit ist zu folgen, wenn man die partielle
Unbestimmtheit der Herstellungskosten nach dem Leistungsentsprechungsprinzip auch auf der Basis durchschnittlicher, statistischer Beziehungszahlen wertet. Riebel u. a.
suchen in einer neutralen Grundrechnung "genaue", weil
identifizierbare oder greifbare Beziehungen zwischen Kosten und Leistung abzubilden. In einer Sonderrechnung
wie der steuerlichen Erzeugnisbewertung entscheidet aber
der Zweck, nicht die Eigenschaft der eindeutigen Beziehung bzw. der Charakter echter Gemeinkosten: "Wägt man
zwischen den entstehenden Ungleichheiten einerseits und
der Unmöglichkeit einer exakten Schlüsselung andererseits
ab, sollte man auf eine exakte Zurechnung verzichten, dafür aber dem Grundsatz der gleichmäßigen Besteuerung Gel-
tung verschaffen (obwohl die konsequente Verwirklichung
dieses Grundsatzes durch die Unmöglichkeit einer exakten

Fortsetzung FN 4 S. 215
auf einen "richtigen" Wert; WOHLGEMUTH (Planherstellkosten, S. 73 ff.) sieht einen "Unschärfebereich" von
+/- 20 % als realistisch an. Die Auffassung des RdF
(vgl. Gutachten des RFH Gr. S. D 7/38 v. 4. 2. 1939,
RStBl 1939 S. 321 (322, Nr. 11), die Ermittlung der anteiligen Gemeinkosten sei "sehr genau möglich", ist un-
haltbar. BRÖMER (Fertigungslohn, Diss. rer. pol., TU
Berlin 1957, S. 162) will das Ungenauigkeitsintervall
eingrenzen, indem er allein solche Schlüsselgrößen zuläßt, deren Zuschlagsatz unter 100 % von der Bemessungsgrundlage beträgt. (Vgl. auch FRAAS, Grundlagen,
S. 86 ff.) Eine Eingrenzung des Ungenauigkeitsinter-
valls setzt voraus, daß eine Kostenrechnung existiert.
Daraus ergibt sich die Forderung nach Institutionali-
sierung der Kostenrechnung, wenngleich nicht unbedingt
als gesonderte Kostenrechnung für den Zweck der Ermittlung steuerlicher Herstellungskosten. Der Einsatz elektronischer Datenverarbeitungsanlagen macht indessen die
Anlage eines eigenen steuerlichen Kostenrechnungskal-
küls unproblematisch. Vgl. zur Forderung nach Institu-
tionalisierung der Kostenrechnung KOSIOL, Kostenrechnung, S. 75 ff.; WEISSENBORN, Kalkulationspflicht, NB
1958, S. 24 f.; PEUPELMANN, Betriebsabrechnung, DB
1964, S. 3 ff..

Lösung wiederum beeinträchtigt wird)" [1]. Sofern ein
solcher, unter der Priorität der Vergleichbarkeit ermittelter Wert fertiger und unfertiger Erzeugnisse
durch marktliche Alternativwerte oder die Wiederherstellungskosten unterschritten wird, folgt gemäß den Grundannahmen steuerlicher Gewinnermittlung notwendig eine
Wertkorrektur nach dem Imparitätsprinzip auf einen
niedrigeren Wert.

Da die Wahrscheinlichkeit einer solchen Wertkorrektur
im Vergleich zur Erzeugnisbewertung mit den Herstellungskosten nach dem Identitätsprinzip größer ist, ist
auch die Bedeutung des Imparitätsprinzips für den Fall
der Erzeugnisbewertung mit den Herstellungskosten nach
dem Leistungsentsprechungsprinzip größer [2].

Wir halten fest:

Die Kodifizierung des Begriffs steuerlicher Herstellungskosten oder seine Festlegung in den Verwaltungs-
anweisungen der Finanzverwaltung muß von folgenden Gesichtspunkten geprägt sein:

---

1) KLUGE, Maßgeblichkeitsprinzip, Diss. rer. pol., FU
   Berlin 1969, S. 173. Vgl. bereits CARIUS, Herstellungswert, Steuer-Warte 1938, S. 699 (699); GRIESS-
   MER, Erwiderung, Steuer-Warte 1938, S. 699 (699
   f.); FRANK, Ableitung, BB 1967, S. 177 (180); MELLE-
   ROWICZ, Kalkulationsverfahren, S. 176; DIETZ, Normierung, S. 100 f.. Dagegen sieht BUCHNER (Herstellungskosten, ZfB 1963, S. 710 (712) den seines Erachtens gewichtigsten Einwand gegen eine Vollkostenkalkulation in der Ungenauigkeit, bedingt "durch die
   Unlösbarkeit des Zurechnungsproblems".
2) HÖRSTMANN (Herstellkostenbegriff, StbJb 1968/69, S.
   395 ff.) und Dieter SCHNEIDER (Thesen, DB 1970, S.
   1697 (1699 ff.)) können auf eine Bewertung zum
   niedrigeren Teilwert verzichten, da ihre Herstellungskosten als variable Kosten oder Einzelkosten
   und unechte Gemeinkosten ohnehin niedrig liegen. Zu
   der Schwierigkeit der Durchsetzung einer Teilwertabschreibung fertiger und unfertiger Erzeugnisse bei
   der Finanzverwaltung vgl. RAUPACH, Pauschalabschläge, Das Papier 1962, S. 490 f..

(1) Der Begriff steuerlicher Herstellungskosten muß
    auf den Bedingungen der Extensionskomponenten des
    steuerlichen Kostenbegriffs basieren.

(2) Der Begriff steuerlicher Herstellungskosten muß als
    Vollkostenbegriff für die Verteilung indirekt er-
    faßter Gemeinkosten, die nicht eindeutig der Her-
    stellungsleistung zuzurechnen sind, auf das Durch-
    schnittskostenprinzip zurückgreifen.

(3) Die Ausgestaltung der sog. vier Verrechnungsstufen
    der Kostenrechnung hängt, wie im Zusammenhang mit
    der Skizzierung typologischer Merkmale industrieller
    Fertigungsbetriebe deutlich wurde, von den betrieb-
    lichen bzw. industriezweigspezifischen Eigenheiten
    ab [1]. Die gesuchte Regelung kann daher nur eine
    Rahmenlegung in Form einer Abgrenzung von Abrech-
    nungsbereichen der Kostenträgerrechnung (Kostenstel-
    len) sowie von Gruppen der Kostenartenrechnung sein:
    Die Kostenarten als das Pendant zu den Tätigkeiten,
    die im Endergebnis zu der oder den Herstellungslei-
    stung(en) als fertige bzw. unfertige Erzeugnisse
    führen.

Eine solche Abgrenzung kann in Abschnitt 33 EStR gesehen
werden [2]. Ausgehend davon, daß eine Vollkostenkalkulation grundsätzlich den Grundannahmen steuerlicher Gewinnermittlung und der Anforderung 'Vergleichbarkeit'
gerecht wird, wird der Abschnitt 33 EStR, anknüpfend an
die Kritik zum Leistungsentsprechungsprinzip, im Hinblick
auf die Anforderungen 'Nachprüfbarkeit' und 'Einfachheit'
zu prüfen sein.

Die Prüfung erstreckt sich auf die Abgrenzung einzelner
Perioden-Gemeinkosten in bezug auf die Herstellungsperiode, auf die Abgrenzung anteiliger Perioden-Gemeinkosten

---

1) Vgl. oben S. 156 ff. in dieser Untersuchung.
2) Vgl. Arbeitskreis Chemische Industrie, Bewertung, WPg
   1965, S. 65 (65 f.). Eine Wiedergabe des Abschnitts
   33 EStR findet sich in der Anlage 8 dieser Untersuchung S. 444-446 .

und der Perioden-Einzelkosten in bezug auf die einzelnen Funktionsbereiche und auf die Zurechnung dieser Gemeinkosten auf die Herstellungsleistung.

3. Herstellungskosten nach dem Leistungsentsprechungsprinzip auf der Grundlage des Abschnitts 33 EStR

a) Skizzierung des Kostenarten-/Kostenstellenkatalogs
   des Abschnitts 33 EStR

Der Abschnitt 33 EStR kann als das Resultat langjähri-
ger, in der Regel dogmatisch und nicht teleologisch
geführter Diskussionen im betriebswirtschaftlichen und
steuerrechtlichen Schrifttum sowie teilweise oder zeit-
weilig sich widersprechender Rechtsprechung des RFH,
des BFH und der Finanzgerichte angesehen werden [1].
Der Abschnitt umreißt steuerliche Herstellungskosten
als "die Aufwendungen, die durch den Verbrauch von Gütern und die Inanspruchnahme von Diensten für die Her-

---

1) Vgl. Urteil RFH I A 321/26 v. 12. 4. 1927, AS Bd. 21
   S. 105 (105 f.); Urteil RFH VI A 1349/28 v. 8. 5.
   1929, RStBl 1929, S. 410 ff.; Urteil RFH VI A 1789/
   29 v. 6. 2. 1930, RStBl 1930 S. 346 (346 f.); Urteil
   RFH I A 31/33 v. 5. 12. 1933, RStBl 1934 S. 621 (621
   f.); Urteil RFH VI A 197/36 v. 1. 4. 1936, RStBl 1936
   S. 446 (447); Gutachten RFH Gr. S. D 7/38 v. 4. 2.
   1939, RStBl 1939 S. 321 ff.; Urteil I 343/38 v. 4. 4.
   1939, RStBl 1939 S. 780; Urteil RFH I 273/38 v. 16.
   5. 1939, RStBl 1939 S. 781; Bescheid RFH v. 21. 11.
   1939, bestätigt durch Urteil RFH I 67/39 v. 5. 3.
   1940, RStBl 1940 S. 683 ff.; Urteil RFH III 74/39 v.
   4. 6. 1940, AS Bd. 48 S. 330 (331 f.); Urteil BFH IV
   695/54 U v. 30. 6. 1955, BStBl 1955 III S. 238 (238
   f.); Urteil BFH I 14/55 U v. 16. 8. 1955, BStBl
   1955 III S. 306 (306 f.); Urteil I 70/57 U v. 5. 8.
   1958, BStBl 1958 III S. 392 ff.; Gutachten I D 1/58 S
   v. 26. 1. 1960, BStBl 1960 III S. 191 ff.. Vgl. in
   der Literatur vor allem BOETTCHER, Herstellungspreis,
   Diss. jur., Erlangen 1928, S. 2 ff.; JELLEN, Fertigungsgemeinkosten, Diss. rer. pol., Wien 1950, S. 69
   ff.; BOMMARIUS, Herstellungswert, Diss. rer. pol.,
   Frankfurt a. M. 1958, S. 17 ff.; HÜRSTMANN, Herstellkostenbegriff, StbJb 1968/69, S. 395 (418 ff.); LUTZ,
   Herstellungsaufwand, DB 1971, S. 253 ff.; HERRMANN/
   HEUER, Kommentar, § 6 Anm. 50 ff.; KLEIN, Herstellungskosten, S. 1 (2 ff.).

stellung eines Erzeugnisses entstehen": Materialkosten, Fertigungskosten, Sonderkosten der Fertigung, Material- gemeinkosten, Fertigungsgemeinkosten, allgemeine Ver- waltungskosten [1].

Von vornherein ausgeschlossen von einer Einbeziehung in die Herstellungskosten ist der Abrechnungsbereich 'Ver- trieb' der Kostenträgerrechnung sowie die Güterver- brauchsarten, die nicht unter die Extensionskomponenten des steuerlichen Kostenbegriffs subsumierbar sind: Teilwertabschreibungen auf das Anlagevermögen (Abschnitt 33 Abs. 4 Satz 6), die Steuern vom Einkommen und die Vermögensteuer (Abschnitt 33 Abs. 6 Satz 1), die Umsatz- steuer (Abschnitt 33 Abs. 6 Satz 4), Finanzierungs- (Geldbeschaffungs-)kosten (Abschnitt 33 Abs. 6 Satz 5), Fremdkapitalzinsen sowie kalkulatorische Eigenkapital- zinsen (Abschnitt 33 Abs. 6 Satz 6).[2] Unter der Bedingung der Kongruenz von Kapazitätsausnutzungsgrad und Kapazi- tätsnorm bleiben in diesem Untersuchungsstadium solche Formulierungen (z. B. "notwendige" Gemeinkosten) und Re- gelungen, die die Ermittlung der Herstellungskosten bei schwankenden Kapazitätsausnutzungsgraden betreffen, außer Betracht. Bei Unterscheidung in sog. zurechnungspflichti- ge Kostenarten und zurechnungsfähige Kostenarten ergibt sich folgende Gruppierung:

---

1) Vgl. Abschnitt 33 Abs. 1 EStR; BP-Kartei Teil I, Kon- to: Halbfertige Arbeiten, S. 15 ff.; VOLKMANN, Her- stellungskosten, ZfhF 1960, S. 375 (381 ff.); MUTZE, Herstellungskosten, DB 1967, S. 169 ff.; BANGE, Her- stellungskosten, Diss. rer. pol., Würzburg 1970, S. 209 ff.; HARTMANN/BOETTCHER/GRASS, Großkommentar, § 6 Anm. 19 b, S. 43 ff..
2) Vgl. oben S. 125 ff. in dieser Untersuchung.

(1) Zurechnungspflichtige Kostenarten

- Materialeinzelkosten/"notwendige" Materialgemeinkosten
- Fertigungseinzelkosten/"notwendige" Fertigungsgemeinkosten
- Sonderkosten der Fertigung; unwesentliche und
  fremdauftragsgebundene Weiterentwicklungskosten
  (Abschnitt 33 Abs. 3 EStR) [1]

(2) Zurechnungsfähige Kostenarten

- allgemeine Verwaltungskosten (Abschnitt 33
  Abs. 2 Satz 2, Satz 3 EStR)
- Forschungs- und Entwicklungskosten für Neu- oder
  wesentliche Weiterentwicklungen (gemeinsamer Län-
  dererlaß vom 4. 12. 1958, Nr. 2 Satz 2, Nr. 4
  Satz 1)
- Abschreibungen auf geringwertige Wirtschaftsgü-
  ter (§ 6 Abs. 2 EStG) und sonstige Sonderabschrei-
  bungen (z. B. §§ 7 a ff. EStG, § 36 IHG etc.)
  (Abschnitt 33 Abs. 4 Satz 5 EStR)
- Kosten der betrieblichen Altersversorgung unter
  Einschluß freiwilliger Sozialkosten
  (Abschnitt 33 Abs. 5 Satz 3 - 4 EStR)
- Gewerbeertragsteuer
  (Abschnitt 33 Abs. 6 Satz 2 EStR)

Zu verweisen ist schließlich auf das Methodenwahlrecht
bei der Wahl der Abschreibungsmethode: Unabhängig von
der Abschreibungsmethode, die bei der Bewertung der
Wirtschaftsgüter des Anlagevermögens angewandt wird (z.
B. auch die degressive Methode nach § 7 Abs. 2 EStG)
können Abschreibungen nach der linearen Abschreibungsmethode verrechnet werden, wenn diese Methode konstant
für die gesamte Nutzungsdauer angewandt wird (Abschnitt
33 Abs. 4 Satz 2 - 4 EStR) [2].

---

[1] Vgl. auch den Erlaß Fin. Min. NRW v. 4. 12. 1958,
    BStBl 1958 II S. 189 f..
[2] Vgl. auch BP-Kartei Teil I, Konto: Halbfertige Ar-
    beiten, S. 20.

b) Die Wertung des Abschnitts 33 EStR

ba) Die Zurechnung der Einzelkosten auf die Herstellungsleistung

Die Zurechnung der direkt erfaßbaren Material- und Fertigungskosten ist in der Regel unproblematisch. Material-Einzelkosten und Fertigungs-Einzelkosten sind art- und mengenmäßig nachprüfbare Kosten. Sog. Sonder-Einzelkosten der Fertigung sind indessen nur solche Kosten, die direkt - d. h. ohne Schlüsselung - der Herstellungsleistung zugerechnet werden können, z. B. stückabhängige Lizenzgebühren, nicht dagegen die Kosten eines Spezialwerkzeugs, das nicht lediglich für ein einzelnes Erzeugnis genutzt wird [1]. Der Sonderfall der sog. überhöhten Einzelkosten, die nicht im Zusammenhang mit einer Kapazitätsausnutzung oberhalb der Kapazitätsnorm entstehen (resistente oder remanente Einzelkosten) - z. B. überhöhte Materialpreise bei Gegengeschäften, Fertigungslöhne von Spezialfacharbeitern in qualitativ geringerer Verwendung - kann nicht zu einer Reduktion der Material- oder Fertigungskosten führen, wie Falkenroth [2] [3] empfiehlt:

---

1) Vgl. MELLEROWICZ, Kosten, Bd. II, Teil I, S. 286 ff.; Walter LENZ, Herstellungskosten, S. 17 (17 f.).
2) FALKENROTH, Herstellungskosten, BB 1957, S. 922 (923); vgl. auch den Bescheid des RFH v. 21. 11. 1939, bestätigt durch Urteil RFH I 67/39 v. 5. 3. 1940, RStBl 1940 S. 683 (684); WUTH, Fertigungsgemeinkosten, Industrie und Steuer 1941, Teil I, S. 158 (159); SCHINDELE, Einzelfragen, StBp 1963, S. 162 (162 f.). Anderer Auffassung ESCHER, Aktivierungspflicht, S. 69; Urteil BFH I 103/63 v. 15. 2. 1966, BStBl 1966 III S. 468 (470); MAASSEN, Anmerkung, FR 1966, S. 331 (331 f.); ADLER/DÖRING/SCHMALTZ, Rechnungslegung, Bd. I, § 155 TZ 41, 44; BANGE, Herstellungskosten, Diss. rer. pol., Würzburg 1970, S. 79 f., 151 f.; HARTMANN/BOETTCHER/GRASS, Großkommentar, § 6 Anm. 19 b, S. 45.
3) Überhöhte Kosten, die auf eine Kapazitätsausnutzung oberhalb der Kapazitätsnorm zurückzuführen sind, werden im Abschnitt C der vorliegenden Untersuchung unter der Bedingung von der Kapazitätsnorm abweichender Kapazitätsausnutzungsgrade untersucht. Der Terminus

In den betriebswirtschaftlichen Kostenmodellen wird
nicht die Abhängigkeit zwischen der Kostenhöhe und der
Gesamtheit wirksamer Kosteneinflußgrößen erklärt, sondern die Beziehung zwischen der Kostenhöhe und einer
Kosteneinflußgröße unter Konstanz der übrigen mit Hilfe
der Methode isolierender Abstraktion. Solange diese
Diskrepanz zwischen Kostentheorie und Kostenrechnung
besteht, sind die Kostenwirkungen anderer Kosteneinflußgrößen als der unterstellt dominanten im Hinblick
auf das Nachprüfbarkeits- und Einfachheitskriterium in
den steuerlichen Herstellungskosten zu erfassen. In bezug auf das Nachprüfbarkeitskriterium umfaßt der steuerliche Herstellungskostenbegriff die tatsächlich meßbaren
Kostenwirkungen der Kosteneinflußgrößen auf die Kostenhöhe. In bezug auf das Einfachheitskriterium muß man
sich der Auffassung der Finanzverwaltung anschließen,
daß die Prüfung der Berechtigung einer Einlassung des
Steuerpflichtigen über die Beachtung sog. überhöhter Kosten bei der Ermittlung der Herstellungskosten den Be-
triebsprüfern nicht zumutbar ist [1].

Fortsetzung FN 3 S. 222
'notwendige Kosten' wird in der Regel verwendet, um
die 'nicht-notwendigen Kosten', z. B. die von Falkenroth genannten überhöhten Kosten, von der Zurechnung
auf die Herstellungsleistung auszuschließen. 'Nicht
notwendige Kosten' sind nicht ausschließlich im Sinne
von 'Leerkosten' zu verstehen, wie z. B. Erich
SCHNEIDER (Rechnungswesen, S. 134) und DÖLLERER (Anschaffungskosten, BB 1966, S. 1405 (1408)) annehmen.
Die Frage der Notwendigkeit oder Nicht-Notwendigkeit
von Kosten in bezug auf die Kosteneinflußgröße 'Kapazitätsausnutzung' stellt sich ebenso für die sog. re-
sistenten oder remanenten Einzelkosten, unechten Gemeinkosten, variablen echten Gemeinkosten; vgl. HIL-
GERT, Problematik, Diss. rer. pol., Köln 1959, S. 15
ff.; vgl. auch KÖHN, Kosten, ZfhF 1955, S. 399 (399
f.).
1) Vgl. GEBHARDT, Bilanzsteuerrecht, DStZ 1940, S. 509
(512); MERKER, Herstellungskosten, NB 1959, S. 122
(123).

Streitig ist die Frage, ob freiwillige Sozialkosten der
Herstellungsleistung zugerechnet werden können, und zwar
unabhängig davon, ob sie direkt oder nur indirekt erfaßt werden. Das Gutachten des VDMA u. a. entlehnen freiwillige Sozialkosten dem Fürsorgegedanken der Arbeitge-
ber, verbinden diese Sozialkosten aus diesem Grunde
nicht mit der Herstellungsleistung, subsumieren sie daher nicht unter den Kostenbegriff [1].

Dieser Auffassung kann nicht gefolgt werden. Die Entloh-
nung des Faktors Arbeit entstammt nicht irgendwelchen
paternalistischen Gefühlsregungen oder Fürsorgegedanken
der Unternehmungsleitungen, sondern ist als Bestandteil
des Marktpreises für den Faktor Arbeit anzusehen. Unter
diesem Gesichtspunkt ist es unbedeutend, ob die Entloh-
nung in Form eines Zeit- oder Leistungslohns, ergebnisabhängig oder nicht ergebnisabhängig, gesetzlich oder
freiwillig, mit Rechtsanspruch oder ohne Rechtsanspruch
geregelt wird. Eine Unternehmungsleitung, die freiwillige Sozialleistungen erbringen läßt, handelt durchaus im
Sinne ihrer wirtschaftlichen Zielsetzungen, wenn sie
durch solche Leistungen z. B. die Fluktuation der Ar-
beitskräfte mindert, um auf diese Art den Wirtschaft-
lichkeitsgrad der Arbeit - die Produktivität - positiv
zu beeinflussen. Da die Hypothese der Zielabhängigkeit
freiwilliger Sozialleistungen unter heutigen Arbeits-
marktverhältnissen einen höheren Plausibilitätsgrad hat
als die Hypothese der Fürsorgeabhängigkeit oder der ge-
sellschaftspolitischen Bezogenheit, sind freiwillige Sozialkosten grundsätzlich in die Herstellungskosten einzubeziehen [2]. Dies gilt in jedem Fall für direkt erfaß-

1) Vgl. Gutachten VDMA, Zweifelsfragen, S. 16; VAN DER
   VELDE, Herstellungskosten, S. 157 ff.; Walter LENZ,
   Herstellungskosten, S. 17 (22 f.).
2) Vgl. dazu HOHMANN, Erfassung, DB 1951, S. 922 (922
   f.); Karl HAX, Sozialpolitik, ZfhF 1955, S. 1 (6);
   REX, Ertragsbeteiligung, Diss. rer. pol. FU Berlin,
   1956, S. 40; NIETZER (Sozialleistungen, Diss. rer.

bare Kostenanteile, wenn das Abgrenzungs- und Zurechnungsproblem glaubwürdig geregelt wird [1].

bb) Die Zurechnung der Gemeinkosten auf die Herstellungs-
    leistung

bba) Die Ermittlung anteiliger Perioden-Gemeinkosten

Perioden-Gemeinkosten sind solche Kosten, die nicht für
die betrachtete Herstellungsperiode direkt erfaßbar sind,
so z. B. die Forschungs- und Entwicklungskosten, Rückstellungen, Abschreibungen [2].

bbaa) Forschungs- und Entwicklungskosten

Bereits bei der Abgrenzung der Herstellungsleistung wurden die mit dem Forschungs- und Entwicklungsbereich verbundenen Zurechnungs- und Erfassungsprobleme eingehend
behandelt [3]: Kosten für die Grundlagenforschung, Neu-

Fortsetzung FN 2 S. 224
pol., München 1962, S. 37 ff.) setzt sich ausführlich
mit der Frage des Kostencharakters betrieblicher Sozialleistungen, ihrer Erfassung und ihrer Verrechnung
auf kostenrechnerische Bezugsgrößen auseinander.
1) Vgl. GEBHARDT, Bilanzsteuerrecht, DStZ 1940, S. 509
(512); RAU, Herstellungskosten, BB 1962, S. 704 (704);
derselbe, Aufwand, BB 1964, S. 1288; BÜRNSTEIN, Fertigungsgemeinkosten, DB 1959, S. 353 (355 f.); Anderer Auffassung VAN DER VELDE, Erkenntnisse, StbJb
1962/63, S. 179 (191 f.); HERRMANN/HEUER, Kommentar,
§ 6 Anm. 50 f, E 190 (Gewinnbeteiligung).
2) Zur Notwendigkeit der Abgrenzung des Zeitraumes der
Herstellung vgl. - L -, Herstellungskosten, StBp
1965, S. 315 (315); Walter LENZ, Herstellungskosten,
S. 17 (29 ff.).
3) Vgl. oben S. 141 ff. in dieser Untersuchung.

und wesentliche Weiterentwicklungskosten können in aller
Regel nicht der einzelnen Herstellungsperiode, noch weniger der einzelnen Herstellungsleistung der betrachteten
Herstellungsperiode zugerechnet werden. Das im gemeinsa-
men Ländererlaß genannte Wahlrecht hat nur dann einen
Sinn, wenn die Entwicklungskosten quantitativ glaubwürdig
bestimmten Leistungsanteilen der einzelnen Herstellungsperioden zugerechnet werden können. Um eine solche Möglichkeit nicht auszuschließen - z. B. für den Fall der
Einzelfertigung oder der Fertigung mit vertraglich festgelegten Leistungsmengen -, ist ein bedingtes Wahlrecht
zu gewähren: Die Zurechnung der Entwicklungskosten als
Sonder-Einzelkosten der Fertigung auf die Herstellungsleistung der Herstellungsperiode ist von dem Nachweis
einer quantitativ bestimmten Leistungsgesamtheit abhängig [1]. Eine autonome Entscheidung ist auszuschließen,
da ein Konflikt mit dem Realisationsprinzip sowie mit
den Anforderungen der Einkommensbesteuerung wahrscheinlich ist.

Kosten für die unwesentliche Weiterentwicklung der Erzeugnisse [2] sind als Fertigungs-Gemeinkosten nach dem
Durchschnittskostenprinzip den Herstellungsleistungen
der Herstellungsperiode anteilig zuzurechnen, auch wenn
die Leistungsgesamtheit, der diese Entwicklungsleistungen nützen, unbestimmt ist.

Die Kosten solcher Entwicklungsleistungen, die für die
Herstellung von Spezialwerkzeugen oder speziellen Ferti-

---

1) Vgl. BP-Kartei, Teil I, Konto: Halbfertige Arbeiten,
   S. 22; BANGE, Herstellungskosten, Diss. rer. pol.,
   Würzburg 1970, S. 164. Bange verweist auf ein Schrei-
   ben der OFD Münster (Dr. Plückebaum), der eine Akti-
   vierung der Neuentwicklungskosten und wesentlichen
   Weiterentwicklungskosten als "rechtlich zweifelhaft"
   erachtet. Vgl. zum Terminus "bedingtes Wahlrecht"
   HARDER, Bilanzpolitik, S. 138 ff.; KUMMER, Wahlrechte,
   Diss. rer. pol., FU Berlin 1966, S. 26 ff..
2) Vgl. oben S. 141 ff. in dieser Untersuchung.

gungsverfahren für ein bestimmtes Erzeugnis oder eine
Erzeugnisgruppe aufgewendet werden, rechnen zu den Sonder-Gemeinkosten der Fertigung. Der BFH fordert, die
Perioden-Gemeinkostenanteile abzugrenzen, sie den Erzeugnissen der einzelnen Herstellungsperiode auch dann
in voller Höhe zuzurechnen, wenn das Leistungspotential
noch nicht verbraucht ist - z. B. im Fall der Einzelfertigung - [1]. Wenn die Leistungsgesamtheit, der Leistungsanteil der einzelnen Herstellungsperiode und die
Nutzungsdauer eines Spezialwerkzeugs oder eines Ferti-
gungsverfahrens glaubwürdig bestimmt sind, dann ist die
Abgrenzung der Perioden-Gemeinkosten unproblematisch.
Wenn die Leistungsgesamtheit nicht glaubwürdig bestimmt
ist, dann gilt es, die Nutzungsdauer des Wirtschafts-
guts glaubwürdig zu belegen oder gemäß den AfA-Tabellen
zu normieren und die Sonder-Gemeinkosten der Herstellungsperiode durch eine Annahme über die Verteilung der
Anschaffungs- oder Herstellungsperiode auf die Jahre der
Nutzung zu ermitteln: Wie im Zusammenhang mit den Abschreibungen auf das Anlagevermögen zu zeigen sein wird,
ist zur Ausschaltung von Manipulationsmöglichkeiten die
lineare Verteilungsmethode zu wählen, wenn der Leistungsanteil der Herstellungsperiode nicht glaubwürdig belegt
werden kann. Eine Bewertung nach § 6 Abs. 2 EStG schließt
der BFH für solche Spezialwerkzeuge, die serienmäßig hergestellt werden und in ihrer betrieblichen Zweckbestim-
mung mit geeigneten Werkzeugmaschinen verbunden sind,
aus [2].

1) Vgl. Urteil BFH I 195/60 v. 28. 2. 1961, BStBl 1961
III S. 384 (384 f.); WIEBUSCH, Behandlung, StBp 1967,
S. 219 (220).
2) Vgl. Urteil BFH I 13/61 v. 28. 2. 1961, BStBl 1961
III S. 383 (383 f.).

bbab) Abschreibungen

Abschreibungen - hier beschränkt auf die Wirtschaftsgüter des Anlagevermögens - geben der Wertminderung des
Vermögens Ausdruck. Die Frage ist, ob sie zu den Herstellungskosten rechnen. Der RFH bejaht diese Frage, soweit
das Anlagevermögen der Fertigung gedient hat [1]. Versteht
man ein Anlagegut als ein Bündel von Nutzleistungen, dann
soll eine Herstellungsperiode mit dem Aufwand belastet
werden, wie ihr die Anlage Nutzen gebracht hat [2]. Diese
Vorstellung ist theoretisch einsichtig, scheitert jedoch
- gerade in der Steuerbilanz - an der nicht nachprüfbaren
Bestimmung des Leistungsanteils der Herstellungsperiode
an der Gesamtleistung, da die Prognose der Nutzungsdauer
und die Erkennbarkeit technischer und wirtschaftlicher
Abschreibungsfaktoren nur begrenzt möglich ist [3]. Die
Folgerung von Dieter Schneider und Dietz aus dieser Feststellung erscheint zwingend: Wenn nicht der Nachweis über
die Nutzungsdauer geführt werden kann, wenn andererseits
der Ermessensspielraum bei der Schätzung der Nutzungsdauer Manipulationsmöglichkeiten eröffnet, dann müssen
die Nutzungsdauern der Wirtschaftsgüter des Anlagevermö-

---

1) Urteil RFH I A 245/30 v. 9. 1. 1931, RStBl 1931 S. 307
   (308); Bescheid des RFH v. 21. 11. 1939, bestätigt
   durch das Urteil RFH I 67/39 v. 5. 3. 1940, RStBl 1940
   S. 683 (683 f.). Zur Erörterung stehen hier lediglich
   Abschreibungen auf das Sachanlagevermögen, Abschreibungen auf immaterielle Anlagegüter oder auf sonstige Anlagegüter (z. B. Patente) oder auf Finanzanlagen werden in dieser Untersuchung entweder an anderer Stelle
   behandelt (z. B. Sonderkosten) oder tragen außerordentlichen Charakter und werden daher als Sonderabschreibungen oder Teilwertabschreibungen behandelt.
2) Vgl. KOSIOL, Anlagenrechnung, S. 31; ALBACH, Abschreibung, S. 45 ff..
3) Vgl. grundlegend Dieter SCHNEIDER, Nutzungsdauer, S.
   33 ff.; MEFFERT, Kosteninformationen, S. 187 f.; KOR-
   NAGEL, Entwertungsursachen, BFuP 1969, S. 155 ff..

gens entsprechend statistischer Erfahrungswerte normiert
werden [1]. Wenn die Versuche, mit Hilfe der Nutzenbündel-
vorstellung eine "richtige" Abschreibungsmethode zu begründen, an der mangelnden Erkennbarkeit technischer und
wirtschaftlicher Abschreibungsfaktoren scheitern müssen,
wenn daher eine "richtige" Abgrenzung der Abschreibungen
entsprechend der Periodenleistung nicht möglich ist, dann
muß zur Ausschaltung von Manipulationsmöglichkeiten neben
der Normierung der Nutzungsdauer die Methode zur Verteilung der Abschreibungen auf die Jahre der Nutzung normiert werden: Unter dem Gesichtspunkt der Nachprüfbarkeit, Einfachheit und Vergleichbarkeit der Gewinnermittlung ist daher die von Dieter Schneider und Dietz [2]
vorgeschlagene lineare Abschreibungsmethode als in der

---

1) Vgl. Dieter SCHNEIDER, Thesen, DB 1970, S. 1697
(1701 ff.); DIETZ, Normierung, S. 126 ff.. Die Normierung der Nutzungsdauern in den sog. AfA-Tabellen der
Finanzverwaltung muß in bezug auf die theoretische Basis der Steuerbilanz als zweckgemäß anerkannt werden.
Eine Aussage über die Behandlung der Nutzungsdauer in
internen Informationsrechnungen ist damit selbstver-
ständlich nicht getroffen. Die Auffassung von BANGE
(Herstellungskosten, Diss. rer. pol., Würzburg 1970,
S. 177), die Prognose der Nutzungsdauer sei aus der
internen Kostenrechnung zu übernehmen, ist grundsätzlich abzulehnen. Anderer Auffassung im Rahmen der Auseinandersetzungen mit der Finanzverwaltung über die
Normierung der Abschreibung sind ROSE, Abschreibungsmethode, WPg 1956, S. 372 ff.; derselbe, Normierung,
WPg 1957, S. 353 ff.; RIEBEL, Normung, S. 4 ff..
2) Vgl. Dieter SCHNEIDER, Thesen, DB 1970, S. 1697
(1703); DIETZ, Normierung, S. 154 ff.; zu der Auseinandersetzung mit den Einwendungen gegen die Abschrei-
bungsnormierung vgl. ausführlich DIETZ, S. 176 ff..
Wenn der Nachweis einer anderen, betriebsindividuellen
Nutzungsdauer und der Notwendigkeit einer degressiven
Abschreibungsmethode erbracht wird, ist dem zu folgen.
Anderenfalls besteht nur die Möglichkeit der Anwendung
des Imparitätsprinzips und der entsprechenden Bewertung
zum niedrigeren Teilwert: Zu dieser Auffassung vgl.
auch BORNSTEIN, Fertigungsgemeinkosten, DB 1959, S.
381 (381).

Steuerbilanz einzig zulässige Abschreibungsmethode solange zwingend, als nicht der Nachweis über die Glaubwürdigkeit eines anderen Abschreibungsverlaufs geführt werden kann [1]. Wenn daher die lineare Abschreibungsmethode
- im Gegensatz zum geltenden Recht - die einzig zulässige
Methode ist, dann entfällt auch das Wahlrecht nach Abschnitt 33 Abs. 4 Satz 3 EStR, da die gleiche theoretische Basis, die der Wertermittlung im Anlagevermögen und
im Umlaufvermögen zugrunde liegt, die Begründung eines
unterschiedlichen Abschreibungsverlaufes ausschließt.
Während Teilwertabschreibungen auf das Anlagevermögen im
Sinne des § 6 Abs. 1 Nr. 1 Satz 2 EStG bei der Ermittlung der Herstellungskosten nicht berücksichtigt werden
dürfen, ist die Berücksichtigung von Sonderabschreibungen zulässig (Abschnitt 33 Abs. 4 EStR). Abgesehen davon,
daß diese Ungleichbehandlung unlogisch ist, da es sich
in beiden Fällen um außerplanmäßige Abschreibungen handelt, fehlt es in beiden Fällen an dem Leistungsäqui-
valent, daher an der Voraussetzung für eine Leistungsverbundenheit, daher an der Voraussetzung für eine Subsumtion unter den steuerlichen Kostenbegriff [2]. Im übrigen

---

1) Die hier vertretene Auffassung ist eine Mindermeinung.
Sie erscheint zwingend in bezug auf die theoretische
Basis der Steuerbilanz. STUMPE (AfA, FR 1957, S. 248
(248 f.)) ist zumindest der Auffassung, daß die Abschreibungsmethode bei der Bewertung des Anlagevermögens wie auch des Umlaufvermögens identisch sein muß.

Anderer Auffassung sind z. B. SCHMALENBACH, Generalunkosten, ZfhF 1907/08, S. 161 (171); VEIEL, Herstellungskosten, S. 41; WEHR, Preisermittlung, Steuer-
Warte 1954, S. 54 (56); MERKER, Herstellungskosten,
NB 1959, S. 122 (123 ff.); BP-Kartei Teil I, Konto:
Halbfertige Arbeiten, S. 20 f.; ALBACH, Abschreibung,
S. 45 ff.; HERRMANN/HEUER, Kommentar, § 6 Anm. 50 f,
E 188 (Abschreibungen).
2) Vgl. ECKSTEIN, Herstellungskosten, StuW 1942, Sp. 57
(60); VEIEL, Herstellungskosten, S. 40; JELLEN, Fertigungsgemeinkosten, Diss. rer. pol., Wien 1950, S.
146; EYMER, Herstellungskosten, Diss. rer. pol., Köln
1952, S. 120 ff.; ESCHER, Aktivierungspflicht, S. 74;
VAN DER VELDE, Herstellungskosten, S. 147 f.; HERR-
MANN/HEUER, Kommentar, § 6 Anm. 50 f, E 188(Abschreibungen). Anderer Auffassung ist LOTTES, Herstellungskosten, BFuP 1951, S. 529 (538).

würden Sonderabschreibungen, die dem Leistungsanteil
einer Herstellungsperiode entsprechend der einzelnen
Herstellungsleistung zugerechnet würden, die mit der
außerplanmäßigen Abschreibung verfolgte Absicht in der
Regel stornieren [1]. Fraglich ist, ob Abschreibungen
auf geringwertige Wirtschaftsgüter gemäß § 6 Abs. 2
EStG, die als Sonderabschreibungen behandelt werden,
in die Herstellungskosten einbezogen werden sollen oder
nicht. Grundsätzlich dürften lediglich die Verbrauchs-
anteile der Herstellungsperiode der Herstellungsleistung
zugerechnet werden, jedoch dient es der Einfachheit der
Ermittlung der Herstellungskosten, diese Abschreibungen
in voller Höhe in die Herstellungskosten einzubeziehen,
sofern ihr Anteil an den Herstellungskosten im Ablauf
mehrerer Herstellungsperioden in etwa konstant bleibt [2].

bbac) Rückstellungen

An dem Nachprüfbarkeitskriterium scheitert in der Regel
die Zurechnung von Rückstellungen auf die Herstellungsperiode und damit auf die Herstellungsleistung; mit Recht,
da die Manipulationsmöglichkeit und die Wahrscheinlichkeit
der Aktivierung nicht realisierter Gewinne groß ist [3].
Jacobs will Rückstellungen dann bilden, wenn "Risiken erkennbar werden, die wahrscheinlich zu zukünftigen Ausgaben führen" [4]. Sind die Risiken nicht nachprüfbar be-
stimmbar, dann ist die Rückstellungsbildung zu Lasten der
Herstellungsperiode zu versagen. Dieter Schneider schließt

1) Vgl. HORN, Fertigungsgemeinkosten, Der praktische Betriebswirt 1941, S. 484 (491); DAHL, Aktivierung, S.
79; ADLER/DÖRING/SCHMALTZ, Rechnungslegung, Bd. 1, §
155 TZ 60.
2) Vgl. EYMER, Herstellungskosten, Diss. rer. pol., Köln
1952, S. 123. Anderer Auffassung ECKSTEIN, § 6 EStG,
Steuer-Warte 1937, S. 243 (243).
3) Vgl. LITTMANN, Einkommensteuerrecht, § 6 RdNr 73, S.
662.
4) JACOBS, Bilanzierungsproblem, S. 132.

aufgrund seines "eindeutigen" Nachprüfbarkeitskriteriums
die Rückstellungsbildung bis auf solche Fälle aus, "in
denen der Eintritt des Risikofalls durch eigene Tätigkeit
nicht mehr verhindert werden kann, die Verpflichtung also
dem Grunde nach sicher gegeben ist" [1].

Grundsätzlich gilt daher, daß die Bildung und Periodenabgrenzung von Rückstellungen für allgemeine Verlustgefah-
ren abzulehnen ist [2]. Die Bildung von Garantierückstellungen dagegen wird unter dem Gesichtspunkt diskutiert,
ob nicht die Fiktion, daß jede Herstellungsperiode und
damit die Leistungsmenge dieser Herstellungsperiode mit
einem durchschnittlichen Garantierisiko belastet werden
solle, den Rückgriff auf Erfahrungssätze, wie sie bei
der Bildung von Garantierückstellungen Anwendung finden [3], zulasse. Van der Velde und Herrmann/Heuer verneinen die anteilige Zurechnung der Garantierückstellungen
auf die Herstellungsperiode sowie auf die einzelne Herstellungsleistung, da die Gewährleistungspflicht sich
erst aus dem Kaufvertrag ergebe [4]. Dieser Auffassung ist
zuzustimmen, zumal die anteilige Zurechnung nach dem
Durchschnittsprinzip gebildeter, normalisierter Garantieverpflichtungen auf die einzelne Herstellungsleistung das
Risiko einer unerwarteten Garantieinanspruchnahme und damit das Risiko des Ausweises unrealisierter Gewinne
trägt.

Pensionsrückstellungen werden ausdrücklich in Abschnitt
33 Abs. 5 EStR als zurechnungsfähig anerkannt. Die Frage

---

1) Dieter SCHNEIDER, Renaissance, ZfbF 1973, S. 29 (44).
2) Vgl. Urteil RFH III 74/39 v. 4. 6. 1940, AS Bd. 48
   S. 330 (332 f.); HARTMANN/BOETTCHER/GRASS, Großkommentar, § 6 Anm. 19 b, S. 49.
3) Vgl. HERRMANN/HEUER, Kommentar, § 5 Anm. 61, E 408 ff.
   (Garantieverpflichtungen).
4) VAN DER VELDE, Bilanzposten, StbJb 1956/57, S. 335
   (341 f.); Gutachten VDMA, Zweifelsfragen, S. 17;
   ESSER, Herstellungskosten, AG 1962, Sonderbeilage II/
   62, S. 1 (8); ERHARD, Herstellungskosten, S. 80;
   HERRMANN/HEUER, Kommentar, § 6 Anm. 50 f, E 192
   (Sonderkosten).

ist jedoch, ob von einer objektivierbaren Periodenzure-
chenbarkeit ausgegangen werden kann. Die Ablehnung mit
Hilfe der sog. "Fürsorge-Argumentation" wurde bereits
begründet [1]. Besteht jedoch nachprüfbare Erfaßbarkeit
für die Herstellungsperiode, wenn davon ausgegangen
wird, daß Penionsrückstellungen ein Entgelt für Teilleistungen zur Herstellungsleistung sind, wie Schindele [2]
annimmt? Unstreitig ist, daß der sog. Zinsanteil nicht
als Leistungsentgelt zu betrachten ist. Wenn aber der
Prämienanteil und der Risikoanteil der betrachteten Herstellungsperiode zugerechnet werden sollen, dann ergeben
sich folgende Problemstellungen:

(1) die Errechnung von Zinsanteil einerseits und Prä-
    mien- und Risikoanteil andererseits;
(2) die Abgrenzung sog. Nachholungen, da der Arbeitsbe-
    ginn und der Zeitpunkt der Pensionszusage regelmäßig
    auseinanderfallen;
(3) die Eliminierung der durch einen außerordentlichen
    Rechnungsverlauf - z. B. bei Fluktuation - bedingten
    außerordentlichen Erträgen bzw. Aufwendungen [3].

Diese Abgrenzungs- und Zurechnungsschwierigkeiten der
Penionsrückstellungen auf die Herstellungsleistung der
Herstellungsperiode stehen im Konflikt mit dem Nachprüfbarkeitskriterium. Das Einfachheitskriterium wird selbst
dann verletzt, wenn ein Pauschalverfahren angewendet
wird, wie es ein Erlaß des Finanzministers Nordrhein-

---

1) Vgl. oben S. 222 ff. in dieser Untersuchung.
2) SCHINDELE, Begriff, BB 1958, S. 1029 (1032).
3) Vgl. Willy MEIER, Herstellungswert, S. 77; HEISSMANN,
   Kostencharakter, DB 1957, S. 1077 (1077 f.); SCHINDE-
   LE, Begriff, BB 1958, S. 1029 (1032); MERKER, Her-
   stellungskosten, NB 1959, S. 122 (125); HERRMANN/HEUER,
   Kommentar, § 6 Anm. 50 f, E 189 (Betriebliche Alters-
   versorgung); ADLER/DÖRING/SCHMALTZ, Rechnungslegung,
   Bd. 1, § 155 TZ 48; EVERLING, Pensionsverpflichtungen,
   KRP 1967, S. 61 ff..

Westfalen bei der Feststellung des Einheitswertes des
Betriebsvermögens regelt: Danach werden bei Pensionsverpflichtungen anstatt fiktiver Jahresnettoprämien ein
bestimmter Anteil (2/3) der nach § 6 a EStG "in dem betreffenden Jahr höchst zulässigen Zuführungen zu den
Rückstellungen für Pensionsanwartschaften" angesetzt
oder ein bestimmter Prozentsatz der Lohn- oder Ge-
haltssumme (8 %) "der im Fertigungsbereich tätigen Arbeitnehmer, die Pensionsleistungen zu erwarten haben" [1].
Das Motiv des Erlasses kann sein, zu vermeiden, daß
durch die Nichteinbeziehung anteiliger Pensionsrückstellungen in die vermögensteuerlichen Herstellungskosten der
Erzeugnisse der Einheitswert des Betriebsvermögens zu
niedrig ausgewiesen wird und demnach eine entsprechende
Vermögensteuerschuld nicht entsteht. Von einer Abgrenzung der Pensionsrückstellungen auf die Herstellungsperiode und ihrer Zurechnung auf die Herstellungsleistung
in der Ertragsteuerbilanz ist abzusehen [2].

Andere Rückstellungen kann der Steuerpflichtige dann zurechnen, wenn seine Wahrscheinlichkeitsschätzung, begut-
achtet durch einen sachverständigen Dritten, übereinstimmend den Risikofall erkennen läßt, der zu zukünftigen Ausgaben führt [3].

---

1) Erlaß Fin. Min. NRW v. 15. 2. 1966, BStBl 1966 II S.
   56 f..
2) Vgl. bereits grundsätzlich BAIER, Gestehungskosten,
   DStZ 1941, S. 149 (154); vgl. besonders BÜRNSTEIN
   (Fertigungsgemeinkosten, DB 1959, S. 353 (356)) und
   SCHINDELE, Begriff, BB 1958, S. 1029 (1032); anderer
   Auffassung BANGE (Herstellungskosten, Diss. rer.
   pol., Würzburg 1970, S. 159), der die Versorgungsauf-
   wendungen grundsätzlich in die steuerlichen Herstellungskosten einbeziehen will, soweit sie als steuerliche abzugsfähige Betriebsausgaben "mit bestimmten
   Herstellgütern ursächlich verbunden sind". Die Leerformel "ursächlich verbunden" wird von Bange nicht
   konkretisiert. Vgl. auch FRISCHKOPF, Herstellungskosten, Diss. rer. pol., Bern 1969, S. 157 ff..
3) Vgl. JACOBS, Bilanzierungsproblem, S. 133. Zur Kritik daran vgl. vor allem BISCHOFF, Herstellkosten,
   KRP 1967, S. 121 (127); LITTMANN, Einkommensteuerrecht, § 6 RdNr 73, S. 662.

bbb) Die Abgrenzung der anteiligen Perioden-Gemeinkosten
     und der Perioden-Einzelkosten gegenüber den Kosten-
     anteilen der übrigen Funktions- oder Abrechnungsbe-
     reiche

Der Abgrenzung der Perioden-Gemeinkosten anteilig gegenüber anderen Herstellungsperioden folgt das Problem der
Abgrenzung dieser anteiligen Perioden-Gemeinkosten und
der Perioden-Einzelkosten gegenüber den übrigen Funktions-
oder Abrechnungsbereichen, die keine Teilleistungen zu der
für steuerliche Zwecke abgegrenzten Herstellungsleistung
beitragen [1], aber für die Erfüllung ihrer Zwecksetzungen
gemeinsam mit dem Herstellungsbereich Einsatzgüter nutzen. Im Zusammenhang mit der Darstellung der Leistungskategorie des Begriffs steuerlicher Herstellungskosten
- der Herstellungsleistung [1] - wurden bereits konventionale Regelungen für die Abgrenzung gegenüber den Leistungsarten der übrigen Funktionsbereiche gefunden: So
z. B. fallen Material-Gemeinkosten des Herstellungsbereichs erst mit der Materialausgabe an, gehören allgemeine Verwaltungskosten nicht zu den steuerlichen Herstellungskosten, zählen Forschungs- und Entwicklungskosten
des Fehlens einer quantitativ genau abgegrenzten Leistungsgesamtheit wegen unter Gewährung eines bedingten
Wahlrechts in der Regel nicht zu den steuerlichen Herstellungskosten, scheiden Vertriebskosten von einer Zurechnung auf die Herstellungsleistung grundsätzlich aus.
Das Ziel war, eine glaubwürdig überprüfbare Leistungskategorie zu finden, der unter Zugrundelegung eines Kosten-
zurechnungsprinzips die ihr gegenüberstehenden Kostenarten zuzurechnen waren. An dieser Stelle gilt es, Kostenarten - in der Regel Perioden-Einzelkosten - zu erörtern, deren Abgrenzung und deren Zurechnung aus dem Mangel an Meßbarkeit ihrer Inanspruchnahme durch die Herstellungsleistung streitig ist bzw. durch ihre ergebnis-
bezogene Bemessungsgrundlage für eine Subsumtion unter
den Kostenbegriff abgelehnt wird: Finanzierungskosten

---

1) Vgl. oben S. 132 ff. in dieser Untersuchung.

des Fremdkapitals, Gewerbesteuer, freiwillige Sozialkosten in der Form der Ergebnisbeteiligung [1].

bbba) Geldbeschaffungs-(Finanzierungs-)Kosten und Fremd-
      kapitalkosten

Abschnitt 33 Abs. 6 Satz 5 und Satz 6 EStR 1972 schließen Geldbeschaffungskosten und Fremdkapitalkosten von
der Einbeziehung in die Herstellungskosten aus [2]. Die
Richtlinie beruht insoweit auf einem BFH-Urteil vom
24. Mai 1968 [3]:

---

1) In weiteren Einzelheiten zur Abgrenzung bzw. Zurechnung von Perioden-Einzelkosten und anteiligen Perioden-Gemeinkosten auf die Herstellungsleistung vgl. die
   ausführlichen Untersuchungen bei BOETTCHER, Herstellungspreis, Diss. jur., Erlangen 1928, S. 21 ff.; JEL-
   LEN, Fertigungsgemeinkosten, Diss. rer. pol., Wien
   1950, S. 69 ff.; BOMMARIUS, Herstellungswert, Diss.
   rer. pol., Frankfurt a. M. 1958, S. 80 ff.; ESCHER,
   Aktivierungspflicht, S. 74 ff.; JONASCH, Herstellungskosten, S. 78 ff.; FRISCHKOPF, Herstellungskosten,
   Diss. rer. pol., Bern 1969, S. 147 ff.; BANGE (Herstellungskosten, Diss. rer. pol., Würzburg 1970, S.
   149 ff.) analysiert wie bereits VAN DER VELDE (Herstellungskosten, S. 124 ff.) die einbeziehungsfähigen
   Kostenarten nach dem Schema des Gemeinschaftskonten-
   rahmens industrieller Verbände (GKR, Klasse 4).
2) Vgl. Abschnitt 33 EStR 1972 im Anhang dieser Untersuchung, Anlage 8, S. 444 ff.. Vgl. ferner Erl. Fin.
   Min. NRW 2174/S 2171 v. 18. 6. 1973, Fin. Min. Niedersachsen S 2171 - 8 - 31 1 v. 18. 6. 1973, DB 1973,
   S. 1278 f.. Vgl. zum Verzicht auf die Erfassung der
   Fremdkapitalzinsen im Rahmen der Vermögensbesteuerung
   das Ergebnis der Besprechung der Bewertungs- und VSt.-
   Referenten der obersten Finanzbehörden der Länder vom
   10./12. 9. 1973, DB 1973, S. 2272. Geldbeschaffungskosten im weiteren Sinne sind "alle Aufwendungen, die
   der Schuldner im wirtschaftlichen Zusammenhang mit
   einer Kreditaufnahme macht". Geldbeschaffungskosten
   im engeren Sinne "sind die Aufwendungen an Dritte,
   z. B. Vermittlungsprovision, Kosten der Bewertung,
   Besicherung, Beratung und Beurkundung, Reisekosten"
   (HERRMANN/HEUER, Kommentar, § 4 Anm. 62, E 314). Fremdkapitalkosten sind die Zinsen für Fremdkapital.
3) Vgl. Urteil BFH VI R 6/67 v. 24. 5. 1968, BStBl 1968
   II S. 574.

Finanzierungskosten für Wirtschaftsgüter, die im Herstellungsprozeß gebraucht, verbraucht oder sonstwie verwendet werden, sind Kosten der Kapitalbereitstellung, nicht Kosten der Anschaffung oder Herstellung von Wirtschaftsgütern. Abschnitt 33 Abs. 6 Satz 5 EStR 1969 gewährte ein Wahlrecht.

Die in dem genannten Urteil des BFH vertretene Auffassung stellt eine autonome Entscheidung dar, dogmatisch belegt durch ältere Urteile des RFH und BFH [1]. Eine solche Entscheidung muß sich jedoch an der theoretischen Basis der Steuerbilanz orientieren.

Die Determinierung der Extensionskomponenten des Kostenbegriffs ist zweckabhängig. Auch Geldbeschaffungs- oder Fremdkapitalkosten sind dann Bestandteil steuerlicher Herstellungskosten, wenn ihre Einbeziehung den Kriterien der theoretischen Basis entspricht. Die hier relevante Frage ist, ob die Inanspruchnahme des bereitgestellten Kapitals der Herstellungsleistung der betrachteten Herstellungsperiode zugerechnet werden kann, ohne den Bereich glaubwürdiger Nachprüfbarkeit zu verlassen.

Die Betriebswirtschaftslehre ermittelt für interne Informationsrechnungen kalkulatorische Zinskosten auf das sog. betriebsnotwendige Kapital. Diese Berechnungsgrundlage ist die Differenz zwischen dem betriebsnotwendigen Vermögen und dem Abzugskapital [2]. Aus dem be-

1) Vgl. Urteil RFH VI A 1097/30 v. 5. 11. 1930, RStBl 1931, S. 107; Urteil RFH III 74/39 v. 4. 6. 1940, AS Bd. 48 S. 330 (335 f.); Urteil BFH IV 469/51 v. 15. 5. 1952, BStBl 1952 III S. 169 (170); Urteil BFH I 70/57 v. 5. 8. 1958, BStBl 1958 III S. 392 (394); vgl. VEIEL, Herstellungskosten, S. 46 ff.; SCHINDLER, Aktivierungspflicht, S. 68; LIEDTKE, Aktivierung, BB 1968, S. 746 f.
2) Vgl. z. B. LOCKE, Zinsen, ZfB 1965, Ergänzungsheft S. 3 (6 ff.); SCHOPPENHAUER, Zinsen, Diss. rer. oec., Saarbrücken 1971, S. 89 ff., mit ausführlichen weiteren Literaturangaben.

trieblichen Vermögen werden solche Vermögensteile eliminiert, die noch nicht, nicht, nicht mehr oder nicht
laufend als Voraussetzung für die Leistungserstellung
oder -verwertung anzusehen sind [1]. Das Vermögen wird
weiter korrigiert um das Abzugskapital, das zinslose An-
und Vorauszahlungen sowie Lieferantenkredite umfaßt, die
das betriebsnotwendige Vermögen anteilig mitfinanzie-
ren [2]. Soll die Inanspruchnahme des ermittelten, betriebsnotwendigen Kapitals durch die Herstellungsleistung
gemessen werden, dann gilt es auch hier, den Herstellungsbereich gegenüber den anderen Funktionsbereichen
- insbesondere auch dem Vertriebsbereich - und ihren Anteilen an der Inanspruchnahme des Kapitals abzugrenzen.
Unterstellt man, die anteilige Inanspruchnahme messen zu
können, dann stellt sich das Problem, das anteilig gebundene Kapital in die Finanzierungsarten Eigenkapital
und Fremdkapital aufzuspalten, um schließlich die anteiligen Kosten des Fremdkapitals des Herstellungsbereiches
der Herstellungsleistung zuzurechnen [3].

Eine Aussage über die Zuordnung von Eigenkapital oder
Fremdkapital auf die Finanzierung bestimmter Wirtschaftsgüter ist nicht möglich. Unterstellungen wie z. B. eine
gleichmäßige Finanzierung aller Wirtschaftsgüter mit
Eigen- und Fremdkapital sind als autonome Entscheidung
anzusehen [4]. Um willkürliche Manipulationsmöglichkeiten
auszuschalten, ist daher von einer Einbeziehung dieser
Kostenart in die steuerlichen Herstellungskosten abzu-

---

1) SCHOPPENHAUER, Zinsen, Diss. rer. oec., Saarbrücken
   1971, S. 92.
2) Vgl. LOCKE, Zinsen, ZfB 1965 Ergänzungsheft, S. 3 (8).
3) Vgl. bereits BOETTCHER, Herstellungspreis, Diss. jur.,
   Erlangen 1928, S. 22 ff.; RUDORF, Aktivierbarkeit, S.
   207 (208).
4) Eine solche Unterstellung macht z. B. BANGE, Herstellungskosten, Diss. rer. pol., Würzburg 1970, S. 181.
   Vgl. dagegen z. B. PETSCHKE, Fertigungsgemeinkosten,
   StuW 1941, Sp. 245 (256); DAHL, Aktivierung, S. 77;
   MEFFERT, Kosteninformationen, S. 189.

sehen [1] [2]. In dieser Hinsicht besteht im Ergebnis Übereinstimmung mit dem genannten BFH-Urteil vom 24. 5. 1968 [3].

Dagegen steht der Fall, daß bei Einzelfertigung z. B. die Herstellungsleistung ausschließlich mit Fremdkapital finanziert wird. Da es sich in diesem Fall um direkt erfaßbare und eindeutig zurechenbare Kosten der Herstellungsleistung, d. h. um Einzelkosten handelt, sind sie Bestandteil der Herstellungskosten: Ein Kon-

1) Vgl. BOETTCHER, Herstellungspreis, Diss. jur., Erlangen 1928, S. 23 f.; ECKSTEIN, Herstellungskosten, StuW 1941, Sp. 295 (301); HERRMANN/HEUER, Kommentar, § 6 Anm. 50 f, E 194 (Zinsen); BOMMARIUS, Herstellungswert, Diss. rer. pol., Frankfurt a. M. 1958, S. 106 ff.. Anderer Auffassung ECKSTEIN, § 6 EStG, Steuer-Warte 1937, S. 243 (244); RUDORF, Aktivierbarkeit, S. 207 (208); ACHENBACH, Bewertung, Diss. rer. pol., Köln 1954, S. 41; ESCHER, Aktivierungspflicht, S. 77; LITTMANN, Einkommensteuerrecht, § 6 Rd Nr 72, S. 661; FRISCHKOPF, Herstellungskosten, Diss. rer. pol., Bern 1969, S. 192 ff.. - Frischkopf meint, der relative Anteil des leistungsbedingten Zinses am Gesamtzins sei gleich dem relativen Anteil des zinsbelasteten Betriebsvermögens an der Steuerbilanz-Summe, und der relative Anteil der Zinsen des Herstellbereiches am Total der leistungsbedingten Zinsen sei gleich dem relativen Anteil der den Herstellkostenstellen anzulastenden Zinskosten am Total der Zinskosten (S. 97). Ein Nachprüfbarkeitskriterium für eine solche Zurechnung der Zinskosten kennt Frischkopf nicht -.
2) Der BdF äußert in einer Stellungnahme zu der Streitfrage, ob die Gewerbeertragsteuer zu den Fertigungsgemeinkosten zu rechnen sei, die Auffassung, Fremdkapitalzinsen gehörten deshalb nicht zu den Fertigungsgemeinkosten, weil anderenfalls mit Fremdkapital arbeitende Unternehmungen "bei sonst gleichen Verhältnissen die nicht verkauften Erzeugnisse mit höheren Werten anzusetzen hätten, als die Unternehmer, die nur mit eigenen Mitteln arbeiteten": Vgl. Urteil BFH I 70/57 v. 5. 8. 1958, BStBl 1958 III S. 392 (392). Anderer Auffassung ist der BFH in dem gleichen Urteil S. 392 (394), da es bei der Zurechnung der Kosten auf die Herstellungsleistung auf die tatsächlichen Kosten ankomme, "mehr oder weniger große Unterschiede" aufgrund unterschiedlicher Kapital- oder Betriebsstrukturen daher in Kauf zu nehmen seien.
3) Vgl. dagegen Rudolph (Fremdzinsen, DB 1974, S. 64 (64 f.)), der aus dogmatischen Gründen sowie wegen der Wirkungen auf den Periodenerfolg bei unter-

flikt mit der theoretischen Basis besteht auch dann
nicht, wenn sie als Kosten des bereitgestellten Kapitals
interpretiert werden [1].

bbbb) Die Gewerbesteuer

Die Gewerbesteuer - in der Form der Gewerbekapitalsteuer
und der Gewerbeertragsteuer - gilt als eine Objekt-
steuer [2]. Munzel charakterisiert diese Steuer daher konsequent als Kosten der Unternehmung als Ganzes [3] [4].

Zur Ermittlung des Gewerbekapitals wird der Einheitswert
des Betriebsvermögens um die sog. "Hinzurechnungen" und
"Kürzungen" korrigiert [5]. Überwiegend einheitlich wird
die Gewerbekapitalsteuer als leistungsverbunden bejaht [6], da die Einbeziehung des langfristig gebundenen
Fremdkapitals in das Betriebsvermögen wenigstens teilweise die Frage nach der Verwendung des aufgenommenen Kapitals erleichtert, wenn auch nicht löst, denn der Ausschluß des kurzfristigen Fremdkapitals macht die Ermittlung des Abzugskapitals, seine Abgrenzung für die einzelnen Funktionsbereiche und die Zurechnung seiner Verwendung erforderlich [7].

Fortsetzung FN 3 S. 239
schiedlicher Kapitalstruktur insbesondere auch in der
Neugründungs- und Ausbauphase einer Unternehmung weiterhin für ein Wahlrecht plädiert.
1) Vgl. z. B. BOETTCHER, Herstellungspreis, Diss. jur.,
   Erlangen 1928, S. 24 f.; MEHRMANN, Waren, S. 191
   (208); WALTHER, Aktivierungsproblem, Diss. jur., Heidelberg 1939, S. 164.
2) Vgl. zum Steuergegenstand der Gewerbesteuer ROSE, Ertragsteuern, S. 169.
3) Vgl. MUNZEL, Kosten, S. 96.
4) Einen Überblick auf die Problematik des Kostencharakters der Gewerbesteuer gibt ERNST, Steuern, Diss. rer.
   pol., Köln 1969, S. 57 ff..
5) Vgl. § 12 Abs. 1 GewStG.
6) Vgl. HORN, Fertigungsgemeinkosten, Der praktische Betriebswirt 1941, S. 484 (495); SCHINDLER, Aktivierungspflicht, S. 88; VAN DER VELDE, Herstellungskosten,
   S. 128; WÖHE, Steuerlehre Bd. I, S. 409; HERRMANN/
   HEUER, Kommentar, § 6 Anm. 50 f, E 190 (Gewerbesteuer);
   Abschnitt 33 Abs. 6 Satz 2 EStR.
7) Vgl. GEESE, Steuern, S. 55; Geese lehnt daher die Abgrenzung und Zurechnung der Gewerbekapitalsteuer anteilig auf die Funktionsbereiche auch in einer Nachkal-
   kulation ab. Anderer Auffassung bereits ECKSTEIN, Herstellungskosten, StuW 1940, Sp. 391 (401).

Die Ermittlung des Gewerbeertrags knüpft gemäß § 5 GewStG an den steuerpflichtigen Gewinn an, modifiziert durch die sog. "Hinzurechnungen" und "Kürzungen" der §§ 8, 9 GewStG. Die Auffassungen über die Leistungsverbundenheit der Gewerbeertragsteuer divergieren. Der RFH[1] vertrat den Standpunkt, die Gewerbeertragsteuer sei der Herstellungsleistung zuzurechnen, da sie erstens mittelbar mit der Herstellung verbunden sei und zweitens keine Steuer sei, die den Vertriebsbereich allein beträfe. Der BFH - und im Anschluß daran die Verwaltungsanordnung des Abschnitts 33 Abs. 6 Satz 2 EStR - [2] verließ diesen Rechtsstandpunkt und räumte anstelle der Zurechnungspflicht dem Steuerpflichtigen ein Wahlrecht ein. Die Begründung: Die Hinzurechnungen und Kürzungen änderten nicht die grundsätzliche Abhängigkeit der Bemessungsgrundlage 'Gewerbeertrag' vom Gewinn. Es erscheine daher vertretbar, die Gewerbeertragsteuer auch nicht anteilig den Fertigungsgemeinkosten und damit den Herstellungskosten der Herstellungsleistung zuzurechnen, deren Gewinnanteil erst im Veräußerungszeitpunkt realisiert werde, sondern sie allein auf das "Gesamtergebnis" zu beziehen [3]. Als

---

1) Vgl. Urteil RFH VI A 1789/29 v. 6. 2. 1930, RStBl 1930 S. 346 (347); Bescheid des RFH v. 21. 11. 1939, bestätigt durch Urteil RFH I 67/39 v. 5. 3. 1940, RStBl 1940 S. 683 (684 f.).
2) Vgl. Urteil BFH I 70/57 v. 5. 8. 1958, BStBl 1958 III S. 392 ff.. Wesentliche Gedankengänge dieses Urteils stammen offenbar von FALKENROTH, Gewerbeertragsteuer, NB 1958, S. 6 ff..
3) Unter ausdrücklicher Bezugnahme auf das Urteil des RFH VI 744/38 v. 11. 1. 1939, RStBl 1939 S. 323, stellt der BFH (I 70/57 v. 5. 8. 1958, BStBl 1958 III S. 392 (393)) fest: "Aufwendungen, die weder unmittelbar noch mittelbar der Fertigung von Wirtschaftsgütern im Betrieb dienen, sondern mit dem Gesamtergebnis des Betriebes zusammenhängen, dürfen steuerlich den Herstellungskosten nicht zugerechnet werden". Vgl. auch VEIEL, Herstellungskosten, S. 44; Willy MEIER, Herstellungswert, S. 73; BALMES, Gewerbesteuer, BFuP 1959, S. 103 ff.; DAHL, Aktivierung, S. 76; VAN DER VELDE, Herstellungskosten, S. 129 ff.; DÖLLERER, Wahlrechte, BB 1969, S. 1445 (1448); WÖHE, Steuerlehre Bd. I, S. 409; KLEIN, Herstellungskosten, S. 1 (8 f.).

ergänzende Kriterien legt der BFH seiner Entscheidung die
Auffassung über die Nichteinbeziehung der Fremdkapitalzinsen - die Folge wäre anderenfalls eine Stornierung
durch die auf den Dauerschuldzinsen basierende Gewerbeertragsteuer -, die Einfachheit der Wertermittlung, die
Zweifelhaftigkeit der Abgrenzung und der Zurechnung dieser Steuer auf die Herstellungsleistung zugrunde [1].

In zweifacher Hinsicht ist das Judikat der Kritik zu unterziehen. Erstens erscheint es nicht konsequent, nach
einer detaillierten Sachverhaltsanalyse mit dem dargelegten Ergebnis dem Steuerpflichtigen ein Wahlrecht zu
überlassen. Die Funktion eines solchen Wahlrechts kann
nicht einleuchten [2]. Zweitens kann die Begründung nicht
überzeugen, der Gewinn sei der dominante Bemessungsgrund-
lagenteil der Gewerbeertragsteuer, die Steuer aus diesem
Grunde ohne wirtschaftlichen Zusammenhang mit dem Herstel-
lungsvorgang. Dieser Auffassung ist zu entgegnen, daß die
Bemessungsgrundlage die Funktion einer technischen Größe
der Steuererhebung hat [3], daß jedoch entscheidend für
die Frage der Zurechnung oder Nichtzurechnung der wirt-

---

1) Vgl. Urteil BFH I 70/57 v. 5. 8. 1958, BStBl 1958
   III S. 392 (394).
2) Vgl. VANGEROW, Einkommensteuer, StuW 1958, Sp. 825
   (826).
3) Vgl. KOSIOL, Analyse, S. 27; CORDES/HÖFFKEN, Steuern,
   S. 31 (46 f.): Beide Autoren unterstellen auch WÖHE
   (Steuerlehre Bd. II, 2. Halbbd., S. 20 ff.), im Grunde nicht auf die Bemessungsgrundlage als Kriterium
   für den Kostencharakter der Steuern abzustellen, sondern auf den wirtschaftlichen Sachverhalt, an den die
   Besteuerung anknüpft.

schaftliche Sachverhalt bleibt: Wird ein Gewerbeertrag
festgestellt, dann kann die an das Objekt 'Unternehmung'
gebundene Betriebsausgabe 'Gewerbeertragsteuer' als am
Jahresanfang entstehende, dem sich vollziehenden Her-
stellungsvorgang laufend verbundene Belastung interpretiert werden [1].

Wird diese Auslegung akzeptiert, so ergibt sich die Ab-
lehnung der Einbeziehung der Gewerbeertragsteuer in die
Herstellungskosten aus der Sicht der Grundannahmen und
Anforderungen der Einkommensbesteuerung wie folgt:

(1) Die Abgrenzung des Anteils des Herstellungsbereichs
    an dieser Objektsteuer gegenüber den Anteilen der
    übrigen Funktionsbereiche, die zum Gewerbeertrag
    beitragen, ist nicht nachprüfbar.

(2) Die Zurechnung eines Gewerbeverlustes und die Zurech-
    nung der aus geänderten Gewerbesteuerbescheiden re-
    sultierenden Belastungsänderungen ist nicht nach-
    prüfbar bzw. verlangt komplizierte Nebenrechnungen.

(3) Das Risiko, bei einer späteren, endgültigen Reduk-
    tion des Gewerbeertrages nicht realisierte positive
    Erfolgsbeiträge der Herstellungsleistung zugerechnet
    zu haben, bedeutet einen wahrscheinlichen Verstoß ge-
    gen das Realisationsprinzip.

Diese Gründe geben Veranlassung, die Leistungsverbundenheit mit der Herstellungsleistung und die Einbeziehung

1) Vgl. KNOF, Herstellungskosten, StuW 1940, Sp. 1015
   (1018); A. MEIER, Steuern, WPg 1956, S. 217 (219 ff.);
   teilweise ESCHER, Aktivierungspflicht, S. 76; anderer
   Auffassung STUMPE, AfA, FR 1957, S. 248 (249 f.); Urteil BFH I 70/57 v. 5. 3. 1958, BStBl 1958 III S. 392
   (393): Stumpe und der BFH gewichten das Kriterium der
   Gewinnabhängigkeit stärker als das Kriterium der laufend belastenden Aufwendungen. HORN (Fertigungsgemeinkosten, Der praktische Betriebswirt 1941, S. 484 (495
   f.)) argumentiert, die Gewerbeertragsteuer sei nicht

damit in die Herstellungskosten bei der Erzeugnisbewertung
in der Steuerbilanz abzulehnen. Die Gewährung eines Wahlrechts ist nicht begründet [1].

bbbc) Die Ergebnisbeteiligung von Arbeitnehmern des Her- stellungsbereiches

Wie bei der Gewerbeertragsteuer, so fungiert auch im Fall
der Ergebnisbeteiligung der Arbeitnehmer als Bemessungsgrundlage für diese abzugsfähige Betriebsausgabe eine Er-
tragskategorie, so z. B. bestimmte Deckungsbeitragsarten
der einzelnen Funktionsbereiche oder z. B. der aktienrechtliche Jahresüberschuß. Abschnitt 33 Abs. 5 Satz 4
rechnet die Kosten für die Beteiligung der Arbeitnehmer
am Ergebnis der Unternehmung grundsätzlich zu den Herstellungskosten, konzediert jedoch ein Wahlrecht [2], be-

---

Fortsetzung FN 1 S. 243
zu den Fertigungsgemeinkosten zu rechnen, da der Fall
des neugegründeten Gewerbebetriebs, der im ersten
Wirtschaftsjahr lediglich produziere, aber nichts verkaufe, den Beweis liefere, daß nicht die Tätigkeit des
Herstellens, sondern die Gewinnerzielung Gewerbeertragsteuer auslöse.
1) Auch BANGE (Herstellungskosten, Diss. rer. pol., Würzburg 1970, S. 168) lehnt ein Wahlrecht für die Einbeziehung der Gewerbeertragsteuer in die Herstellungskosten ab, allerdings mit dem Argument des BFH, der Gewinn und nicht die Herstellung sei das Kriterium für
   die Entstehung der Gewerbeertragsteuer.
2) Vgl. auch BP-Kartei, Teil 1, Konto: Halbfertige Arbeiten, S. 19, 24; - L -, Herstellungskosten, StBp
   1965, S. 315 (318); einer Einbeziehung dieser Kostenart in die Herstellungskosten stehen ablehnend gegenüber VAN DER VELDE, Herstellungskosten, S. 124 f.;
   BANGE, Herstellungskosten, Diss. rer. pol., Würzburg
   1970, S. 155.
   Einer Einbeziehung stehen grundsätzlich positiv gegenüber HORN, Fertigungsgemeinkosten, Der praktische Betriebswirt 1941, S. 484 (490); VEIEL, Herstellungskosten, S. 37; JELLEN, Fertigungsgemeinkosten, Diss.
   rer. pol., Wien 1950, S. 119; vgl. auch FN 1 S. 225
   in dieser Untersuchung.

gründet mit Zweifeln, ob eine Gewinnverwendung oder eine
unmittelbare bzw. mittelbare Beziehung zwischen dem bewerteten Güterverbrauch und der Leistungsentstehung vorliegt [1]. Diese Zweifel scheinen unter heutigen Arbeits-
marktverhältnissen nicht mehr angebracht. Ein ergebnis-
abhängiges Entgelt auf den Leistungsbeitrag des Empfän-
gers - im Herstellungsbereich - zur Herstellungsleistung
ist daher nicht nur unter der Bedingung vertraglicher
Vereinbarungen mit Einzelpersonen (Einzelkosten), sondern
auch im Falle der Ergebnisbeteiligung aller Arbeitnehmer
der Unternehmung oder eines Teils davon gegeben [2]. Wie
bei der Gewerbeertragsteuer ist auch hier in beiden Fällen die Bemessungsgrundlage lediglich eine technische
Größe. Die Abgrenzung der Arbeitnehmer des Herstellungsbereichs ist in der Regel unproblematisch. Die Auffassung, diese Sozialkosten seien nicht leistungsverbunden
und aus diesem Grunde keine Kosten der Herstellungsleistung, ihre Einbeziehung sei als "rechtlich zweifelhaft" [3] zu werten, muß auf dogmatisches Denken [4] zurückgeführt werden und entspricht nicht dem wirtschaftlichen Sachverhalt.

---

1) Vgl. oben FN 3 S. 241 in dieser Untersuchung zur Gewerbeertragsteuer. REMMLINGER (Warenbewertung, Industrie und Steuer 1941 Teil I, S. 37 (39)) will noch
   sämtliche freiwilligen sozialen Leistungen "aus den
   Herstellungskosten aussondern, da sie aus dem Gewinn
   zu decken" seien.
2) Vgl. oben S. 224 FN 1, 2, S. 225 FN 1, in dieser Untersuchung.
3) Mit einer ähnlichen Begründung wie RAU (vgl. FN 1
   S. 225) lehnt auch der BdF (Einbeziehung, StBp 1965,
   S. 39 f.) die Einbeziehung dieser Kostenart in die
   Herstellungskosten ab. Vgl. auch die Auffassung der
   OFD Münster (Dr. Plückebaum), zitiert nach BANGE,
   Herstellungskosten, Diss. rer. pol., Würzburg 1970,
   S. 155 FN 1.
4) Vgl. zur Kritik daran LAUSBERG, Steuersystemkonzeption, ZfB 1972, S. 421 (438).

bbc) Die Zurechnung der anteiligen Perioden-Gemeinkosten
      und der Perioden-Einzelkosten auf die Herstellungs-
      leistung

Die Zurechnung der Einzelkosten und der zwar indirekt erfaßten, aber eindeutig auf die Herstellungsleistung zurechenbaren, unechten Gemeinkosten erfolgt direkt bzw. mit
Hilfe unproblematischer Schlüsselgrößen. Die Zurechnung
anteiliger Perioden-Gemeinkosten und der Perioden-Einzelkosten, die in der Kostenrechnung als Kostenstellen-Einzelkosten oder als Kostenstellen-Gemeinkosten - in jedem
Falle als echte Kostenträger-Gemeinkosten - erfaßt werden,
vollzieht sich unter Zugrundelegung des Durchschnittskostenprinzips. Für eine methodisch überprüfbare Auswahl
der Schlüsselgrößen bietet sich - wie oben gezeigt wurde [1] - das Prinzip minimaler Gemeinkostenstreuung an.
Sofern die Beziehung zwischen den wirksamen Kosteneinflußgrößen, der Schlüsselgröße und der Kostenhöhe auch
nicht durch eine den sachverständigen Dritten überzeugen-
de Plausibilität nachvollziehbar ist, muß eine Zurechnung
dieser Kosten auf die Herstellungsleistung unterbleiben,
sind diese Kosten nicht unter den Begriff spezifisch
steuerlicher Herstellungskosten subsumierbar. Abschnitt
33 EStR läßt in den Fällen zweifelhafter Abgrenzung und
Zurechnung von Kosten dem Steuerpflichtigen in der Regel
ein Wahlrecht.

Die Kritik an den Regelungen des Abschnitts 33 EStR und
an der Zurechnung der in diesem Abschnitt genannten Kostenarten auf die Herstellungsleistung kann nicht ohne
Aufhebung der Bedingung 'Kapazitätsausnutzungsgrad = Kapazitätsnorm' gesehen werden. Die Folgen aus der Auflösung dieser Bedingung bei einer Kapazitätsausnutzung unterhalb und oberhalb der Kapazitätsnorm sind im folgenden im Hinblick auf die theoretische Basis der Steuerbilanz zu untersuchen, die diesbezüglichen Regelungen
des Abschnitts 33 EStR der Kritik zu unterziehen.

---

1) Vgl. oben S. 204 ff. in dieser Untersuchung.

C. Herstellungskosten unter der Bedingung unterhalb und oberhalb der Kapazitätsnorm realisierter Kapazitätsausnutzungsgrade

I. Die Auswirkung von Variationen der Kapazitätsausnutzung auf die Kosten der Herstellungsleistung unter Zugrundelegung der betrieblichen Anpassungsformen Gutenbergs

Wenn geänderte Absatzdaten eine Unternehmungsleitung veranlassen, die Leistungsmenge und damit die Kapazitätsausnutzung zu variieren, dann kann sie auf die intensitätsmäßige, die zeitliche und die quantitative Anpassungsform zurückgreifen [1]. Die Auswirkungen der Anpassung an Kapazitätsausnutzungsgrade, die von der Kapazitätsnorm abweichen, lassen sich wie folgt systematisieren [2]:

(1) Auswirkungen unterhalb der Kapazitätsnorm realisierter Kapazitätsausnutzungsgrade

- Bei rückläufiger Kapazitätsausnutzung steigen die Kosten der einzelnen Herstellungsleistung, da der gesamte Block fixer echter Gemeinkosten auf eine geringere Anzahl von Leistungseinheiten zugerechnet wird. In dieser Situation steigt paradoxerweise der Wert der Erzeugnisse in der Steuerbilanz, ceteris paribus steigt der steuerliche Gewinn, vermindert

---

1) Vgl. GUTENBERG, Produktion, S. 361 ff.. Als eine Art der quantitativen Anpassung bezeichnet Gutenberg die sog. selektive Anpassung.
2) An dieser Stelle sei nochmals auf die Bedingungen isolierender Abstraktion im Zusammenhang mit den Untersuchungen zur Interdependenz zwischen der Kostenhöhe und der Kosteneinflußgröße 'Kapazitätsausnutzung' verwiesen. Die vorgenommene Beschränkung auf eine dominante Kosteneinflußgröße läßt sich nur mit dem Kommunikationszweck der Steuerbilanz und der Wertkonvention 'Herstellungskosten' in dieser Bilanz begründen. Vgl. dazu S. 104 ff. in dieser Untersuchung.

sich der steuerliche Verlust [1].

- Die von der Kapazitätsausnutzung bzw. der Leistungsmenge abhängigen Einzelkosten, unechten Gemeinkosten und variablen echten Gemeinkosten erweisen sich
in bestimmten Fällen als nicht proportional zur Leistungsmenge rückläufig, sondern als remanent bzw.
resistent [2].

(2) Auswirkungen oberhalb der Kapazitätsnorm realisierter
Kapazitätsausnutzungsgrade
Diese Auswirkungen zeigen sich im Bereich der Einzelkosten, unechten Gemeinkosten und variablen echten
Gemeinkosten, da diese Kosten sich oberhalb der Kapazitätsnorm in der Regel nicht proportional, sondern
progressiv verhalten. Bei rückläufiger Kapazitätsausnutzung zeigen diese Kosten auch oberhalb der Kapazitätsnorm Remanenzerscheinungen. Dieser Fall wird in
der Literatur in der Regel auf die intensitätsmäßige
Anpassung beschränkt [3].

Aussagen über die Wirkung variierender Kapazitätsausnutzung können nicht nur die Variation der Leistungsmenge
zugrundelegen, sondern müssen gleichzeitig die Art der betrieblichen Anpassungsform berücksichtigen. Die Wahl der
Anpassungsform, die auch in Kombination mit anderen Anpas-

---

1) Vgl. bereits PEISER, Kostenentwicklung, S. 4; GRÜNE-
WALD, Beschäftigungseinfluß, Diss. rer. pol., Frankfurt a. M. 1941, S. 50 ff.; STALLMEYER, Kapazitätsausnutzung, Diss. rer. pol., München 1952, S. 39 ff.;
BUCHNER, Herstellungskosten, ZfB 1963, S. 710 (714);
HUMMEL, Lagerbestandsveränderungen, ZfbF 1969, S. 155
(159 ff.).
2) Vgl. dazu bereits BRASCH, Unkostenschwankungen, Betriebswirtschaftliche Rundschau 1927, S. 41, 65 (67
ff.); STRUBE, Beschäftigungsschwankungen, ZfhF 1936,
S. 505 (508 ff.); HEINEN, Kostenremanenz, ZfB 1966, S.
2 ff.; RUMPF, Kostenremanenz, Diss. rer. pol., Mannheim 1966, S. 43 ff..
3) Remanente variable Kosten werden als in der Realität
nicht bedeutend angesehen; vgl. KILGER, Kostentheorie,
S. 105 f..

sungsformen möglich ist, beeinflußt u. U. erheblich die
Kosten der Herstellungsleistung. Daher sollen die Möglichkeiten betrieblicher Anpassung dargestellt werden,
um im Anschluß daran die Folgerungen für die konventionale Regelung der Herstellungskosten in der Steuerbilanz
bei variierender Kapazitätsausnutzung zu ziehen.

1. Die intensitätsmäßige Anpassungsform

Intensitätsmäßige Anpassung liegt vor, "wenn bei gegebe-
nem Bestand an Potentialfaktoren und konstanter Betriebs-
zeit die Intensität der arbeitenden Menschen und/oder die
technischen Leistungen der maschinellen Aggregate verän-
dert werden" [1], die Menge der Leistungseinheiten auf
diese Art erhöht oder vermindert wird. Die in bezug auf
die Kapazitätsausnutzung variablen Kosten der Herstellungsleistung (Einzelkosten, unechte Gemeinkosten, variable echte Gemeinkosten) verhalten sich bei rückläufiger
Kapazitätsausnutzung in der Regel proportional zur Leistungsmenge. Bei einer Kapazitätsausnutzung oberhalb der
Kapazitätsnorm steigen die variablen Kosten z. B. als
Folge eines erhöhten Verbrauchs an Fertigungsmaterial,
Werkzeugen und Hilfs- oder Betriebsstoffen progressiv an.
Bei rückläufiger Kapazitätsausnutzung und intensitätsmäßiger Anpassung ist mit einer Reduktion der Leistungsmenge eine Remanenz der variablen Kosten möglich, da Inten-
sitätsgrade oberhalb der Kapazitätsnorm nicht hinreichend
schnell normalisiert werden oder "die Arbeitsintensität
stark absinkt, weil die Arbeiter aus Furcht vor Arbeits-
zeitverkürzungen und Entlassungen die "Arbeit strecken"[2].
Die fixen echten Gemeinkosten sind unabhängig vom Intensitätsgrad. Leerkosten entstehen bei einer Kapazitätsaus-

---

1) HEINEN, Kostenlehre, S. 407. Vgl. auch GUTENBERG,
   Produktion, S. 361 ff..
2) KILGER, Kostentheorie, S. 105; RUMPF, Kostenremanenz,
   Diss. rer. pol., Mannheim 1966, S. 51 f..

nutzung unterhalb der Kapazitätsnorm, soweit die vor-
handene Kapazität der Potentialfaktoren nicht in voller
Höhe in Anspruch genommen wird [1].

2. Die zeitliche Anpassungsform

Zeitliche Anpassung liegt vor, wenn alternative Leistungsmengen bei konstantem Intensitätsgrad des gegebenen Bestands an Potentialfaktoren durch die Variation
der Nutzungszeit hergestellt werden [2]. Bei konstantem
Intensitätsgrad ändert sich die Beziehung zwischen Kostenhöhe und Leistungsmenge nicht, so daß der Verlauf der
variablen Kosten sich proportional zur Leistungsmenge
vollzieht. Ein sog. abgeknickter Kostenverlauf zeigt
sich, wenn im Bereich der Lohnkosten Überstunden-Zuschlag-
sätze gezahlt werden. Auch bei zeitlicher Anpassung entstehen Leerkosten bei einer Kapazitätsausnutzung unterhalb der Kapazitätsnorm in Höhe der nicht beanspruchten
Kapazität.

3. Die quantitative Anpassungsform

Quantitative Anpassung liegt vor, wenn alternative Leistungsmengen bei konstantem Intensitätsgrad und konstanter Nutzungszeit der Potentialfaktoren durch eine Variation der Menge der eingesetzten Potentialfaktoren hergestellt werden [3]. Die variablen Kosten verhalten sich
wie im Falle der zeitlichen Anpassung unter der Bedingung des konstanten Intensitätsgrades proportional zur
Leistungsmenge. Neben den absolut fixen Kosten fallen bei

---

1) Vgl. BECK, Beschäftigungsschwankungen, Diss. rer.
   pol., München 1966, S. 81.
2) Vgl. GUTENBERG, Produktion, S. 371 ff.; HEINEN, Kostenlehre, S. 414 ff..
3) Vgl. GUTENBERG, Produktion, S. 379 ff.. Der Fall der
   sog. selektiven Anpassung bedeutet, daß bei Einsatz
   qualitativ unterschiedlicher Betriebsmittel und Ar-
   beitskräfte im Falle rückläufiger Kapazitätsausnutzung zunächst die qualitativ schlechteren Produktionsfaktoren eliminiert werden, umgekehrt bei steigender
   Kapazitätsausnutzung zuerst die qualitativ besseren
   Produktionsfaktoren eingesetzt werden.

quantitativer Anpassung die treppenförmig verlaufenden,
sog. intervallfixen Kosten an, daher "ein linearer, durch
Stufen unterbrochener Gesamtkostenverlauf" [1]. Bei rückläufiger Kapazitätsausnutzung besteht die Entscheidungs-
alternative, die Potentialfaktoren entweder zu verkaufen
bzw. zu entlassen (endgültige Stillegung) bzw. zu vermie-
ten oder zu verpachten (dauerhafte Stillegung) oder sie
in Anbetracht positiver Zukunftserwartungen in Bereit-
schaft zu halten (z. B. durch Stillegung betrieblicher
Anlagen, Unterlassen von Kündigungen abbaufähiger Ar-
beitskräfte). Im Fall des Abbaus der Kapazität oder der
Betriebsbereitschaft werden auch fixe echte Gemeinkosten
abgebaut. Im Falle des Nichtabbaus abbaufähiger, inter-
vallfixer Kosten entstehen Leerkosten, die gleichzeitig
remanente Kosten darstellen. Leerkosten liegen auch dann
vor, wenn die Intervallbreite eines Kapazitätsintervalls
größer ist als die für die hergestellte Leistungsmenge
beanspruchte Kapazität, die nichtbeanspruchte Kapazität
jedoch nicht abbaufähig ist.

Die Folgerungen, die aus den Wirkungen der Variationen
der Kapazitätsausnutzung sowie der Entscheidung über die
betriebliche Anpassungsform im Hinblick auf den Begriff
steuerlicher Herstellungskosten in der betriebswirtschaftlichen und steuerrechtlichen Literatur, in der Rechtsprechung des RFH und BFH sowie in der Auffassung der Finanzverwaltung gezogen werden, sind gegensätzlicher Art. Die
sich gegenüberstehenden Auffassungen - vor allem die Kosten bei unterhalb der Kapazitätsnorm realisiertem Kapazitätsausnutzungsgrad betreffend - sollen im folgenden
dargestellt werden. Im Anschluß daran soll die Erzeugniskalkulation bei unterschiedlichen Kapazitätsausnutzungsgraden im Hinblick auf die Grundannahmen und Anforderungen
der Einkommensbesteuerung gewertet werden.

---

1) KILGER, Kostentheorie, S. 96.

II. Gegensätzliche Auffassungen in der Literatur, Rechtsprechung und Finanzverwaltung zum Begriff der steuerlichen Herstellungskosten bei unterhalb und oberhalb der Kapazitätsnorm realisierten Kapazitätsausnutzungsgraden

1. Die Kosten der Herstellungsleistung bei einer Kapazitätsausnutzung unterhalb der Kapazitätsnorm

Die einander gegenüberstehenden Auffassungen lassen sich wie folgt kennzeichnen: Nach der einen Auffassung sollen "tatsächliche" Kosten auf der Basis der Ist-Kapazitätsausnutzung, d. h. unter Einschluß anteiliger Leerkosten der Herstellungsleistung zugerechnet werden. Nach der anderen Auffassung sollen "notwendige" Kosten auf der Basis der Kapazitätsnorm, d. h. unter Ausschluß der Leerkosten der Herstellungsleistung zugerechnet werden.

a) Auffassung I: Herstellungskosten auf der Basis der Ist-Kapazitätsausnutzung

Bei der Ermittlung der Herstellungskosten auf der Basis der Ist-Kapazitätsausnutzung steigen im Falle rückläufiger Kapazitätsausnutzung - ceteris paribus - die Herstellungskosten der einzelnen Herstellungsleistung, parallel der Erzeugniswert in der Steuerbilanz, parallel die Höhe des ausgewiesenen Erfolges [1]. Der Einfluß der

1) Vgl. Urteil RFH III 74/39 v. 4. 6. 1940, RStBl 1940 S. 1069, AS Bd. 48, S. 330 (331, 337): Zu beachten ist, daß dieses Urteil des 3. Senats des RFH den Problemkreis der Einheitsbewertung betrifft. Dieses Urteil steht im Gegensatz zur Auffassung des 1. Senats des RFH (Bescheid v. 21. 11. 1939, bestätigt durch RFH I 67/39 v. 5. 3. 1940, RStBl 1940 S. 683 (684). Eine Erzeugnisbewertung mit "tatsächlichen" Herstellungskosten wollen ferner HARTKOPF, Bewertung, ZfhF 1933, S. 446 (451); ECKSTEIN, Herstellungskosten, StuW 1940, Sp. 1019 (1022 ff.); derselbe, Herstel-

Ist-Kapazitätsausnutzung wird in Kauf genommen, solange
nicht nach der Auffassung von Adler/Düring/Schmaltz eine
"offenbare Unterbeschäftigung" gegeben ist oder solange
nicht der aus den am Bilanzstichtag erzielbaren Verkaufspreisen abgeleitete Alternativwert kleiner ist als die
auf der Basis der Ist-Kapazitätsausnutzung ermittelten
Herstellungskosten [1]. Bange ist der Auffassung, daß zu
den Herstellungskosten "auf Grund des Verursachungsprinzips auch die tatsächlichen fixen Stückkosten" gehören [2],
sieht dadurch den Grundsatz der Abgrenzung der Sache nach
erfüllt, da "den Erträgen der Güter ihre effektiven und
keine fiktiven Kosten gegenübergestellt werden" [2]. Leerkosten werden nach dieser Auffassung lediglich unter der

Fortsetzung FN 1 S. 252
lungskosten, StuW 1941, Sp. 295 (297 ff.); BAIER, Ge-
stehungskosten, DStZ 1941, S. 149 (153 f.); LITTMANN,
Betriebsabrechnung, StuW 1948, Sp. 779 (832 f.); LOT¹
TES, Herstellungskosten, BFuP 1951, S. 462, 529 (534
ff.); BRAUN, Kosten, WPg 1952, S. 513 ff.; ACHENBACH,
Bewertung, Diss. rer. pol., Köln 1954, S. 52 ff.;
BURG, Bewertung, Diss. rer. pol., Wien 1960, S. 96
f.; Urteil Niedersächsisches Finanzgericht Hannover
IV Kö 64/62 v. 7. 12. 1962, EFG 1963 Nr. 458, S.
348 f.; - w -, Anmerkung, DStZ 1966, S. 288; VON WAL-
LIS, Grundsätze, NB 1967, H 2, S. 21 (27 f.); ADLER/
DÖRING/SCHMALTZ, Rechnungslegung, Bd. 1, § 155 TZ
24 - 26; nachdrücklich BANGE, Herstellungskosten, Diss.
rer. pol., Würzburg 1970, S. 109 ff., der sich auf das
genannte Urteil des 3. Senats des RFH stützt, jedoch
übersieht, daß Aussagen zur Einheitsbewertung bzw. der
Vermögensbesteuerung auf anderen Zielsetzungen basieren, daher nicht einfach übertragbar sind.
1) Vgl. ADLER/DÖRING/SCHMALTZ, Rechnungslegung, Bd. 1, TZ
62, S. 490. Der Begriff der "offenbaren Unterbeschäftigung" ist dem österreichischen Aktiengesetz v. 31.
3. 1965, § 133 Nr. 1 Abs. 3 entlehnt. Vgl. auch BIRK-
HOLZ, Bemessung, StuF 1963, S. 10 ff..
2) BANGE, Herstellungskosten, Diss. rer. pol., Würzburg
1970, S. 109.

Bedingung als nicht leistungsverbunden und demnach nicht
als Kosten der Herstellungsleistung angesehen, daß sie abbaufähig sind. Nicht abbaufähige Leerkosten gelten als
notwendig leistungsverbunden, unabhängig davon, ob die
Nichtabbaufähigkeit auf die mangelnde Teilbarkeit des Potentialfaktors oder auf rechtliche bzw. institutionelle
Hemmnisse zurückgeht [1].

Mit der Einbeziehung der nicht abbaufähigen Leerkosten
glauben die Autoren dieser Auffassung, einen "richtigen"
bzw. "echten" Periodenerfolg auszuweisen [2], da anderenfalls ein zu ungünstiger Periodenerfolg in der Herstellungsperiode bzw. ein zu günstiger Periodenerfolg in der
Verkaufsperiode ermittelt werde: Unter der Bedingung,
daß der voraussichtliche Verkaufspreis abzüglich noch anfallender Aufwendungen die Herstellungskosten unter Einschluß anteiliger Leerkosten übersteige, verhindere eine
Bewertung auf der Basis der Ist-Kapazitätsausnutzung
eine Unterbewertung der Erzeugnisse in der Herstellungsperiode, da der Herstellungsperiode keine Kosten von Erzeugnissen angelastet würden, die in der betreffenden
Periode nicht verkauft worden seien und daher zu keinen
Erträgen geführt haben. Umgekehrt werde durch die Ermittlung der Herstellungskosten auf der Basis der Ist-Kapazitätsausnutzung verhindert, daß "in der Periode des Ver-
kaufs der unterbewerteten Erzeugnisse den Verkaufserträ-
gen nicht die vollen zugehörigen Aufwendungen gegenübergestellt (werden), sondern nur der aktivierte Teil davon"[3].
Übereinstimmend wird schließlich hervorgehoben, daß die
Zurechnung "tatsächlicher" Kosten auf die Herstellungsleistung die Problematik der Bestimmung der Kapazitäts-

---

1) Vgl. BANGE, Herstellungskosten, Diss. rer. pol., Würzburg 1970, S. 111 ff.. Vgl. zu den Abbaumöglichkeiten
   von Leerkosten bei unterschiedlichen Anpassungsformen
   vor allem SÖVERKRÜP, Abbaufähigkeit, S. 125 ff..
2) Vgl. BIRKHOLZ, Bemessung, StuF 1963, S. 10 (11).
3) BANGE, Herstellungskosten, Diss. rer. pol., Würzburg
   1970, S. 70. Vgl. bereits ADLER/DÖRING/SCHMALTZ, Rechnungslegung, Bd. 1, § 155 TZ 64, S. 491; Urteil Niedersächsisches Finanzgericht Hannover IV Kö 64/62 v.
   7. 12. 1962, EFG 1963 Nr. 458, S. 348 (348 f.).

norm umgehe, daß die Kosten auf der Basis der Ist-Kapazitätsausnutzung dem Kriterium der Nachprüfbarkeit gerecht würden [1].

b) Auffassung II: Herstellungskosten auf der Basis der
   Norm-Kapazitätsausnutzung

Herstellungskosten auf der Basis der Norm-Kapazitätsausnutzung zeichnen sich dadurch aus, daß stärkere Schwankungen des Periodenerfolgs durch die Bezugnahme der fixen
echten Gemeinkosten auf die Norm-Kapazitätsausnutzung
ausgeschaltet werden. Die entgegengesetzte Abhängigkeit
des Periodenerfolgs vom Kapazitätsausnutzungsgrad der
Herstellungsperiode wird damit vermieden [2]: Ein Periodenerfolg, der ceteris paribus - z. B. bei mit der Kapazitätsausnutzung rückläufigem Absatz, gleichem Erzeugnisbestand und gleichen fixen echten Gemeinkosten - umso
mehr steigt, je niedriger der Kapazitätsausnutzungsgrad
in der Herstellungsperiode war, wird als ein "Unding" [3]
bezeichnet, als ein "absurdes" Ergebnis [4], als ein
"Mehr an Erfolg, das nichts anderes ist, als ein Erfolg
aus Auftragsmangel" [5]. Die Höhe der Differenz zwischen
den Herstellungskosten auf der Basis der Norm-Kapazi-

1) Dieses Argument nennt BANGE, Herstellungskosten, Diss.
   rer. pol., Würzburg 1970, S. 76.
2) Vgl. SCHÖNNENBECK, Abhängigkeit, DB 1963, S. 1616
   (1618 f.); HUMMEL, Lagerbestandsveränderungen, ZfbF
   1969, S. 155 (161).
3) ECKSTEIN, Herstellungskosten, StuW 1941, Sp. 295
   (300). Vgl. auch das Gutachten 1971, Abschnitt V, TZ
   117, S. 459.
4) KRUSE, Bilanzierung, S. 24 f..
5) SCHÖNNENBECK, Abhängigkeit, DB 1963, S. 1616 (1619).
   Vgl. zu dieser Auffassung HELPENSTEIN, Erfolgsbilanz,
   S. 366; HORN, Fertigungsgemeinkosten, Der praktische
   Betriebswirt 1941, S. 484 (497 f.); PETSCHKE, Fertigungsgemeinkosten, StuW 1941, Sp. 245 (250); SCHIND-
   LER, Aktivierungspflicht, Diss. rer. pol., Wien 1942,
   S. 35 f.; EYMER, Herstellungskosten, Diss. rer. pol.,
   Köln 1952, S. 107 ff.; KÜHN, Bewertung, WPg 1953, S.
   227 ff.; KOLBE, Gemeinkosten, WPg 1954, S. 265 (268
   ff.); ASCHER, Steuerbilanz, S. 183, 256 ff.; Hans

tätsausnutzung und der Ist-Kapazitätsausnutzung - die
Leerkosten - wird nach der Auffassung II als Aufwand der
Herstellungsperiode behandelt, die Höhe der Nutzkosten
dagegen als Aufwand der Verkaufsperiode [1]. Der Perioden-

Fortsetzung FN 5 S. 255
KLEIN, Bewertung, Diss. rer. pol., München 1956, S.
146; BOMMARIUS, Herstellungswert, Diss. rer. pol.,
Frankfurt a. M. 1958, S. 54 ff., mit ausführlicher
Behandlung der Literatur und Rechtsprechung bis dahin;
SCHINDELE, Begriff, BB 1958, S. 1029 (1030); derselbe,
Grundsätze, StBp 1961, S. 209 (211); DAHL, Aktivierung, S. 84 f.; VAN DER VELDE, Herstellungskosten, S.
107; ESCHER, Aktivierungspflicht, S. 70; METTE, Herstellungskosten, DB 1963, S. 1062 f.; LANGERMANN, Bewertung, DB 1964, S. 1787 (1787); MERKER, Herstellungskosten, NB 1960, S. 122 (128); ERHARD, Unterbeschäftigung, StBp 1966, S. 101 (103 f.); GERGELY, Kosten, KRP 1967, S. 113 ff.; BISCHOFF, Herstellkosten,
KRP 1967, S. 121 (126 f.); KUHN, Einbeziehung, NB
1967, S. 9 (14); HEINEN, Handelsbilanzen, S. 117; WÖ-
HE, Steuerlehre Bd. I, S. 399; NETH, Herstellungskosten, S. 62 f.; Wirtschaftsprüfer-Handbuch 1973, S.
608. Die Finanzverwaltung hat sich im Grundsatz der
Entscheidung des RFH (Bescheid v. 21. 11. 1939, bestätigt durch Urteil RFH I 67/39 v. 5. 3. 1940, RStBl
1940 S. 683 (683 f.)) angeschlossen: Vgl. Abschnitt
33 Abs. 7 Satz 1 EStR.
1) Vgl. BECK, Beschäftigungsschwankungen, Diss. rer.
pol., München 1966, S. 90 ff., 94 f.. Dieser Auffassung ist grundsätzlich auch BOMMARIUS (Herstellungswert, Diss. rer. pol., Frankfurt a. M. 1958, S. 54
ff.), jedoch mit der Einschränkung, die mangels beliebiger Teilbarkeit der Potentialfaktoren nicht abbaufähigen Leerkosten als "normal" bzw. "notwendig" anzusehen und daher in die Herstellungskosten einzubeziehen. Mit diesem Ergebnis tendiert Bommarius zur
Auffassung von BANGE (vgl. oben FN 1 S. 254). Bommarius bezieht sich auf GUTENBERG (Produktion, S. 351
ff.), übersieht jedoch, daß Gutenberg nur solche Leerkosten der "Dispositionsgewalt der Unternehmenslei-
tung" entzogen sieht, die durch die Unmöglichkeit
vollständiger "Harmonisierung der Faktorproportionen"
entstehen.

erfolg wird nicht dann, wenn Leerkosten nicht in die
Herstellungskosten einbezogen werden, sondern umgekehrt
dann, wenn sie in die Herstellungskosten einbezogen
werden, in der Herstellungsperiode als zu günstig, in
der Verkaufsperiode als zu ungünstig ausgewiesen [1].
Dies gilt auch, wenn der Verkaufspreis der einzelnen
Herstellungsleistung abzüglich der noch anfallenden
Aufwendungen die Herstellungskosten unter Einschluß anteiliger Leerkosten übersteigt.

ba) Die Behandlung der Leerkosten als Aufwand der Her-
    stellungsperiode

Unter der Bedingung beliebiger Teilbarkeit der Potentialfaktoren und der Nicht-Existenz von Kündigungsfristen oder institutionellen Hemmnissen hätte eine Unternehmungsleitung die Möglichkeit, durch quantitative
Anpassung Leerkosten zu vermeiden, es sei denn, sie
wollte wegen positiver Erwartungen über die Nutzungs-
möglichkeiten der Potentialfaktoren auch nicht ausge-
nutzte Kapazitäten beibehalten [2]. In der Realität
sind jedoch der Mangel an Teilbarkeit bzw. vertragli-
che oder institutionelle Hemmnisse einer beliebigen
quantitativen Anpassung an Schwankungen der Kapazitätsausnutzung im Wege. Dieser Mangel bzw. diese Hemmnisse
können jedoch nicht darüber hinwegsehen lassen, daß
- gemessen an der Kapazitätsnorm - Kapazitätsteile
nicht genutzt sind, die unter der oben genannten Bedingung abbaufähig wären. Beck argumentiert konsequent,
daß "die Leerkosten während eines Teils der Kalender-
zeit anteilig entstehen, der nicht zur Leistungserstel-

1) Vgl. z. B. NETH, Herstellungskosten, S. 66 f.; KUHN,
   Einbeziehung, NB 1967, S. 9 (15).
2) Vgl. GUTENBERG, Produktion, S. 354; BECK, Beschäftigungsschwankungen, Diss. rer. pol., München 1966,
   S. 89 f.. HARRMANN (Stillegung, NB 1968, S. 21 (25))
   erachtet den bewerteten Güterverbrauch der im Rahmen

lung benötigt wird" [1], daher nicht leistungsverbunden sind, demnach auch nicht in die Herstellungskosten einzubeziehen sind. Dieses Ergebnis wird unabhängig davon gesehen, ob die quantitative, die zeitliche oder die intensitätsmäßige Anpassungsform gewählt wird, da anderenfalls die Frage der Leistungsverbundenheit von der jeweiligen Fertigungsstruktur und den entsprechend möglichen oder nicht möglichen Anpassungsformen abhängig ist [2]. Die Auffassung, Leerkosten dann in die Herstellungskosten einzubeziehen, sofern die Potentialfaktoren wenigstens teilweise am Herstellungsprozeß beteiligt waren [3], übersieht dieses Ergebnis.

Dieser Grundsatz, Leerkosten als Aufwand der Herstellungsperiode zu behandeln, findet in der Rechtsprechung und in der Literatur verschiedene Modifikationen bzw. Einschränkungen.

Fortsetzung FN 2 S. 257
quantitativer Anpassung vorübergehend stillgelegten Anlagen als leistungsverbunden und daher als in den Kostenbegriff einbeziehungsfähig. Der gleichen Auffassung ist der BFH im Urteil I 103/63 v. 15. 2. 1966, BStBl 1966 III S. 468 (469).
1) BECK, Beschäftigungsschwankungen, Diss. rer. pol., München 1966, S. 91 f.. Vgl. auch METTE, Herstellungskosten, DB 1963, S. 1062 (1063).
2) Vgl. KUHN, Einbeziehung, NB 1967, S. 9 (15 f.).
Vgl. auch HILGERT, Problematik, Diss. rer. pol., Köln 1959, S. 134 ff.; Gutachten 1971, Abschnitt V, TZ 119 S. 459.
3) Vgl. z. B. diese Auffassung bei ADLER/DÜRING/SCHMALTZ, Rechnungslegung, Bd. 1 § 155 TZ 25, S. 476. MAASSEN (Anmerkung, FR 1966, S. 331 (331)), nach betriebswirtschaftlichen Grundsätzen seien "Herstellungskosten alle fertigungs- b e d i n g - t e n effektiven Aufwendungen", greift wieder auf das leerformelhafte Verursachungsprinzip zurück, um die bei intensitätsmäßiger und zeitlicher Anpassung entstehenden Leerkosten in die Herstellungskosten einzubeziehen. Die Annahme beliebiger Teilbarkeit der Potentialfaktoren zeigt, daß solche Leerkosten nicht "fertigungsbedingt" sind.

(1) Der BdF sieht die quantitative, die zeitliche und
die intensitätsmäßige Anpassungsform grundsätzlich
als gleichwertig an. Einschränkend hält der BdF bei
zeitlicher und intensitätsmäßiger Anpassung Leerkosten jedoch erst dann als nicht in die Herstellungskosten einbeziehungsfähig, wenn eine gewisse Schwankungsbreite unterhalb der Kapazitätsnorm realisiert
ist, "weil die Produktionsgüter innerhalb einer bestimmten Schwankungsbreite jederzeit betriebsbereit
zu halten sind, um den wechselnden Anforderungen des
Marktes gerecht werden zu können" [1]. Der BFH will
für den Fall der zeitlichen und der intensitätsmäßigen Anpassungsform Leerkosten dann in die Herstellungskosten einbeziehen, wenn sich die Variation der
Kapazitätsausnutzung aus der Art der Produktion er-

---

[1] BdF in Urteil BFH I 103/63 v. 15. 2. 1966, BStBl 1966
Teil III S. 468 (469). Der RFH (Bescheid v. 21. 11.
1939, bestätigt durch RFH I 67/39 v. 5. 3. 1940, RStBl
1940 S. 683 (684)) hatte grundsätzlich entschieden,
daß dann, wenn "ein Betrieb infolge teilweiser Still-
legung oder mangelnder Aufträge nicht voll genutzt"
wird, "die dadurch verursachten Kosten bei Berechnung
der anteiligen Herstellungsgemeinkosten auszuschei-
den" sind. Diese Auffassung des RFH hat sich auch in
den Verwaltungsrichtlinien der Finanzverwaltung niedergeschlagen: Abschnitt 33 Abs. 7 Satz 1 EStR. Wenn
HARTMANN/BOETTCHER/GRASS (Großkommentar, § 6 Anm.
19 b, S. 46) meinen, diese Verwaltungsanweisung, welche die Leerkosten aus teilweise nicht genutzter Kapazität - zeitliche oder intensitätsmäßige Anpassung -
als nicht leistungsverbunden ansieht, gehe über die
Grundsätze der Rechtsprechung hinaus, dann trifft
dies zumindest auf den RFH bezogen nicht zu. Die Ober-
finanzdirektionen Düsseldorf, Köln, Münster haben sich
für die Beachtung einer Schwankungsbreite bei zeitlicher und intensitätsmäßiger Anpassung ausgesprochen:
BP-Kartei Teil I, Konto: Halbfertige Arbeiten, S. 10;
ebenso HERRMANN/HEUER, Kommentar, § 6 Anm. 50 h, E
204 f..

gibt, wie z. B. bei einer Zuckerfabrik infolge der
Abhängigkeit der Herstellung von den natürlichen Verhältnissen: Eine solche Schwankung ist "einkalkuliert" [1]. War eine Kapazitätsausnutzung aus anderen
als naturbedingten Gründen nicht möglich - z. B. bei
einer Verkleinerung des Anlieferungsgebietes oder der
Anbaufläche -, dann sieht auch der BFH die Kosten der
ungenutzten Kapazität nach Unterschreitung einer bestimmten Schwankungsbreite als nicht leistungsverbunden und damit als nicht in die Herstellungskosten
einbeziehungsfähig an [2].

(2) Geibel differenziert die Leerkostenkategorien im Hin-
    blick auf ihre Einbeziehung in die Herstellungskosten
    "nach den Aspekten der Vermeidbarkeit bzw. Abbaufä-
    higkeit" [3]. Die abbaufähigen und gewollten Leerko-
    sten entbehren nach Geibel der Leistungsverbunden-
    heit, da sie lediglich wegen der zukünftigen Nutzungs-
    möglichkeiten aufrechterhalten werden [4].

---

1) Vgl. Urteil BFH I 103/63 v. 15. 2. 1966, BStBl 1966
   III S. 468 (469).
2) Vgl. Urteil BFH I 103/63 v. 15. 2. 1966, BStBl 1966
   III S. 468 (470). Der BFH meint, es ließe sich darüber
   streiten, ob Kosten nicht genutzter Kapazität schon
   bei der Ermittlung der Herstellungskosten zu eliminie-
   ren seien, entzieht sich jedoch einer endgültigen
   Stellungnahme, indem er den Ausschluß dieser Kosten
   unterhalb der nicht näher eingegrenzten Schwankungsbreite einräumt. GRIEGER (Fertigungsgemeinkosten, BB
   1966, S. 619 f.) und KUHN (Einbeziehung, NB 1967, S.
   9 (14)) sehen in diesem Urteil des BFH eine Tendenz
   der Rechtsprechung, von der Aktivierung "notwendiger"
   Herstellungskosten abzugehen und die sog. "tatsächlichen" Herstellungskosten anzusetzen. Diese Auffassung
   wird von DÖLLERER (Anschaffungskosten, BB 1966, S.
   1405 (1409)) nicht geteilt.
3) GEIBEL, Leerkosten, ZfB 1965, S. 237 (240). Vgl. zu
   dieser Unterscheidung bereits STRUBE, Kostenremanenz,
   Diss. ing., TH Berlin 1936, S. 36; HILGERT, Problematik, Diss. rer. pol., Köln 1959, S. 79.
4) Vgl. auch SÖVERKRÜP, Abbaufähigkeit, S. 101 ff..

Darüber hinaus kann es seines Erachtens bei der Ermittlung der Herstellungskosten zu Ungleichheiten
selbst bei Betrieben des gleichen Wirtschaftszweiges
kommen, wenn in diesem Wirtschaftszweig elastisch
disponible und starre Betriebsstrukturen gegeben
sind [1]. Die ungewollten, aber nicht abbaufähigen
Leerkosten werden demgegenüber als leistungsverbunden
angesehen: Der Steuerpflichtige habe bei seiner Investitionsentscheidung mögliche Variationen der Kapazitätsausnutzung einkalkuliert, habe die Möglichkeiten
der Elastizität des Produktionspotentials bedacht [2].
Die ungewollten, aber abbaufähigen Leerkosten sieht
Geibel ebenfalls als nicht leistungsverbunden und daher nicht als in die Herstellungskosten einbeziehungsfähig an, da sie in der Vergangenheit abbaufähig waren, eine künftige Verwendung nicht beabsichtigt
ist [3].

Zu beantworten bleibt jedoch die entscheidende Frage, ob
und ggf. wie die Leerkosten ermittelt werden sollen. Werden die Leerkosten als generell nicht leistungsverbunden
und daher generell als nicht in die Herstellungskosten
einbeziehungsfähig angesehen, dann gilt es, die Differenz
zwischen der Kapazitätsnorm und dem jeweils realisierten
Kapazitätsausnutzungsgrad zu ermitteln. Werden die Leer-

---

1) GEIBEL, Leerkosten, ZfB 1965, S. 237 (242). BECK
   (Beschäftigungsschwankungen, Diss. rer. pol., München
   1966, S. 89 f.) und BANGE (Herstellungskosten, Diss.
   rer. pol., Würzburg 1970, S. 113) lehnen dieses Argument Geibels ab, da aus unterschiedlichen Betriebsstrukturen - wie auch in der vorliegenden Untersuchung
   festgestellt wurde, s. S. 186 ff. - nicht "gleiche"
   Herstellungskosten resultieren können. Zur Auffassung
   Banges vgl. auch S. 253 f. in dieser Untersuchung.
2) Vgl. GEIBEL, Kapazität, Diss. rer. pol., Köln 1963,
   S. 166 f.; derselbe, Leerkosten, ZfB 1965, S. 237
   (244 f.). Vgl. auch TUBBESING, Bewertung, WPg 1965,
   S. 617 (619 f.).
3) Vgl. GEIBEL, Leerkosten, ZfB 1965, S. 237 (245). Vgl.
   auch KLUGE, Maßgeblichkeitsprinzip, Diss. rer. pol.,
   FU Berlin 1969, S. 183.

kosten erst ab einer bestimmten Schwankungsbreite oder
einer "offenbaren Unterbeschäftigung" als nicht einbeziehungsfähig angesehen, dann gilt es nicht nur, die
Kapazitätsnorm und den jeweils realisierten Kapazitätsausnutzungsgrad zu bestimmen, sondern auch Kriterien
für die Fixierung der Schwankungsbreite zu finden. Wird
die Einbeziehungsfähigkeit von Leerkosten in den Begriff
steuerlicher Herstellungskosten nach dem Kriterium entschieden, ob Leerkosten kalkuliert oder nicht kalkuliert,
"abbaufähig oder nicht abbaufähig, gewollt oder nicht gewollt sind" [1], dann gilt es, Informationen zu finden,
um diese Kriterien zu determinieren.

bb) Die Behandlung der Nutzkosten als Aufwand der Ver-
    kaufsperiode

Parallel zu der Auffassung, daß Leerkosten Aufwand der
Herstellungsperiode darstellen, da in dieser Periode
die Kapazität nicht ausgenutzt war, argumentiert Börner,
daß fixe echte Gemeinkosten insoweit leistungsverbunden
und daher in die Herstellungskosten einbeziehungsfähig
sind, als sie Nutzkosten der Herstellungsperiode darstellen. Das nicht über den Zeitablauf hinweg speicherbare Nutzungspotential wird durch eine Produktion auf
Lager in den Erzeugnisbeständen konserviert. Durch die
Einbeziehung der Nutzkosten in die Herstellungskosten
wird der Aufwand der Gewinn- und Verlustrechnung in dieser Höhe neutralisiert, der Erfolg der Herstellungsperiode in dieser Höhe nicht gemindert, dagegen aber der
Erfolg in der Verkaufsperiode in entsprechender Höhe
reduziert [2].

---

1) KLUGE, Maßgeblichkeitsprinzip, Diss. rer. pol., FU
   Berlin 1969, S. 183.
2) Vgl. BÖRNER, Costing, Diss. rer. pol., München 1961,
   S. 162 ff.. Vgl. weitere Literaturangaben zur sog.
   Konservierungstheorie in FN 2 S. 195 dieser Unter-
   suchung.

2. Die Kosten der Herstellungsleistung bei einer Kapazitätsausnutzung oberhalb der Kapazitätsnorm

Wie bei der Erörterung der betrieblichen Anpassungsformen festgestellt wurde, können im Falle intensitätsmäßiger oder zeitlicher Anpassung über die Kapazitätsnorm hinaus progressiv bzw. überproportional steigende variable Kosten die Folge sein [1]. Der Fall der sog. abgeknickten Kostenkurve bei zeitlicher Anpassung z. B. durch die Zahlung von Überstundenzuschlägen führt ab einer bestimmten Leistungsmenge zu höheren Herstellungskosten als bis zu dieser Leistungsmenge. Das gleiche gilt für die Kosten der Überbeanspruchung bei intensitätsmäßiger Anpassung über die Kapazitätsnorm hinaus, da diese Kosten notwendig mit der zusätzlichen Leistungsmenge verbunden sind, daher Bestandteil der Herstellungskosten werden. Sofern der Verkaufspreis abzüglich der bis zum Verkauf noch anfallenden Aufwendungen die Herstellungskosten unter Einschluß der Kosten der Überbeanspruchung nicht deckt, ist nach dem Imparitätsprinzip ein entsprechend niedrigerer Wert - der Teilwert - anzusetzen. Der Unterschied zu den nicht einbeziehungsfähigen Leerkosten liegt in der Leistungsverbundenheit: Während erstere bei rückläufiger Kapazitätsausnutzung im Falle beliebiger Teilbarkeit der Potentialfaktoren abgebaut werden könnten, werden letztere ab einer bestimmten Leistungsmenge mit wachsender Leistungsmenge bei konstanter Betriebsgröße sukzessiv erhöht [2].

Bei rückläufiger Kapazitätsausnutzung und intensitätsmäßiger Anpassung zeigen sich im Bereich der variablen Kosten Remanenzerscheinungen [3]. Unterstellt man, daß diese Remanenzerscheinungen ausschließlich auf die Variation der Kapazitätsausnutzung zurückgeführt werden kön-

---

1) Vgl. oben S. 249 f. in dieser Untersuchung.
2) Vgl. SCHÖNNENBECK, Abhängigkeit, DB 1963, S. 1616 (1616); BANDILLA, Produktionsplanung, Diss. rer. pol., Göttingen 1967, S. 16 f., 44 ff..
3) Vgl. oben S. 249 in dieser Untersuchung.

nen, so fragt es sich, ob die Ursachen der Remanenz der
variablen Kosten eine Leistungsverbundenheit dieser Kosten begründen oder nicht. Die Definition der variablen
Kosten als von der Variation der Leistungsmenge abhängige
Kosten impliziert, daß auch remanente variable Kosten bei
rückläufiger Kapazitätsausnutzung als leistungsverbunden
und demnach als Bestandteil der Herstellungskosten erklärt werden. Eine solche Erklärung kongruiert einerseits mit der Behandlung der Kosten der Oberbeanspruchung
der Produktionsfaktoren: Mit einer sukzessiven Erhöhung
der Leistungsmenge verbindet sich dort ein überproportio-
naler Anstieg der variablen Kosten, mit einer sukzessiven
Reduktion der Leistungsmenge verbindet sich hier ein re-
sistenter Abbau der variablen Kosten der reduzierten Leistungsmenge. Zum anderen stimmt diese Erklärung mit der
Auffassung I überein, Herstellungskosten auf der Basis
der jeweiligen Ist-Kapazitätsausnutzung zu ermitteln, solange der nach dem Prinzip der preisabhängigen Bewertung
bestimmte Teilwert diese Herstellungskosten übersteigt.

Zu dem entgegengesetzten Ergebnis führt eine Betrachtung,
die sich an der Behandlung der Leerkosten orientiert, die
bei beliebiger Teilbarkeit der Potentialfaktoren nicht
anfallen: Bei beliebiger Anpassungselastizität des output-abhängigen Faktorverbrauchs an die reduzierte Leistungsmenge entfallen auch die remanenten variablen Kosten. Sie können nicht als leistungsverbunden und damit
nicht als Bestandteil der Herstellungskosten erklärt werden. In diesem Fall stellt sich wie bei der Ermittlung
der Leerkosten das Problem der Messung dieser Kostenanteile. Die Untersuchungen von Rumpf und Heinen ergaben,
"daß Remanenzerscheinungen nicht monokausal erklärbar
sind. Die Umweltdaten und die aus Entscheidungen früherer
Perioden wirksamen Nebenbedingungen sowie die in die gegenwärtigen Entscheidungen eingehenden Erwartungen und
die aus der Organisation resultierenden Begrenzungsfaktoren wirken nicht unabhängig, sondern simultan und in
wechselseitiger Beziehung auf die Höhe der Kostenremanenz

ein. Diese Ursachen können sich in ihrer Wirkung auf die
Kostenhöhe kompensieren oder verstärken" [1].

III. Die Wertung der Erzeugniskalkulation bei unterhalb und ober- halb der Kapazitätsnorm realisierter Kapazitätsausnutzung

1. Wertung und Grundannahmen bei einer Kapazitätsausnut- zung unterhalb der Kapazitätsnorm

a) Die Grundannahme 'Realisationsprinzip'

Wie bereits an anderer Stelle dargetan [2], ist eine Akti- vierung unrealisierter positiver Erfolgsbeiträge und da- mit eine Verletzung des Realisationsprinzips erst dann gegeben, wenn der Verkaufspreis abzüglich noch anfallen- der Aufwendungen die Herstellungskosten nicht deckt. Diese Aussage kann sowohl auf die Herstellungskosten auf der Basis der Ist-Kapazitätsausnutzung als auch der Norm- Kapazitätsausnutzung bezogen werden. Auch bei einer Kapa- zitätsausnutzung unterhalb der Kapazitätsnorm und der Er- mittlung der Herstellungskosten auf der Basis der Ist- Kapazitätsausnutzung "werden den zu aktivierenden selbst- erstellten Erzeugnissen nach dem Durchschnittskostenprin- zip nicht mehr Aufwendungen zugerechnet, als sich auf der Aufwandseite der Gewinn- und Verlustrechnung niederge- schlagen haben. Ein verwendungsfähiger Jahresüberschuß resultiert aus der Einbeziehung von Leerkosten in die Herstellungskosten demnach nicht, so daß deren Ausschei- den auf Grund des Realisationsprinzips nicht gefordert werden kann [3].

---

1) HEINEN, Kostenremanenz, ZfB 1966, S. 1 (14 f.). Vgl. auch die ausführlichen Untersuchungen von RUMPF, Ko- stenremanenz, Diss. rer. pol., Mannheim 1966, S. 159 ff..
2) Vgl. oben S.179 in dieser Untersuchung.
3) NETH, Herstellungskosten, S. 60; anderer Auffassung

Ob unter dem Gesichtspunkt der Vermögensumschichtung
eine Werterhöhung auch bei Aktivierung anteiliger Leerkosten gegeben ist, sofern der Verkaufspreis die Herstellungskosten übersteigt, ist eine Auslegungsfrage.
Grundsätzlich nimmt die Wahrscheinlichkeit einer Verletzung des Realisationsprinzips zu, wenn Leerkosten in die
Herstellungskosten einbezogen werden, es sei denn, eine
geringe Nachfrageelastizität erlaube die Überwälzung zu-
nehmender anteiliger Leerkosten der Herstellungsleistung
bei rückläufiger Kapazitätsausnutzung auf den Verkaufspreis.

b) <u>Die Grundannahme 'Imparitätsprinzip'</u>

ba) Die Behandlung der Leerkosten unter der Bedingung,
    daß ein vom Markt abgeleiteter Alternativwert oder
    die Wiederherstellungskosten die Herstellungskosten
    unter Einschluß der Leerkosten übersteigen

Die Kernfragen sind: Verkörpern die Leerkosten einen unrealisierten negativen Erfolgsbeitrag der Herstellungsperiode, auch wenn der Verkaufspreis nach Abzug noch anfallender Aufwendungen oder die Wiederherstellungskosten
die Kosten der Herstellungsleistung unter Einschluß anteiliger Leerkosten deckt? Oder zählen die Leerkosten
anteilig zu den Kosten der einzelnen Herstellungsleistung
und stellen demnach keinen unrealisierten negativen Erfolgsbeitrag dar? Ziel des Imparitätsprinzips ist es,
"alle Kapitalminderungen, die aus den Dispositionen bis
zum Abschlußstichtag resultieren", zu antizipieren [1].
Wenn Leerkosten als dispositionsbedingte Kosten nicht
ausgelasteter Kapazitäten erklärt werden, so können folgende Gesichtspunkte für eine Behandlung der Leerkosten
als unrealisierte negative Erfolgsbeiträge angeführt werden.

Fortsetzung FN 3 S. 265
LANGERMANN, Bewertung, DB 1964, S. 1787 (1788 f.);
BISCHOFF, Herstellkosten, KRP 1967, S. 121 (126).
[1] LEFFSON, Grundsätze, S. 220.

(1) Dem Einwand, daß eine Kapitalminderung zu Lasten der
Herstellungsperiode solange nicht realisiert werde,
bis der Verkaufspreis der Erzeugnisse abzüglich noch
anfallender Aufwendungen die Kosten nicht ausgelasteter Kapazitäten kompensiere, ist zu entgegnen:
Leerkosten sind dennoch sachlogisch nicht der einzelnen Herstellungsleistung, sondern als Aufwand der
Herstellungsperiode zuzurechnen, da sie als Kosten
entgangener positiver Erfolgsbeiträge der Herstellungsperiode interpretiert werden können. Konsequent
wertet Leffson unter Rückgriff auf den Grundsatz der
Abgrenzung der Zeit nach Leerkosten als "Aufwendungen
ohne Gegenleistung" bzw. als "leistungsfremde Aufwendungen" [1]. Bange definiert - dem "inhaltlich allgemein bekannten Grundsatz der Periodenabgrenzung der
Sache nach" [2] folgend - den Periodenerfolg axioma-
tisch in der Weise, daß den Erträgen der verkauften
Güter ihre gesamten Kosten zuzurechnen seien. Dies
bedeute, daß die Leerkosten nicht als negativer Erfolgsbeitrag der Herstellungsperiode, sondern als
Teil der Herstellungskosten zu behandeln seien.

Die Einlassungen Banges sind aus folgenden Gründen
abzulehnen. Zum einen geht aus dem Hinweis auf die
Behandlung der Leerkosten bei Leffson in dem Grund-
satz der Abgrenzung der Zeit nach hervor, daß der
Grundsatz der Abgrenzung der Sache nach nicht in der
Weise allgemein definiert ist, wie Bange unter-
stellt [3]. Zum anderen muß die Vorgehensweise, den
Grundsatz der Abgrenzung der Sache nach zunächst in

1) LEFFSON, Grundsätze, S. 175 f.; vgl. ausdrücklich unter dem Gesichtspunkt des Imparitätsprinzips ERHARD,
Unterbeschäftigung, StBp 1966, S. 101 (104 f.). Anderer Auffassung im Hinblick auf das Imparitätsprinzip
ist NETH, Herstellungskosten, S. 60.
2) BANGE, Herstellungskosten, Diss. rer. pol., Würzburg
1970, S. 109.
3) Vgl. die in der Literatur als grundlegend angesehenen

der Weise als Axiom festzulegen, daß den Erträgen
die "tatsächlichen" Aufwendungen bzw. den Herstellungsleistungen die "tatsächlichen" Herstellungskosten zugerechnet werden sollen, anschließend aber aus
dem in dieser Weise definierten Grundsatz zu folgern,
daß die Leerkosten Bestandteil der Herstellungskosten
seien, als tautologische Argumentation kritisiert
werden [1].

(2) Gegen eine Aktivierung der Leerkosten spricht kosten-
theoretisch nicht nur die Konservierungsthese Bör-
ners [2], dagegen spricht auch die theoretisch zulässige Unterstellung der beliebigen Teilbarkeit des
Bündels an Potentialfaktoren [3]. Wenn diese Potentialfaktoren als Nutzungspotential interpretiert werden,
dann muß der einzelne Nutzungsanteil unabhängig von
anderen Nutzungsanteilen unter dem Gesichtspunkt der
Einzelbewertung angesehen werden. Entgangene Nutzungs-
möglichkeiten einzelner Nutzungsanteile können demnach
nicht mit realisierten Nutzungsanteilen verrechnet
werden, sondern müssen - gemessen an dem gesamten Nutzungspotential - als negativer Erfolgsbeitrag d e r
P e r i o d e angelastet werden, in welcher fehler-
hafte Dispositionen ihre Verwendung verhinderten [4].

Fortsetzung FN 3 S. 267
Ausführungen LEFFSONs zu den Grundsätzen ordnungsmäßiger Buchführung, hier dem Grundsatz der Abgrenzung der
Sache und der Zeit nach: s. oben FN 1 S. 267.
1) Vgl. ALBERT, Werturteil, S. 92 (126).
2) Vgl. oben S. 262 FN 2 in dieser Untersuchung.
3) Vgl. GOMBEL, Leerkosten, ZfbF 1964, S. 65 (72 ff.).
4) WÜTH (Fertigungsgemeinkosten, Industrie und Steuer
   1941 Teil I, S. 158 (159)) will diese negativen Erfolgsbeiträge der "Firma anlasten", EYMER (Herstellungskosten, Diss. rer. pol., Köln 1952, S. 108) der
   "unternehmerischen Funktion" und nicht den Herstellungsleistungen der Herstellungsperiode. Vgl. auch
   das Gutachten 1971, Abschnitt V, TZ 117, S. 459;
   SCHERPF, Rechnungslegung, Rz. 207, S. VI 115. Anderer
   Auffassung KÖHN, Kosten, ZfhF 1955, S. 399 (403 ff.).

(3) Die Vergleichbarkeit der Periodenerfolge wird durch
    die Behandlung der Leerkosten als unrealisierter ne-
    gativer Erfolgsbeitrag der Herstellungsperiode ge-
    fördert, da ständige Schwankungen der Herstellungs-
    kosten - wie bei der Ermittlung auf der Basis der
    jeweiligen Ist-Kapazitätsausnutzung üblich - unter-
    bunden werden, die entgegengesetzte Abhängigkeit des
    Periodenerfolges von der Kapazitätsausnutzung abge-
    schwächt wird [1] [2]. Ein solcher Erfolg kann wohl
    kaum als ein Mehr an wirtschaftlicher oder steuerli-
    cher Leistungsfähigkeit interpretiert werden.

1) Der Grundsatz der Vergleichbarkeit besagt, Jahresab-
   schlußrechnungen formal und material stetig aufzustel-
   len, Unstetigkeiten zu erläutern, den Grundsatz der
   Aussonderung des der Zeit und der Sache nach Außerordentlichen zu beachten, einen zeitraumgleichen Maßstab zu verwenden (vgl. LEFFSON, Grundsätze, S. 300
   f.). Wenngleich die Ermittlung der Herstellungskosten
   auf der Basis der Ist-Kapazitätsausnutzung die Anforderung eines formal stetigen Verfahrens erfüllt, führt
   dieses Verfahren materiell zu Erfolgen, die bei starken
   Schwankungen der Kapazitätsausnutzung eine Funktion
   des Auftragmangels, nicht aber der Leistungsfähigkeit
   sind: Vgl. SCHMALENBACH, Bilanz, S. 152 f.; LEFFSON,
   Grundsätze, S. 172 f.; NETH, Herstellungskosten, S.
   62, 66 f.; HUSEMANN, Grundsätze, S. 129; anderer Auffassung BANGE, Herstellungskosten, Diss. rer. pol.,
   Würzburg 1970, S. 72 (auch hier negiert Bange den von
   Leffson genannten Grundsatz der Abgrenzung der Zeit
   nach).
2) HUMMEL (Lagerbestandsveränderungen, ZfbF 1969, S. 155
   (178 ff.)) untersucht die Erfolgswirkungen von Produk-
   tions- und Absatzmengen im Zeitablauf an Hand von vier
   Fällen. Fall I: Absatzmenge und Produktionsmenge konstant. Fall II: Absatzmenge konstant, Produktionsmenge
   variabel. Fall III: Produktionsmenge konstant, Absatzmenge variabel, mit drei Unterfällen: Stückdeckungs-
   beitrag positiv, null, negativ. Fall IV: Produktionsmenge und Absatzmenge variabel. Hummel kommt zu dem
   Ergebnis, daß der Periodenerfolg bei konstanter Absatzmenge und variabler Produktionsmenge bei Anwendung
   der Vollkostenkalkulation ausschließlich durch die
   Produktionsmenge bestimmt wird, daß ferner bei konstanter Produktionsmenge und variabler Absatzmenge die
   Vollkostenkalkulation auf der Basis der Norm-Kapazitätsausnutzung für den Regelfall eines positiven Stück-
   deckungsbeitrages im Zeitablauf zu nivellierenden Periodenerfolgen führt. Hummel zeigt ferner, daß der Periodenerfolg bei einer Vollkostenkalkulation auf der

(4) Die Einschränkung des Grundsatzes, Leerkosten als
unrealisierten negativen Erfolgsbeitrag der Herstellungsperiode zu behandeln, wird von Geibel für die
ungewollten, aber nicht abbaufähigen Leerkosten, vom
BdF und BFH im Urteil vom 15. 2. 1966 für solche
Leerkosten gefordert, die schon im Zeitpunkt der Entscheidung über die Herstellung eines bestimmten Erzeugnisses und den für diesen Zweck investierten
Potentialfaktoren "als unvermeidbar einkalkuliert
werden müssen"[1].

Die Begründung fußt nicht auf einem aus der Bilanz abgeleiteten Argument, vielmehr auf Überlegungen, die
die Unternehmungsleitung im Rahmen ihrer Investitionsrechnung im Zeitpunkt der Entscheidung über die Investition angestellt hatte. Geibel meint, der Investor
habe die positiven Erfolgsbeiträge der Herstellungsleistung unter Einbeziehung nicht genutzter, überflüs-
siger Kapazitätsteile errechnet und seiner Entscheidung zugrundegelegt. Der BdF und der BFH unterstellen
die gleiche Überlegung einem Investor, der die aus
naturbedingten Gründen resultierende zeitliche oder
quantitative Anpassung an rückläufige Kapazitätsausnutzungsgrade einkalkuliert habe[2].

Fortsetzung FN 2 S. 269
Basis der Ist-Kapazitätsausnutzung von insgesamt fünf
unabhängigen Variablen beeinflußt wird. U. a. wegen
der Erfolgswirkungen wird nach Ansicht Hummels "diese
konsequenteste Form der Vollkostenrechnung immer mehr
abgelehnt" (161). Vgl. auch die fünf unterschiedlichen
Produktions- und Absatzsituationen bei HARRMANN, Bewertung, BFuP 1962, S. 32 (41 f.). BANDILLA (Produktionsplanung, Diss. rer. pol., Göttingen 1967, S. 28
ff.) analysiert die Beziehungen zwischen Produktionsmenge und Absatzmenge und ihre Anpassung in Saisonbetrieben.
1) Urteil BFH I 103/63 v. 15. 2. 1966, BStBl 1966 III S.
468 (469). Vgl. auch MAASSEN, Anmerkung, FR 1966, S.
331 (331).
2) Vgl. GEIBEL, Leerkosten, ZfB 1965, S. 237 (244 f.);
Urteil BFH I 103/63 v. 15. 2. 1966, BStBl 1966 III S.

Es sei akzeptiert [1], daß die nach dem Kriterium 'einkalkuliert' bzw. 'nicht einkalkuliert' unterschiedenen Leerkosten mit dem Anteil in die Herstellungskosten einbezogen werden, mit dem sie im Zeitpunkt der Investitionsentscheidung als nicht abbaufähig in Kauf genommen wurden. Unter dieser Bedingung müssen die Abweichungen der Kapazitätsausnutzung von der Kapazitätsnorm unabhängig von der gewählten Anpassungsform danach unterschieden werden, ob endogen oder exogen bedingte Beschäftigungsabweichungen oder Intensitätsabweichungen im Zeitpunkt der Entscheidung

---

Fortsetzung FN 2 S. 270
468 (469 f.). Offenkundig "einkalkulierte" Leerkosten sind bei Kampagnebetrieben gegeben, bei denen die Produktion während mehrerer Monate des Jahres unterbrochen wird. Wenn das Kriterium der "kalkulierten bzw. nicht-kalkulierten" Kosten für die Entscheidung über die Leistungsverbundenheit des Güterverbrauchs mit der Herstellungsleistung gewählt wird, dann folgt daraus:

(1) In Kampagnebetrieben - z. B. Rübenkampagne - sind mit der quantitativen Anpassung entstandene Leerkosten der Herstellungsleistung als anteilige Herstellungskosten zuzurechnen (vgl. auch KUHN, Einbeziehung, NB 1967, H. 7, S. 9 (14)).

(2) In Saisonbetrieben, bei denen in typischer Weise "Produktion und/oder Absatz im Laufe des Jahres mit unterschiedlicher Intensität erfolgen" (HUMMEL, Lagerbestandsveränderungen, ZfbF 1969, S. 155 (178)), sind auch die bei zeitlicher und intensitätsmäßiger Anpassung entstehenden, kalkulierten und ungewollten Leerkosten leistungsverbunden und demnach Herstellungskosten.

(3) Konsequenterweise folgert Geibel, daß unabhängig davon, ob Leerkosten naturbedingt, nachfragebedingt, fertigungsbedingt sind, daß unabhängig davon, ob Leerkosten bei quantitativer, zeitlicher oder intensitätsmäßiger Anpassung entstehen, sie dann Herstellungskosten sind, wenn sie kalkuliert, ungewollt und nicht abbaufähig sind. Vgl. zu den gewollten und abbaufähigen sowie den ungewollten und abbaufähigen Leerkosten auch S. 259 ff. in dieser Untersuchung. Vgl. zur Behandlung von Leerkosten bei Nachfrageschwankungen auch Hans KLEIN, Bewertung, Diss. rer. pol., München 1956, S. 146 f..

1) KLUGE (Maßgeblichkeitsprinzip, Diss. rer. pol., FU Berlin 1969, S. 183) ist der Auffassung, es sei für die Frage der Aktivierbarkeit ohne Bedeutung, welche Investitionsüberlegungen der Investor angestellt habe. Darüber hinaus das Kriterium der Abbaufähigkeit des betrieblichen Nutzungspotentials in die Entscheidung

über die Herstellung einkalkuliert waren oder nicht [1].
Endogen bedingte Beschäftigungsabweichungen wären z. B.
einkalkulierte Leerkosten durch unzureichende Kapazi-
tätsabstimmung, durch Sonn-, Feier- und Urlaubstage. Intensitätsabweichungen wären auf die originären und die
derivativen Produktionsfaktoren zu beziehen. Exogen bedingte Beschäftigungsabweichungen wären z. B. struktu-
rell normabweichende Auftragsbestände, Streiks, Aussper-
rungen, Herstellungskontingentierungen, Rohstoff- und
Energiebewirtschaftung. Kurz: auch hier ein Zurechnungs-
und Meßproblem.

Es fragt sich, ob dieses Meßproblem für die ungewollten,
aber nicht abbaufähigen Leerkosten und für die einkalku-
lierten Leerkosten zu lösen ist, ohne Manipulationsmöglichkeiten zu belassen, oder ob Rückgriff auf eine Fiktion zu nehmen ist, mit der unterstellt wird, daß z. B.
nicht kalkulierte Leerkosten als unrealisierte negative
Erfolgsbeiträge der Herstellungsperiode angelastet werden. Diese Frage wird im Zusammenhang mit der Bestimmung
der Kapazitätsnorm, des Kapazitätsausnutzungsgrades und
der Messung der Leerkosten zu untersuchen sein.

Fortsetzung FN 1 S. 271
über die Erzeugnisbewertung mit den Herstellungskosten
in der Bilanz heranzuziehen, widerspricht seines Erachtens der Einzelbewertung. Im Rahmen dieser Arbeit
wird im Anschluß an MATTESSICH (Grundlagen, S. 80)
gerade dann, wenn eine formal-logische Ableitung
Schwierigkeiten bereitet, auf informelle Argumente
zurückgegriffen, hier auf Investitionsüberlegungen.
1) KERN (Fertigungskapazitäten, S. 144 ff.) stellt einen
ausführlichen Katalog einkalkulierter bzw. nicht-ein-
kalkulierter Ursachen der Minderausnutzung der Kapazitäten dar, differenziert nach Beschäftigungsabweichungen und Intensitätsabweichungen. Vgl. im folgenden S.
285 ff.

bb) Das Imparitätsprinzip unter der Bedingung, daß ein
    vom Markt abgeleiteter Alternativwert oder die Wie-
    derherstellungskosten unterhalb der Herstellungsko-
    sten liegen

Wie oben gesagt wurde [1], gilt für den Teilwert der Wirtschaftsgüter des Umlaufvermögens die Teilwertvermutung
des vom Markt abgeleiteten Alternativwertes - der Börsen-
oder Marktpreis bzw. der "beizulegende" Wert - oder die
Wiederherstellungskosten, d. h. der Teilwert liegt zwischen dem voraussichtlichen Einzelveräußerungspreis (un-
tere Grenze) und den Wiederherstellungskosten (obere
Grenze).

Die Frage ist, ob auch unter der Bedingung, daß die genannten Alternativwerte unterhalb der Herstellungskosten
liegen, Argumente für die eine oder die andere Art der
Ermittlung der Herstellungskosten sprechen, ohne Herstellungskosten und Teilwert miteinander verquicken zu
wollen. Unabhängig von der Ermittlung der Herstellungskosten besteht kein Meinungsunterschied darüber, daß die
Erzeugnisse mit ihrem niedrigeren Teilwert anzusetzen
sind, sofern der nach dem Prinzip der preisabhängigen Bewertung aus dem Markt abgeleitete Alternativwert unterhalb der Herstellungskosten der Auffassung I oder der Auffassung II liegt [2]. In diesem Falle werden in der Verkaufsperiode tatsächliche Kapitalminderungen realisiert,
die nach dem Imparitätsprinzip in der Herstellungsperiode
zu antizipieren sind, während es sich bei den im vorigen
Abschnitt dargelegten Kapitalminderungen um solche nach
dem Opportunitätsprinzip handelte. Die Höhe der unreali-

---

1) Vgl. oben S. 114 ff. in dieser Untersuchung.
2) Der Hinweis auf das Korrektiv des Imparitätsprinzips
   bzw. der damit begründeten Teilwertabschreibung findet sich unabhängig davon, ob "notwendige" oder "tatsächliche" Herstellungskosten ermittelt werden: Vgl.
   Urteil RFH VI A 1307/32 v. 29. 11. 1933, RStBl 1934
   S. 340 (340); Bescheid des RFH v. 21. 11. 1939, bestä-

sierten negativen Erfolgsbeiträge, die hier der Herstellungsperiode angelastet werden, richtet sich einerseits
nach der Höhe des niedrigeren, aus dem Markt abgeleiteten Alternativwertes, andererseits nach der Art der Ermittlung der Herstellungskosten entweder auf der Basis
der Ist-Kapazitätsausnutzung oder der Norm-Kapazitätsausnutzung. In Anbetracht der Unabhängigkeit des markt-
bezogenen Alternativwertes von der Ermittlungsart der
Herstellungskosten läßt sich die Vorziehenswürdigkeit
der zweiten Auffassung lediglich damit begründen, daß
die Wahrscheinlichkeit einer Bewertung auf einen niedrigeren Wert für die Herstellungskosten auf der Basis der
Ist-Kapazitätsausnutzung größer ist, diese Ermittlungsart daher in Verbindung mit der Anforderung 'Einfachheit' weniger geeignet ist. Mit der Ermittlung der Herstellungskosten auf der Basis der Norm-Kapazitätsausnutzung verbinden sich weniger Auseinandersetzungen mit der
Finanzverwaltung, sofern sich das Ermittlungsproblem der
Kapazitätsnorm, des Kapazitätsausnutzungsgrades und damit der Leerkosten lösen läßt. Als Teilwertvermutung
gelten für die Wirtschaftsgüter des Umlaufvermögens neben dem Börsen- oder Marktpreis bzw. dem "beizulegenden"
Wert auch die Wiederherstellungskosten des Erzeugnisses [1].

Fortsetzung FN 2 S. 273
tigt durch Urteil RFH I 67/39 v. 5. 3. 1940, RStBl
1940 S. 683 (684); Urteil RFH 74/39 v. 4. 6. 1940,
AS Bd. 48 S. 330 (333); JONASCH, Herstellungskosten,
S. 73 ff.; HARRMANN, Bewertung, BFuP 1962, S. 32
(38 f.); SCHINDELE, Bilanzierung, BB 1963, S. 947 ff.;
VODRAZKA, Wertuntergrenzen, S. 139 (141 f.); BANGE,
Herstellungskosten, Diss. rer. pol., Würzburg 1970,
S. 121.
1) Vgl. Urteil BFH I 99/63 v. 11. 1.1966, BStBl 1966 III
S. 310 (310 f.); vgl. im Rahmen der Einheitsbewertung
Urteil BFH III R 21/71 v. 19. 5. 1972, BStBl 1972 II
S. 748 (749); Urteil BFH III R 100-101/72 v. 20. 7.
1973, DB 1973 S. 2173 (2173 f.). Vgl. auch VAN DER
VELDE, Herstellungskosten, S. 119 ff.; HORCH, Teil-
wert, Diss. rer. pol., Bern 1970, S. 37 ff..

Der BFH führt in seinem Urteil vom 8. 10. 1957 [1] aus,
daß unter der Bedingung, daß die tatsächlichen Herstellungskosten der Erzeugnisse die Herstellungskosten am
Bilanzstichtag nachhaltig übersteigen, der Teilwert der
Erzeugnisse den niedrigeren Wiederherstellungskosten ent-
spreche, und zwar unabhängig von der Entwicklung des Ver-
kaufspreises. Als Grund für niedrigere Wiederherstellungskosten und damit für eine solche Teilwertabschreibung wird z. B. das Sinken der Materialpreise genannt.
Aus der Unterstellung, daß die Kapazitätsausnutzung als
dominante Kosteneinflußgröße gilt, folgt bei analoger
Anwendung des genannten BFH-Urteils, daß dann, wenn die
Wiederherstellungskosten der Erzeugnisse am Bilanzstichtag aufgrund eines nachhaltig höheren Kapazitätsausnutzungsgrades niedriger liegen als die Herstellungskosten
auf der Basis der Ist-Kapazitätsausnutzung, eine Teilwertabschreibung auf den Herstellungskostenwert geboten
ist. Dieser Wert wird unter Zugrundelegung des sich am
Bilanzstichtag ergebenden, höheren Kapazitätsausnutzungsgrades - z. B. der Norm-Kapazitätsausnutzung - errechnet [2]. Eine solche Schlußfolgerung stellt sich notwendig
dann, wenn der Ermittlung der Herstellungskosten die Ist-
Kapazitätsausnutzung zugrunde gelegt wird. In diesem Fall
lassen sich Teilwertabschreibungen auf die niedrigeren
Wiederherstellungskosten unter der Bedingung, daß am Bilanzstichtag ein höherer Kapazitätsausnutzungsgrad realisiert wird, auch wie folgt begründen:

Ein fiktiver Käufer, der die Unternehmung erwerben und
fortführen kann, habe zwei Kaufalternativen. Gleiche
Marktpreise für die Erzeugnisse unterstellt, wird der
fiktive Käufer nicht bereit sein, im Rahmen des Gesamt-
kaufpreises für die Erzeugnisse der einen Unternehmung,

1) Urteil BFH I 86/57 v. 8. 10. 1957, BStBl 1957 III
   S. 442 (443).
2) Vgl. auch das Urteil RFH III 74/39 v. 4. 6. 1940,
   RStBl 1940, AS Bd. 48 S. 330 (337).

die mit den Herstellungskosten unter Zugrundelegung einer
unterhalb der Kapazitätsnorm liegenden Ist-Kapazitätsausnutzung bewertet wurden, ein höheres anteiliges Entgelt
zu zahlen, wenn er die gleichen Erzeugnisse bei Kauf der
anderen Unternehmung, die mit den Herstellungskosten unter Zugrundelegung der Norm-Kapazitätsausnutzung bewertet
wurden, zu einem niedrigeren Entgelt erwerben kann [1].
Dazu wird er umso weniger bereit sein, je mehr im Kon-
junkturabschwung und dem damit korrelierenden Nachfrage-
rückgang der Angebotsdruck und in der Regel der Preis-
druck auf die Erzeugnisse zunimmt, folglich auch die
Wahrscheinlichkeit, daß er nicht die auf der Basis der
Ist-Kapazitätsausnutzung ermittelten Herstellungskosten
im Preis vergütet erhält.

2. Wertung und Anforderungen bei einer Kapazitätsausnutzung unterhalb der Kapazitätsnorm

a) Die Anforderung 'Nachprüfbarkeit'

aa) Die Messung der Kapazität, der Kapazitätsnorm und
    des Kapazitätsausnutzungsgrades als Voraussetzung
    für die Nichteinbeziehung von Leerkosten in die Her-
    stellungskosten

Während sich die Ermittlung der Herstellungskosten auf
der Basis der Ist-Kapazitätsausnutzung durch die unmittelbare Nachprüfbarkeit auszeichnet, stellt sich bei der
Ermittlung der Herstellungskosten auf der Basis der Norm-
Kapazitätsausnutzung eine dreifache Meßproblematik, um

---

1) Vgl. auch BOMMARIUS, Herstellungswert, Diss. rer.
   pol., Frankfurt a. M. 1958, S. 71 f., 76; SCHÜNNENBECK,
   Vollkosten, DB 1963, S. 142 (142 f.); BEISSNER, Vollkosten, DB 1963, S. 387 (387). ESCHER, Aktivierungspflicht, S. 67.

Leerkosten als Aufwand der Herstellungsperiode behandeln
zu können: Wenn Manipulationen bei der Wertermittlung und
damit bei der Gewinnermittlung ausgeschlossen sein sollen
- ein sachverständiger Dritter muß zu einem zumindest
vergleichbaren Ergebnis gelangen können -, dann muß das
Verfahren der Messung der Kapazität, der Kapazitätsnorm
und des Kapazitätsausnutzungsgrades überprüfbar sein.

aaa) Die Messung der Kapazität

aaaa) Meßprobleme im Zusammenhang mit dem allgemeinen
      Kapazitätsbegriff

Die betriebliche Kapazität wurde oben als das mengenmäßige Leistungsvermögen eines betrieblichen Potentialfaktors
bzw. einer Potentialfaktorkombination in einem Zeitabschnitt identifiziert, als Produkt aus Beschäftigung und
Leistungsintensität [1]. Charakterisiert als eine Erschei-
nung "typisch komplexen Charakters" [2] verkörpert der Kapazitätsbegriff eine heterogene Größe: eine anlage-, ar-
beits-, rohstoff- und/oder organisationsbedingte Kapazität [3]. Diese Kapazitätsdeterminanten beeinflussen die
Kapazitätsgröße über den Faktor 'Beschäftigung' oder über
den Faktor 'Leistungsintensität', wirken ständig, tragen
Unsicherheitsmomente in sich, die jede Kapazitätsmessung
beeinträchtigen: die Wirkung inter- bzw. intraindividuel-
ler Leistungsstreuungen des Faktors Arbeit, die Wirkung
betriebstechnischer Elastizität, die Wirkung der Betriebs-
mittelabnutzung in Verbindung mit gegenläufigen Wartungs-
und Instandhaltungsmaßnahmen, die Wirkung des qualitativen Leistungsvermögens und der Organisation [3].

---

1) Vgl. oben S.105 f. FN 2 in dieser Untersuchung.
2) LEHMANN, Industriekalkulation, S. 2. Vgl. auch BESSLER,
   Kapazität, Diss. rer. pol., Saarbrücken 1957, S. 9.
3) Vgl. MELLEROWICZ, Kosten, Bd. I, S. 213 ff.; OETTING,
   Kapazitätsbegriff, Diss. rer. pol., Mannheim 1951, S.
   33 ff.; KERN, Fertigungskapazitäten, S. 44 ff.. SCHU-
   STER, Kapazitätsbegriff, Diss. rer. pol., Wien 1956,
   S. 35 ff..

Um den allgemeinen Kapazitätsbegriff zu konkretisieren,
wird derselbe in die Unterbegriffsarten 'Erzeugniskapazität' und 'Erzeugungskapazität' unterschieden [1]. Als
Erzeugniskapazität gilt das Leistungsvermögen der Potentialfaktoren gleicher oder vergleichbarer Fertigungsstu-
fen, gemessen in den jeweiligen Leistungseinheiten. Als
Erzeugungskapazität gilt das gesamte Leistungsvermögen
der Potentialfaktoren eines Betriebsteiles oder eines
Gesamtbetriebes [1]. Ermittlungsschwierigkeiten ergeben
sich in erster Linie bei der Messung der Erzeugungskapazität, wenn mehrere unterschiedliche Erzeugnisse durch
eine oder mehrere Potentialfaktoreinheiten erstellt werden. Diese Schwierigkeiten wachsen mit der Zunahme der
Erzeugungsbreite (horizontale Kapazitätsaggregation) und
der Erzeugungstiefe (vertikale Kapazitätsaggregation)[2],
geben Veranlassung, lediglich die Erzeugniskapazität zu
messen, da nur eine solche Messung zu größtmöglich exakten Werten führen kann [3]. Eine solche Kapazitätsmessung
führt über eine Aggregation der Einzelkapazitäten je Leistungseinheit zu Bereichs- bzw. Gruppenkapazitäten [4],
wobei zu beachten ist, daß diese Kapazitätsmessung sich
auf den Abgrenzungsbereich der Herstellungsleistung nach
dem Leistungsentsprechungsprinzip, d. h. auf den Fertigungsbereich und die anteiligen übrigen Funktionsbereiche,
die der Herstellung dienen, erstrecken muß [5].

---

1) Vgl. MELLEROWICZ, Kosten, Bd. I, S. 220 f. (Betriebs-
   kapazität und Erzeugniskapazität); KERN, Fertigungskapazitäten, S. 88.
2) Vgl. OTT, Beschäftigung, Diss. rer. pol., Frankfurt
   a. M. 1965, S. 59 ff.; MELLEROWICZ, Kosten, Bd. I, S.
   221 ff..
3) Vgl. KERN, Fertigungskapazitäten, S. 95.
4) Vgl. MELLEROWICZ, Kosten, Bd. I, S. 270 ff..
5) Vgl. oben S. 128 ff. in dieser Untersuchung.

Als Maßstäbe für die Kapazitätsmessung finden die Leistungseinheiten selbst bzw. - als Mengengrößen oder Wertgrößen - Leistungsmerkmale und Ausstattungsmerkmale Verwendung [1]: Während im Falle der Einproduktunternehmung bzw. bei einheitlicher Massenfertigung die Erzeugniskapazität durch die Messung der Leistungseinheiten in der Regel zum Ausdruck gebracht werden kann, ergibt sich im Falle der Mehrproduktunternehmung bzw. bei Sortenfertigung, Serienfertigung oder Einzelfertigung das Problem, die Kapazität mit Hilfe von Mengen-, Wert- oder Rechnungseinheiten (u. a. Äquivalenzziffern) zu messen[2]. Die Auswahl der Maßstabsart richtet sich bei indirekter Kapazitätsmessung nach dem Kriterium der Korrelation zwischen dem Leistungs- bzw. Ausstattungsmerkmal und dem Leistungsvermögen: Clar und Kern [3] fordern ein proportionales Verhältnis. In der Realität ist diese Forderung insbesonders bei Mehrproduktfertigung häufig nicht zu verwirklichen. In einem solchen Fall ist ein Auswahlprinzip nach der Art des Koch'schen Gemeinkostenstreuungsprinzips denkbar, da es den Vorteil methodischer Vorgehensweise bietet [4]. Angesichts der Schwierigkeiten der Kapazitätsmessung beschränkt sich die Praxis häufig auf die Beschäftigungsmessung (z. B. Fertigungslohnstunden, Maschinenstunden): Eine solche Vorgehensweise bedeutet einen unzulässigen Verzicht auf die Leistungsintensität als Kapazitätsbestimmungsfaktor [5].

---

1) Vgl. die Literaturangaben in FN 2 S. 105 f. in dieser Untersuchung.
2) Vgl. Friedrich MEYER, Kapazitätsermittlung, Diss. rer. pol., Frankfurt a. M. 1931, S. 75 ff.; KERN, Fertigungskapazitäten, S. 155 ff.; KITTEL, Kapazität, KRP 1967, S. 159 ff..
3) CLAR, Kapazitätsnutzung, S. 61; KERN, Fertigungskapazitäten, S. 155.
4) Vgl. oben S. 206 f. in dieser Untersuchung.
5) Vgl. ERHARD, Unterbeschäftigung, StBp 1966, S. 101 ff.; GERGELY, Kosten, KRP 1967, S. 113 (114 ff.); Günter SCHNEIDER, Fixkosten, S. 22.

Mit der Kapazitätsmessung verbundene Ermessensspielräume
und Ungenauigkeiten müssen sich zwangsläufig auf die Messung der Kapazitätsnorm und des Kapazitätsausnutzungsgrades erstrecken, da die Kapazitätsmessung die Conditio
für die Messung dieser Unterpunkte ist [1].

Im folgenden Untersuchungsschritt müssen unterschiedliche
Auffassungen im Hinblick auf die Mengenbegrenzung der Kapazitätsgröße, d. h. in bezug auf die Frage, auf welche
Kapazitätsgröße der realisierte Kapazitätsausnutzungsgrad
bezogen werden soll, erörtert werden. Wahlmöglichkeiten
bestehen zwischen der optimalen, der normalen und der
maximalen Mengenbegrenzung des Leistungsvermögens [2].
Die Vorziehenswürdigkeit der einen oder der anderen Art
der Mengenbegrenzung richtet sich auch unter diesem Gesichtspunkt nach dem Kriterium der Nachprüfbarkeit der
Ermittlung.

aaab) Meßprobleme im Zusammenhang mit der Optimalkapazi-
      tät, der Normalkapazität und der Maximalkapazität

Als Optimalkapazität wird das Leistungsvermögen definiert, das durch die kostenoptimale Produktion der Erzeugnisse unter Einbeziehung der sog. Kostendegression
und der Kostenprogression determiniert wird: Im Kosten-
optimum sind die Kosten je Leistungseinheit ein Minimum [3].

---

1) Vgl. CLAR, Kapazitätsnutzung, S. 80 f..
2) Ein Überblick über die Literaturmeinungen findet sich
   außer in der Arbeit von KERN bereits bei VORMBAUM,
   Kapazitäten, Diss. rer. pol., Hamburg 1951, S. 10 ff.;
   SCHUSTER, Kapazitätsbegriff, Diss. rer. pol., Wien
   1956, S. 122 ff..
3) Vgl. HAPPEL, Kostendegressionen, Diss. rer. pol., Köln
   1964, S. 98. Vgl. auch Friedrich MEYER, Kapazitätsermittlung, Diss. rer. pol., Frankfurt a. M. 1931, S.
   14; PETSCHKE, Fertigungsgemeinkosten, StuW 1941, Sp.
   245 (251); BESSLER, Kapazität, Diss. rer. pol., Saarbrücken 1957, S. 117 ff.; CLAR, Kapazitätsnutzung, S.
   34 f.; FUHRKEN, Abhängigkeit, Diss. rer. pol., Münster
   1965, S. 17.

Adler/Düring/Schmaltz meinen, die Ermittlung der Optimalkapazität knüpfe stärker als die der Normalkapazität "an
objektive, einer willkürlichen Festlegung sich entzie-
hende Kriterien an" [1]. Den Versuch einer Darlegung dieser Kriterien machen sie nicht. Die Einwände gegen die
Mengenbegrenzung unter Zugrundelegung einer Optimalkapazität fußen auf kostentheoretischen und kostenrechnerischen Argumenten: Die herrschende betriebswirtschaftliche
Kostentheorie geht von einem tendenziell linearen Gesamtkostenverlauf aus, d. h., daß minimale Kosten je Leistungseinheit im Kapazitätsmaximum verwirklicht werden.
Unterstellt man den aus dem traditionellen Ertragsgesetz
abgeleiteten Kostenverlauf, dann stellt sich die Messung
des Kapazitätsoptimums als ein theoretisches Ziel dar,
das in Anbetracht der dem Kostenverlauf zugrunde liegenden Prämissen, der Erfassungs- und Abgrenzungsprobleme
nicht praktikabel, für eine Mengenbegrenzung des Leistungsvermögens als Bezugsgröße des realisierten Kapazitätsausnutzungsgrades daher ungeeignet ist [2].

Als Normalkapazität wird das Leistungsvermögen definiert,
das unter den gegebenen Organisationsverhältnissen als
realisierbar angesehen wird, bei "normaler" Beschäftigung
und "normaler" Leistungsintensität [3]. Der Begriff 'normal'
stellt eine Leerformel dar, seine inhaltliche Ausfüllung
ist daher subjektiver Determinierung zugänglich. Einige
Beispiele aus der Literatur: "Normal-(Regel-)Leistung =
ohne Überbelastung mögliche Dauer-Durchschnittsleistung

1) ADLER/DÜRING/SCHMALTZ, Rechnungslegung, § 155 TZ 29,
   S. 478.
2) Vgl. MELLEROWICZ, Kapazitätsproblem, HdB Bd. II Sp.
   2953 (2955); OETTING, Kapazitätsbegriff, Diss. rer.
   pol., Mannheim 1951, S. 10 f.; KERN, Fertigungskapazitäten, S. 115 ff., mit einer ausführlichen Literatur-
   analyse; KUHN, Einbeziehung, NB 1967, S. 9 (14).
3) Vgl. FISCHER/HESS/SEEBAUER, Buchführung, S. 350 ff.;

(durchschnittliche Volleistung)" [1]; branchen-durch-
schnittliche Beschäftigung [2]; auf die Dauer gesehen
eine wirtschaftlich günstige Betriebsausnutzung bei etwa 70 bis 90 % der Maximalkapazität [3]; auf Grund prak-
tischer Erfahrungen zu gewinnende Größe [4]; die in
einem bestimmten Zeitraum erreichbare Leistung [5]. Nach
Merker liegt die Normalkapazität "etwas unter der optimalen Beschäftigung" [6]!

Die Mengenbegrenzung auf der Grundlage der Normalkapazität muß abgelehnt werden, da eine solche Begrenzung das
Nachprüfbarkeitskriterium verletzt, Manipulationen of-
fensteht [7]. Die inhaltliche Determinierung "normaler"
Beschäftigung und "normaler" Leistungsintensität wird
von den Autoren, die diese Kapazitätsgröße vorschlagen,
nicht belegt, nicht präzisiert: Kriterien für eine Determinierung finden sich nicht [8]. In der Regel wird der

Fortsetzung FN 3 S. 281
KERN, Fertigungskapazitäten, S. 119 ff., mit ausführlichen Definitionsbeispielen; vgl. auch die Literaturangaben in FN 5 S. 255 f. in dieser Untersuchung.
DÖLLERER, Anschaffungskosten, BB 1966, S. 1405 (1409).
1) ZEIDLER, Kostenrechnung, BFuP 1949, S. 398 (409), mit
weiteren Beispielen. Vgl. auch Gustav A. WEGNER, Aktivierung, ZfhF 1933, S. 442 (444 f.).
2) Ernst SCHMID, Kostengestaltung, Diss. rer. pol., St.
Gallen 1946, S. 20.
3) ERHARD, Unterbeschäftigung, StBp 1966, S. 101 (104).
4) Vgl. PEISER, Kostenentwicklung, S. 26.
5) Vgl. OETTING, Kapazitätsbegriff, Diss. rer. pol.,
Mannheim 1951, S. 10.
6) MERKER, Beschäftigungsgrad, NB 1960, S. 122 (123).
7) Vgl. HUMMEL, Lagerbestandsveränderungen, ZfbF 1969,
S. 155 (175).
8) Vgl. HARTKOPF, Bewertung, ZfhF 1933, S. 446 (450 f.);
KRÜGER, Bewertung, S. 89; ACHENBACH, Bewertung, Diss.
rer. pol., Köln 1954, S. 56; Urteil BFH I 103/63 v.
15. 2. 1966, BStBl 1966 III S. 468 (470); VON WALLIS
(Grundsätze, NB 1967 H. 2, S. 21 (27)) ist offensichtlich der Auffassung, eine Normalkapazität auf einen
'durchschnittlichen, gutgeleiteten oder andersgelei-
teten Betrieb' beziehen zu müssen. Offenbar leitet von
Wallis diesen Bezug ab aus ADLER/DÖRING/SCHMALTZ,
Rechnungslegung, Bd. I, § 155, TZ 30 ff., S. 478 ff..

Steuerpflichtige die Normalkapazität "aushandeln" müssen [1].

Als Maximalkapazität wird das auf eine Dauer-Höchstleistung abgestellte maximale Leistungsvermögen definiert
als das unter den gegebenen Organisationsverhältnissen
erreichbare Maximum [2]. Kern sieht mit dieser Mengenbegrenzung für die praktische Kapazitätsmessung "die geringsten Nachteile" verbunden, Nachteile deshalb, weil
auch der Begriff 'maximal' nicht eindeutig ist [3]:

(1) Die Entscheidung für die Dauer-Höchstleistung als
    Grundlage der Maximalkapazität enthält ein Unsicher-
    heitsmoment, da der Kapazitätsmessung ein durch-
    schnittlich maximaler Leistungsgrad zugrunde gelegt
    wird.

(2) Grundlage der Maximalkapazität ist nicht die betrieb-
    liche bzw. die branchenübliche Arbeitszeit, sondern
    die Kalenderzeit, da die Kapazität außerhalb der Be-
    triebszeit lediglich nicht ausgenutzt wird.

(3) Die Maximalkapazität ist nicht um Wartungs-, Instand-
    haltungs-, Instandsetzungs-, Rüst- und Verteilzeiten
    reduziert. Die genannten Zeiten gelten als Ursachen
    verminderter Kapazitätsausnutzung. Eine Ausnahme bil-
    den lediglich Großreparaturen und Generalüberholun-
    gen.

---

1) Vgl. MELLEROWICZ, Kosten, Bd. I, S. 217; KERN, Fertigungskapazitäten, S. 121.
2) Vgl. bereits MESSERSCHMITT, Calculation, S. 47; OTT,
   Begriff, Diss. rer. pol., Frankfurt a. M. 1965, S.
   102 ff.; SCHNÖRCH, Problematik, Diss. rer. pol.,
   Frankfurt a. M. 1965, S. 81 ff.; LÜCKE, Kapazität,
   ZfB 1965, S. 354 (358); BONNEKAMP, Kapazität, Diss.
   ing., TH Aachen 1966, S. 21; SCHIEMANN, Produktions-
   Kapazität, Diss. rer. pol., TH Karlsruhe 1969, S. 29.
3) Vgl. KERN, Fertigungskapazitäten, S. 112 ff. et passim; vgl. auch Günter SCHNEIDER, Fixkosten, S. 16 ff..

(4) Um die Unsicherheitsmomente bei der Kapazitätsmes-
    sung nicht zu vergrößern, wird nicht von einer mög-
    lichen Bestorganisation ausgegangen, sondern von
    dem gegebenen Organisationsniveau.

Wenn überhaupt eine Mengenabgrenzung zu einer annähernd
exakten Kapazitätsgröße führen kann, dann scheint es
die Maximalkapazität als Ausgangsbasis zu sein. Da die
Maximalkapazität indessen in aller Regel ein nicht
realisierbares Leistungsvermögen darstellt, bedarf sie
als Ausgangsbasis der Korrektur: Kern sucht einen "Soll-
oder Planwert für die Ausnutzung des Leistungsvermögens,
eine Norm": die Größe einer kalkulierten Kapazitätsausnutzung [1].

aab) Die Messung der Kapazitätsnorm

Ausgehend von der Maximalkapazität ist die Kapazitätsnorm unter Berücksichtigung   d e r   Gründe zu bilden,
die zu einer kalkulierten, "bewußten Minderausnutzung
führen sollen" [1]. Die Wirkungen nicht kalkulierter, un-
beabsichtigter Minderausnutzung der Kapazität zeigen sich
erst in der tatsächlichen Kapazitätsausnutzung, d. h. in
der Differenz zwischen Kapazitätsnorm und realisiertem
Kapazitätsausnutzungsgrad [2]. Vergleicht man diesen Ver-
fahrensvorschlag Kerns zur Ermittlung kalkulierter und
nicht kalkulierter Leerkosten mit den Überlegungen, die
in dem Urteil des BFH vom 15. 2. 1966 sowie bei Geibel[3]
zum Ausdruck kommen, so zeigt sich eine offensichtliche
Parallelität bzw. Anknüpfung an Kern.

---

1) KERN, Fertigungskapazitäten, S. 129. Vgl. bereits zum
   Gesichtspunkt einer Kapazitätsnorm MÜLLER-BERNHARDT,
   Selbstkosten, S. 5; PEISER, Kostenentwicklung, S. 26.
2) Vgl. KERN, Fertigungskapazitäten, S. 129; vgl. auch
   ERHARD, Unterbeschäftigung, StBp 1966, S. 101 (104).
3) Vgl. oben S. 268 ff. in dieser Untersuchung.

Nicht zu übersehen ist jedoch, daß die Einführung der
Kapazitätsnorm zwar die Eliminierung von Unsicherheits-
momenten im Zusammenhang mit der Mengenbegrenzung der Kapazitätsgröße - der Maximalkapazität - ermöglicht, daß
aber die Messung der Kapazitätsnorm für den Beschäfti-
gungsfaktor und den Leistungsfaktor mit ähnlichen Unsi-
cherheiten verbunden sein muß wie die Messung der Normalkapazität. Indessen: Die Vergleichbarkeit der absoluten Kapazität und der Kapazitätsausnutzungsgrade wird
erhöht [1]. Es wird zu prüfen sein, ob die Unsicherheitsmomente bei der nach dem Kalkulationskriterium gebilde-
ten Kapazitätsnorm im Rahmen intersubjektiver Nachprüfbarkeit liegen, ob demnach die Leerkosten zwischen der
Maximalkapazität und der Kapazitätsnorm als grundsätzlich oder teilweise leistungsverbunden, die Leerkosten
zwischen der Kapazitätsnorm und dem realisierten Kapazitätsausnutzungsgrad als nicht leistungsverbunden qualifiziert werden können.

Die Menge möglicher Faktoren, die eine Minderausnutzung
der Kapazität verursachen können, ist außerordentlich
groß. Daher muß jeder Versuch, die wesentlichen Gründe
für eine kalkulierte Minderausnutzung katalogartig zusam-
menzustellen, unvollständig bleiben: Das Auftreten und
die Wirkung solcher Gründe ist in aller Regel unterneh-
mungs- bzw. branchenindividuell bestimmt (z. B. Saisonschwankungen). Kern hat dennoch einen solchen Versuch
der Katalogisierung der Abweichungsgründe unternommen,
wobei er entsprechend der Kapazitätsdefinition nach Beschäftigungsabweichungen und Intensitätsabweichungen
differenziert [2].

---

1) Vgl. KERN, Fertigungskapazitäten, S. 129.
2) Vgl. KERN, Fertigungskapazitäten, S. 145 f.; vgl.
   auch CLAR, Kapazitätsnutzung, S. 119 ff..

1. Gründe für Beschäftigungsabweichungen

    a) Strukturelle zeitliche und zwischenzeitliche
       Nichtausnutzung von Kapazitäten
        aa) während der zweiten und dritten Schicht
        bb) wegen unzureichender Kapazitätsabstimmung
        cc) wegen strukturell schlechter Auftragslage
        dd) wegen mangelnder Arbeitskräfte
    b) Schichtzwischenzeiten
    c) Sonn- und Feiertage
    d) Tarifmäßiger Urlaub
    e) Freiwillige Betriebsruhe (Betriebsferien, -aus-
       flüge, -feiern, -versammlungen)
    f) Rohstoff- und Energiebewirtschaftung
    g) Produktionsbeschränkungen

2. Durch die menschliche Arbeitskraft verursachte
   Gründe für Intensitätsabweichungen

    a) Unzweckmäßige Regelung der Arbeitszeit
        aa) hinsichtlich der Tageszeit der Arbeitsver-
            richtung
        bb) hinsichtlich der Länge der täglichen Ar-
            beitszeit
        cc) hinsichtlich der Pausenlänge und zeitlichen
            Anordnung von Pausen
    b) Ungünstige Arbeitsplatzgestaltung
    c) Vermeidbare negative Umwelteinflüsse
    d) Mangelnde Eignung und mangelndes Können der Ar-
       beitskräfte
    e) Unzweckmäßiges Entlohnungssystem
    f) Falsches Arbeitstempo bei Zwangslauffertigung
    g) Nicht-optimale Arbeitsstellenzahl bei Mehrma-
       schinenbedienung
    h) Verteilzeiten

3. Durch die Betriebsmittel verursachte Gründe für
   Intensitätsabweichungen

    a) Mangelnde Eignung der Betriebsmittel und Werkzeuge
    b) Rüstzeitvorgaben
    c) Nicht-optimaler Vor- und Auslauf bei Partiewech-
       sel (z. B. bei Papier- und Spinnmaschinen)
    d) Zu früher oder zu später Werkzeugwechsel bei
       Schneidstählen, Nadeln, Düsen usw.
    e) Abkühlzeiten für Betriebsmittel, die länger als
       unbedingt erforderlich sind
    f) Reinigung, Wartung und Pflege hinsichtlich der
       planmäßigen oder durch Partiewechsel bedingten
       Häufigkeit und Zeitdauer
    g) Instandhaltungszeiten ohne Generalreparaturen

4. Sonstige Gründe für Intensitätsabweichungen

    a) Unzweckmäßige Organisation des Fertigungsablaufs
       und Bestehen innerbetrieblicher Friktionen
    b) Unzweckmäßige Verfahrenswahl
    c) Einarbeitungszeiten bei Änderungen
        aa) in der Betriebsorganisation
        bb) der Verfahrenstechnik

d) Engpässe bei Hilfsbetrieben und Transporteinrich-
   tungen
e) Nicht-optimale Losgrößen
f) Ungünstige Partiefolge im Zusammenhang mit
   aa) umfangreicheren Maschinenumstellungen
   bb) zusätzlichen Reinigungsarbeiten
g) Verschlechterung der Rohstoff-(Flöz-)lage bei
   Abbaubetrieben
h) Saisonschwankungen bedingt durch
   aa) den Absatzmarkt (z. B. Bekleidungs-, Spiel-
       zeug- und Zweiradindustrie)
   bb) die Rohstoffbeschaffung (z. B. Mälzereien,
       Zucker- und Konservenindustrie)
5. Gründe, die auf Kosten- und Ertragserwägungen basieren.

Diese Übersicht läßt die Vielgestaltigkeit kapazitäts-
mindernder Gründe erkennen, die den Beschäftigungsfak-
tor bzw. den Leistungsfaktor tangieren.

Die Kalkulation der Minderausnutzung ist in vielen Fällen sowohl bei Beschäftigungsabweichungen als auch bei
Intensitätsabweichungen gegeben, so z. B. bei den Posi-
tionen 1 a - g; 2 h; 3 b, e - g; 4 h. Das Problem liegt
in solchen Fällen lediglich darin, die Minderausnutzung
mit Hilfe von Maßstabsarten exakt zu quantifizieren.

Der Katalog Kerns enthält keinen Hinweis auf das Spezial-
problem der sog. Reservekapazitäten. Je nach ihrer Zweck-
bestimmung werden sie entweder von der Kapazitätsmessung
ausgeschlossen (Sicherheitsreserven gegen Ausfallrisiken,
Spekulationsreserven, Reserven für spätere Verwendungen)
oder bei der Kapazitätsmessung erfaßt (als sog. Aushilfs-
kapazitäten zur Abdeckung von Spitzenbeanspruchungen oder
Engpaßüberbrückungen) [1]. Wenn Reservekapazitäten in die
Kapazitätsmessung einbezogen werden, dann gilt es auch

---

1) Eine solche Differenzierung der Reservekapazitäten
   wird in den theoretischen Analysen zur Kapazitätsmessung vorgenommen, so z. B. bei MELLEROWICZ, Kosten,
   Bd. I, S. 240; CLAR, Kapazitätsnutzung, S. 49 f.;

hier, die kalkulierte Minderausnutzung dieser Kapazitätsteile bei der Messung der Kapazitätsnorm zu berücksichtigen. Die Nichtausnutzung der nichtkalkulierten
Minderausnutzung wirkt sich dann in dem jeweiligen Kapazitätsausnutzungsgrad aus [1]. Eine solche Anteilsermittlung kann nicht eindeutig sein, sondern ist auch in
einer ex-post-Betrachtung ermessensabhängig.

Mangelnde Eindeutigkeit darüber, ob Minderausnutzungen
kalkuliert oder nicht kalkuliert waren, finden sich
zwangsläufig bei solchen kapazitätsmindernden Faktoren,
die sich in den Intensitätsabweichungen der Kapazitätsdeterminanten Arbeit und Organisation niederschlagen.
Die Entscheidung darüber, ob eine bestimmte Leistungsintensität kalkuliert oder nicht kalkuliert war, ist zu
häufig eine Ermessensfrage (z. B. Arbeitsplatzgestal-
tung, Umwelteinflüsse, Entlohnungssystem). Kern zieht
daraus die Folgerung, "jedem Normwert eine bestimmte
Variationsbreite zugestehen" zu müssen [2], nennt allerdings keinerlei Kriterien dafür, wie diese Variationsbreite oder Schwankungsbreite bemessen sein sollte.
Wenn die Messung der Kapazitätsnorm mit solchen Ermes-

Fortsetzung FN 1 S. 287
KERN, Fertigungskapazitäten, S. 82. Dagegen will der
BdF (Urteil BFH I 103/63 v. 15. 2. 1966, BStBl 1966
III S. 468 (469)) Reserveanlagen, die möglicher Ausfallrisiken wegen gehalten werden, als in einer
"tatsächlichen Beziehung" zu den Erzeugnissen ste-
hend werten. ADLER/DÖRING/SCHMALTZ (Rechnungslegung
Bd. I, § 155,TZ 25, S. 476) wollen "technisch notwendige" Reservekapazitäten in die Kapazitätsmessung
einbeziehen, ihre Kosten in die Herstellungskosten.
Der Terminus 'technische Notwendigkeit' wird von ihnen nicht näher belegt.
1) Vgl. z. B. MERKER, Herstellungskosten, NB 1960, S.
122 (123 f.).
2) KERN, Fertigungskapazitäten, S. 129.

sensspielräumen und damit Manipulationsmöglichkeiten
belastet ist, dann wirken sich diese Unsicherheitsmomente auch auf die Messung des Kapazitätsausnutzungsgrades aus, da je nachdem, ob die Kapazitätsnorm einen
höheren oder niedrigeren Punkt auf der Kapazitätsskala
der Maximalkapazität einnimmt, die Differenz zwischen
Kapazitätsnorm und Kapazitätsausnutzungsgrad als nicht
kalkulierte Leerkosten höher oder niedriger ist.

aac) Die Messung des Kapazitätsausnutzungsgrades

Der Kapazitätsausnutzungsgrad, der auf die Kapazitätsnorm bezogen wird, ist als das Verhältnis zwischen tatsächlicher und möglicher Leistungsmenge definiert [1].
Wenn die maximale Kapazität das Produkt aus dem Faktor
'maximale Beschäftigung' und dem Faktor 'maximale Leistungsintensität' während eines Zeitabschnitts ist,
dann wird der Kapazitätsausnutzungsgrad k, der zunächst
auf diese Bezugsgröße bezogen wird, wie folgt dargestellt:

$$k = \frac{\text{tatsächliche Beschäftigung}}{\text{maximale Beschäftigung}} \quad \times \quad \frac{\text{tatsächliche Leistungsintensität}}{\text{maximale Leistungsintensität}}$$

Wenn der Kapazitätsausnutzungsgrad k auf die Kapazitätsnorm bezogen wird, dann wird diese Formel in folgender Form geschrieben:

$$k = \frac{\text{tatsächliche Beschäftigung}}{\text{kalkulierte Beschäftigung}} \quad \times \quad \frac{\text{tatsächliche Leistungsintensität}}{\text{kalkulierte Leistungsintensität}}$$

---

1) Vgl. MELLEROWICZ, Kosten, Bd. I, S. 223 ff.; KERN,
   Fertigungskapazitäten, S. 134; KNÜPFER, Formel,
   Diss. rer. pol., Erlangen/Nürnberg 1961, S. 45 ff.;
   JACOBS, Grundlage, Diss. rer. pol., TH Aachen 1966,
   S. 63 f..

Die Ermittlung des Kapazitätsausnutzungsgrades kann
nur in Verbindung mit der Messung der Kapazität und
der Kapazitätsnorm gesehen werden, da der Kapazitätsausnutzungsgrad als Relativzahl nicht ohne Bezug auf
eine dieser beiden Größen ermittelt werden kann. Meßprobleme, die sich im Zusammenhang mit der Messung
der Erzeugnis-, Bereichs- und Gruppenkapazität u. a.
bei der Wahl der Maßstabsart ergeben, zeigen sich
ebenso bei der Messung des Nutzungsgrades, da das
Meßobjekt und die verwendete Maßstabsart übereinstim-
men müssen, wenn beide Größen miteinander verglichen
werden sollen [1].

Das gleiche gilt für den Zusammenhang zwischen der
Messung der Kapazitätsnorm und des Kapazitätsausnutzungsgrades. Aufbauend auf der Messung der Maximalkapazität und der Kapazitätsnorm besteht das Meßproblem
im Zusammenhang mit der Nutzungsgradermittlung darin,
die tatsächliche Beschäftigung und die tatsächliche
Leistungsintensität, die während der Kapazitätsperiode
realisiert wurden, zu messen. Kern hat auch die Gründe,
die zu einer unbeabsichtigten, nicht kalkulierten Minderausnutzung der Kapazität führen können, einer kata-
logartigen Darstellung unterzogen [2]. Diese Gründe
wirken sich aus in Abweichung der tatsächlichen Kapazitätsausnutzung von der Kapazitätsnorm:

---

1) Vgl. CLAR, Kapazitätsnutzung, S. 81. Vgl. auch
   HÄNDLE, Kosteneinflussgrößen, Diss. rer. pol., Er-
   langen/Nürnberg 1968, S. 154 ff..
2) KERN, Fertigungskapazitäten, S. 146 f.; vgl. ferner
   die eingehenden Untersuchungen von CLAR, Kapazitätsnutzung, S. 119 ff..

1. Gründe für Beschäftigungsabweichungen

    a) Nicht-strukturelle Schwankungen in der Auftrags-
       lage
    b) Nichtabsehbare Versäumniszeiten (Krankheit, Un-
       fall usw.)
    c) Streiks und Aussperrungen
    d) Katastrophen und sonstige Betriebsunterbrechun-
       gen durch höhere Gewalt
    e) Rohstoffmangel infolge Planungsfehlern und Dis-
       positionsmängeln
    f) Nicht-struktureller Mangel an Arbeitskräften
    g) Nicht-struktureller Energiemangel, Energieaus-
       fälle

2. Durch die menschliche Arbeitskraft verursachte
   Gründe für Intensitätsabweichungen

    a) Abweichungen der Leistungsintensität von der Norm
       aa) infolge Schwankungen der psychischen Antriebe
       bb) infolge Schwankungen der physischen Leistungs-
           fähigkeit
           aaa) Rhythmische Schwankungen während des Ta-
                ges der Woche
           bbb) Arhythmische Schwankungen (Gesundheit,
                Witterung usw.)
       cc) infolge Arbeitsplatzwechsel und Arbeiter-
           fluktuation
    b) Kurzfristige, unplanmäßige Arbeitsunterbrechun-
       gen, die nicht als Verteilzeiten erfaßt werden
       aa) persönlich und sachlich bedingte
       bb) vermeidbare und unvermeidbare

3. Durch die Betriebsmittel verursachte Gründe für Intensitätsabweichungen

    a) Maschinenstörungen und unplanmäßige Reparaturen
    b) Schwankungen der maschinellen Wirkungsgrade
    c) Falsche Maschineneinstellung (z. B. hinsichtlich
       Vorschub, Spantiefe, Schnittgeschwindigkeit,
       Drehzahl)
    d) Verwendung falscher oder ungeeigneter Werkzeuge
    e) Verluste bei der Kraftübertragung (z. B. Riemen-
       rutsch)

4. Sonstige Gründe für Intensitätsabweichungen

    a) Ungleichmäßige Rohstoffqualitäten (hinsichtlich
       Konsistenz, Materialfehlern und Eigenschaften)
    b) Divergierende Rohstoffabmessungen
    c) Nicht-fertigungsgerechte Konstruktion
    d) Ausschuß (Fehl- und Nacharbeit) bei Halb- und
       Fertigfabrikaten
    e) Energieschwankungen (Spannung, Druck)
    f) Organisationsmängel bei der Bereitstellung von
       Material, Werkzeugen, Vorrichtungen, Hebezeugen,
       Transporteinrichtungen, Hilfsstoffen usw.
    g) Abweichungen von der geplanten Losgröße und der
       geplanten Artikelzahl
    h) Sonstige Organisationsmängel

Die Auswirkungen der Gründe, die zu Beschäftigungsabweichungen und Intensitätsabweichungen von der Kapazitätsnorm geführt haben, werden im nachhinein erfaßt.
Wenn die Maximalkapazität bzw. die Kapazitätsnorm als
Bezugsgrößen quantitativ fixiert sind, dann wird die
Differenz zwischen dem realisierten Kapazitätsausnutzungsgrad und der Kapazitätsnorm - zurückzuführen auf
die von Kern genannten und andere, weitere Abweichungsgründe - als nicht kalkulierte Leerkosten erfaßt. Alle
Abweichungsgründe, die sich nicht als 'kalkuliert' in
der Kapazitätsnorm niedergeschlagen haben, müssen sich
zwangsläufig in der Größe der Kapazitätsausnutzung zeigen.

ab) Das Kriterium kalkulierter bzw. nicht-kalkulierter
    Minderausnutzung der Kapazität als Basis für die
    Entscheidung über die Leistungsverbundenheit bzw.
    Nicht-Leistungsverbundenheit der Leerkosten

Kalkulierte Leerkosten sind die Differenz zwischen den
Kosten der Maximalkapazität und der Kapazitätsnorm.
Wie oben dargelegt [1], sind die gewollten = erwartungsabhängigen Leerkosten nicht leistungsverbunden, unabhängig davon, ob die Potentialfaktoren beliebig, teilweise
oder gar nicht teilbar, daher abbaufähig oder nicht abbaufähig sind: Sie wurden wegen zukünftiger Herstel-
lungs- und Absatzmöglichkeiten investiert.

Im Gegensatz dazu sind die zwar kalkulierten, jedoch
nicht gewollten = erwartungsunabhängigen, nicht abbaufähigen Leerkosten leistungsverbunden: Die Unternehmungsleitung hat sie als mit den Herstellungsleistungen verbunden einkalkuliert, diese Kosten als gegenüber den
Kosten der Maximalkapazität "erhöhte" Herstellungskosten

---

1) Vgl. oben S. 259 ff. in dieser Untersuchung.

in Kauf genommen. Die Existenz dieser Leerkosten kann
natur-, nachfrage- oder fertigungsbedingt sein, unabhängig davon, ob sie aufgrund zeitlicher oder intensitätsmäßiger Anpassung bei teilweiser Nutzung der Kapazität oder aufgrund quantitativer Anpassung bei vorübergehend stillgelegter Kapazität entstehen [1].

Nicht-kalkulierte Leerkosten sind als Differenz zwischen
der Kapazitätsnorm (unter Einschluß einer fiktiven
Schwankungsbreite) und dem realisierten Kapazitätsausnutzungsgrad unbeabsichtigt, "höchst überflüssig" [2],
nicht gewollt: Sie werden als negativer Erfolgsbeitrag
der Herstellungsperiode behandelt, unabhängig davon, ob
sie abbaufähig sind oder nicht [3]. Das Problem indessen
ist, daß dann, wenn die Kapazitätsnorm keine exakt ge-
messene Größe ist, auch das Quantum dieser nicht-kalkulierten, daher nicht leistungsverbundenen Leerkosten
unmittelbar abhängig ist von der Festsetzung dieses Be-
zugspunktes auf der Skala unterhalb der Maximalkapazität.

Es erscheint zweifelhaft, ob das Kriterium 'kalkuliert
bzw. nicht-kalkuliert' als Ordnungskriterium für die
Entscheidung über die Leistungsverbundenheit von Leerkosten der Anforderung intersubjektiver Nachprüfbarkeit
standhält. Diese Zweifel stützen sich auf folgende Gesichtspunkte:

(1) Die Investitionsüberlegungen des Investors sind er-
    wartungsabhängig, daher subjektiv geprägt, sofern
    sie überhaupt systematisch kalkülisiert wurden. Der
    BFH stützt sich in seiner Entscheidung vom 15. 2.

---

1) Vgl. GOMBEL, Leerkosten, ZfbF 1964, S. 65 (78);
   HEINEN, Kostenlehre, S. 432 ff.. Vgl. auch oben S.
   257 f. in dieser Untersuchung.
2) Vgl. VAN DER VELDE, Herstellungskosten, S. 107; Urteil BFH I 103/63 v. 15. 2. 1966, BStBl 1966 III S.
   468 (469); Gutachten 1971 Abschnitt V, TZ 117, S.
   459.
3) Vgl. oben S. 270 f. in dieser Untersuchung.

1966 auf einen Fall, in welchem der Investor bestimmte Leerkosten aufgrund der objektiven Naturge-
gebenheiten kalkuliert haben mußte.

(2) Wenn andere als naturbedingte Gründe den Investor
veranlassen, eine Minderausnutzung der Kapazität zu
kalkulieren, dann muß diese Minderausnutzung differenziert werden in eine solche, die gewollt - d. h.
mit zukünftigen Herstellungs- und Absatzmöglichkeiten verbunden - ist und in eine solche, die nicht
gewollt ist, jedoch mangels beliebiger Teilbarkeit
der Potentialfaktoren als mit den Herstellungsleistungen der Herstellungsperiode verbunden kalkuliert
wurde.

Eine intersubjektiv nachprüfbare Annahme über den
Leistungszusammenhang gewollter Leerkosten mit zu-
künftig herzustellenden Erzeugnissen ist schon bei
quantitativer Anpassung problematisch. Die Beantwortung der Frage, ob stilliegende Kapazitätsreserven[1]
ungewollt, als vorübergehend in Kauf zu nehmende
Leerkosten kalkuliert waren - wie z. B. im Kampagne-
betrieb - oder ob diese Kapazitäten dauerhaft still-
liegen, ohne daß die mit der Stillegung verbundenen
Leerkosten kalkuliert waren, ist schwer objektiven
Kriterien zugänglich. Bei einer dauerhaften Still-
legung ist nicht auszuschließen, daß der Investor
eine dauerhafte Nichtausnutzung der Kapazität kal-
külisiert hat, indem er in der Periode 1 kaufte,
aber erst in der Periode 3 produzierte, um Preisstei-
gerungen, Lieferknappheiten etc. zu umgehen. Eine
Entscheidung darüber ist nur im Einzelfall möglich,
wenngleich die Hypothese glaubwürdiger ist, daß
eine dauerhafte Stillegung nicht kalkuliert war, da
die Kosten nicht genutzter Kapazität die Rentabili-
tät der Investition negativ beeinflussen.

---

1) Zum Begriff der Kapazitätsreserve im Sinne konjunk-
tureller, intensitätsbedingter und ersetzender Reser-
ve vgl. KERN, Fertigungskapazitäten, S. 81.

Ist schon die Trennung kalkulierter und nicht-kalkulierter Leerkosten bei quantitativer Anpassung
schwer objektivierbar, so ist dies bei zeitlicher
oder intensitätsmäßiger Anpassung kaum noch intersubjektiv glaubwürdig zu machen: Annahmen darüber,
ob nachfrage- oder fertigungsbedingte Leerkosten
bei zeitlicher oder intensitätsmäßiger Anpassung
für das jeweilige Wirtschaftsjahr kalkuliert und
damit leistungsverbunden waren oder nicht kalkuliert und damit nicht leistungsverbunden waren, ent-
ziehen sich in aller Regel der Nachprüfbarkeit
durch einen sachverständigen Dritten.

Dagegen sieht Leffson [1] "keine unüberwindlichen
Schwierigkeiten", wenn die Erwartungen - d. h. der
mögliche Manipulationsspielraum - durch intersubjektiv nachprüfbare Annahmen auf sog. echte Glaubwürdigkeitsfälle eingeschränkt werden können. Leffson genügen detaillierte Planungsrechnungen, so daß
die in einem Absatzplan kalkulierten Mengen- und
Wertangaben der Berechnung der zu antizipierenden
negativen Erfolgsbeiträge der Herstellungsperiode
zugrunde gelegt werden können.

(3) Die Annahme einer fixierten Variations- oder Schwankungsbreite, die der pauschalen Einbeziehung kalkulierter Leerkosten in die Herstellungskosten dienen
soll, die sich nicht eindeutig als solche abgrenzen
lassen, erweist sich angesichts der aufgezeigten
Meßprobleme als mit erheblichen Unsicherheitsmomen-
ten belastet. Aus diesem Umstand erklärt es sich,
daß die Notwendigkeit einer Schwankungsbreite bei
der Festlegung der Kapazitätsnorm in der Literatur
von vielen Autoren bejaht wird [2]:

---

1) LEFFSON, Grundsätze, S. 260.
2) Vgl. z. B. ERHARD, Unterbeschäftigung, StBp 1966,
   S. 101 (104 f.); Urteil BFH I 103/63 v. 15. 2. 1966

Die Ausnutzung der Maximalkapazität sei in aller Regel
unrealisierbar und eine bestimmte Betriebsbereitschaft
für die Herstellungsleistung der Herstellungsperiode
einkalkuliert. Das Problem sei jedoch das Fehlen geeigneter Kriterien, um die Schwankungsbreite festzulegen.

Neth schließt Leerkosten dann von einer Einbeziehung in
die Herstellungskosten aus, wenn "die Kapazitätsausnutzung eine unvermeidliche technische, saisonale oder
branchenübliche Schwankungsbreite unterschreitet" [1].
Der Terminus "technisch unvermeidlich" ist zumindest
in vielen Fällen, der Terminus "branchenüblich" in aller
Regel unbestimmt. Wo enden geplante "saisonale" Nachfrageschwankungen, wo beginnen nicht-strukturelle Nachfrageschwankungen? Welcher Zeitraum soll der Messung
durchschnittlicher Beschäftigungs- oder Intensitätsabweichungen von der Maximalkapazität im Zusammenhang mit
den Kapazitätsdeterminanten Betriebsmittel, Arbeitskräf-
te, Organisation zugrunde gelegt werden?

Die Entscheidung über die Schwankungsbreite der Kapazitätsnorm wird in der Regel auf ein "Aushandeln" der
Leerkosten hinauslaufen, die neben den eindeutig kalkulierten Leerkosten von dem maximalen Leistungsvermögen
abgesetzt werden sollen [2], zu Lasten der Anforderungen
nachprüfbarer und vergleichbarer Wertermittlung.

Fortsetzung FN 2 S. 295
III S. 468 (469 f.); MUTZE, Herstellungskosten, DB
1967, S. 169 (173); NETH, Herstellungskosten, S. 58;
KERN, Fertigungskapazitäten, S. 128 f..
1) NETH, Herstellungskosten, S. 63. Den Begriff der
   "offenbaren Unterbeschäftigung", verwendet von ADLER/
   DÖRING/SCHMALTZ, lehnt Neth als "relativ unbestimmt"
   ab.
2) Zu praktischen Verfahren der Ermittlung der Herstellungskosten, die auf ein "Aushandeln" mit der Finanzverwaltung hinauslaufen, vgl. z. B. ACHENBACH, Bewertung, Diss. rer. pol., Köln 1954, S. 62 ff.. Vgl.
   auch oben S. 283 FN 1 in dieser Untersuchung.

Das Ergebnis: Selbst wenn die Argumente des BdF, des
BFH, Geibels u. a. [1] über die Einbeziehung kalkulierter, nicht gewollter Leerkosten in die Herstellungskosten für vertretbar gehalten werden, stehen einer solchen Differenzierung Meßprobleme komplexer Art entgegen, welche die Ermittlung steuerlicher Herstellungskosten mit dem Nachprüfbarkeitskriterium kollidieren
lassen: Die benötigten Informationen sind zu häufig
subjektivem Ermessen zugänglich, abgesehen von der Un-
praktikabilität ihrer Erfassung. Diese Aussage bezieht
sich auf die Messung der Kapazität als Maximalkapazität in geringerem Maße als im Zusammenhang mit einer
Optimalkapazität oder Normalkapazität, auf die Messung
der Kapazitätsnorm - eingeschlossen das Element der
Schwankungsbreite -, damit auf die Bestimmung kalkulierter bzw. nicht-kalkulierter, gewollter bzw. nicht-ge-
wollter Leerkosten. Eine Unternehmungsleitung wird in
internen Informationsrechnungen, sofern eine Kapazi-
tätsausnutzungsrechnung angelegt ist, Rechenschaft legen
im Sinne ihrer Zielsetzungen, in externen Informationsrechnungen wird sie manipulieren, wo Ermessensentscheidungen eine solche Möglichkeit im Sinne ihrer Zielsetzungen einräumen [2].

Die Kapazitätsnorm allein durch Subtraktion solcher kalkulierter Leerkosten von der Maximalkapazität zu messen,
die "eindeutig" kalkuliert = leistungsverbunden sind,
ist formalistisch, da solche Leerkosten, die diesem Eindeutigkeitskriterium nicht genügen, lediglich aufgrund
meßtechnischer Schwierigkeiten nicht in den Herstellungskosten erfaßt würden. Eine Parallele dazu wäre die Einbeziehung nicht-kalkulierter Leerkosten, die im Zusammenhang mit der intensitätsmäßigen oder zeitlichen Anpassung entstehen, jedoch nicht eindeutig ohne Beziehung
zu der Herstellungsleistung sind, da die Kapazität teil-

---

1) Vgl. oben S. 259 ff., S. 270 f. in dieser Untersuchung.
2) Vgl. DIETZ, Normierung, S. 55.

weise genutzt wird. Ihr Ausschluß wäre sachverhalts-
widrig. Wenn aber dieser Weg, Leerkosten zu messen bzw.
in leistungsverbundene und nicht leistungsverbundene
Teile aufzusplitten, an Meß- und Praktikabilitätsproble-
men scheitert, dann stellt sich die Frage, ob und ggf.
wie eine konventionale Bewertungsregel gefunden werden
kann, die im Hinblick auf das Ermittlungsverfahren nachprüfbar ist, im Hinblick auf die Behandlung der Leerkosten als negativer Erfolgsbeitrag der Herstellungsperiode
"befriedigt".

b) Die Anforderung 'Einfachheit'

In bezug auf das Einfachheitskriterium scheint die Wertung der Erzeugniskalkulation nach dem Leistungsentsprechungsprinzip eindeutig zugunsten der Herstellungskosten auf der Basis der Ist-Kapazitätsausnutzung zu
sprechen: Die Vorziehenswürdigkeit einer solchen Erzeugniskalkulation resultiert aus der im Vergleich zur Norm-
Kapazitätsausnutzung geringen Menge an Prüfhandlungen,
die notwendig ist, um die Nachprüfbarkeit der Wertermittlung zu konstatieren. Ist die Nachprüfbarkeit der Ermittlung der Herstellungskosten auf der Basis der Norm-
Kapazitätsausnutzung nicht gegeben, dann scheitert
eine solche Wertermittlung an dem Nachprüfbarkeitskriterium, demnach auch an dem Einfachheitskriterium.

Von Wallis argumentiert, die Kompliziertheit und Unprak-
tikabilität der Messung der Kapazität bzw. der Kapazitätsnorm bedinge im Einkommensteuerrecht die Ermittlung
"tatsächlicher" Herstellungskosten; die Folge der ceteris paribus abgeleiteten umgekehrten Abhängigkeit des
Periodenerfolgs von der jeweils realisierten Kapazitätsausnutzung sei unerheblich, da die Möglichkeit der Erzeugnisbewertung zum niedrigeren Teilwert gegeben sei [1].

---

1) Vgl. VON WALLIS, Grundsätze, NB 1967 H. 2, S. 21 (27
   f.).

Diese Argumentation ist abzulehnen.

(1) Zweifellos sind Herstellungskosten auf der Basis der Ist-Kapazitätsausnutzung einfacher zu ermitteln als Herstellungskosten auf der Basis der Norm-Kapazitätsausnutzung. Jedoch ist nicht zu übersehen, daß mit der Ermittlung der Herstellungskosten unter Zugrundelegung der Ist-Kapazitätsausnutzung die Wahrscheinlichkeit größer ist, daß die Herstellungskosten den Teilwert übersteigen. Demnach nimmt die Wahrscheinlichkeit der durch Hörstmann [1] kritisierten, aufwendigen Auseinandersetzungen des Steuerpflichtigen mit der Finanzverwaltung über den niedrigeren Teilwert zu: Die Einfachheit der Ermittlung "tatsächlicher" Herstellungskosten kann durch die Kompliziertheit der häufiger notwendigen Teilwertermittlung neutralisiert werden.

(2) Wenn die Nachprüfbarkeit der Ermittlung unter Zugrundelegung der Norm-Kapazitätsausnutzung gegeben ist, dann wird die Kompliziertheit dieser Ermittlung neutralisiert durch die weniger häufige, aufwendige Teilwertermittlung. Auf diesen Umstand verweist Merker sehr deutlich, wenn er sagt, daß "die Zahl der Fälle, in denen Abschreibungen auf den niedrigeren Teilwert geltend gemacht werden", durch diese Wertermittlung erheblich gemindert werde [2].

Die Nachprüfbarkeit der Ermittlung der Herstellungskosten unter Zugrundelegung der Norm-Kapazitätsausnutzung ist unsicher, wie oben gezeigt wurde [3]. Diese Feststellung veranlaßt in Verbindung mit der Wertung unter dem Einfachheitskriterium, die steuerliche Wertkonven-

---

1) Vgl. HÖRSTMANN, Herstellkostenbegriff, StbJb 1968/69, S. 395 (422).
2) Vgl. MERKER, Beschäftigungsgrad, NB 1960, S.122 (129).
3) Vgl. oben S. 297 in dieser Untersuchung.

tion 'Herstellungskosten' in der Weise abzugrenzen, daß

(1) der wirtschaftliche Sachverhalt der Wertung der
    Leerkosten als unrealisierter negativer Erfolgsbei-
    trag der Herstellungsperiode berücksichtigt wird,
(2) die Wahrscheinlichkeit häufiger Teilwertauseinan-
    dersetzungen mit der Finanzverwaltung reduziert wird.

Eine solche Lösung bedeutet gleichzeitig die Auflösung
der aufgezeigten Konfliktsituationen zwischen der Grundannahme 'Imparitätsprinzip' und den Anforderungen 'Nachprüfbarkeit' sowie 'Einfachheit'.

c) Die Anforderung 'Vergleichbarkeit'

In bezug auf die Anforderung der Vergleichbarkeit der
Wertermittlung sind zwei Gesichtspunkte zu erörtern, die
gegen die Ermittlung der Herstellungskosten auf der Basis der Ist-Kapazitätsausnutzung sprechen: die Wirkung
unterschiedlicher Fertigungs- bzw. Kostenstrukturen
vergleichbarer Unternehmungen sowie die Wirkung der ungleich behandelten betrieblichen Anpassungsformen auf
den Erzeugniswert, ceteris paribus auf den Periodenerfolg.

Unter dem Gesichtspunkt der Kostenstruktur wurden an
obiger Stelle [1] material-, lohn- und kapitalkostenin-
tensive Unternehmungen unterschieden. Der relativ hohe
Anteil des output-abhängigen Güterverbrauchs bei materialkostenintensiven Unternehmungen impliziert einen
relativ geringen Anteil zeitabhängigen Güterverbrauchs,
d. h. geringe echte Gemeinkosten. Daraus folgt, daß im
Falle rückläufiger Kapazitätsausnutzung die entgegengesetzte Abhängigkeit des Periodenerfolgs von der jeweiligen Kapazitätsausnutzung gering ist, da vergleichsweise wenig nicht abbaufähige Leerkosten existieren können.

---

1) Vgl. oben S. 159 ff. in dieser Untersuchung.

Anders bei lohnkostenintensiven Unternehmungen, die
einen relativ höheren Anteil fixer echter Gemeinkosten
bzw. unechter Einzelkosten haben, die wegen gesetzlicher oder tariflicher Bindungen erst nach Ablauf bestimmter Bindungsdauern abbaufähig sind. Die Wirkung
kontraktiver Kapazitätsausnutzung auf die Höhe der Herstellungskosten und damit auf den Periodenerfolg ist
bei lohnkostenintensiven Unternehmungen im Vergleich
zu materialkostenintensiven Unternehmungen ceteris paribus größer.

Bei kapitalkostenintensiven Unternehmungen führt der
Tatbestand mangelnder Teilbarkeit der Potentialfaktoren mit regelmäßig längeren Bindungsdauern als z. B.
den tariflichen oder gesetzlichen Kündigungsfristen dazu, daß die Leerkostenanteile der fixen echten Gemeinkosten kurz- und mittelfristig nicht abbaufähig sind,
häufig nicht einmal durch quantitative Anpassungsmaß-
nahmen stillgelegt werden können. Die Folge ist, daß
dann, wenn Herstellungskosten auf der Basis der Ist-Kapazitätsausnutzung ermittelt werden und Leerkosten allein nach dem Kriterium ihrer Abbaufähigkeit als leistungsverbunden bzw. nicht leistungsverbunden gewertet werden, die Herstellungskosten in kapitalkosten-
tensiven Unternehmungen bei kontraktiver Kapazitätsausnutzung im Vergleich zu lohnkosten- und materialkostenintensiven Unternehmungen höher sein müssen: ceteris
paribus auch der Periodenerfolg [1]. Nicht der Tatbestand gleicher kontraktiver Kapazitätsausnutzung, sondern der Tatbestand der mit der gleichen kontraktiven
Kapazitätsausnutzung verbundenen ungleichen Abbaufähigkeit der Leerkosten als Folge unterschiedlicher technischer, rechtlicher und institutioneller Bindungsdauern

---

1) Vgl. ausdrücklich GEIBEL, Leerkosten, ZfB 1965, S.
   237 (245); vgl. auch STRUBE, Beschäftigungsschwankungen, ZfhF 1936, S. 505 (508).

führt bei der Ermittlung der Herstellungskosten auf
der Basis der Ist-Kapazitätsausnutzung ceteris paribus zu einem höheren oder niedrigeren steuerlichen
Periodenerfolg bzw. einer entsprechenden Steuerlast.

Ein weiterer Gesichtspunkt einer sachverhaltswidrigen
Ungleichbehandlung liegt in der inkonsequenten Ausnah-
mestellung der quantitativen Anpassung im Vergleich zu
der intensitätsmäßigen und zeitlichen Anpassung, wie
sie bei den Vertretern "tatsächlicher" Herstellungskosten zum Ausdruck kommt [1]. Die betriebswirtschaftliche
Kostentheorie hat den Nachweis erbracht, daß die in bestimmten Wirtschaftszweigen, z. B. in der chemischen
Industrie, gegebene starre Verbundenheit der Produktionsfaktoren ihre Aufspaltung in technisch selbständige
Teileinheiten verhindert, daß daher die Faktorenkombina-
tion lediglich in ihrer Gesamtheit aufrechterhalten oder
stillgelegt werden kann. Bei einer Änderung der Kapazitätsausnutzung, die kleiner ist als die Gesamtkapazi-
tät, ist bei solchen Fertigungsstrukturen lediglich
eine intensitätsmäßige Anpassung möglich [2]. Ist zwar
die Aufspaltung der Potentialfaktorenkombination in
selbständige technische Teileinheiten möglich, ist aber
die Gesamtheit der selbständigen Teileinheiten nachein-
ander notwendig, dann besteht auch in solchen Fällen
keine Möglichkeit zur quantitativen Anpassung, dann muß
eine Unternehmungsleitung zur intensitätsmäßigen oder
zeitlichen Anpassung greifen [2]. Entscheidet sie jedoch
sachverhaltsgemäß in der Weise, dann resultiert aus
einer solchen Entscheidung eine steuerliche Ungleichbehandlung, wie Kuhn [3] nachweist: Die Annahme der Lei-

1) Vgl. z. B. HARTMANN/BÖTTCHER/GRASS, Großkommentar,
   § 6 Anm. 19 b, S. 46; ADLER/DÖRING/SCHMALTZ, Rechnungslegung, § 155 TZ 25, S. 476; VON WALLIS, Grundsätze, NB 1967 H. 2, S. 21 (27); BANGE, Herstellungskosten, Diss. rer. pol., Würzburg 1970, S. 118.
2) Vgl. dazu GUTENBERG, Produktion, S. 351 ff.; HEINEN,
   Kostenlehre, S. 432 ff.; SÖVERKROP, Abbaufähigkeit,
   S. 154 ff., 158 f..
3) KUHN, Einbeziehung, NB 1967, S. 9 (15 f.). Vgl. fer-

stungsverbundenheit der bei intensitätsmäßiger und zeitlicher Anpassung entstehenden Leerkosten bzw. die Annahme der Nicht-Leistungsverbundenheit der bei quantitativer Anpassung entstehenden Leerkosten kann nur darauf
zurückgeführt werden, daß Leerkosten bei quantitativer
Anpassung "offensichtlich bzw. sichtbar" ohne Beziehung
zu den Erzeugnissen sind [1]. Herstellungskosten, die an
solche sachverhaltswidrigen Tatbestandsmerkmale anknüp-
fen, führen zu ungleichen Periodenerfolgen und damit ungleichen Steuerlasten. Die Unternehmung, die sich quantitativ anpassen kann und daher damit verbundene Leerkosten nicht in die Herstellungskosten einbeziehen muß,
hat mit einem entsprechend niedrigeren Erfolgsausweis
erfolgs- und finanzwirtschaftliche Vorteile [2].

3. Wertung im Hinblick auf Grundannahmen und Anforderungen bei einer Ist-Kapazitätsausnutzung oberhalb
   der Kapazitätsnorm

Kapazitätsausnutzungsgrade oberhalb der Kapazitätsnorm
werden realisiert, wenn der tatsächliche Beschäftigungsgrad oder der tatsächliche Leistungsgrad von dem geplan-
ten nach oben abweichen. Wenngleich die Obergrenze dieser Abweichung grundsätzlich durch die Maximalkapazität
gebildet wird, ist im Falle der Identität von Kapazitätsnorm und Maximalkapazität eine Abweichung von der
Kapazitätsnorm nach oben nur unter der Bedingung möglich,
daß die Maximalkapazität - so z. B. der Leistungsgrad -

Fortsetzung FN 4 S. 302
ner Gutachten 1971, Abschnitt V, TZ 119, S. 459; NETH,
Herstellungskosten, S. 57; grundsätzlich auch der BdF
in Urteil BFH I 103/63 v. 15. 2. 1966, BStBl 1966 III
S. 468 (468 f.); JACOBI, Herstellungskosten, FR 1970,
S. 204 (208).
1) HORN (Fertigungsgemeinkosten, Der praktische Betriebswirt 1941, S. 484 (498)) befürwortet den Ausschluß allein der Leerkosten aufgrund quantitativer Anpassung,
   um "kleinliche Nachforschungen zu vermeiden"; vgl.
   auch TUBBESING, Bewertung, WPg 1965, S. 617 (619); Urteil BFH I 103/63 v. 15. 2. 1966, BStBl 1966 III S.
   468 (468 f., 470).
2) Zu diesem Ergebnis gelangt auch LEFFSON, Grundsätze,
   S. 172 f..

auf der Grundlage einer durchschnittlichen maximalen
Leistung ermittelt wird, der tatsächliche Leistungsgrad z. B. bei intensitätsmäßiger Anpassung den Durchschnittswert kurzfristig übersteigt [1].

Bei expansiver Kapazitätsausnutzung und Identität von
Kapazitätsnorm und Maximalkapazität sind die mit intensitätsmäßiger Anpassung auftretenden progressiven
Einzelkosten, unechten Gemeinkosten und/oder variablen
echten Gemeinkosten oberhalb der Kapazitätsnorm als
leistungsverbunden, daher als Teil der Herstellungskosten der Herstellungsleistung anzusehen [1]. Ist diese
erhöhte Kapazitätsausnutzung nachfragebedingt, dann
wird in der Regel mit einem progressiven Kostenzuwachs
ein entsprechender Verkaufspreis korrelieren, da eine
geringe Nachfrageelastizität wahrscheinlich ist. Diese
Annahme gilt z. B. nicht im Falle einer Marktteilung
in einen Inlandsmarkt (sog. Grundgeschäft) und in einen
Auslandsmarkt (sog. Zusatzgeschäft), wenn die Auslands-
erzeugnisse zu Dumpingpreisen veräußert werden. Hier
ist eine mit dem Imparitätsprinzip begründete Abschreibung auf den niedrigeren Teilwert wahrscheinlicher [2].

Eine solche Annahme über die Wahrscheinlichkeit einer
Bewertung zum niedrigeren Teilwert ist - wie Schönnenbeck zeigt [3] - auch dann naheliegend, wenn eine Kapazitätsausnutzung oberhalb der genannten Kapazitätsnorm
nicht auf eine kurzfristig überhöhte Nachfrage, sondern
auf einen Auftragsmangel der Unternehmung zurückzuführen
ist. In einer solchen Situation kann ein Nachfrager
nicht nur den Preis, sondern auch den Lieferungstermin
beeinflussen, mit dem eine kurzfristig überhöhte Kapazitätsausnutzung verbunden sein kann.

---

1) Vgl. oben S. 263 ff. in dieser Untersuchung.
2) Vgl. HERRMANN/HEUER, Kommentar, § 6 Anm. 86 i,
   E 472/154 f..
3) Vgl. SCHÖNNENBECK, Abhängigkeit, DB 1963, S. 1616
   (1617, 1619).

Unabhängig davon, ob die Kapazitätsnorm mit der Maximalkapazität identisch ist oder nicht, bedeutet eine Kapazitätsausnutzung oberhalb der Kapazitätsnorm bezogen auf
die fixen echten Gemeinkosten, daß die Kapazität stärker
genutzt wurde, als kalkuliert war. Das heißt, daß ein
Teil der kalkulierten, aber ungewollten Leerkosten - z.
B. durch eine Erhöhung des Beschäftigungsfaktors bei
Einführung einer zweiten Schicht - in Nutzkosten umgewandelt wurde. Mit einer Erhöhung der Kapazitätsausnutzung
über die Kapazitätsnorm hinaus ist aber eine größere Leistungsmenge, mit einer größeren Leistungsmenge sind wiederum geringere fixe echte Gemeinkosten je Herstellungsleistung verbunden [1]. Die Folgerung daraus ist, entweder die Kapazitätsnorm neu zu fixieren oder die jeweilige
Ist-Kapazitätsausnutzung bei der Ermittlung der Herstellungskosten zugrundezulegen, da die Beibehaltung der Kapazitätsnorm und die Ermittlung der Herstellungskosten
auf der Basis dieser Norm-Kapazitätsausnutzung zum Ausweis nicht realisierter positiver Erfolgsbeiträge je
Herstellungsleistung und damit zu einem Verstoß gegen
das Realisationsprinzip führen muß [2]. Die Abbildung 3
gibt diesen Zusammenhang wieder: Die Fläche ABC zeigt
den Bereich an, innerhalb dessen nicht realisierte
Gewinne ausgewiesen werden, wenn die Herstellungskosten
unter Zugrundelegung der Norm-Kapazitätsausnutzung ermittelt werden.

---

1) Die mögliche Kompensation der sinkenden fixen echten
   Gemeinkosten je Herstellungsleistung durch einen
   überproportionalen Anstieg der Einzelkosten, unechten Gemeinkosten und variablen echten Gemeinkosten
   sei hier unberücksichtigt.
2) Vgl. KUNTZ, Bewertung, Diss. rer. pol., Köln 1936,
   S. 46; SCHERNIG, Sylvester, Verwaltungs-Gemeinkosten,
   Industrie und Steuer 1939, S. 51 (57); KEMPE, Herstellungskosten, Diss. rer. pol., Leipzig 1941, S.
   27 f.; Dieter SCHNEIDER, Reform, StuW 1971, S. 326
   (334); ADLER/DÖRING/SCHMALTZ, Rechnungslegung, Bd.
   1, § 155 TZ 24, 27, S. 476 f..

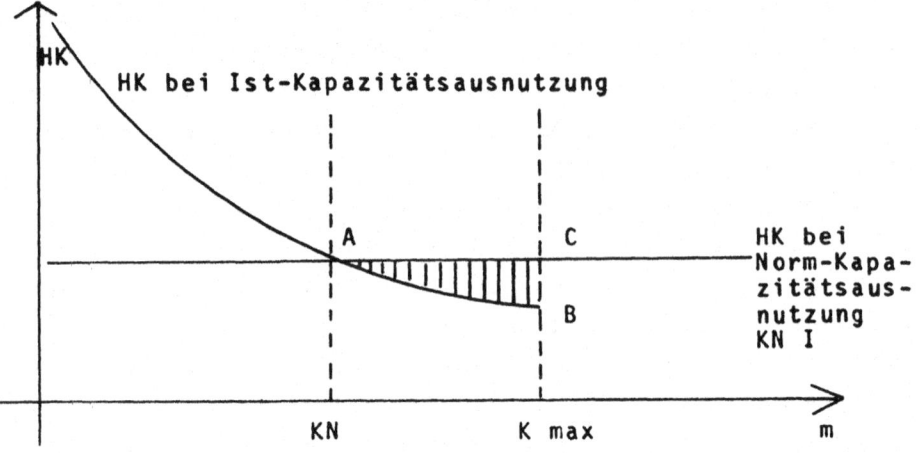

Abb. 3

HK   = Herstellungskosten
m   = Leistungsmenge
KN   = Kapazitätsnorm bei durchschnittlicher
          Maximalkapazität
K max   = kurzfristig mögliche Maximalkapazität

Erstreckt sich die Kapazitätsausnutzung in den Bereich
der kalkulierten, gewollten = erwartungsabhängigen Leerkosten, werden demnach diese Leerkosten in Nutzkosten
umgewandelt, dann bleiben die Kosten je Herstellungsleistung konstant, sofern dem Zuwachs der bis dahin als
nicht leistungsverbunden behandelten fixen echten Gemeinkosten ein entsprechender Zuwachs an Leistungsmengen
gegenübersteht. Ist der Zuwachs an fixen echten Gemeinkosten größer als der Zuwachs an Leistungsmengen, dann
sind die ungewollten, nicht abbaufähigen Leerkosten als
leistungsverbunden einzukalkulieren. Ist der Zuwachs an
fixen echten Gemeinkosten kleiner als der Zuwachs an
Leistungsmengen, so sinken die Kosten je Herstellungsleistung mit der oben beschriebenen Folge des Verstoßes gegen das Realisationsprinzip.

Bei kontraktiver Kapazitätsausnutzung oberhalb der Kapazitätsnorm entsteht das Problem der remanenten variablen
Kosten und der remanenten intervallfixen Kosten [1]. Das

───────────
1) Vgl. oben S. 263 f. in dieser Untersuchung.

ist z. B. der Fall beim Abbau erhöhter intensitätsmäßiger Kapazitätsausnutzung oder beim Abbau einer erhöhten
zeitlichen Kapazitätsausnutzung, wenn diese nur kurzfristig von der kalkulierten Kapazitätsnorm abwich.

Im Falle der Identität von Kapazitätsnorm und Maximalkapazität bringt die Reduktion des kurzfristig maximalen
Leistungsgrades auf den durchschnittlich maximalen Leistungsgrad bei intensitätsmäßiger Anpassung remanente
Einzelkosten, unechte Gemeinkosten und variable echte
Gemeinkosten mit sich. War die Unternehmungsleitung
nicht in der Lage, diese remanenten Kosten abzubauen,
dann können sie nach dem Imparitätsprinzip als dispositionsbedingte Kapitalminderungen der Herstellungsperiode
angelastet werden [1].

Indessen: Die Messung dieser remanenten Kosten, ihre
Isolierung gegenüber den Wirkungen anderer Kosteneinflußgrößen scheitert im Hinblick auf die theoretische
Basis der Steuerbilanz an den Anforderungen der Nachprüfbarkeit und Einfachheit [2].

Die im Falle der Nicht-Identität von Kapazitätsnorm
und Maximalkapazität bei kontraktiver Kapazitätsausnutzung regelmäßig auftretenden remanenten intervallfixen Kosten führen entweder zu kalkulierten, gewollten = erwartungsabhängigen Leerkosten oder zu kalkulierten, ungewollten, aber nicht abbaufähigen Leerkosten [3]. Erstere sind nicht leistungsverbunden, da sie
wegen zukünftiger Herstellungs- und Absatzmöglichkeiten aufrechterhalten werden. Letztere sind leistungsverbunden, da sie im Zusammenhang mit den Herstellungsleistungen der Herstellungsperiode als nicht abbaufähig
einkalkuliert werden mußten. In diesem Fall sind inner-

---

1) Vgl. auch S. 263 f. in dieser Untersuchung.
2) Vgl. auch S. 264 f. in dieser Untersuchung.
3) Vgl. oben S. 292 ff. in dieser Untersuchung.

halb der Kapazitätsintervalle bei der Ermittlung der
Herstellungskosten auf der Basis der Ist-Kapazitätsausnutzung und reduzierten Leistungsmengen solange steigende Herstellungskosten je Herstellungsleistung in Kauf
zu nehmen, bis die der bisherigen oder der neu fixierten Kapazitätsnorm entsprechende Leistungsmenge erreicht
ist. Wie oben gezeigt wurde, hätte die Zugrundelegung
der Norm-Kapazitätsausnutzung bei der Ermittlung der
Herstellungskosten oberhalb der Kapazitätsnorm eine Verletzung des Realisationsprinzips zur Folge [1].

Wir halten fest: Die Wertung der Herstellungskosten bei
einer Ist-Kapazitätsausnutzung oberhalb der Kapazitätsnorm führt bei Anwendung des Kalkulationskriteriums zu
dem Ergebnis, daß bei expansiver Kapazitätsausnutzung
die progressiven Einzelkosten, unechten Gemeinkosten und
variablen echten Gemeinkosten in die Herstellungskosten
einzubeziehen sind und die anteiligen fixen echten Gemeinkosten der einzelnen Herstellungsleistung auf der Basis der neufixierten Kapazitätsnorm oder der jeweiligen
Ist-Kapazitätsausnutzung zu ermitteln sind. Die Wertung
führt bei kontraktiver Kapazitätsausnutzung zu dem Ergebnis, daß die remanenten Einzelkosten, unechten Gemeinkosten und variablen echten Gemeinkosten Aufwand der Herstellungsperiode sind, daß die remanenten intervallfixen
Kosten nach dem Kalkulationskriterium entweder nicht leistungsverbundener Aufwand der Herstellungsperiode oder
leistungsverbundene Kosten der Herstellungsleistung sind.

Bezieht man den Aspekt der Ermittlung der Herstellungskosten bei einer Ist-Kapazitätsausnutzung unterhalb der Kapazitätsnorm noch einmal in die Betrachtung ein, dann
kann die Entscheidung darüber, ob die Herstellungskosten
auf der Basis der Norm-Kapazitätsausnutzung oder der
Ist-Kapazitätsausnutzung zu ermitteln sind, nach einem

---

1) Vgl. oben S. 305 f. in dieser Untersuchung.

Prinzip doppelten Minimums [1] getroffen werden: Bei
einer tatsächlichen Kapazitätsausnutzung unterhalb der
Kapazitätsnorm werden Herstellungskosten auf der Basis
der Norm-Kapazitätsausnutzung ermittelt; die Folge ist
ein im Vergleich zur Ist-Kapazitätsausnutzung niedrigerer Wert. Bei einer tatsächlichen Kapazitätsausnutzung oberhalb der Kapazitätsnorm werden Herstellungskosten auf der Basis der neufixierten Norm-Kapazitätsausnutzung oder der Ist-Kapazitätsausnutzung ermittelt;
die Folge ist ein im Vergleich zur vorherigen Norm-Kapazitätsausnutzung niedrigerer Wert. Der jeweils niedrigere Wert bestimmt sich im ersten Fall nach dem Imparitätsprinzip, im zweiten nach dem Realisationsprinzip.

Indessen: Eine Sachverhaltsregelung mit Hilfe des Kalkulationskriteriums, wie es der BdF und der BFH im Anschluß
an Kern [2] für den Fall der naturabhängigen Herstellung
von Erzeugnissen unternommen haben, scheitert im Regelfall bei der Messung der Kapazität, der Kapazitätsnorm,
des Kapazitätsausnutzungsgrades, bei der Messung der
kalkulierten und nicht kalkulierten, der gewollten und
nicht gewollten Leerkosten, bei der Messung der remanenten variablen Kosten an dem Nachprüfbarkeits- und Einfachheitskriterium steuerlicher Wertermittlung. Wäre
dieses Meßproblem lösbar, dann müßte sich eine sachlogische Ermittlung der Herstellungskosten in der Steuerbilanz an den vorgezeichneten Sachverhalten bei Kapazitätsausnutzungsgraden unterhalb oder oberhalb der Kapazitätsnorm ausrichten. Der Kommunikationszweck der
Steuerbilanz macht jedoch die grundsätzliche Nachprüfbarkeit der Ermittlung der Herstellungskosten notwendig.
Ist aber die Nachprüfbarkeit der Ermittlung "notwendiger" Herstellungskosten nicht gegeben, dann stellt sich
folgende Alternative:

---

1) Vgl. Karl HAX, Substanzerhaltung, S. 74 ff..
2) Vgl. oben S. 270 ff. in dieser Untersuchung.

(1) Die Anforderung 'Nachprüfbarkeit' wird priorisiert.
Die dabei dargestellten Sachverhaltsprobleme insbesondere bei einer Kapazitätsausnutzung unterhalb der
Kapazitätsnorm werden negiert, indem grundsätzlich
"tatsächliche" Herstellungskosten ermittelt werden.

(2) Die Wertkonvention 'Herstellungskosten' wird als
Fiktion ausgestaltet, mit der unterstellt wird, daß
mit Ausnahme einer dauerhaften quantitativen Anpassung [1] mögliche Schwankungen der Kapazitätsausnutzung unterhalb und oberhalb der Kapazitätsnorm durch
sie abgedeckt sind.

D. Der steuerliche Nicht-Entscheidungswert" Herstellungs-kosten„ als fiktiver Vollkostenwert: eine pragmatische Kostenstellen- und Kostenarten-Konvention

I. Die bisherigen Untersuchungsergebnisse

Das Untersuchungsziel, den Begriff steuerlicher Herstellungskosten zu determinieren, führte im Anschluß an die
Darlegung der theoretischen Basis der Steuerbilanz zur
Erklärung des allgemeinen wertmäßigen und pagatorischen
Kostenbegriffs. Es erwies sich als zweckmäßig, den spezifisch steuerlichen Kostenbegriff auf der Grundlage des
wertmäßigen Kostenbegriffs einzugrenzen. Von dieser Ausgangsbasis aus galt es, abgestimmt auf die Intensionsmerkmale 'Einzelkosten-Gemeinkosten' die Extensionskomponenten des steuerlichen Kostenbegriffs auf die Leistungskategorie 'Herstellungsleistung' zu beziehen und
zweckgemäß zu determinieren. Dabei erwies sich die Wertkomponente durch den Rückgriff auf das Anschaffungswertprinzip als relativ unproblematisch. Auch die Abgrenzung
der einbeziehungsfähigen Güterverbrauchsarten im Teilmerkmal 'Güterverbrauch' der Mengenkomponente war ohne
nennenswerte Schwierigkeiten möglich. Dagegen ergab sich
unter dem Teilmerkmal 'Leistungsverbundenheit' der Mengenkomponente das Problem, die Leistungskategorie 'Herstel-

1) Vgl. auch HORN, Fertigungsgemeinkosten, Der praktische
Betriebswirt 1941, S. 484 (498).

lungsleistung' im Rückgriff auf die Güterverbrauch-Leistungsentstehung-Beziehung nach dem Identitätsprinzip
und dem Leistungsentsprechungsprinzip in der Weise festzulegen, daß Unsicherheitsmomente sich im Bereich intersubjektiver Nachprüfbarkeit bzw. Glaubwürdigkeit hiel-
ten. Dieses Problem zeigte sich vor allem bei den Funktionsbereichen Verwaltung, Forschung und Entwicklung, Absatz. Die Notwendigkeit dieser Abgrenzung resultierte
daraus, daß ein grundsätzlich einbeziehungsfähiger Güterverbrauch nur dann Kosteneigenschaft besitzt, wenn er auf
eine spezifische Leistungskategorie beziehbar ist, d. h.
in bezug auf den Begriff "steuerliche Herstellungskosten",
daß der bewertete Güterverbrauch das Pendant zur Herstellungsleistung der Herstellungsperiode sein muß.

Abgrenzungs- bzw. Zurechnungsschwierigkeiten ergaben sich
vor allem im Zusammenhang mit der Anwendung des Leistungsentsprechungsprinzips: erstens bei der Abgrenzung der anteiligen Perioden-Gemeinkosten der Herstellungsperiode,
zweitens bei der Abgrenzung dieser Perioden-Gemeinkosten
und Perioden-Einzelkosten des Herstellungsbereichs gegenüber den anteiligen Kosten der übrigen Funktionsbereiche,
drittens bei der Zurechnung bzw. Erfassung der Perioden-
Gemeinkosten und Perioden-Einzelkosten = Kostenträger-Gemeinkosten für die einzelne Herstellungsleistung. Diese
Schwierigkeiten waren im Hinblick auf die Grundannahmen
und Anforderungen der steuerlichen Wertermittlung auch
nicht durch den Rückgriff auf die sog. Teilkostenkalkulation zu umgehen, da der Vergleich der Herstellungskosten
nach dem Identitätsprinzip (Teilkostenkalkulation) und
nach dem Leistungsentsprechungsprinzip (Vollkostenkalkulation) die Vollkostenkalkulation als grundsätzlich vor-
ziehenswürdig erwies, wenngleich diese zu modifizieren
war: erstens durch die Interpretation des Leistungsentsprechungsprinzips als Durchschnittskostenprinzip, zweitens durch die methodische Wahl der Schlüsselgröße nach
dem Prinzip minimaler Gemeinkostenstreuung, abgestimmt

auf das Kriterium intersubjektiver Nachprüfbarkeit bzw. Glaubwürdigkeit. Schließlich galt es, die Wirkungen der unterstellt dominanten Kosteneinflußgröße 'Kapazitätsaus- nutzung' für realisierte Kapazitätsausnutzungsgrade un- terhalb und oberhalb einer Kapazitätsnorm darzustellen und zu werten.

Als Alternativen für den steuerlichen Nicht-Entschei- dungswert 'Herstellungskosten' auf der Basis einer modi- fizierten Vollkostenkalkulation zeigten sich zwei grund- sätzliche Möglichkeiten:

(1) Es sind "tatsächliche" Herstellungskosten zu ermit-
    teln, d. h. sämtliche Güterverbrauchsarten, die in
    einer Verbundenheitsbeziehung zur Herstellungslei-
    stung stehen, sind nach dem Prinzip minimaler Ge-
    meinkostenstreuung auf die Herstellungsperiode und
    den Herstellungsbereich abzugrenzen und der Herstel-
    lungsleistung nach dem Durchschnittskostenprinzip
    zuzurechnen. Im Hinblick auf das Einfachheitskrite-
    rium und zur Vermeidung häufiger Glaubwürdigkeits-
    Grenzfälle mit entsprechenden Manipulationsspielräu-
    men können bestimmte Zurechnungswahlrechte einge-
    räumt werden, wie es auch Abschnitt 33 EStR vor-
    sieht [1]. Schwankungen der Kapazitätsausnutzung sind
    nach dieser Alternative als irrelevant zu werten.
    Leerkosten sind nur unter der Bedingung als nicht
    leistungsverbunden anzusehen, daß sie während der

---

1) Vgl. SCHRÖDER, Verwaltungskosten, Steuer-Warte 1960,
   S. 87 (88); Abschnitt 33 Abs. 5 Satz 2 EStR. Die
   Steuerreformkommission (Gutachten 1971, Abschnitt V,
   TZ 129, S. 461) und auch der BFH (Urteil III R 21/71
   v. 19. 5. 1972, BStBl 1972 II S. 748 (750)) schätzen
   den Vereinfachungseffekt, der aus der Einräumung von
   Wahlrechten bzw. der Exklusion von Abrechnungsbereichen und Kostenarten resultiert, als unerheblich ein,
   da unter der Zwecksetzung der Vermögensaufstellung
   zur Ermittlung der Vermögensteuer diesen Güterverbrauchsarten Kosteneigenschaft zukommt. Dagegen ist
   einzuwenden, daß Argumente im Rahmen der Einkommens-

Herstellungsperiode tatsächlich abbaufähig sind. Eine
Abweichung von den Herstellungskosten durch ein Heruntergehen auf den niedrigeren Teilwert ist nur dann möglich,
wenn die aufwandgeminderten Verkaufspreise bzw. die Wiederherstellungskosten nachweisbar unter den "tatsächlichen" Herstellungskosten liegen.

Der Vorteil dieser Alternative: Die Wertermittlung ist
nachprüfbar und einfach unter dem Gesichtspunkt, daß sie
auf der Ist-Kapazitätsausnutzung basiert, daß daher das
Problem der Messung der Kapazität, der Kapazitätsnorm,
des Kapazitätsausnutzungsgrades, der remanenten Kosten
unterbleibt.

Der Nachteil dieser Alternative: Wenn sämtliche Güterverbrauchsarten, die mit der Herstellungsleistung anteilig verbunden sind, zugerechnet werden, dann überschrei-
tet die Gemeinkostenschlüsselung den Bereich intersubjektiver Nachprüfbarkeit bzw. Glaubwürdigkeit. Diese Tatsache wie auch die Einräumung uneingeschränkter Wahlrechte
bietet dem Steuerpflichtigen "einen beachtlichen Manö-
vrierbereich" [1]. Werden keine Wahlrechte gewährt, dann
führen häufige Teilwertauseinandersetzungen mit der Finanzverwaltung zum Konflikt mit der Anforderung 'Einfachheit'. Die undifferenzierte Zurechnung sämtlicher bewerteter Güterverbrauchsarten auf die Herstellungsleistung
mit der ausschließlichen Nicht-Einbeziehung der bei quantitativer Anpassung abbaufähigen Leerkosten bringt Konflikte mit der Anforderung 'Vergleichbarkeit' mit sich.
Weitere Nachteile: Die im Vergleich zu anderen Lösungs-
möglichkeiten (Herstellungskosten nach dem Identitätsprinzip, Herstellungskosten auf der Basis der Norm-Kapazitätsausnutzung) höhere Wahrscheinlichkeit des Konflikts mit

---

Fortsetzung FN 1 S. 312
besteuerung nicht ohne weiteres auf die Vermögensbesteuerung übertragen werden können, daß ferner die
Menge der Teilwertauseinandersetzungen mit der Finanzverwaltung reduziert wird.
1) MARETTEK, Steuerbilanzpolitik, S. 51.

der Grundannahme 'Realisationsprinzip' bei einer Kapazitätsausnutzung unterhalb der Kapazitätsnorm; der Konflikt mit der Grundannahme 'Imparitätsprinzip' bei kontraktiver Kapazitätsausnutzung mit der Folge eines gegenläufigen Erfolgsausweises.

(2) Es sind Herstellungskosten zu ermitteln, die bei einer Ist-Kapazitätsausnutzung unterhalb der Kapazitätsnorm auf der Norm-Kapazitätsausnutzung basieren, oberhalb der vorherigen Kapazitätsnorm aber auf einer neufixierten Norm oder der Ist-Kapazitätsausnutzung basieren: Das heißt, das eine Mal werden "notwendige", das andere Mal "tatsächliche" Kosten der Herstellungsleistung ermittelt.
Der Vorteil dieser Alternative: Sie findet sich im Prinzip auch im Abschnitt 33 EStR in Anlehnung an die Rechtsprechung des RFH und des BFH wieder, ist jedoch nach den vorliegenden Untersuchungsergebnissen in zweifacher Hinsicht zu ändern. Erstens bedarf das Abgrenzungs- und Zurechnungsproblem der Kosten auf die Herstellungsperiode, den Herstellungsbereich und die Herstellungsleistung einer Regelung, die nur unbeachtliche Manipulationsspielräume bietet [1]. Beispiele dafür bieten die allgemeinen Verwaltungskosten, die Abschreibungen, Rückstellungen, die Gewerbeertragsteuer, die Fremdkapitalkosten. Zweitens bedarf es der Abkehr von der leerformelhaften "Normalkapazität". Der Nachteil dieser Alternative: Auch der Weg Kerns sowie des BdF und BFH, ausgehend von der Maximalkapazität solche Kapazitätsanteile abzusetzen, die durch die Unternehmungsleitung als erwartete Minderausnutzung kalkuliert wurden, scheitert an dem Nachprüfbarkeitskriterium und dem Einfachheitskriterium, beachtet nicht die Sachverhaltsprobleme bei der Kapazitätsausnutzung oberhalb der Kapazitätsnorm. Auch Abschnitt 33 Abs. 1 EStR spricht nur von "notwendigen" Material- und Fertigungs-Gemeinkosten und

---

1) Die steuerliche Wertkonvention 'Herstellungskosten' in der Form "subjektiv am Unternehmer orientierter

meint die Beachtung von Kostenwirkungen bei einer Kapazitätsausnutzung unterhalb der Kapazitätsnorm.

Wenn dies gilt, dann bleibt allein die Möglichkeit, den
steuerlichen Nicht-Entscheidungswert 'Herstellungskosten' in die Form einer Fiktion zu fassen. Eine solche
Fiktion muß auf dem hypothetischen Implikat beruhen,
die aus Schwankungen der Kapazitätsausnutzung oberhalb
und unterhalb der Kapazitätsnorm resultierenden, nicht

Fortsetzung FN 1 S. 314
Werte im Rahmen von Wahlrechten" zu determinieren,
wie JACOBI (Herstellungskosten, FR 1970, S. 204
(209)) empfiehlt, kann nicht befürwortet werden.
Die Anforderungen 'Vergleichbarkeit' und 'Nachprüfbarkeit' steuerlicher Gewinnermittlung und Wertermittlung stehen einer solchen Empfehlung eindeutig
entgegen. Nicht autonome Wahlrechte, sondern bedingte Wahlrechte - abhängig von Glaubwürdigkeits-
nachweisen - sind dort, wo der steuerliche Tatbestand dem tatsächlichen wirtschaftlichen Sachverhalt angepaßt werden muß, zu praktizieren (vgl. z.
B. die Sonder-Einzelkosten der Fertigung, die Abschreibungsmethode, die quantitative Anpassung bei
nicht nur vorübergehender Stillegung). Dieter SCHNEI-
DER (Reform, StuW 1971, S. 326 (332 f.)) hält die
Einräumung von Wahlrechten für unvereinbar mit dem
Grundsatz der Gleichmäßigkeit der Besteuerung. "Wer
alle Steuerpflichtigen, Nichtselbständige und Selbständige gleichbehandeln will, kann nicht den Selbständigen Wahlrechte in bezug auf die Aktivierung
und Passivierung und damit Wahlrechte in bezug auf
die Höhe des zu versteuernden Einkommens belassen".
Auch die Steuerreformkommission (Gutachten 1971,
Abschnitt V, TZ 25, S. 434) ist der Auffassung, daß
es nicht dem Grundsatz der Gleichbehandlung der
Steuerpflichtigen entspricht, "die Ermittlung der
Bemessungsgrundlage ... in Form von Wahlrechten dem
Steuerpflichtigen zu überlassen".

leistungsverbundenen Leerkosten und remanenten Einzelkosten, unechten Gemeinkosten und variablen echten
Gemeinkosten pauschal berücksichtigt zu haben: durch
Exklusion bestimmter Kostenquellen - bzw. der in diesen Kostenstellen erfaßbaren Kostenarten - und durch
die Exklusion bestimmter Kostenarten von der Abgrenzung
auf die Herstellungsperiode und den Herstellungsbereich
und damit von der Zurechnung auf die Herstellungsleistung. Ein Vorteil dieser Fiktion: Die Intension des
steuerlichen Kostenbegriffs in die Unterbegriffsart
"fixe-variable Kosten" wurde an obiger Stelle [1] abgelehnt, da mehr als eine Kosteneinflußgröße die Kostenhöhe bestimmen und die Trennung von fixen und
variablen Kosten erhebliche Manipulationen zuläßt. Wenn
die Kapazitätsausnutzung als Kosteneinflußgröße wegen
ihrer allgemeinen Dominanz im steuerlichen Nicht-Entscheidungswert 'Herstellungskosten' zu berücksichtigen
ist, dann erweist sich die Fiktion als vorziehenswür-
dig, da sie pauschal die Wirkungen schwankender Kapazitätsausnutzungsgrade einbezieht, ohne die Unterbegriffsart 'Einzelkosten-Gemeinkosten' zu verlassen.

Wenn im folgenden und abschließend eine solche Fiktion
dargestellt wird, die sich im Prinzip an dem Abschnitt 33
EStR orientiert, diesen Abschnitt in wenigen Punkten in-
dessen erheblich modifiziert, dann aus folgendem Grund:
Mit Hilfe einer solchen Fiktion wird dem wirtschaftlichen
Sachverhalt nach Ableitung aus den Grundannahmen und
Anforderungen steuerlicher Gewinn- und Wertermittlung
eher genüge getan als mit der Regelung, Leerkosten
allein nach dem Kriterium ihrer Abbaufähigkeiten als
leistungsverbunden zu erachten bzw. nicht, remanente
Einzelkosten, unechte Gemeinkosten und variable echte
Gemeinkosten ohnehin als leistungsverbunden zu werten.

1) Vgl. oben S. 114 ff. in dieser Untersuchung.

II. Der steuerliche Nicht-Entscheidungswert „Herstellungskosten" – Vorschlag für eine Abgrenzung de lege ferenda –

Herstellungskosten im Sinne des § 6 EStG sind die Betriebsausgaben der Herstellungsperiode, die für ein am
Bilanzstichtag vorhandenes Erzeugnis durch den Verbrauch von Gütern und die Inanspruchnahme von Diensten
entstehen. Sie setzen sich zusammen aus den Einzelkosten und den nach dem Durchschnittskostenprinzip ermittelten, anteiligen Gemeinkosten des einzelnen Erzeugnisses. Die Kostenstellen, die in den Herstellungsbereich einzubeziehen sind, und die Kostenarten, die dem
einzelnen Erzeugnis zuzurechnen sind, lassen sich wie
folgt umgrenzen.

(1) Zum Herstellungsbereich zählen folgende Abrech-
    nungsbereiche bzw. Kostenstellen:
    - der Materialbereich mit den Kostenstellen 'Mate-
      rialausgabe, Transport des Fertigungsmaterials,
      Prüfung des Fertigungsmaterials',
    - der Fertigungsbereich einschl. der Kostenstellen
      Fertigungsplanung, Fertigungsorganisation, Fer-
      tigungskontrolle (Betriebsleitung), Werkzeugla-
      ger, Unfallstationen und Unfallverhütungseinrich-
      tungen der Fertigungsstätten, Lohnbüro, soweit
      in ihm die Löhne und Gehälter der in der Ferti-
      gung tätigen Arbeitnehmer abgerechnet werden,
    - der Forschungs- und Entwicklungsbereich, sofern
      die Leistungsarten dieses Abrechnungsbereichs
      sich auf eine quantitativ glaubwürdig bestimmte
      Leistungsmenge der Herstellungsperioden erstrek-
      ken (Sonder-Einzelkosten bzw. Sonder-Gemeinkosten
      der Fertigung).

    Nicht zum Herstellungsbereich zählen die Abrech-
    nungsbereiche 'Allgemeine Verwaltung' und 'Ver-
    trieb'.

(2) Zu den Einzelkosten eines Erzeugnisses zählen folgende Kostenarten:
- Material-Einzelkosten,
- Fertigungslohn-Einzelkosten einschl. direkt erfaßbarer gesetzlicher, tariflicher und freiwilliger Sozialkosten (Jubiläumsgeschenke, Weihnachtszuwendungen, Wohnungsbeihilfen, Unterhaltszuschüsse, Essenszuschüsse, Ergebnisbeteiligung u. a.),
- sonstige Einzelkosten (z. B. bei Einzelfertigung direkt erfaßbare Fremdkapitalkosten),
- Sonder-Einzelkosten der Fertigung (z. B. Entwicklungskosten, Entwurfskosten, Lizenzgebühren u. a.), wenn sie zur Fertigstellung einer quantitativ eindeutig bestimmten Leistungsmenge aufgewendet werden und nicht zu den allgemeinen Verwaltungskosten oder den Vertriebskosten (z. B. eine Angebotsentwicklung) rechnen. Wegen der Forschungs- und Entwicklungskosten vgl. die Ländererlasse im BStBl 1958 II S. 181 ff..

(3) Zu den nach dem Durchschnittskostenprinzip zu ermittelnden, anteiligen Gemeinkosten eines Erzeugnisses zählen, soweit sie der Fertigung gedient haben, u. a. folgende Kostenarten:
- Material-Gemeinkosten: Kosten der Materialausgabe, des Transports zur Fertigungskostenstelle, der Prüfung an der Fertigungskostenstelle,
- Fertigungs-Gemeinkosten
  - Löhne einschl. Hilfslöhne, Gehälter,
  - gesetzliche, tarifliche, freiwillige Sozialkosten (z. B. Betriebsausgaben für die gesundheitliche Betreuung, Betriebskantine, Freizeitgestaltung), soweit sie glaubwürdig zurechenbar sind,
  - Engergie, Hilfsstoffe, Betriebsstoffe,

- Instandhaltung, Instandsetzung und Reparaturen
  von Anlagen,
- Abschreibungen auf das Anlagevermögen. Dabei
  hat der Steuerpflichtige grundsätzlich die Absetzung für Abnutzung in gleichen Jahresbeträgen vorzunehmen (§ 7 Abs. 1 Sätze 1 und 2
  EStG). Die Absetzung für Abnutzung in fallenden
  Jahresbeträgen (§ 7 Abs. 2 EStG) ist nicht zu
  beanstanden, wenn der Steuerpflichtige die betriebswirtschaftliche Notwendigkeit dieser Abschreibungsmethode glaubwürdig macht. Sonderabschreibungen z. B. nach §§ 7 a ff. EStG, § 36
  IHG usw. und Teilwertabschreibungen auf das Anlagevermögen im Sinne des § 6 Abs. 1 Nr. 1 Satz
  2 EStG sind bei der Berechnung der Herstellungskosten nicht zu berücksichtigen. Eine Ausnahme
  gilt für Sonderabschreibungen nach § 6 Abs. 2
  EStG, wenn der Anteil dieser Abschreibungen an
  den Herstellungskosten im Ablauf mehrerer Herstellungsperioden in etwa konstant bleibt.
- Sachversicherungen, Raumkosten, Mieten, Grund-
  steuer, Gewerbekapitalsteuer, Lohnsummensteuer,
- Ausgaben für die sog. unwesentliche Weiterentwicklung der Erzeugnisse, die in der Herstellungsperiode in der Regel in den Hilfskostenstellen des Fertigungsbereichs anfallen; vgl.
  dazu die Ländererlasse im BStBl 1958 II S. 181
  ff..
- Sonder-Gemeinkosten der Fertigung (z. B. Spezialwerkzeuge, spezielle Fertigungsverfahren) sind
  für die Erzeugnisse der Herstellungsperiode nach
  dem Verfahren der Absetzung für Abnutzung in
  gleichen Jahresbeträgen, im Ausnahmefall in fallenden Jahresbeträgen zu ermitteln und anteilig dem
  einzelnen Erzeugnis zuzurechnen.

(4) Nicht zu den Herstellungskosten zählen

- die Ausgaben für die betriebliche Altersversorgung
  (Direktversicherungen, Zuwendungen an Pensions- und
  Unterstützungskassen, Pensionsrückstellungen); Ga-
  rantie-, Reparatur- und sonstige Rückstellungen
  (diese Rückstellungen können dann in die Herstellungskosten einbezogen werden, wenn der Steuerpflichtige den Risikofall, der zu zukünftigen Ausgaben führt, glaubwürdig macht); nicht direkt erfaßbare Fremdkapitalkosten, Gewerbeertragsteuer,
  Umsatzsteuer,

- Kosten, die nicht gleichzeitig Betriebsausgaben
  der Herstellungsperiode sind (z. B. kalkulatorische
  Eigenkapitalzinsen, Unternehmerlohn) und Kosten,
  die steuerlich nicht abzugsfähige Betriebsausgaben
  sind (z. B. die Steuern vom Einkommen, die Vermögensteuer, bestimmte Repräsentationskosten),

- Ausgaben für den Allgemeinen Verwaltungsbereich,
  u. a. Ausgaben für die Unternehmungsleitung, für
  die Beschaffung (Einkauf, Wareneingang, Warenprü-
  fung, Lagerhaltung), für das Rechnungswesen (Buchhaltung, Kostenrechnung, Planung, Statistik), Personalverwaltung, Ausbildung, Betriebsrat, Kommunikation, Feuerwehr, Werkschutz, allgemeine Sozialleistungen einschl. Betriebskrankenkasse [1],

- Vertriebskosten.

---

1) Die Auffassung der Steuerreformkommission 1971 zur
   steuerlichen Wertkonvention 'Herstellungskosten' erscheint widersprüchlich. Die Kommission plädiert
   einerseits für eine "Eigenständige Steuerbilanz",
   und zwar wegen der spezifisch steuerlichen Zielsetzung im Gegensatz zur Handelsbilanz. Andererseits
   formuliert die Kommission in § C - Bewertung (Gutachten, Abschnitt V, TZ 200, S. 479), "Aufwendungen für
   die Allgemeine Verwaltung, für soziale Zwecke einschl.
   der Aufwendungen für die betriebliche Altersversorgung, sowie für Zinsen auf das Fremdkapital sind einzubeziehen, soweit sie in der Handelsbilanz den Herstellungskosten hinzugerechnet worden sind". Eine nähere Begründung für diese Anlehnung an die Handelsbilanz gibt die Kommission nicht. Sie weicht mit ih-

(5) Kostenwirkungen aufgrund intensitätsmäßiger,
    zeitlicher und quantitativer Anpassung an
    Schwankungen der Kapazitätsausnutzung gelten
    durch den Ausschluß der in Abs. 4 genannten
    Güterverbrauchsarten als berücksichtigt. Die
    Kosten dauerhaft stillgelegter Anlagen sind
    nicht in die Herstellungskosten einzubezie-
    hen, wenn sie glaubwürdig den Erzeugnissen
    zukünftiger Herstellungsperioden verbunden
    sind.

Die Regelungen des Abschnitts 33 EStR weichen von
dieser unter (1) - (5) dargelegten Wertkonvention
vor allem in folgenden Punkten ab:

Fortsetzung FN 1 S. 320
rer Bindung an die Handelsbilanz ausdrücklich von
§ 6 EStG und Abschnitt 33 EStR als eigenen steuerlichen Bewertungsvorschriften ab, übernimmt jedoch
aus Abschnitt 33 Abs. 1 Satz 2 EStR die Formulierung, daß die Herstellungskosten "die Materialkosten einschl. der notwendigen Material-Gemeinkosten, die Fertigungskosten einschl. der notwendigen Material-Gemeinkosten, die Fertigungskosten
einschl. der notwendigen Fertigungs-Gemeinkosten
und die Sonderkosten der Fertigung" umfassen, bezieht auch die Absetzung für Abnutzung ein, ohne
sich auf eine Verteilungsmethode festzulegen. Wie
die vorliegende Untersuchung gezeigt hat, wird
erstens die Bindung der Steuerbilanz an die Handelsbilanz wegen der unterschiedlichen Zielsetzungen auch tatsächlich abgelehnt, wird zweitens auf
die Zurechnung der von der Steuerreformkommission
über die Handelsbilanz einbezogenen Kostenarten
grundsätzlich verzichtet, wird drittens mit der
Exklusion bestimmter Kostenbereiche und Kostenarten auf die Interpretation "notwendiger" Gemeinkosten verzichtet, daher vereinfacht.

(1) Abschnitt 33 Abs. 1 Satz 2 spricht von "notwendigen" Materialgemeinkosten und "notwendigen" Fertigungs- gemeinkosten. Dieser Terminus entfällt in der darge- legten Konvention. Die Kosten der mangelnden oder erhöhten Kapazitätsausnutzung gelten in der vorge- schlagenen Wertkonvention auch dann als berücksich- tigt, wenn sie durch die Art der Produktion bedingt sind. Eine Ausnahme: Kosten dauerhaft stillgelegter Anlagen sind zusätzlich auszusondern.

(2) Die Kosten der Lagerung des Fertigungsmaterials vor Beginn der Fertigung werden durch Abschnitt 33 Abs. 2 Satz 1 EStR zu den Material-Gemeinkosten gerech- net. Abschnitt 33 Abs. 4 räumt dem Steuerpflichti- gen bei der Ermittlung der anteiligen Absetzung für Abnutzung grundsätzliche Wahlrechte ein. Darüber hinaus kann der Steuerpflichtige Sonderabschreibun- gen in die Herstellungskosten einbeziehen, nicht aber Teilwertabschreibungen.

(3) Abschnitt 33 Abs. 5 Satz 4 stellt die Einbeziehung der freiwilligen Sozialkosten (direkt und indirekt) durch die Einräumung eines Wahlrechts grundsätzlich in das Ermessen des Steuerpflichtigen.

(4) Abgesehen von solchen Ausgaben, die im Abschnitt 33 EStR nicht in die Herstellungskosten einbezogen werden (vgl. Abs. 4 Satz 6, Abs. 6), wird dem Steuerpflichtigen für solche Güterverbrauchsarten, die anerkanntermweise nur schwierig auf die Herstel- lungsperiode und den Herstellungsbereich abzugrenzen sowie der Herstellungsleistung zuzurechnen sind, ein grundsätzliches Wahlrecht eingeräumt: Ausgaben für die Allgemeine Verwaltung, für die betriebliche Al- tersversorgung, für die Gewerbeertragsteuer.

Die nach den dargelegten Richtlinien ermittelten Her- stellungskosten entsprechen der Grundannahme 'Anschaf- fungswertprinzip', weil die Wertkomponente dieses Ko-

stenbegriffs auf den Anschaffungskosten beruht. Sie
entsprechen im Prinzip dem Imparitätsprinzip, da sie
laufende negative Erfolgsbeiträge der Herstellungsperiode aufgrund schwankender Kapazitätsausnutzungsgrade
berücksichtigen sowie die Möglichkeit zur Bewertung zum
niedrigeren Teilwert enthalten. Sie entsprechen der Anforderung 'Vergleichbarkeit', da sie mehr als die Herstellungskosten nach dem Identitätsprinzip und mehr als
die Herstellungskosten nach dem Leistungsentsprechungsprinzip auf der Grundlage der Ist-Kapazitätsausnutzung
die wirtschaftlichen Gegebenheiten der Steuerpflichtigen berücksichtigen, dennoch aber die Möglichkeit zur
Bildung willkürlicher stiller Rücklagen unterbinden,
dadurch die Gleichstellung mit den Beziehern von Überschußeinkünften berücksichtigen. Sie entsprechen den
Anforderungen 'Nachprüfbarkeit' und 'Einfachheit', da
sie aufwendige und häufig nicht nachprüfbare Abgren-
zungs- und Zurechnungsprobleme sowie die Schwierigkeit
der Messung der Kapazität und der Kapazitätsnorm und
der Kapazitätsausnutzungsgrade umgehen. Sie präzisieren
die Grundannahme 'Realisationsprinzip' im Sinne dynamischer Periodenabgrenzung, da sie die teilweise Indeterminiertheit dieses Prinzips in bezug auf die Aufwandsrealisation fertiger und unfertiger Erzeugnisse und damit den Grundsatz der Abgrenzung der Sache und der Zeit
nach in dieser Hinsicht konventional festlegen.

Die dargelegte steuerliche Wertkonvention 'Herstellungskosten' stellt daher meines Erachtens einen "praktikab-
len Näherungswert" an einen nicht näher bestimmten
"realen" Wert dar [1], mit Rücksicht auf die Kommunikationsbeziehung zwischen Steuerpflichtigem und Finanzverwaltung als intersubjektiv nachprüfbar konzipiert.

---

1) JACOBI, Herstellungskosten, FR 1970, S. 204 (209).

Literaturverzeichnis

(Die eingeklammerten Kurzbezeichnungen sind vom Verfasser in den Fußnoten verwendet worden.)

Achenbach, Jürgen   (Bewertung)

Die Bewertung der Güter des Umlaufvermögens in der Handelsbilanz, Diss. rer. pol., Köln 1954.

Adam, Dietrich   (Kostenbewertung)

Entscheidungsorientierte Kostenbewertung, Wiesbaden 1970.

(Fragen)

Programmierte Fragen zur entscheidungsorientierten Kostenbewertung, Wiesbaden 1970.

Adler/Düring/Schmaltz   (Rechnungslegung)

Rechnungslegung und Prüfung der Aktiengesellschaft, Handkommentar, 4. Aufl., bearbeitet v. Kurt Schmaltz, Karl-Heinz Forster, Reinhard Goerdeler, Hans Havermann, Bd. 1: Rechnungslegung, Stuttgart 1968.

Agthe, Klaus   (System)

Stufenweise Fixkostendeckung im System des Direct Costing, ZfB 29. Jg. (1959), S. 404-418.

(Fixkostendeckung)

Teil 2: Zur stufenweisen Fixkostendeckung, S. 742-748.

Albach, Horst   (Bilanztheorie)

Grundgedanken einer synthetischen Bilanztheorie, ZfB 35. Jg. (1965), S. 21-31.

(Entwicklungstendenzen)

Neue Entwicklungstendenzen in der Teilwertlehre, StbJb 1965/66, S. 307-329.

Albach, Horst   (Bewertungsprobleme)

Bewertungsprobleme des Jahresabschlusses nach dem Aktiengesetz
1965, BB 21. Jg. (1966), S.
377-382.

(Rechnungslegung)

Rechnungslegung im neuen Aktienrecht, NB 19. Jg. (1966),
S. 178-192.

(Abschreibung)

Die degressive Abschreibung.
Ist die degressive Abschreibung
eine nach betriebswirtschaftlichen Grundsätzen notwendige Abschreibung?, Wiesbaden 1967.

(Gewinnrealisierungen)

Gewinnrealisierungen im Ertragsteuerrecht, StbJb 1970/71,
S. 287-320.

Albers, Willi   (Leistungsfähigkeit)

Die Berücksichtigung der
Leistungsfähigkeit in der deutschen
Einkommensteuer. Eine Auseinandersetzung mit dem Beschluß des Bundesverfassungsgerichts zur Ehegat-
tenbesteuerung und dem Regierungs-
entwurf zur Änderung steuerlicher
Vorschriften vom 7. März 1958.
F. A. (1957/58), Bd. 18, S. 423-
446.

Albert, Hans   (Theoriebildung)

Probleme der Theoriebildung.
Entwicklung, Struktur und Anwen-
dung sozialwissenschaftlicher
Theorien, in: Theorie und Reali-
tät, Ausgewählte Aufsätze zur
Wissenschaftslehre der Sozialwis-
senschaften, hrsg. v. Hans Albert,
Tübingen 1964, S. 3-70.

Albert, Hans   (Werturteil)

                                Werturteil und Wertbasis:
                                Das Werturteilsproblem im Lichte
                                der logischen Analyse, in:
                                Marktsoziologie und Entschei-
                                dungslogik, Ökonomische Probleme
                                in soziologischer Perspektive -
                                Soziologische Texte, Bd. 36,
                                hrsg. v. Heinz Maus und Fried-
                                rich Fürstenberg, Neuwied a. Rh.
                                und Berlin 1967, S. 92-139.

Albrecht, Kurt   (Kosten)

                                Verbundene Kosten, Diss. rer.
                                oec., Berlin 1934.

Amonn, Alfred   (Nationalökonomie)

                                Nationalökonomie und wirtschaft-
                                liche Wirklichkeit, Jahrbücher
                                für Nationalökonomie und Stati-
                                stik, 153. Bd. (1941), S. 1-29,
                                129-161.

(Arbeitskreis Chemi-   (Bewertung)
sche Industrie)
                                Zur Bewertung der Vorräte bei
Arbeitskreis des Be-   der Einheitsbewertung, WPg 18.
triebswirtschaftli-   Jg. (1965), S. 65-74.
chen Ausschusses des
Verbandes der Chemi-   (Vorratsvermögen)
schen Industrie e.
V.   Zur Bewertung des Vorratsvermö-
                                gens bei unzureichenden Ver-
                                kaufspreisen, WPg 18. Jg. (1965),
                                S. 624-626.

(Arbeitskreis Krähe)   (Organisation)

Arbeitskreis Krähe   Die Organisation der Geschäfts-
der Schmalenbach-   führung - Leitungsorganisation -,
Gesellschaft   in: Veröffentlichung der Schma-
                                lenbach-Gesellschaft, Bd. 25,
                                2. Aufl., Opladen 1971.

Arnett, Harold E.   (Objectivity)

                                What Does 'Objectivity' Mean to
                                Accountants? The Journal of
                                Accountancy, May 1961, neu ge-
                                druckt in: Readings in
                                Accounting Theory, S. 178.

Ascher, Theodor   (Steuerbilanz)

                         Die Steuerbilanz, ihre Entstehung
                         und Gestalt, Essen 1958.

Aufermann, E.   (Reserven)

                         Die Reserven in Steuerbilanzen,
                         ihre Begünstigung und Kontrolle,
                         in: Unternehmung und Steuer,
                         Schriftenreihe zur betrieblichen
                         Steuerlehre, hrsg. v. E. Aufer-
                         mann, Enno Becker, Franz Helpen-
                         stein, Max Lion, L. Mirre, Heft
                         2, Berlin 1933.

Bachem, Michael   (Ertragsverrechnungen)

                         Kosten- und Ertragsverrechnungen
                         zur Information für Planung und
                         Kontrolle industrieller For-
                         schungs- und Entwicklungsberei-
                         che, Diss. rer. pol., Köln 1970.

Baetge, Jörg   (Objektivierung)

                         Möglichkeiten der Objektivierung
                         des Jahreserfolges, in: Schrif-
                         tenreihe des Institus für Revi-
                         sionswesen der Westfälischen
                         Wilhelms-Universität Münster,
                         hrsg. v. Ulrich Leffson, Bd. 2,
                         Düsseldorf 1970.

Baier   (Gestehungskosten)

                         Bemerkungen zum Begriff der
                         steuerlichen Gestehungskosten,
                         DStZ 30. Jg. (1941), S. 149-
                         154.

Baladouni, Vahe   s. Bedford, Norton M.

                         (Perspective)

                         The Accounting Perspective Re-
                         Examined, Acc. Rev. Vol. XL I
                         (1966), S. 215-225.

Balmes, Rudolf   (Herstellungskostenbegriff)

                         Der Herstellungskostenbegriff
                         im Steuerrecht, BFuP 10. Jg.
                         (1958), S. 594-595.

Balmes, Rudolf   (Gewerbesteuer)

Die Gewerbesteuer als Bestandteil
der steuerlichen Herstellungskosten, BFuP 11. Jg. (1959), S.
103-107.

Bandilla, Siegfried   (Produktionsplanung)

Produktionsplanung in Saisonbetrieben, Diss. rer. pol.,
Göttingen 1967.

Bange, Frank   (Herstellungskosten)

Der Begriff der Herstellungs-
kosten in der Handels- und
Steuerbilanz, Diss. rer. pol.,
Würzburg 1970.

Bareis, Hans Peter   (Maßgeblichkeitsprinzip)

Zur Reform des Maßgeblichkeitsprinzips, WPg 25. Jg. (1972),
S. 498-503.

(BdF)   (Einbeziehung)
Bundesminister der   Zur Einbeziehung von Weihnachts-
Finanzen   geldern und Ergebnisbeteiligun-
                                  gen, die in Tarifverträgen ver-
                                  einbart worden sind, bei der
                                  Berechnung der Herstellungsko-
                                  sten, StBp 5. Jg. (1965), S.
                                  39-40.

Beck, Martin   (Beschäftigungsschwankungen)

Beschäftigungsschwankungen und
Erzeugnisbewertung in der Jah-
resbilanz, Diss. rer. pol.,
München 1966.

Bedford, Norton M./   (Communikation)
Baladouni, Vahe
                                  A Communication Theory Approach
                                  to Accountancy, Acc. Rev., Vol.
                                  XXXVII 1962, S. 650-659.

Beissner, Heinz   (Vollkosten)

Der unter "Vollkosten" hereinge-
nommene Auftrag und sein Bilanz-
wert, DB 16. Jg. (1963), S. 387-
388.

Beissner, Heinz   (Bewertung)

Die steuerliche Bewertung der
Halb- und Fertigfabrikate, KRP
5/63, Fachgruppe I, S. 207-210.

Bellinger, Bernhard   (Gliederungssystem)

Versuch eines Gliederungs-
systems betrieblicher Funktionen, ZfB 25. Jg. (1955), S.
228-240, 346-356.

Berg, Karl   (Bewertung)

Bewertung der Fabrikate, NB
1953, Beilage Nr. 7, S. 124-
126.

Bessler, K. H.   (Kapazität)

Die Kapazität als Kostenbe-
stimmungsfaktor, Diss. rer.
pol., Saarbrücken 1957.

Beste, Theodor   (Leistung)

Was ist Leistung in der Betriebswirtschaftslehre?, ZfhF
38. Jg. (1944), S. 1-18.

(Fertigungswirtschaft)

Fertigungswirtschaft und Be-
schaffungswesen, HdW Bd. I,
Köln und Opladen 1966, S.
111-275.

(BP-Kartei)   (BP-Kartei Teil I, Konto:
                           Halbfertige Arbeiten)
Betriebsprüfungs-
Kartei der Oberfi-   Kontenteil
nanzdirektionen   Konto: Halbfertige Arbeiten,
Düsseldorf, Köln,   (Lfg. Dez. 1968), S. 1 - 26.
Münster I   Stand: Febr. 1973.

(BP-Kartei)   (BP-Kartei)

Betriebsprüfungs-   Loseblatt-Werk, 54. Erg.Lfg.
Kartei der Oberfi-   Stand: März 1972, Teil I,
nanzdirektionen   Konto: Halbfertige Arbeiten.
Düsseldorf, Köln,
Münster

Biedermann, Franz   (Herstellungskosten)

Herstellungskosten im Sinne der
Handelsbilanz, Steuerbilanz und
Betriebswirtschaft, RWP-Blattei
Bd. 10, Lfg. 22. 11. 1965 (632),
14 Steuer-R D (Steuer)Bilanz
II B 5, S. 31-43.

Binder, Odilo   (Behandlung)

Die steuerliche Behandlung betrieblicher Forschungs- und Entwicklungskosten, BB 11. Jg.
(1956), S. 537-540.

Birkholz, H.   (Obergrenze)

Die Obergrenze aktivierungsfähi-
ger Herstellungskosten bei Unterbeschäftigung, DB 16. Jg. (1963),
S. 745-746.

(Bemessung)

Zur Frage nach der richtigen Bemessung der Herstellungskosten
bei verminderter Kapazitätsausnutzung, StuF 1963, S. 10-12.

Bischoff, Wolfgang O.   (Kostenzurechnungsmöglichkeiten)

Kostenzurechnungsmöglichkeiten
im Wandel der Zeit - Entwicklungs-
stufen und ihre Problematik, KRP
6/1964, Fachgruppe 4, S. 249-256.

(Herstellkosten)

Die Herstellkosten in der Kostenrechnung, sowie im Handels- und
im Steuerrecht, KRP 3/1967, Fachgruppe 1, S. 121-128.

(Gestaltungsmöglichkeiten)

Gestaltungsmöglichkeiten der Teil-
kostenrechnungssysteme, NB 21. Jg.
(1968), H. 2, S. 1-13.

Bitz, Horst   (Ermittlung)

Die Ermittlung der vermögensabhän-
gigen Steuerbelastung der Unternehmung mit Hilfe der Teilsteuerrechnung, Diss. rer. pol., Köln
1972.

Blohm, Hans   s. Funke, Hermann

Blume, Karlheinz   (Auswirkungen)

                          Auswirkungen der Bestandsbewer-
                          tung auf Bestandspolitik, Liqui-
                          dität und Gewinnbeteiligung, DB
                          25. Jg. (1972), S. 2073-2078.

Blümich/Falk   (Einkommensteuergesetz)

                          Einkommensteuergesetz, 10. Aufl.,
                          Bd. I, München 1971.

v. Bockelberg, Helmut   (Besteuerung)

                          Der Anfang vom Ende der progres-
                          siven Besteuerung nach der Lei-
                          stungsfähigkeit, BB 26. Jg.
                          (1971), S. 925-927.

Bode, Peter   (Gewinnbegriff)

                          Der Gewinnbegriff in der Finan-
                          zierungsbilanz, Ein Beitrag zur
                          Reform des steuerlichen Gewinn-
                          begriffs, Diss. rer. pol., Köln
                          1954.

Boelke, Wilfried   (Bewertungsvorschriften)

                          Die Bewertungsvorschriften des
                          Aktiengesetzes 1965 und ihre
                          Geltung für die Unternehmen in
                          anderer Rechtsform. Eine Unter-
                          suchung zur Frage der Überein-
                          stimmung der aktienrechtlichen
                          Bewertungsvorschriften und der
                          Grundsätze ordnungsmäßiger Buch-
                          führung, in: Grundlagen und Pra-
                          xis der Betriebswirtschaft, Bd.
                          22, Berlin 1970.

Boettcher, Carl   (Herstellungspreis)

                          Der Herstellungspreis im Sinne
                          des Einkommensteuergesetzes
                          1925, Diss. jur., Erlangen 1928.

                          (Grundlagen)

                          Die Grundlagen des Herstellungs-
                          preises im Sinne des Einkommen-
                          steuergesetzes, Vierteljahres-
                          schrift für Steuer- und Finanz-
                          recht 4. Jg. (1930), S. 36-110.

Böhm, Hans-Hermann/
Wille, Friedrich

(Deckungsbeitragsrechnung)

Deckungsbeitragsrechnung und
Programmoptimierung, 2. Aufl.
des Werkes "Direct Costing und
Programmplanung", München 1965.

Böhmer, Götz

(Lerneffekte)

Lerneffekte als Kosteneinflußgrössen und ihre Berücksichtigung in der Kostenplanung und
der Kostenrechnung, Diss. rer.
pol., Münster 1970.

Bommarius, Edgar

(Herstellungswert)

Der steuerliche Herstellungswert,
Diss. rer. pol., Frankfurt a. M.
1958.

Böning, Dieter

(Probleme)

Probleme der Bestimmung des
Aufwandes und Ertrages industrieller Forschungs- und Ent-
wicklungsprojekte, BFuP 21. Jg.
(1969), S. 493-522.

Bonnekamp, Horst

(Kapazität)

Untersuchung des Einflusses der
Kapazität auf die Betriebskosten
von Hochofenanlagen, Diss. ing.,
TH Aachen 1966.

von Borcke, Mathias

(Eigenständigkeit)

Eigenständigkeit der Handelsbilanz und Bilanzierung von auf-
geschobenen Ertragsteuern, WPg
24. Jg. (1971), S. 648-653.

Borkowsky, Rudolf

(Bilanztheorien)

Die Bilanztheorien und ihre
wirtschaftlichen Grundlagen,
Diss. rer. pol., Zürich 1945.

Börner, Dietrich

(Costing)

Direct Costing als System der
Kostenrechnung, Diss. rer.
pol., München 1961.

Börnstein, Ulrich   (Aktivierung)

Die Aktivierung von Versuchs-
und Entwicklungskosten nach
Handels- und Steuerrecht, BB
12. Jg. (1957), S. 553-557.

(Fertigungsgemeinkosten)

Die Fertigungsgemeinkosten als
Teil der Herstellungskosten,
DB 12. Jg. (1959), S. 353-356,
381-384.

Bosshardt, Erik   (Kostenrechnung)

Leistungsmäßige Kostenrechnung.
Bücherreihe des Betriebswissen-
schaftlichen Instituts an der
Eidgenössischen Technischen
Hochschule Zürich, hrsg. v.
Vallière R. d., Bd. I, Zürich
1948.

Böttcher   s. Hartmann/Böttcher/Grass

Böttger, W.,   (Wegekostenrechnung)
Napp-Zinn, A. F.,
Riebel, P.,   Methodische Probleme der ver-
Seidenfus, H. St.,   gleichenden Wegekostenrechnung
Wehner, B.   für Schiene, Straße und Binnen-
                           wasserstraße, Gutachten, erstat-
                           tet dem Bundesminister für Ver-
                           kehr, in: Deutscher Bundestag,
                           4. Wahlperiode, Drucksache IV/
                           1449, Bad Godesberg 1963, S.
                           45-81.

Bouffier, Willy   (Betriebswirtschaftslehre)

Betriebswirtschaftslehre als
Funktionen- und Leistungslehre,
in: Funktionen- und Leistungs-
denken in der Betriebswirtschaft,
Festschrift für Karl Oberpar-
leiter zum 70. Geburtstag, hrsg.
von Willy Bouffier, Wien 1956,
S. 22-39.

Bouffier, Willy — (Erhaltung)

Die Erhaltung als betriebswirtschaftliches Problem, in: Betriebswirtschaftliche Forschung
in internationaler Sicht, Festschrift für Erich Kosiol zum 70.
Geburtstag, hrsg. von Heinrich
Kloidt, Berlin 1969, S. 45-71.

Brandl, Walter — (Deckungsbeitragsrechnung)

Die Deckungsbeitragsrechnung als
Instrument der betrieblichen
Programmplanung, Diss. rer. pol.,
Erlangen/Nürnberg 1970.

Brasch, H. D. — (Unkostenschwankungen)

Zur Praxis der Unkostenschwankungen und ihrer Erfassung, Betriebswirtschaftliche Rundschau
4. Jg. (1927), S. 41-44, 65-72.

Braun, H. — (Kosten)

Kosten nicht genutzter Kapazität
und steuerliche Bewertung der
Halb= und Fertigfabrikate, WPg
5. Jg. (1952), S. 513-516,
539-543.

Brinkmann, Gert — (Aktivierungspflicht)

Die steuerrechtliche Aktivie-
rungspflicht von betrieblichen
Versuchs- und Entwicklungskosten,
Diss. jur., Köln 1958.

Brockhaus
Enzyklopädie — (Brockhaus)

in 20 Bänden, 17. Aufl.,
Bd. 6 Wiesbaden 1968,
Bd. 12 Wiesbaden 1971.

Brömer, Herbert — (Fertigungslohn)

Die Zuverlässigkeit des Fertigungslohns als Zuschlagbasis - Eine Untersuchung über das Verhältnis des
Fertigungslohns zur Leistungsmenge
und seine Bedeutung für den Zu-
schlag der Gemeinkosten -, Diss.
rer. pol., TU Berlin 1957.

Brönner, H.   (Fertigungsgemeinkosten)

                             Die Fertigungsgemeinkosten als
                             Bestandteil der Herstellungskosten,
                             Der Wirtschaftstreuhänder 8. Jg.
                             (1939), S. 108-111.

Brückner, Wolfgang   (Maßskalen)

                             Maßskalen, Meßmethoden und Meß-
                             fehler im betrieblichen Rechnungs-
                             wesen, Diss. rer. pol., TH Darm-
                             stadt 1969.

Bruhn, Ernst-Egon   (Potentialfaktoren)

                             Die Bedeutung der Potentialfakto-
                             ren für die Unternehmungspolitik,
                             Diss. rer. pol., Köln 1963.

Buchner, Robert   (Herstellungskosten)

                             Zur Frage der steuerlichen Her-
                             stellungskosten, ZfB 33. Jg.
                             (1963), S. 710-717.

                             (Zielvariable)

                             Zur Kontroverse um die negative
                             Zielvariable in der unternehme-
                             rischen Planungsrechnung, ZfbF
                             19. Jg. (1967), S. 350-373.

Buddeberg, Hans   (Absatz)

                             Absatz und Absatzorganisation,
                             HdB Bd. I, Sp. 31-38.

Bühler, Ottmar   (Bilanz)

                             Bilanz und Steuer bei der Einkom-
                             mens-, Gewerbe- und Vermögensbe-
                             steuerung unter Berücksichtigung
                             der handelsrechtlichen und be-
                             triebswirtschaftlichen Grundsätze,
                             der Rechtsprechung des Reichsfi-
                             nanzhofs und des Reichsgerichts,
                             in: Steuerrechtliche Schriften-
                             reihe, hrsg. von Ottmar Bühler
                             Heft I, 3. Aufl., Berlin 1937.

Bühler/Paulick   (Einkommensteuer)

                             Einkommensteuer, Körperschaftsteuer
                             nebst Gemeinnützigkeitsverordnung
                             und anderen Nebengesetzen und Ver-
                             ordnungen, Handkommentar, Septem-
                             ber 1972, Stand: EStG 1, KStG:
                             1. Juni 1969.

Bühler, Ottmar/
Scherpf, Peter

(Bilanz)

Bilanz und Steuer, 7. Aufl.,
München 1971.

Burg, Karlheinz

(Bewertung)

Progressive und retrograde Bewertung von Halb- und Fertigfabrikaten in der Bilanz, Diss.
rer. pol., Wien 1960.

(Jahresbilanz)

Die retrograde Bewertung von
Halb- und Fertigfabrikaten in
der Jahresbilanz, ÖBW 12. Jg.
(1962), S. 124-146.

Burke, Edward J.

(Objectivity)

Objectivity and Accounting,
Acc. Rev., Vol. XXXIX 1964,
S. 837-849.

Bussmann, K. F.

(Zweifelsfragen)

Zweifelsfragen bei der Bemessung
der steuerlichen Herstellungskosten, NB 1952, Beilage Nr. 1, S.
3-5.

(Rechnungswesen)

Industrielles Rechnungswesen,
Stuttgart 1963.

Calmes, Albert

(Halbfabrikate)

Die Fertig- und die Halbfabrikate
in den Fabrikbilanzen, Zeitschrift
für Handelswissenschaft und Handelspraxis, 1. Jg. (1908/9), S.
424-430.

Carius

(Herstellungswert)

Der Herstellungswert im Einkommensteuerrecht, Steuer-Warte 7. Jg.
(1938), S. 699.

(Herstellungskosten)

Die Herstellungskosten der Waren,
Steuer-Warte 8. Jg. (1939), S.
313-315.

Carnap, Rudolf

(Logik)

Induktive Logik und Wahrscheinlichkeit, bearbeitet von Wolfgang Steg-
müller, Wien 1959.

Carnap, Rudolf   (Einführung)

                          Einführung in die symbolische
                          Logik mit besonderer Berücksich-
                          tigung ihrer Anwendungen, 2.
                          Aufl., Wien 1960.

Chambers, R. J.   (Measurement)

                          Measurement and Objectivity in
                          Accounting, Acc. Rev. Vol.
                          XXXIX (1964), S. 264-274.

Clar, Peter   (Kapazitätsnutzung)

                          Die Kapazitätsnutzung in der In-
                          dustrieunternehmung, in: Be-
                          triebswirtschaftliche Forschungs-
                          ergebnisse, hrsg. v. Erich Kosiol,
                          Bd. 20, Berlin 1964.

Coenenberg, Adolf   (Rechnungswesen)
Gerhard
                          Rechnungswesen, Organisation des,
                          HDO, Sp. 1413-1424.

                          (Kommunikation)

                          Die Kommunikation in der Unter-
                          nehmung, Diss. rer. pol., Köln
                          1966.

                          (Gewinnbegriff)

                          Gewinnbegriff und Bilanzierung,
                          ZfbF 20. Jg. (1968), S. 442-469.

                          (Abschreibungsdiskussion)

                          Abschreibungsdiskussion, Ein
                          Wissenschaftler nimmt Stellung,
                          WW 1971 Nr. 46, S. 28-30.

                          (Bilanzierung)

                          Ziele und Zielkonflikte in der
                          ertragsteuerlichen Bilanzierung,
                          Besprechungsaufsatz zu Jakobs,
                          Otto, H.: Das Bilanzierungsproblem
                          in der Ertragsteuerbilanz, Stutt-
                          gart 1971, ZfB 42. Jg. (1972), S.
                          219-222.

von Colbe,
Walther Busse

(Kostenremanenz)

Kostenremanenz, HdB Bd. II,
Sp. 3460-3465.

(Rücklagen)

Rücklagen, stille, HdB Bd. III,
Sp. 4722-4730.

(Kapitalflußrechnungen)

Aufbau und Informationsgehalt
von Kapitalflußrechnungen,
ZfB 36. Jg. (1966), 1. Ergänzungsheft, S.82-114.

Cordes, Walter/
Höffken, Ernst

(Steuern)

Steuern als Kosten, in: Zur
Besteuerung der Unternehmung.
Festschrift für Peter Scherpf,
hrsg. von Otto Hintner und
Hanns Linhardt, Berlin 1968,
S. 31-79.

le Coutre, Walter

(Bilanztheorien)

Bilanztheorien, HdB Bd. I,
Sp. 1153-1177.

Dahl, Johann

(Aktivierung)

Die Aktivierung der Sachanlage-
güter in Handels- und Steuerbilanz, Köln und Opladen 1959.

Dieckmann, Karl

(Steuerbilanzpolitik)

Steuerbilanzpolitik. Gegenwär-
tig bestehende Möglichkeiten und
Grenzen der Beeinflussung des
steuerlichen Jahreserfolges in
der Bundesrepublik Deutschland,
in: Schriftenreihe "Besteuerung
der Unternehmung", Herausgeber
G. Rose, Bd. 3, Wiesbaden 1970.

Diederich, Helmut

(Betriebswirtschaftslehre)

Allgemeine Betriebswirtschaftslehre II, in: Schaeffers Grund-
riß des Rechts und der Wirtschaft, Abt. III: Wirtschaftswissenschaften, hrsg. v. H. G.
Schachtschabel, Bd. 83/2, Stuttgart 1970.

Diehl, Karl

(Gewinnproblem)

Untersuchungen über das Gewinnproblem in der betriebswirtschaftlichen Literatur und im
Steuerrecht, Diss. rer. pol.,
Frankfurt a. M. 1938.

Dietrich, Susanne

(Realisationsprinzip)

Das Realisationsprinzip in Betriebswirtschaft und Recht,
unter besonderer Berücksichtigung von Betrieben mit einer
mehr als eine Bilanzperiode in
Anspruch nehmenden Fertigungsleistung, dargestellt am Beispiel
der Baubetriebe, Diss. rer. pol.,
Wien 1964.

(Liquidität)

Das Realisationsprinzip in Betriebswirtschaft und Recht und
sein Einfluß auf die Liquidität
der Unternehmung, ÖBW 19. Jg.
(1969), S. 100-111.

Dietz, Horst

(Normierung)

Die Normierung der Abschreibung
in Handels- und Steuerbilanz,
in: Beiträge zur betriebswirtschaftlichen Forschung, hrsg.
von E. Gutenberg, W. Hasenack,
K. Hax, E. Schäfer, Bd. 37,
Opladen 1971.

Dlugos, Günter

(Kostenabhängigkeiten)

Kostenabhängigkeiten, HdR
Sp. 883-907.

(Grenzkostenkalkulation)

Zum Theorem der Grenzkostenkal-
kulation, in: Organisation und
Rechnungswesen, Festschrift für
Erich Kosiol zu seinem 65. Ge-
burtstag, hrsg. v. Erwin Grochla,
Berlin 1964, S. 479-519.

Döllerer, Georg   (Grundsätze)

Grundsätze ordnungsmäßiger Bilanzierung, deren Entstehung und Ermittlung, BB 14. Jg. (1959), S.
1217-1221; ferner abgedruckt in:
WPg 12. Jg. (1959), S. 653-658.

(Rechnungslegung)

Rechnungslegung nach dem neuen
Aktiengesetz und ihre Auswirkun-
gen auf das Steuerrecht, BB 20.
Jg. (1965), S. 1405-1417.

(Anschaffungskosten)

Anschaffungskosten und Herstellungskosten nach neuem Aktienrecht
unter Berücksichtigung des Steuerrechts, BB 21. Jg. (1966), S.
1405-1409.

(Wahlrechte)

Wahlrechte bei Aufstellung der
Bilanz, BB 24. Jg. (1969), S.
1445-1449.

(Maßgeblichkeit)

Die Maßgeblichkeit der Handelsbilanz für die Steuerbilanz,
BB 24. Jg. (1969), S. 501-507.

(Handelsbilanz)

Maßgeblichkeit der Handelsbilanz
in Gefahr, BB 26. Jg. (1971),
S. 1333-1335.

Dorn, Gerhard   (Kostenrechnung)

Die Entwicklung der industriellen
Kostenrechnung in Deutschland,
Berlin 1961.

(Aussagemöglichkeiten)

Aussagemöglichkeiten moderner
Kostenrechnungsverfahren, in:
Organisation und Rechnungswesen,
Festschrift für Erich Kosiol,
hrsg. von Erwin Grochla, Berlin
1964, S. 441-477.

Düring   s. Adler

Eckstein, Hanns   (Einführung)

                         Einführung in die Kalkulation
                         der Handels- und Industriebe-
                         triebe mit handels- und steuer-
                         rechtlicher Betrachtung und
                         steuerlicher Nachkalkulation,
                         München 1933.

                         (§ 6 EStG)

                         Welche Kosten müssen zu den
                         Herstellungskosten nach § 6
                         EStG genommen werden?, Steuer-
                         Warte 6. Jg. (1937), S. 243-244.

                         (Herstellungskosten)

                         Zur Frage der steuerlichen
                         Herstellungskosten, StuW 19.
                         Jg. (1940), Sp. 391-404, Sp.
                         1019-1030.

                         (Herstellungskosten)

                         Zur Frage der steuerlichen
                         Herstellungskosten, StuW 20.
                         Jg. (1941), Sp. 295-306.

                         (Gemeinkosten)

                         Gemeinkosten als Herstellungs-
                         kosten, StuW 20. Jg. (1941),
                         Sp. 935-936.

                         (Herstellungskosten)

                         Zur Frage der steuerlichen
                         Herstellungskosten, StuW 21.
                         Jg. (1942), Sp. 57-70.

Eggesiecker, Fritz   (Teilsteuerrechnung)

                         Zur praktischen Handhabung der
                         Teilsteuerrechnung, FR 27. Jg.
                         (1972), S. 279-282.

Ehrt, Robert   (Zurechenbarkeit)

                         Die Zurechenbarkeit von Kosten
                         auf Leistungen auf der Grund-
                         lage kausaler und finaler Be-
                         ziehungen, Stuttgart/Berlin/
                         Köln/Mainz 1967.

Eisenführ, Franz   (Anforderungen)

Anforderungen an den Informationsgehalt kaufmännischer Jah-
resabschlußrechnungen, Diss.
rer. pol., Kiel 1967.

Eller, Hans Hermann   (Kostenlehre)

Grundprobleme der betriebswirtschaftlichen Kostenlehre. Eine
Untersuchung ihrer Ziele und
Aussagensysteme, Betriebswirtschaftliche Studien 4, Berlin
1968.

Ellinger, Theodor   (Ablaufplanung)

Ablaufplanung. Grundfragen der
Planung des zeitlichen Ablaufs
der Fertigung im Rahmen der
industriellen Produktionsplanung, Stuttgart 1959.

Enders, Friedrich
Wilhelm   (Materialkosten)

Die Verrechnung der Materialkosten in Maschinenfabriken unter
besonderer Berücksichtigung der
Fehlerquellen und des Kalkula-
tionsrisikos, Diss. rer. pol.,
Frankfurt 1928.

Endres, Walter   (Gewinn)

Der erzielte und der ausschütt-
bare Gewinn der Betriebe, in:
Beiträge zur betriebswirtschaftlichen Forschung, hrsg. v. E.
Gutenberg, W. Hasenack, K. Hax,
E. Schäfer, Bd. 28, Köln/Opladen
1967.

Engelmann, Konrad   (Kostenbegriff)

Einwände gegen den pagatorischen
Kostenbegriff, ZfB 28. Jg.
(1958), S. 558-565.

Engels, Wolfram   (Bewertungslehre)

Betriebswirtschaftliche Bewertungslehre im Licht der Entscheidungstheorie, in: Beiträge zur betriebswirtschaftlichen Forschung, hrsg.
v. E. Gutenberg, W. Hasenack, K.
Hax, E. Schäfer, Bd. 18, Köln und
Opladen 1962.

Engisch, Karl   (Einführung)

Einführung in das juristische
Denken, 5. Aufl., Stuttgart
1971.

Erhard, Fritz   (Aktivierung)

Zur Frage der steuerlichen
Aktivierung von betrieblichen
Versuchs- und Entwicklungskosten, BB 10. Jg. (1955), S.
990-992.

(Herstellungskosten)

Steuerliche Herstellungskosten
und Kostenrechnung, Ausgewählte
Steuerfragen, Bd. 105, Bad
Godesberg 1965.

(Unterbeschäftigung)

Herstellungskosten bei Unterbeschäftigung, StBp 6. Jg. (1966),
S. 101-105.

Ernst, Herbert   (Steuern)

Steuern als kalkulatorische
Kosten, Diss. rer. pol., Köln
1969.

Escher, Hans   (Aktivierungspflicht)

Der Umfang der Aktivierungspflicht bei den Ausgaben für das
Sachanlagevermögen in Handels-
und Steuerbilanz, 2. Aufl., Düsseldorf 1962.

Eschner, Günther   (Gewinnbegriff)

Neuere Auffassungen zum Gewinnbegriff, Diss. rer. pol., Erlan-
gen/Nürnberg 1966.

Eßer, J.   (Herstellungskosten)

Herstellungskosten im betriebswirtschaftlichen, handelsrecht-
lichen und steuerlichen Blickpunkt, AG 7. Jg. (1962), Sonderbeilage II/62, S. 1-8.

Everling, Wolfgang   (Pensionsverpflichtungen)

Die Berücksichtigung von Pen-
sionsverpflichtungen in der
Kostenrechnung, KRP 2/1967,
Fachgruppe I, S. 61-66.

Evers, Günter   (Kostenauflösung)

Grundsätzliche Probleme der
Kostenauflösung, ZfR 12. Jg.
(1966), S. 129-132.

Eymer, Rolf   (Herstellungskosten)

Die Herstellungskosten in der
Handelsbilanz und in der
Steuerbilanz, Diss. rer. pol.,
Köln 1952.

Faehndrich, Henner   (Wesen)

Das Wesen von Kostenrechnung und
Kalkulation. Versuch einer
systematischen Erfassung, BFuP
15. Jg. (1963), S. 281-298.

(Grenzen)

Wesensmäßige Grenzen der Kostenrechnung, Industrielle Organisation 32. Jg. (1963), S. 225-230.

Falk   s. Blümich

Falkenroth, Günther   (Auswirkungen)

Auswirkungen fixer Kosten für die
steuerliche Erfolgsbilanz, StuW
27. Jg. (1950), Sp. 457-466.

(Herstellungskosten)

Gutachten: Überhöhte Herstellungskosten in der Steuerbilanz, BB
12. Jg. (1957), S. 922-925.

(Gewerbeertragsteuer)

Gewerbeertragsteuer und Fertigungsgemeinkosten, NB 11. Jg.
(1958), S. 6-8.

Fassbender, Wolfgang   (Kostenerfassung)

Betriebsindividuelle Kostenerfassung und Kostenauswertung,
Frankfurt a. M. 1964.

Federmann, Rudolf   (Bilanzierung)

Bilanzierung nach Handelsrecht
und Steuerrecht. Gemeinsamkei-
ten, Unterschiede, Interdependenzen in systematischer Übersicht, unter besonderer Berücksichtigung der aktienrechtlichen
Rechnungslegung, München 1971.

Feldt, Bruno   (Teilwertlehren)

Die Problematik neuerer betriebswirtschaftlicher Teilwertlehren - Eine kritische Analyse -,
Diss. rer. pol., München 1971.

Felix, Günther   (Praktikabilitätserwägungen)

Praktikabilitätserwägungen als
Auslegungsgrundsatz im Steuerrecht, in: Von der Auslegung und
Anwendung der Steuergesetze,
Festschrift für Armin Spittaler,
hrsg. v. Günther Felix, Stuttgart 1958, S. 124-131.

Fettel, Johannes   (Marktpreis)

Marktpreis und Kostenpreis,
in: Schriften zur wirtschafts-
wissenschaftlichen Forschung,
Bd. 1, Meisenheim am Glan 1954.

(Kostenbegriff)

Ein Beitrag zur Diskussion über
den Kostenbegriff, ZfB 29. Jg.
(1959), S. 567-569.

Feuerbaum, Ernst   (Kapitalerhaltung)

Nominelle und substantielle
Kapitalerhaltung im Handels-
und Steuerrecht, DB 19. Jg.
(1966), S. 509-514.

(Bilanz)

Die polare Bilanz, in: Betriebswirtschaftliche Schriften,
Heft 18, Berlin 1966.

Fischer, Johannes/   (Buchführung)
Heß, Otto/
Seebauer, Georg   Buchführung und Kostenrechnung,
                      2. Aufl., Leipzig 1940.

Flämig, Christian   (Geldentwertung)

                      Die Berücksichtigung der schlei-
                      chenden Geldentwertung im
                      Steuerrecht - Ein Versuch, die
                      Folgen der schleichenden Geld-
                      entwertung durch steuerliche
                      Maßnahmen auszugleichen -,
                      Steuer-Kongreß-Report 1969, S.
                      425-455.

Flume, Werner   (Entwicklungskosten)

                      Die Forschungs- und Entwick-
                      lungskosten in Handels- und
                      Steuerbilanz, DB 11. Jg. (1958),
                      S. 1045-1054.

                      (Steuertatbestand)

                      Der gesetzliche Steuertatbestand
                      und die Grenztatbestände in
                      Steuerrecht und Steuerpraxis,
                      StbJb 1967/68, S. 63-94.

Förster, Helmut   (Kosten)

                      Gibt es fixe und proportionale
                      Kosten?, Diss. rer. pol., Mün-
                      chen 1951.

Fraas, Günther   (Grundlagen)

                      Theoretische Grundlagen der Kosten-
                      zurechnung (bei heterogener und
                      komplizierter Fertigung), Habili-
                      tationsschrift, vorgelegt an der
                      Hochschule für Ökonomie, Berlin
                      1965.

                      (Kostenverursachung)

                      Kostenverursachung und Kosten-
                      zurechnung - Theoretische Grund-
                      lagen -, Berlin 1969.

Frank, Dieter   (Ableitung)

                      Zur Ableitung der aktivierungs-
                      pflichtigen "Herstellungskosten"
                      aus der kalkulatorischen Buch-
                      haltung, BB 22. Jg. (1967), S.
                      177-181.

Friauf, Karl Heinrich   (Eigentumsgarantie)

Eigentumsgarantie, Geldentwertung und Steuerrecht, StbJb 1971/72, S. 425-450.

Frischkopf, Xaver   (Herstellungskosten)

Die Herstellungskosten in der Betriebswirtschaftslehre, im Handelsrecht und im Wehrsteuerrecht, Diss. rer. pol., Bern 1969.

Fuchs, Herbert   (Systemtheorie)

Systemtheorie, HdO, Sp. 1618-1630.

Fuhrken, Günter   (Abhängigkeit)

Die Abhängigkeit der Kosten vom Beschäftigungsgrad im Steinkohlenbergbau. Eine praktische Messung. Diss. rer. pol., Münster 1965.

Funk, Joachim   (Bestandsbewertung)

"Direct Costing" und die Problematik der Bestandsbewertung, DB 14. Jg. (1961), S. 1653-1657.

Funke, Hermann/   (Grundzüge)
Blohm, Hans
                        Allgemeine Grundzüge des Industriebetriebs, in: Betriebswirtschaftliche Bibliothek, hrsg. v. Wilhelm Hasenack, 2. Aufl., Essen 1969.

Gäfgen, Gérard   (Theorie)

Theorie der wirtschaftlichen Entscheidung, Untersuchungen zur Logik und ökonomischen Bedeutung des rationalen Handelns, Tübingen 1963.

Gail, Winfried   (Werterhaltung)

Unternehmerische Werterhaltung und steuerliche Gewinnermittlung - Kritische Wertung der betriebswirtschaftlichen Methoden -, BB 20. Jg. (1965), S. 877-882.

Gail, Winfried

(Steuerbilanz)

Zur Einführung des Begriffs
einer eigenständigen Steuerbilanz, WPg 24. Jg. (1971),
S. 320-327.

(Diskussion)

Zur Diskussion über die Einführung einer eigenständigen
Steuerbilanz, WPg 25. Jg.
(1972), S. 493-498.

Gebhardt

(Bilanzsteuerrecht)

Nachdenkliches zum Bilanzsteuerrecht, DStZ 19. Jg.
(1940), S. 509-513.

Geese, Wieland

(Steuern)

Steuern im entscheidungsorientierten Rechnungswesen. Zur Zurechenbarkeit von Steuern in der
Deckungsbeitragsrechnung, in:
Deckungsbeitragsrechnung und Unternehmungsführung, hrsg. v.
Paul Riebel, Bd. 2, Opladen
1972.

Geibel, Johannes

(Kapazität)

Die Kosten der ungenutzten
Kapazität in der traditionellen
Theorie und in der linearen
Programmierung, Diss. rer. pol.,
Köln 1963.

(Leerkosten)

Die bilanzielle Behandlung von
Leerkosten in kostentheoretischer
Sicht, ZfB 35. Jg. (1965), S.
237-247.

Gergely, J.

(Kosten)

Berücksichtigung der Kosten der
nichtgenutzten Kapazität bei der
Ermittlung der steuerlichen Herstellungskosten, KRP 3/1967, S.
113, Fachgruppe 3.

Gischler, Ekkehard   (Einkommen)

                          Das Einkommen als Ausdruck der
                          steuerlichen Leistungsfähig-
                          keit, Diss. rer. pol., Köln
                          1955.

Glöckner, Peter-Hein-   (Finden)
rich
                          Das Finden von Begriffen. Eine
                          erkenntniskritisch-logische Un-
                          tersuchung unter besonderer
                          Berücksichtigung der Wirtschafts-
                          wissenschaften, in: Betriebswirt-
                          schaftliche Abhandlungen, begrün-
                          det con W. le Coutre, F. Find-
                          eisen, W. Kalveram, R. Seyffert,
                          H. Sommerfeld, W. Auler, Neue
                          Folge, Bd. 5, Stuttgart 1963.

Göppl, Hermann   (Kosteneinflußgrößen)

                          Die Kosteneinflußgrößen Be-
                          schäftigungsgrad und Betriebs-
                          größe. Zusammenhänge, kosten-
                          theoretische Aussagefähigkeit
                          beider Begriffe und Auflösung
                          derselben in ein System von An-
                          passungsprozessen, Diss. rer.
                          pol., Köln 1963.

                          (Rechnungslegung)

                          Die Gestaltung der Rechnungs-
                          legung von Aktiengesellschaf-
                          ten unter Berücksichtigung der
                          neuen bilanztheoretischen Dis-
                          kussion, WPg 20. Jg. (1967),
                          S. 565-574.

Götzen, Gerhard   (Behandlung)

                          Die Behandlung von realisierten
                          und unrealisierten Gewinnen und
                          Verlusten in der Bilanz und die
                          sich hierbei ergebende Problema-
                          tik unter besonderer Berücksich-
                          tigung der Höhe und des Zeit-
                          punktes des Ausweises, Diss. rer.
                          pol., Frankfurt a. M. 1963.

Grass   s. Hartmann/Böttcher/Grass

Grieger, Rudolf   (Fertigungsgemeinkosten)

Umfang der aktivierungspflich-
tigen Fertigungsgemeinkosten,
BB 21. Jg. (1966), S. 619-620.

Grießmer, Albert   (Herstellungswert)

Herstellungswert im Einkommensteuerrecht, Steuer-Warte 7. Jg.
(1938), S. 433-434.

(Erwiderung)

Erwiderung, Steuer-Warte 7. Jg.
(1938), S. 699-700.

Grochla, Erwin   (Kalkulation)

Die Kalkulation von öffentlichen Aufträgen. Eine Anleitung
nach den Bestimmungen der VPöA
und LSP, Berlin 1954.

(Materialwirtschaft)

Materialwirtschaft, in:
Die Wirtschaftswissenschaften,
hrsg. v. E. Gutenberg, Wiesbaden 1958.

(Kostenrechnungsvorschriften)

Kostenrechnungsvorschriften,
-richtlinien und -regeln, HdB
Bd. II, Sp. 3448-3460.

Groh, Manfred   (Verrechnung)

Die Verrechnung und Bilanzierung
von industriellen Forschungs-
und Entwicklungskosten, Diss.
jur., Bonn 1960.

Großmann, H.   (Wertkategorien)

Steuerliche Wertkategorien,
Sonderdruck aus: Vierteljahresschrift für Steuer- u. Finanzrecht, hrsg. v. Max Lion unter
Mitwirkung von Enno Becker, Herbert Dorn, Albert Hensel, Johannes Popiz, Heft IV, 1929, S.
625-677.

Grund, Walter   (Gegenwartsfragen)

Steuerpolitische und steuerrechtliche Gegenwartsfragen,
StbJb 1966/67, S. 19-73.

Grünewald, Horst   (Beschäftigungseinfluß)

                          Der Beschäftigungseinfluß auf
                          die Kostenhöhe, Diss. rer. pol.,
                          Frankfurt a. M. 1941.

Güldenagel, Joachim   (Bilanzierung)

                          Die Bilanzierung der Vorräte
                          mit unter den Anschaffungs- oder
                          Herstellungskosten liegenden
                          Werten, Diss. rer. pol., Köln
                          1964.

Gümbel, Rudolf   (Leerkosten)

                          Die Bedeutung der Leerkosten
                          für die Kostentheorie, ZfbF
                          16. Jg. (1964), S. 65-81.

Günther, Roland   (Prinzipien)

                          Prinzipien des Transport- und
                          Lagerwesens im Industriebetrieb
                          unter besonderer Berücksichti-
                          gung der Fertigungssysteme.
                          Diss. rer. pol., Erlangen/
                          Nürnberg 1968.

Gutachten   (Gutachten 1967)

                          Gutachten zur Reform der direkten
                          Steuern (Einkommensteuer, Kör-
                          perschaftsteuer, Vermögensteuer
                          und Erbschaftsteuer) in der Bun-
                          desrepublik Deutschland, erstat-
                          tet vom Wissenschaftlichen Beirat
                          beim Bundesministerium der Finan-
                          zen, Bad Godesberg, 11. 2. 1967;
                          in: Schriftenreihe des Bundesmi-
                          nisteriums der Finanzen, H. 9.

Gutachten   (Gutachten 1971)

                          Gutachten der Steuerreformkom-
                          mission 1971, in: Schriftenreihe
                          des Bundesministeriums der Finan-
                          zen Heft 17, 1. Aufl., Bonn 1971.

Gutenberg, Erich   (Betriebsgröße)

                          Betriebsgröße, HdB Bd. I, Sp.
                          800-806.

                          (Sortenproblem)

                          Sortenproblem und Losgröße,
                          HdB Bd. III, Sp. 4897-4906.

Gutenberg, Erich   (Kostenkurven)

Über den Verlauf von Kostenkurven und seine Begründung, ZfhF 5. Jg. (1953), S. 1-35.

(Struktur)

Die Struktur der Bilanzwerte, ZfB 3. Jg. (1926), S. 497-511, 598-614.

(Betriebswirtschaftslehre)

Betriebswirtschaftslehre als Wissenschaft, Kölner Universitätsreden 18, Krefeld 1961.

(Bilanztheorie)

Bilanztheorie und Bilanzrecht, ZfB 35. Jg. (1965), S. 13-20.

(Produktion)

Grundlagen der Betriebswirtschaftslehre, Erster Band: Die Produktion, 19. Aufl., Berlin/Heidelberg/New York 1972.

(Absatz)

Zweiter Band: Der Absatz, 14. Aufl., Berlin/Heidelberg/New York 1973.

Haas, Gerhard   (Kosten)

Beitrag zur Gestaltung der Kosten in Theorie, Rechnung und Wirklichkeit, Diss. rer. pol., Mannheim 1950.

Haase, Klaus Dittmar   s. Sieben, Günter

Haasis, Claudius   (Materialgemeinkosten)

Die Zurechnung der Materialgemeinkosten auf Kostenträger, KRP 3/61, Fachgruppe 2, S. 117-124.

Haberbeck, Hans-Rudolf   (Gemeinkosten)

Ermittlung der Gemeinkosten als Funktion einer oder mehrerer Variablen, KRP 1/1970, Fachgruppe 0, S. 17-24.

Hahn, D.   (Kostenrechnung)

                           Direct Costing und die Aufgaben
                           der Kostenrechnung, NB
                           17. Jg. (1964),S. 221-223,
                           18. Jg. (1965),S. 8-13.

Hall, Rüdiger   (Rechnen)

                           Das Rechnen mit Einflußgrößen
                           im Stahlwerk, in: Beiträge zur
                           betriebswirtschaftlichen For-
                           schung, hrsg. v. E. Gutenberg,
                           W. Hasenack, K. Hax, E. Schäfer,
                           Bd. 5, Köln und Opladen 1959.

Haller, Heinz   (Steuern)

                           Die Steuern, Grundlinien eines
                           rationalen Systems öffentlicher
                           Abgaben, Tübingen 1964.

                           (Finanzpolitik)

                           Finanzpolitik. Grundlagen und
                           Hauptprobleme, in: Hand- und
                           Lehrbücher aus dem Gebiet der
                           Sozialwissenschaften, hrsg. v.
                           E. Salin und G. Schmölders,
                           5. Aufl., Tübingen 1972.

Händle, Norbert   (Kosteneinflußgrössen)

                           Die Kosteneinflußgrössen in
                           der grobkeramischen Industrie,
                           Diss. rer. pol., Erlangen/
                           Nürnberg 1968.

Hansen, Palle   (Profit)

                           The Accounting Concept of Profit.
                           An Analysis and Evaluation in
                           the Light of the Economic Theory
                           of Income and Capital,
                           Amsterdam 1962.

Happel, Hans Walter   (Kostendegressionen)

                           Kostendegressionen durch ver-
                           besserte Ausnutzung, dargestellt
                           am Beispiel der Papierindustrie,
                           Diss. rer. pol., Köln 1964.

Harder, Ulrich   (Bilanzpolitik)

                                  Bilanzpolitik. Wesen und Metho-
                                  den der taktischen Beeinflussung
                                  von handels- und steuerrechtli-
                                  chen Jahresabschlüssen. Wiesba-
                                  den 1962.

Harrmann, Alfred   (Bewertung)

                                  Zur Bewertung der Halb- und
                                  Fertigfabrikate in der Bilanz,
                                  BFuP 14. Jg. (1962), S. 32-42.

                                  (Deckungsbeitragsrechnung)

                                  Zur Theorie und Praxis der
                                  Teilkosten- bzw. Deckungsbei-
                                  tragsrechnung, DB 18. Jg. (1965),
                                  S. 1017-1020, 1058-1060.

                                  (Stillegung)

                                  Die Stillegung als betriebswirt-
                                  schaftsliches Problem, NB 21.
                                  Jg. (1963), H. 4 S. 21-26.

Hartkopf, H.   (Bewertung)

                                  Die Bewertung der Halb- und
                                  Fertigfabrikate in der Einkom-
                                  mensteuerbilanz, ZfhF 27. Jg.
                                  (1933), S. 446-457.

                                  (Unkostenzuschläge)

                                  Die angemessenen Unkostenzuschläge
                                  auf Halb- und Fertigfabrikate,
                                  Kongress-Archiv 1936 des Deut-
                                  schen Prüfungs- und Treuhandwesens,
                                  Berlin 1937, S. 189-196.

Hartmann, Fritz-Georg (Bewertungslehre)

                                  Entscheidungstheoretischer Bei-
                                  trag zur Bewertungslehre unter be-
                                  sonderer Berücksichtigung der
                                  Variantenrechnung, Diss. rer. pol.,
                                  St. Gallen 1970.

Hartmann/Böttcher/   (Großkommentar)
Grass
                                  Großkommentar zur Einkommensteuer,
                                  Stuttgart ab 1955, Loseblatt-Werk,
                                  Stand: April 1973, 35. Lfg..

Hartz, Wilhelm   (Rechtssicherheit)
                          Mehr Rechtssicherheit im Steuer-
                          recht. Ziele - Wege - Grenzen,
                          StbJb 1965/66, S. 75-133.

Hatheyer, Ernst   (Kosten)
                          Vom Wesen der Kosten. Ein Bei-
                          trag zur betriebswirtschaftli-
                          chen Kostentheorie, in: Be-
                          triebswirtschaft. Eine Schrif-
                          tenreihe, hrsg. v. Julius Zieg-
                          ler, Berlin 1931.

Haver   (Aktivierung)
                          Steuerliche Aktivierung von
                          betrieblichen Versuchs- und
                          Entwicklungskosten?, BB 9. Jg.
                          (1954), S. 653-655.

                          (Behandlung)
                          Die steuerliche Behandlung
                          von Forschungs- und Entwick-
                          lungskosten, BB 14. Jg. (1959),
                          S. 125-127.

Hax, Herbert   (Preisuntergrenzen)
                          Preisuntergrenzen im Ein- und
                          Mehrproduktbetrieb. Ein Anwen-
                          dungsfall der linearen Pla-
                          nungsrechnung, ZfhF 13. Jg.
                          (1961), S. 424-449.

                          (Bilanzgewinn)
                          Der Bilanzgewinn als Erfolgsmaß-
                          stab, ZfB 34. Jg. (1964), S.
                          642-651.

                          (Kommunikation)
                          Kommunikation, HdO, Sp. 825-
                          831.

Hax, Karl   (Bilanztheorien)
                          Bilanztheorien, allgemein,
                          HdR, Sp. 238-248.

                          (Industriebetrieb)
                          Industriebetrieb, HDSW, Bd. 5,
                          Göttingen 1956, S. 243-257.

Hax, Karl

(Gewinnbegriff)

Der Gewinnbegriff in der Betriebswirtschaftslehre, Leipzig 1926.

(Gewinnvorstellungen)

Wandlungen der Gewinnvorstellungen, in: Gestaltwandel der Unternehmung, Nürnberger Hochschulwoche, Nürnberger Abhandlungen zu den Wirtschafts- und Sozialwissenschaften, hrsg. v. H. Proesler, H. 4, Berlin 1954, S. 207-222.

(Sozialpolitik)

Betriebliche Sozialpolitik als Teilbereich der Unternehmungspolitik, ZfhF 7. Jg. (1955), S. 1-21.

(Substanzerhaltung)

Die Substanzerhaltung der Betriebe, Köln und Opladen 1957.

Heber, Arthur/
Nowak, Paul

(Betriebstyp)

Betriebstyp und Abrechnungstechnik in der Industrie. Ein Beitrag zur Branchenerforschung, in: Festschrift für Eugen Schmalenbach, Leipzig 1933, S. 141-172.

Heine, Peter

(Costing)

Direct Costing - eine anglo-amerikanische Teilkostenrechnung, ZfhF 11. Jg. (1959), S. 515-534.

Heinen, Edmund

(Beschäftigungsgrad)

Kosten und Beschäftigungsgrad, HdB Bd. II, Sp. 3383-3400.

(Kostenanalyse)

Kostenanalyse und Kostenspaltung, HdB Bd. II, Sp. 3400-3410.

Heinen, Edmund   (Kosten)

Die Kosten. Ihr Begriff und ihr
Wesen. Eine entwicklungsge-
schichtliche Betrachtung, in:
Schriften der Universität des
Saarlandes, Saarbrücken 1956.

(Zuschlagskalkulation)

Reformbedürftige Zuschlagskalkulation, ZfhF 10. Jg. (1958),
S. 1-27.

(Konzentration)

Konzentration und Kosten, in:
Die Konzentration in der Wirtschaft, hrsg. v. Helmut Arndt,
Bd. 3: Wirkungen und Probleme
der Konzentration, Schriften
des Vereins für Socialpolitik,
Bd. 20/III, Berlin 1960, S.
1633-1659.

(Kostenremanenz)

Zur Problem der Kostenremanenz,
ZfB 36. Jg. (1966), S. 1-18.

(Wissenschaftsprogramm)

Zum Wissenschaftsprogramm der
entscheidungsorientierten Betriebswirtschaftslehre, ZfB
39. Jg. (1969), S. 207-220.

(Grundlagen)

Betriebswirtschaftliche Kostenlehre, Bd. I: Grundlagen,
1. Auflage, Wiesbaden 1959.

(Kostenlehre)

Betriebswirtschaftliche Kostenlehre, Kostentheorie und Kosten-
entscheidungen, 3. Aufl., Wiesbaden 1970.

(Ansatz)

Der entscheidungsorientierte Ansatz
der Betriebswirtschaftslehre, in:
Wissenschaftsprogramm und Ausbil-
dungsziele der Betriebswirtschaftslehre, Tagungsberichte des Verbandes der Hochschullehrer für Betriebswirtschaft e. V., Bd. I, Be-

richt von der wissenschaftlichen
Tagung in St. Gallen vom 2. -
5. 6. 1971, hrsg. v. Gert v.
Kortzfleisch, Berlin 1971, S.
21-37.

(Zielsystem)

Grundlagen betriebswirtschaftlicher Entscheidungen, in: Die Betriebswirtschaft in Forschung
und Praxis, Schriftenreihe, hrsg.
v. Edmund Heinen, Bd. 1, 2. Auflage, Wiesbaden 1971.

(Einführung)

Einführung in die Betriebswirtschaftslehre, 4. Aufl., Wiesbaden 1972.

(Handelsbilanzen)

Handelsbilanzen, 6. Aufl.,
Wiesbaden 1972.

(Industriebetriebslehre)

Industriebetriebslehre, Entscheidungen im Industriebetrieb, Wiesbaden 1972.

Heissmann, Ernst   (Kostencharakter)

Zum Kostencharakter der Aufwendungen für die betriebliche Altersversorgung, DB 10. Jg. (1957),
S. 1077-1078.

Held, Georg   (Kostenbegriff)

Traditioneller oder pagatorischer
Kostenbegriff, ZfB 29. Jg. (1959),
S. 170-178.

Helpenstein, Franz   (Erfolgsbilanz)

Wirtschaftliche und steuerliche
Erfolgsbilanz, Berlin 1932.

Hendricks, Claus   (Einfluß)

Einfluß relevanter Leistungskompo-
nenten auf die Verarbeitungskosten
einer Feinstraßenadjustage unter
besonderer Berücksichtigung der
Losgröße, Diss. ing., TH Aachen,
1970.

Hennig, K. W.   (Betriebswirtschaftslehre)

Betriebswirtschaftslehre der
industriellen Erzeugung, in:
Die Wirtschaftswissenschaften,
4. Aufl., Wiesbaden 1963.

Hensel, Albert   (Bindungen)

Verfassungsrechtliche Bindungen des Steuergesetzgebers.
Besteuerung nach der Leistungsfähigkeit - Gleichheit vor dem
Gesetz, Vierteljahresschrift
für Steuer- und Finanzrecht
4. Jg. (1930), S. 441-493.

Henze, Burghard   (Leistungserstellungsprogramm)

Problematik empirischer Untersuchungen von Kostenabhängigkeiten beim Leistungserstellungsprogramm, Diss. rer. pol.,
Karlsruhe 1968.

Henzel,   (Erfassung)
F(riedrich)/Fritz
Erfassung und Verrechnung der
Gemeinkosten in der Unterneh-
mung, in: Betriebs- und finanz-
wirtschaftliche Forschungen,
hrsg. v. F. Schmidt, II. Serie,
Heft 51, Berlin/Wien 1931.

(Bilanzierung)

Bilanzierung von selbsthergestellten Halb- und Fertigfabrikaten mit oder ohne Gemeinkosten?, ZfB 8. Jg. (1931), S.
401-410.

(Betrachtung)

Die Produktions- und Kostentheorie in kritischer Betrachtung,
ZfbF 19. Jg. (1967), S. 313-328.

(Kosten)

Kosten und Leistung, 4. Aufl.,
Essen 1967.

(Kostenschlüsselung)

Kostenschlüsselung, HdB, 2. Bd.,
Sp. 3465-3476.

Henzel,
F(riedrich)/Fritz

(Vollkostenrechnung)

Vollkostenrechnung mit gesonderten Fixkostenbeiträgen, ZfB
37. Jg. (1967), S. 485-502.

(Vollkostenrechnung)

Vollkostenrechnung mit gesonderten Fixkostenbeiträgen, ZfB
38. Jg. (1968), S. 121-125.

Herrmann, Renate

(Niederschlag)

Der Niederschlag der dynamischen
Bilanzauffassung Schmalenbachs
im Handels- und Steuerbilanz-
recht, Diss. rer. pol., Würzburg
1969.

Herrmann/Heuer

(Kommentar)

Kommentar zur Einkommensteuer
und Körperschaftsteuer einschl.
Nebengesetze, 15. Aufl., Köln/
Marienburg 1950/72.

Herterich, Klaus
Walter

(Erzeugniskostenrechnung)

Funktionale Erzeugniskostenrechnung, KRP 5/1970, Fachgruppe
3, S. 193-204.

Herzig, Norbert

(Herstellungskosten)

Zum Begriff der Herstellungskosten. Kann der betriebswirt-
schaftl. Herstellkostenbegriff
die Grundlage der steuerlichen
Herstellungskosten bilden?, BB
25. Jg. (1970), S. 116-120.

Heß, Otto

s. Fischer, Johannes

Heuer

s. Herrmann

Hilgert, Siegfried

(Problematik)

Die Problematik der Lehre von
den notwendigen und den nicht-
notwendigen Kosten - Kritik und
Ergänzung -, Diss. rer. pol.,
Köln 1959.

Höffken, Ernst

s. Cordes, Walter

Hoffmann, Alexander   (Gewinn)

Der Gewinn der kaufmännischen Unternehmung, Leipzig 1929.

Hoffmeister, Johannes   (Wörterbuch)

Wörterbuch der philosophischen Begriffe, 2. Aufl., Hamburg 1955.

Hofmann, Friedrich   (Gewerbeertragsteuer)

In welchem Ausmaß ist die Gewerbeertragsteuer den Fertigungsgemeinkosten zuzuordnen?, WPg 5. Jg. (1952), S. 474-477.

Hohmann, Werner   (Erfassung)

Die Erfassung des freiwilligen Sozialaufwandes, DB 4. Jg. (1951), S. 922-923.

Holzer, Hans   (Axiomatik)

Zur Axiomatik der Buchführungs- und Bilanztheorie. Versuch einer Theorie der Buchführungs- und Bilanztheorien, Stuttgart 1936.

Hopfner, Helmut   (Wertproblem)

Das Wertproblem im Jahresabschluß, Diss. rer. pol., München 1959.

Horch, Gerd   (Teilwert)

Zum Begriff des Teilwerts, Diss. rer. pol., Bern 1970.

Horn, Heinrich   (Fertigungsgemeinkosten)

Fertigungsgemeinkosten und Herstellkosten, Der praktische Betriebswirt, 21. Jg. (1941), S. 484-499.

Horrmann, Hermann   (Betriebstypen)

Die Bildung von Betriebstypen der Industrie, Diss. rer. pol., Nürnberg 1953.

Hörstmann, Franz   (Herstellkostenbegriff)

Der Herstellkostenbegriff im
Wandel des unternehmerischen
Kostendenkens und der steuerrechtlichen Beurteilung, StbJb
1968/69, S. 395-428.

Huch, Burkhard   (Kostenrechnung)

Einführung in die Kostenrechnung, Würzburg/Wien 1971.

(Gewinn)

Zum Gewinn als Steuerbemes-
sungsgrundlage bei der Erhaltung
der entwicklungsadäquaten Er-
tragskraft wachsender Unternehmen, ZfB 42. Jg. (1972), S. 237-
248.

(Kalkulation)

Die Kalkulation zu Vollkosten im
System der Teilkostenrechnung,
DB 26. Jg. (1973), S. 781-782.

Hudelmaier, Gerhard   (Kalkulation)

Zur Kalkulation von Kuppelpro-
dukten in der Fleischwarenindu-
strie mit Hilfe der linearen
Programmierung, Diss. rer. pol.,
Mannheim 1968.

Hummel, Siegfried   (Zurechnungsakrobatik)

Zurechnungsakrobatik. Die Beziehungen zwischen Rechnungszweck
und Kostenzurechnung, KRP 2/
1968, Fachgruppe 1, S. 59-64.

(Lagerbestandsveränderungen)

Die Auswirkungen von Lagerbe-
standsveränderungen auf den
Periodenerfolg - Ein Vergleich
der Erfolgskonzeptionen von
Vollkostenrechnung und Direct
Costing, ZfbF 21. Jg. (1969),
S. 155-180.

Hummel, Siegfried   (Kostenerfassung)

Wirklichkeitsnahe Kostenerfassung.
Neue Erkenntnisse für eine eindeutige Kostenermittlung, in:
Grundlagen und Praxis der Betriebswirtschaft, Bd. 20, Berlin
1970.

Hüning, Hans   (Behandlung)

Die steuerliche Behandlung von
Forschungs- und Entwicklungskosten, Diss. rer. pol., Köln 1956.

Hürlimann, W.   (Genauigkeit)

Die Genauigkeit in der Kostenrechnung, Die Unternehmung 9.
Jg. (1955), S. 46-49.

Husemann, Karl-Heinz   (Grundsätze)

Grundsätze ordnungsmäßiger Bilanzierung für Anlagegegenstände,
in: Beiträge zu den Grundsätzen
ordnungsmäßiger Bilanzierung,
Schriften der Schmalenbach-Gesellschaft, Bd. 1, Düsseldorf
1970.

Huth, Helmut   (Diskussionsbeitrag)

Diskussionsbeitrag, ZfbF 18.
Jg. (1966), S. 579-587.

Iffländer, Horst   (Vertriebskosten)

Vertriebskosten - ihre Erfassung
und Zurechnung in der Industrie,
Diss. rer. pol., TU Berlin 1962.

Institut "Finanzen   (Bilanzierungswahlrechte)
und Steuern" e. V.
                         Bilanzierungswahlrechte - Maß-
geblichkeit handelsrechtlicher
Wahlmöglichen für die steuerrechtliche Gewinnermittlung,
Heft 98, Bonn 1971.

Jacob, Herbert   (Bewertungsproblem)

Das Bewertungsproblem in den
Steuerbilanzen, Wiesbaden 1961.

Jacob, Herbert   (Teilwertabschreibung)

                         Teilwertabschreibung oder Verlust-
                         ausgleich?, WPg 23. Jg. (1970),
                         S. 61-68.

Jacobi, Bruno   (Herstellungskosten)

                         Die Bestimmung der steuerlichen
                         Herstellungskosten unter Berück-
                         sichtigung der Erkenntnisse der
                         betriebswirtschaftlichen Kosten-
                         lehre, FR 25. Jg. (1970), S.
                         204-210.

Jacobs, Otto H.   (Grundlage)

                         Die Produktions- und Kostentheo-
                         rie als theoretische Grundlage der
                         industriellen Kostenrechnung unter
                         Berücksichtigung der unternehmeri-
                         schen Zielvorstellung, Diss. rer.
                         pol., TH Aachen 1966.

                         (Kostenrechnung)

                         Aussagemöglichkeiten und Grenzen
                         der industriellen Kostenrechnung
                         aus kostentheoretischer Sicht,
                         in: Forschungsberichte des Landes
                         Nordrhein-Westfalen, Nr. 1921,
                         hrsg. i. A. des Ministerpräsiden-
                         ten Heinz Kühn von Leo Brandt,
                         Köln und Opladen 1968

                         (Bilanzierungsproblem)

                         Das Bilanzierungsproblem in der
                         Ertragsteuerbilanz. Ein Beitrag
                         zur steuerlichen Lehre vom Wirt-
                         schaftsgut, Stuttgart 1971.

                         (Gewinnermittlungsvorschriften)

                         Stellen die aktienrechtlichen
                         Gewinnermittlungsvorschriften
                         einen Verstoß gegen das Reali-
                         sationsprinzip dar? Eine kriti-
                         sche Stellungnahme zu einigen
                         diesbezüglichen Aussagen von
                         Dieter Schneider, WPg 25. Jg.
                         (1972), S. 173-178.

Jellen, Franz   (Fertigungsgemeinkosten)

Die steuerlichen Fertigungsgemeinkosten, Diss. rer. pol.,
Wien 1950.

Jonas, Friedr. Wilh.   (Erfassung)

Die Erfassung und Verteilung der
Kosten industrieller Hilfsbe-
triebe, Diss. rer. pol.,
Köln 1928.

Jonasch, Franz   (Herstellungskosten)

Die Herstellungskosten im Span-
nungsfeld des äußeren und inneren Verrechnungskreises, in:
Veröffentlichungen des Instituts
für Organisation und Revisionswesen an der Hochschule für
Welthandel Wien, hrsg. v. Leopold L. Illetschko Bd. 12,
Wien 1961.

(Kostenrechnung)

Kostenrechnung und Bilanzierung,
in: Empirische Betriebswirtschaftslehre, Festschrift z.
60. Geburtstag v. Leopold L.
Illetschko, hrsg. v. Erich
Loitlsberger, Wiesbaden 1963,
S. 65-75.

Käfer, Karl   (Proportionalisierung)

Möglichkeiten der Proportionalisierung fixer Kosten, ZfhF
10. Jg. (1958), S. 120-125.

(Standardkostenrechnung)

Standardkostenrechnung, 2. Aufl.,
Stuttgart 1964.

Kahsnitz, Dietmar   (Gewinnkonzepte)

Ökonomische Gewinnkonzepte und
Besteuerung, Diss. rer. pol.,
Frankfurt a. M. 1970.

Kalischer, H. E.   (Bewertung)

Die Bewertung von Warenvorräten
in der Einkommensteuerbilanz,
ZfhF 24. Jg. (1930), S. 265-286.

Kalveram, Wilhelm   (Rechnungswesen)

Industrielles Rechnungswesen - Doppelte Buchhaltung und Kontenrahmen - Betriebsabrechnung - Kostenrechnung, 5. Aufl., Wiesbaden 1964.

(Industriebetriebslehre)

Industriebetriebslehre, 7. Aufl., Wiesbaden 1972.

Keller, Helmut   (Vertriebskosten)

Die Aktivierung von Vertriebskosten im Jahresabschluß, Diss. rer. pol., Mainz 1969.

Kempe, Gerhart   (Herstellungskosten)

Die Herstellungskosten in der Steuerbilanz unter besonderer Berücksichtigung der kostendynamischen Zusammenhänge und ihrer Beziehung zu den Grundsätzen ordnungsmäßiger Buchführung, Diss. rer. pol., Leipzig 1941.

Kemper, Norbert   (Bilanztheorien)

Interpretation der Bilanztheorien, Diss. rer. pol., Köln 1961.

Kern, Werner   (Fertigungskapazitäten)

Die Messung industrieller Fertigungskapazitäten und ihre Ausnutzung, Grundlagen und Verfahren, in: Beiträge zur betriebswirtschaftlichen Forschung, hrsg. v. E. Gutenberg, W. Hasenack, K. Hax und E. Schäfer, Bd. 15, Köln und Opladen 1962.

(Industriebetriebslehre)

Industriebetriebslehre. Grundlagen einer Lehre von der Erzeugungswirtschaft, Stuttgart 1970.

Keßler, Klaus A.   (Kosten)

Die Kosten des innerbetrieblichen Transports, Diss. rer. pol., Köln 1970.

Kießling, Gerhard   (Genauigkeit)

Das Problem der Genauigkeit in
der Gemeinkostenrechnung,
Diss. rer. oec., Leipzig 1938.

Kilger, Wolfgang   (Abweichungen)

Die Verteilung der Abweichungen
auf die Kostenträger innerhalb
der Plankostenrechnung, ZfB
22. Jg. (1952), S. 503-513.

(Grundlage)

Die Produktions- und Kostentheorie als theoretische Grundlage
der Kostenrechnung, ZfhF 10.
Jg. (1958), S. 553-564.

(Kostentheorie)

Produktions- und Kostentheorie,
in: Die Wirtschaftswissenschaften,
hrsg. v. Erich Gutenberg, Wiesbaden 1958.

(Erfolgsrechnung)

Kurzfristige Erfolgsrechnung,
in: Die Wirtschaftswissenschaften,
hrsg. v. E. Gutenberg, Wiesbaden
1962.

(Verrechnung)

Die Verrechnung von Material-,
Verwaltungs- und Vertriebsge-
meinkosten in Kalkulationen zur
Bestimmung von Selbstkostenprei-
sen für Aufträge mit atypischer
Kostenstruktur, ZfB 39. Jg. (1969),
S. 475-496.

(Plankostenrechnung)

Flexible Plankostenrechnung,
Theorie und Praxis der Grenz-
plankostenrechnung und Deckungsbeitragsrechnung, in: Veröffentlichungen der Schmalenbach-Gesellschaft, Bd. 31, 4. Aufl., Köln und
Opladen 1970.

Kittel, Horst   (Kapazität)

Maßstab zur Messung der Kapazität
und Belastung bei der Mehrproduktfertigung großer Fertigungs-
tiefe und -breite, KRP 4/1967,
Fachgruppe 4, S. 159-168.

Klein   (Anschaffungskosten)

Anschaffungskosten, in: Handbuch
des Bilanzsteuerrechts, hrsg. v.
Arnulf Gnam, Nr. 11, S. 1-12
(9. Erg.-Lfg. 1969), Stand 1973,
Freiburg i. Br. 1960.

(Herstellungskosten)

Herstellungskosten, in: Handbuch
des Bilanzsteuerrechts, hrsg. v.
Arnulf Gnam, F. 72 S. 1-12
(6. ERg. Lfg. 1966), Stand 1973,
Freiburg i. Br. 1960.

Klein, Franz   (Gleichheitssatz)

Gleichheitssatz und Steuerrecht.
Eine Studie über Gleichheit und
Gerechtigkeit der Besteuerung im
System des Grundgesetzes, Köln/
Marienburg 1966.

(Verfassungsprinzipien)

Die allgemeinen Verfassungsprin-
zipien des Grundgesetzes und das
Steuerrecht, WPg 20. Jg. (1967),
S. 549-552.

Klein, Hans   (Bewertung)

Die Bewertung des Vorratsvermögens im Handels- und Steuerrecht,
Diss. rer. pol., München 1956.

Klein, Werner   (Scheingewinne)

Die Eliminierung von Scheingewin-
nen im Bereich des Vorratsvermögens, vornehmlich bei Massengü-
tern, DB 25. Jg. (1972), S. 2169-
2175, 2217-2222.

Klinger, Karl   (Herstellungskosten)

                       Herstellungskosten und Korrektur
                       der Betriebsabrechnung, DB 19. Jg.
                       (1959), S.1350-1352.

                       (Bilanzierung)

                       Zur Bilanzierung selbsterstell-
                       ter Anlagen, NB 13. Jg. (1960),
                       S. 165-168.

Kloidt, Heinrich   (Verfahren)

                       Das rechnerische Verfahren der
                       Kalkulation in Industriebetrie-
                       ben, in: Taschenbuch für den Be-
                       triebswirt, Berlin/Stuttgart
                       1954, S. 380-422.

                       (Kalkulationslehre)

                       Kalkulationslehre, Eine Einführung
                       in das Kalkulationswesen in Handel
                       und Industrie, Wiesbaden 1963.

Kloock, Josef   (Input-Output-Modelle)

                       Betriebswirtschaftliche Input-
                       Output-Modelle. Ein Beitrag zur
                       Produktionstheorie, in: Betriebs-
                       wirtschaftliche Beiträge, Bd. 12,
                       hrsg. v. Hans Münstermann, Wies-
                       baden 1969.

Kluge, Volker   (Maßgeblichkeitsprinzip)

                       Das Maßgeblichkeitsprinzip,
                       Diss. rer. pol., FU Berlin 1969.

Knof, Edwin   (Herstellungskosten)

                       Herstellungskosten und Steuer-
                       bilanz (Besprechung des gleich-
                       namigen Buches von Otto Veiel),
                       StuW 19. Jg. (1940), Sp. 1015-
                       1020.

Knüpfer, Gerhard   (Formel)

                       Der Zusammenhang zwischen den
                       Kosten und der Formel Zeitgrad
                       x Lastgrad = Beschäftigungsgrad
                       des Betriebes (Kostenmanagement),
                       Diss. rer. pol., Erlangen/Nürn-
                       berg 1961.

Koch, Helmut   (Durchschnittskosten)

Die Ermittlung der Durchschnittskosten als Grundprinzip der Kostenrechnung, ZfhF 5. Jg. (1953), S.
303-327.

(Niederstwertprinzip)

Die Problematik des Niederstwert-
prinzips, WPg 10. Jg. (1957), S.
1-6, 31-35, 60-63.

(Diskussion)

Zur Diskussion über den Kostenbegriff, ZfhF 10. Jg. (1958), S.
355-399.

(Frage)

Zur Frage des pagatorischen Ko-
stenbegriffs, Bemerkungen zum
Beitrag von K. Engelmann: Einwen-
dungen gegen den pagatorischen
Kostenbegriff, ZfB 29. Jg. (1959),
S. 8-17.

(Teilwert)

Zur Problematik des Teilwerts,
ZfhF 12. Jg. (1960), S. 319-353.

(Stückkostenrechnung)

Das Prinzip der traditionellen
Stückkostenrechnung, ZfB 35. Jg.
(1965), S. 325-337.

(Gemeinkostenverteilungsschlüssel)

Zum Problem des Gemeinkostenver-
teilungsschlüssels, ZfbF 27. Jg.
(1965), S. 169-200.

(Grundprobleme)

Grundprobleme der Kostenrechnung,
Köln und Opladen 1966.

(Kontroverse)

Zur Kontroverse "wertmäßiger" -
"pagatorischer" Kostenbegriff,
in: Grundprobleme der Kostenrechnung, Köln und Opladen 1966, S.
48-62.

Koch, helmut   (Problem)

                        Zum Problem des Gemeinkostenver-
                        teilungsschlüssels, in: Grundproble-
                        me der Kostenrechnung, Köln und
                        Opladen, S. 63-95.

                        (Prinzip)

                        Das Prinzip der traditionellen
                        Stückkostenrechnung, in: Grund-
                        probleme der Kostenrechnung, S.
                        96-107, Köln und Opladen 1966.

                        (Leffson)

                        Besprechung von U. Leffson,
                        Die Grundsätze ordnungsmäßiger
                        Buchführung, ZfB 37. Jg. (1967),
                        S. 355-357.

                        (Handlungsanalyse)

                        Die betriebswirtschaftliche Theo-
                        rie als Handlungsanalyse, in:
                        Wissenschaftsprogramm und Aus-
                        bildungsziele der Betriebswirt-
                        schaftslehre, Tagungsberichte des
                        Verbandes der Hochschullehrer für
                        Betriebswirtschaft e. V., Bd. I,
                        Bericht von der wissenschaftlichen
                        Tagung in St. Gallen vom 2. - 5.
                        6. 1971, hrsg. v. Gert v. Kortz-
                        fleisch, Berlin 1971, S. 61-78.

Köhler, Richard   (Vollkosten-Trägerrechnung)

                        Die Prämissen der Vollkosten-
                        Trägerrechnung, NB 17. Jg. (1964),
                        S. 43-47.

                        (Systeme)

                        Theoretische System der Betriebs-
                        wirtschaftslehre im Lichte der
                        neueren Wissenschaftslogik, Stutt-
                        gart 1966.

Kolbe, Kurt   (Gemeinkosten)

                        Die Gemeinkosten bei der handels-
                        rechtlichen und steuerlichen Be-
                        wertung von Halbfertig- und Fertig-
                        erzeugnissen, WPg 7. Jg. (1954),
                        S. 265-270.

Kolbinger, Josef

(Leistungsidee)

Geschichte der Leistungsidee,
HdB Bd. III, Sp. 3777-3788.

(Korrelationen)

Leistungs- und kostentheoretische Korrelationen, in: Gegenwartsfragen der Unternehmung,
Festschrift für Fritz Henzel,
Wiesbaden 1961, S. 107-122.

Kollnig, Karl/
Weilbach, Erich A.

(Kalkulation)

Kalkulation und Steuer - Steuerlich zweckmäßig kalkuliert und
bilanziert -, in: Grundlagen
und Praxis des Steuerrechts,
Bd. 10, Berlin 1969.

Kolms, Heinz

(Finanzwissenschaft)

Finanzwissenschaft, öffentliche
Ausgaben, 1. Bd., 3. Aufl., Berlin
1965.

Kornagel, Karl

(Fixkostenproblem)

Das Fixkostenproblem in der Kalkulation. Deckungsbeitragsrechnung, Diss. rer. pol., Berlin
1962.

(Entwertungsursachen)

Entwertungsursachen und kalkulatorische Abschreibungen, BFuP 21.
Jg. (1969), S. 155-170.

Körner, Werner

(Steuerbilanz)

Die Zwecke der Steuerbilanz, StBp
6. Jg. (1966), Beilage zu Heft 3,
S. 1-8.

v. Kortzfleisch,
Gert

(Kostenquellenrechnung)

Kostenquellenrechnung in wachsenden Industrieunternehmen, ZfbF
16. Jg. (1964), S. 318-328.

Kosiol, Erich

(Divisionsrechnung)

Divisionsrechnung in der industriellen Kalkulation und Betriebsabrechnung, Frankfurt a. M.
1949.

Kosiol, Erich   (Betriebsbuchhaltung)

                         Kalkulatorische Buchhaltung
                         (Betriebsbuchhaltung) - Systema-
                         tische Darstellung der Betriebs-
                         abrechnung und der kurzfristigen
                         Erfolgsrechnung -, 5. Aufl.,
                         Wiesbaden 1953.

                         (Anlagenrechnung)

                         Anlagenrechnung, Theorie und
                         Praxis der Abschreibungen,
                         Wiesbaden 1955.

                         (Unternehmungsführung)

                         Das Rechnungswesen im Dienste
                         der Unternehmungsführung, in:
                         Aktuelle Fragen der Unterneh-
                         mung. Beiträge zur Betriebs-
                         wirtschaftslehre. Gedenkschrift
                         für Alfred Walther, hrsg. v.
                         Hans Ulrich und Fritz Trechsel,
                         Bern 1957, S. 61-77.

                         (Analyse)

                         Kritische Analyse der Wesensmerk-
                         male des Kostenbegriffes, in:
                         Betriebsökonomisierung durch Ko-
                         stenanalyse, Absatzrationalisie-
                         rung und Nachwuchserziehung.
                         Festschrift für Rudolf Seyffert
                         zu seinem 65. Geburtstag, hrsg.
                         v. Erich Kosiol und Friedrich
                         Schlieper, Köln und Opladen 1958,
                         S. 7-37.

                         (Erkenntnisgegenstand)

                         Erkenntnisgegenstand und methodo-
                         logischer Standort der Betriebs-
                         wirtschaftslehre, ZfB 31. Jg.
                         (1961), S. 129-136.

                         (Kostenrechnung)

                         Kostenrechnung, in: Die Wirtschafts-
                         wissenschaften, hrsg. v. E. Guten-
                         berg, Wiesbaden 1964.

                         (Rechnungswesen)

                         Rechnungswesen - Kostenrechnung und
                         Betriebsbuchhaltung, HdW Bd. 1 Be-
                         triebswirtschaft, S. 595-699.

Kosiol, Erich   (Buchhaltung)
                            Buchhaltung und Bilanz, 2. Auf-
                            lage, Berlin 1967.

                            (Kalkulation)
                            Kostenrechnung und Kalkulation,
                            2. Aufl., Berlin/New York 1972.

                            (Bilanztheorien)
                            Bilanztheorien, pagatorische,
                            HdR, Sp. 279-302.

Kreis, Heinrich   (Bestandsbewertung)
                            Der Einfluß der Bestandsbewertung
                            auf die Kosten- und Erfolgsrech-
                            nung in Eisenhüttenwerken, Archiv
                            für das Eisenhüttenwesen, 7. Jg.
                            (1933/34), S. 433-440.

Krömmelbein, Gerhard   (Leistungsverbundenheit)
                            Leistungsverbundenheit im Ver-
                            kehrsbetrieb, Frankfurter Wirt-
                            schafts- und Sozialwissenschaft-
                            liche Studien, Heft 17, Berlin
                            1967.

Kronenberg, Rudolf   (Bestandsveränderungen)
                            Bewertung der Bestandsveränderun-
                            gen der halbfertigen und fertigen
                            Erzeugnisse in Handels- und Steuer-
                            bilanz, DB 5. Jg. (1952), S. 913-
                            914.

Krüger, Gerhard   (Bewertung)
                            Die Bewertung beim Jahresabschluß
                            industrieller Unternehmungen, in:
                            Revisionswesen und Wirtschaftsprü-
                            fung, hrsg. v. Kurt Schmaltz, Bd.
                            IV, Stuttgart 1937.

Kruse, Hans-Gerhard   (Bilanzierung)
                            Die Bilanzierung von Halb- und Fer-
                            tigfabrikaten nach der Methode des
                            Direct Costing, Steuerliche Aner-
                            kennung in den USA im Vergleich zu
                            Deutschland, Wiesbaden 1967.

Kuhn, Klaus

(Einbeziehung)

Einbeziehung von Unterbeschäfti-
gungskosten in die Herstellungskosten, NB 20. Jg. (1967), S.
9-19.

(Bewertungslehre)

Stand und Aufgaben der betriebswirtschaftlichen Bewertungslehre
unter Berücksichtigung der
steuerlichen Wertkonventionen, BFuP
20. Jg. (1968), S. 1-23.

Kühn, Ulrich

(Bewertung)

Zur Frage der Bewertung von Halb-
und Fertigerzeugnissen, WPg 6.
Jg. (1953), S. 227-229.

(Kosten)

Ist die Theorie der fixen Kosten
überholt?, Eine Auseinandersetzung
mit der Lehre Erich Schneiders von
den notwendigen und den nicht-notwendigen Kosten, ZfhF 7. Jg. (1955),
S. 399-412.

Kühnemund, Klaus

(Kausalitätsprinzip)

Zur Diskussion des Kausalitäts-
prinzips im Rechnungswesen, BFuP
22. Jg. (1970), S. 237-243.

(Deckungsbeitragsrechnung)

Bikausale Deckungsbeitragsrechnung. Ein neues Konzept der Kostenrechnung - Auswirkungen auf
den Gewinnbegriff, die Abschrei-
bungs- und Investitionsrechnung
und andere Informations- und
Entscheidungsgrundlagen -,
Frankfurt a. M./Zürich 1971.

Kummer, Wolfgang

(Wahlrechte)

Steuerliche Wahlrechte, Diss.
rer. pol., FU Berlin 1966.

Kuntz, Walter

(Bewertung)

Die Bewertung der Waren in der
steuerlichen Erfolgsbilanz,
Diss. rer. pol., Köln 1936.

Kupfernagel, Ernst/   (Kostenrechnung)
Polaschewski,Edwin/
Reich, Manfred   Kostenrechnung der Industrie
                             - Grundriß -, 3. Aufl., Berlin
                             1969.

Kürpick, Heinrich   (Kosten)

                             Die Lehre von den fixen Kosten.
                             Eine literaturkritische Studie.
                             Köln und Opladen 1965.

                             (Kostenrechnung)

                             Die Auswertung der Kostenrech-
                             nung, in: Abhandlungen aus dem
                             Industrieseminar der Universität
                             zu Köln, hrsg. v. Theodor Beste,
                             Heft 23, Berlin 1966.

Kurz, Ingolf   (Fixkostentheorien)

                             Das Wesen der verschiedenen Fix-
                             kostentheorien und ihre Verwer-
                             tungsmöglichkeiten für die be-
                             triebliche Preispolitik, in:
                             Betriebswirtschaftliche Schrif-
                             ten, H. 28, Berlin 1969.

- L -   (Herstellungskosten)

                             Zur Erfassung der Herstellungs-
                             kosten, insbesondere von Her-
                             stellungsgemeinkosten, StBp
                             5. Jg. (1965), S. 315-319.

Langermann, Rudolf   (Bewertung)

                             Zur Bewertung von Fertigerzeug-
                             nissen bei Unterbeschäftigung,
                             DB 17. Jg. (1964), S. 1787-1789.

Laßmann, Gert   (Produktionsfunktion)

                             Die Produktionsfunktion und ihre
                             Bedeutung für die betriebswirt-
                             schaftliche Kostentheorie, Köln
                             und Opladen 1958.

Lausberg, Friedrich-   (Teilwertansätze)
Wilhelm
                             Unterschiedliche Teilwertansätze
                             in Steuergesetzgebung sowie in
                             Finanzrechtsprechung und ihre
                             steuersystematischen Konsequen-
                             zen, DB 25. Jg. (1972), S. 2176-
                             2183.

Lausberg, Friedrich-
Wilhelm

(Steuersystemkonzeption)

Zum Problem der Steuersystemkonzeption aus der Sicht der betriebswirtschaftlichen Steuerlehre, ZfB 42. Jg. (1972), S.
421-438.

Layer, Manfred

(Anwendbarkeit)

Möglichkeiten und Grenzen der
Anwendbarkeit der Deckungsbeitragsrechnung im Rechnungswesen der Unternehmung, in: Grundlagen und Praxis der Betriebswirtschaft, Bd. 10, Berlin 1967.

(Deckungsbeitragsrechnung)

Die Herstellkosten der Deckungsbeitragsrechnung und ihre Verwendbarkeit in Handelsbilanz und
Steuerbilanz für die Bewertung
unfertiger und fertiger Erzeugnisse, ZfbF 21. Jg. (1969), S.
131-154.

(Herstellkosten)

Herstellkosten in neuester Sicht,
DB 23. Jg. (1970), S. 988-992.

Leffson, Ulrich

(Aussagefähigkeit)

Wesen und Aussagefähigkeit des
Jahresabschlusses, ZfbF 18. Jg.
(1966), S. 375-390.

(Niederstwertvorschrift)

Die Niederstwertvorschrift des
§ 155 AktG, WPg 20. Jg. (1967),
S. 57-61.

(Grundsätze)

Die Grundsätze ordnungsmäßiger
Buchführung, 2. Aufl., Düsseldorf 1970.

Lehmann, M. R.

(Abhängigkeit)

Grundsätzliche Bemerkungen zur
Frage der Abhängigkeit der Kosten vom Beschäftigungsgrad,
Betriebswirtschaftliche Rundschau III. Jg. (1926), S. 145-155.

Lehmann, M. R.

(Leistung)

Die betriebliche Leistung und
ihre Beurteilung, in: Leistungs-
wirtschaft, Festschrift für
Fritz Schmidt, Berlin/Wien 1942,
S. 7 -25.

(Industriekalkulation)

Industriekalkulation, in:
Betriebswirtschaftliche Biblio-
thek, hrsg. v. Wilhelm Hasenack,
5. Aufl., Essen 1964.

Lenz

(Bedeutung)

Zur Bedeutung und zum steuerrechtlichen Begriff der Herstellungskosten, StBp 5. Jg. (1965),
S. 241-243.

Lenz, Walter

(Herstellungskosten)

Herstellungskosten in der Handels=
und Steuerbilanz. Neues Steuerrecht von A - Z, Nr. 9 (1965), S.
17-44, Stichwort "Herstellungskosten", Darstellung 1.

Liedtke, Helmut

(Aktivierung)

Aktivierung von Zinsen für
Fremdkapital in der Steuerbilanz,
BB 23. Jg. (1968), S. 746-747.

Linhardt, Hanns

(Kosten)

Kosten und Kostenlehre, in:
Aktuelle Betriebswirtschaft.
Festschrift zum 60. Geburtstag
von Konrad Mellerowicz, Berlin
1952, S. 124-140.

Lintzhöft, Helge

(Kosten)

Die Kosten für den Einsatz sach-
licher Potentialfaktoren, Diss.
rer. pol., Hamburg 1968.

Lion, Max

(Bilanzsteuerrecht)

Das Bilanzsteuerrecht. Eine grund-
legende Darstellung, 2. Aufl.,
Berlin 1923.

(Bilanz)

Die dynamische Bilanz und die
Grundlagen der Bilanzlehre,
ZfB 5. Jg. (1928), S. 481-506.

Lippmann, Klaus   (Erfolgsermittlung)

Der Beitrag des ökonomischen Gewinns zur Theorie und Praxis der Erfolgsermittlung, in: Schriftenreihe des Instituts für Revisionswesen der Westfälischen Wilhelms-Universität Münster, hrsg. v. Ulrich Leffson, Bd. 4.

Littmann, Eberhard   (Betriebsabrechnung)

Betriebsabrechnung und Selbstkostenrechnung in der steuerlichen Erfolgsbilanz, StuW 25. Jg. (1948), Sp. 779-860.

(Maßgeblichkeit)

Grundsatz der Maßgeblichkeit der Handelsbilanz für die Steuerbilanz am Scheideweg. Dargestellt an der Rückstellung wegen der Ausgleichsverpflichtung des Geschäftsherrn gegenüber dem Handelsvertreter nach § 89 b HGB, Inf. 24. Jg. (1970), S. 1-6.

(Leistungsfähigkeitsprinzip)

Ein Valet dem Leistungsfähigkeitsprinzip, in: Theorie und Praxis des finanzpolitischen Interventionismus, Festschrift für Fritz Neumark zum 70. Geburtstag, hrsg. v. H. Haller, L. Kullmer, C. S. Shoup, H. Timm, Tübingen 1970, S. 113-134.

(Einkommensteuerrecht)

Das Einkommensteuerrecht, Kommentar zum Einkommensteuergesetz, 10. Aufl., Stuttgart 1971.

Lohmann, Ernst   (Betrieb)

Betrieb und Unternehmung im Steuerrecht, in: Der Betrieb in der Unternehmung, Festschrift für Wilhelm Rieger zum 85. Geburtstag, Stuttgart 1963, S. 68-77.

Lonz, hans-Jörg   (Schwankungen)

Die Berücksichtigung von Schwankungen des Beschäftigungsgrades bei
der Bestimmung der Herstellungskosten von Wirtschaftsgütern des
Vorratsvermögens in der Steuerbilanz, Diss. rer. pol., FU Berlin
1969.

Lottes, Hanns   (Herstellungskosten)

Die Herstellungskosten in Handels-
und Steuerbilanz, BFuP 3. Jg.
(1951), S. 462-474, 529-550.

Lücke, Wolfgang   (Zinsen)

Die kalkulatorischen Zinsen im
betrieblichen Rechnungswesen,
ZfB 1965, Ergänzungsheft S. E 3 -
E 28.

                        (Kapazität)

Probleme der quantitativen Kapazität in der industriellen Erzeugung, ZfB 35. Jg. (1965), S.
354-369.

                        (Kostentheorie)

Produktions- und Kostentheorie,
Würzburg/Wien 1969.

Lutz, Günter   (Herstellungsaufwand)

Der "richtige" Herstellungsaufwand, Abschnitt 33 EStR in wirt-
schaftshistorischer Sicht - Ein
betriebswirtschaftlicher Beitrag
zur Steuerreform-Diskussion, DB
24. Jg. (1971), S. 253-256.

- Lz -   (Herstellungs-Einzelkosten)

Steuerliche Herstellungs-Einzelkosten und -Gemeinkosten, StBp
5. Jg. (1965), S. 156-157.

Maassen, Kurt   (Berechnung)

Zur Berechnung des Teilwertes von
Halb- und Fertigfabrikaten für
Zwecke der Einheitsbewertung, FR
18. Jg. (1963), S. 510-514, 527-530.

                        (Anmerkung)

Anmerkung, FR 21. Jg. (1966), S.
331-332.

Maassen, Kurt

(Trennung)

Trennung von Handelsbilanz und
Steuerbilanz? Eine kritische
Betrachtung zum System der
steuerlichen Gewinnermittlung,
FR 27. Jg. (1972), S. 145-150.

Männel, Wolfgang

(Vollkostenrechnung)

Kann die Vollkostenrechnung durch
den Ausweis "gesonderter Fix-
kostenbeiträge" gerettet werden?,
ZfB 37. Jg. (1967), S. 759-782.

(Deckungsbeitragsrechnung)

Deckungsbeitragsrechnung und
Bilanzierung. Vereinbarkeit der
Deckungsbeitragsrechnung mit den
handels- und steuerrechtlichen
Bewertungsvorschriften, BBK F.
21, S. 739-742.

Männel, Wolfgang

(Bestandsbewertungs-Vorschriften)

Stehen die handels- und steuer-
rechtlichen Bestandsbewertungs-
Vorschriften der Anwendung der
Deckungsbeitragsrechnung im Wege?,
RDO 15. Jg. (1969), S.172-175.

Maleri, Rudolf

(Dienstleistungsproduktion)

Grundzüge der Dienstleistungs-
produktion, in: Heidelberger
Taschenbücher Bd. 123, Berlin/
Heidelberg/New York 1973.

Mann, Gerhard

(Kostenrechnung)

Funktionen der industriellen
Kostenrechnung in der Zentralver-
waltungswirtschaft, ZfbF 17. Jg.
(1965), S. 597-607.

Marek, Othmar

(Plankostenrechnung)

Die industrielle Plankostenrechnung in typologischer Sicht,
Diss. rer. pol., Nürnberg 1969.

Marettek, Alexander   (Steuerbilanzpolitik)

Steuerbilanz- und Unternehmens-
politik, Freiburg i. Br. 1971.

Marotzke, Albert   (Fragen)

Aktuelle Fragen steuerlicher Bilanzierung - Kosten als Wertmaßstab -, StbJb 1959/60, S.
243-270.

Mattessich, Richard   (Accounting)

Accounting and Analytical
Methods. Measurement and Projec-
tion of Income and Wealth in the
Micro- und Macro-Exonomy, Home-
wood (Illinois) 1964.

(Grundlagen)

Die wissenschaftlichen Grundlagen
des Rechnungswesens. Eine analytische und erkenntniskritische
Darstellung doppischer Informationssysteme für Betriebs- und
Volkswirtschaft, in: Bochumer
Beiträge zur Unternehmungsführung
und Unternehmensforschung, hrsg.
v. H. Besters, W. Busse von Colbe,
G. Laßmann, W. Schubert, Bd. 4,
Düsseldorf 1970.

Matz, Adolph   (Kostenrechnung)

Zweck und Gestalt der Kostenrechnung, ZfB 23. Jg. (1953),
S. 681-688.

May, Erich   (Wirtschaftsgut)

Das Wirtschaftsgut. Kritische
Analyse der steuerlichen Lehre
vom Wirtschaftsgut aus betriebs-
wirtschaftlicher Sicht, in:
Schriftenreihe Besteuerung der
Unternehmung, hrsg. v. G. Rose,
Bd. II, Wiesbaden 1970.

Mayer jun., Leopold   (Kostenzurechnung)

Probleme der verursachungsgemäßen
Kostenzurechnung, in: Beiträge
zur Begriffsbildung und Methode
der Betriebswirtschaftslehre,
Festschrift für Willy Bouffier,

hrsg. v. Rudolf Bratschitsch
und Karl Vodrazka, Wien 1965,
S. 149-165.

Meffert, Heribert   (Beziehungen)

Beziehungen zwischen der betriebswirtschaftlichen Kostentheorie
und der Kostenrechnung, Diss. rer.
pol., München 1964.

(Kosteninformationen)

Betriebswirtschaftliche Kosteninformationen. Ein Beitrag zur
Theorie der Kostenrechnung, in:
Die Betriebswirtschaft in Forschung und Praxis, Schriftenreihe hrsg. v. Edmund Heinen,
Bd. 4, Wiesbaden 1968.

Mehrmann   (Waren)

Waren, Halb- und Fertigerzeug-
nisse in der steuerlichen Erfolgsbilanz, in: Zeitgemässe
Fragen des Steuerrechts und der
betriebswirtschaftlichen Steuerlehre, hrsg. v. der Deutschen
Gesellschaft für Betriebswirtschaft, Reichnberg 1941/42, S.
191-212.

Meier, A.   (Steuern)

Sind Steuern Kosten?, WPg 9.
Jg. (1956), S. 217-222.

Meier, Willy   (Herstellungswert)

Der Einkommensteuerliche Herstellungswert. Seine verrech-
nungstechnische Darstellung im
Rahmen der Normalkostenrechnung,
Berlin/Stuttgart 1951.

Mellerowicz, Konrad   (Kapazitätsproblem)

Kapazitätsproblem, HdB Bd. II,
Sp. 2953-2959.

(Kostenbegriffe)

Kosten und Kostenbegriffe, HdB
Bd. II, Sp. 3364-3376.

Mellerowicz, Konrad   (Leistung)

Leistung, HdB, Bd. III, Sp. 3774-
3776.

(Entwicklungstätigkeit)

Forschungs- und Entwicklungstätigkeit als betriebswirtschaftliches
Problem, Freiburg i. Br. 1958.

(Betriebswirtschaftslehre)

Allgemeine Betriebswirtschaftslehre
Bd. IV - Göschen Band 1186-1186 a,
11. Aufl., Berlin 1963.

(Kosten)

Kosten und Kostenrechnung, Bd. I,
Theorie der Kosten, 4. Aufl., Berlin 1963. Bd. II, Verfahren.

1. Teil, Allgemeine Fragen der
Kostenrechnung und Betriebsabrechnung, 4. Aufl., Berlin 1966;

2. Teil, Kalkulation und Auswertung der Kostenrechnung und Betriebsabrechnung, 4. Aufl., Berlin 1968.

(Industrie)

Betriebswirtschaftslehre der
Industrie, Bd. I und Bd. II,
5. Aufl., Freiburg i. Br. 1958.

(Kalkulationsverfahren)

Neuzeitliche Kalkulationsverfahren, Freiburg i. Br. 1966.

Melsheimer, Hans-   (Rückstellungen)
Joachim
                       Die Theorie der Rückstellungen,
                       Diss. rer. pol., Bonn 1968.

Menrad, Siegfried   (Kosten)

Kosten und Leistung, HdR, Sp.
870-879.

(Kostenbegriff)

Der Kostenbegriff. Eine Untersuchung über den Gegenstand der
Kostenrechnung in: Betriebswirtschaftliche Schriften, H. 16,
Berlin 1965.

Mensching, Rolf   (Prinzip)

                         Das Prinzip der Vorsicht, Diss.
                         rer. pol., Hamburg 1967.

Merian, Rudolf   (Preisbildung)

                         Die Preisbildung der Kuppelpro-
                         dukte in der Selbstkostenrech-
                         nung, Diss. rer. pol., TH
                         Dresden 1931.

Merker, Kurt   (Herstellungskosten)

                         Herstellungskosten in der Er-
                         tragsteuerbilanz. Aktuelle
                         Zweifelsfragen zur Bewertung
                         von Gütern des Umlaufvermögens,
                         NB 12. Jg. (1959), S. 122-128.

                         (Beschäftigungsgrad)

                         Herstellungskosten und Beschäf-
                         tigungsgrad, NB 13. Jg. (1960),
                         S. 122-129.

Messerschmitt, A.   (Calculation)

                         Die Calculation der Eisencon-
                         structionen insbesondere der
                         Brücken, Dampf- und Locomotiv-
                         kessel, wie der Gerüstbauten
                         und der Ingenieur in seinem Be-
                         triebe nebst Bestimmung aller
                         einschlägigen Accordgedinge er-
                         läutert durch vielfache Bei-
                         spiele u. Zeichnungen von Ge-
                         rüstbauten, Essen 1884.

Mette, Wilhelm   (Herstellungskosten)

                         Die Herstellungskosten in der
                         Steuerbilanz bei Unterbeschäf-
                         tigung, DB 16. Jg. (1963), S.
                         1062-1063.

Meyer, Carl W.   (Kostenprobleme)

                         Über aktuelle Kostenprobleme,
                         Betriebswirtschaftliche Umschau
                         33. Jg. (1963), S. 75-85.

Meyer, Friedrich   (Kapazitätsermittlung)

                         Das Problem der Kapazitätsermitt-
                         lung von industriellen Produk-
                         tionsbetrieben, Diss. rer. pol.,
                         Frankfurt a. M. 1931.

Moews, Dieter — (Aussagefähigkeit)

Zur Aussagefähigkeit neuerer Kostenrechnungsverfahren, in: Betriebswirtschaftliche Forschungsergebnisse, hrsg. v. Erich Kosiol in Gemeinschaft mit Erwin Grochla, Dieter Pohmer, Eberhard Witte, Heinz Langen, Ralf-Bodo Schmidt, Werner Vollrodt, Knut Bleicher, Heinrich Kloidt, Bd. 39, Berlin 1969.

Möllers, Alfred — (Herstellungskosten)

Herstellungskosten und Herstellkosten, WPg 9. Jg. (1956), S. 222-225.

Möllers, Paul — (Kosten)

Kalkulatorische Kosten bei der Bewertung eigener Erzeugnisse, BFuP 25. Jg. (1973), S. 142-157.

Moxter, Adolf — (Grundfragen)

Methodologische Grundfragen der Betriebswirtschaftslehre, in: Beiträge zur Betriebswirtschaftlichen Forschung, hrsg. v. E. Gutenberg, W. Hasenack, K. Hax, E. Schäfer, Bd. 4, Opladen 1957.

Müller, Adolf — (Einfluß)

Der Einfluß der Kalkulationszwecke auf die Kalkulationsformen, Archiv für das Eisenhüttenwesen 9. Jg. (1935/36), S. 215-222.

(Grundzüge)

Grundzüge der industriellen Kosten- und Leistungserfolgsrechnung, in: Veröffentlichungen der Schmalenbach-Gesellschaft, Bd. 22, Köln und Opladen 1955.

Müller, Ludwig — (Maßgeblichkeit)

Die Maßgeblichkeit der Handelsbilanz für die Steuerbilanz im deutschen Bilanzsteuerrecht, Diss. rer. pol., Köln 1967.

Müller-Bernhardt, H.   (Selbstkosten)

Industrielle Selbstkosten bei
schwankendem Beschäftigungsgrad, in: Betriebswirtschaftliche Zeitfragen, hrsg. von der
Gesellschaft für Betriebsfor-
schung, 8. Heft, Berlin 1925.

Münstermann, Hans   (Bilanztheorien)

Bilanztheorien, dynamische,
HdR, Sp. 248-260.

(Realisation)

Realisation und Rechnungswesen,
HdR, Sp. 1493-1499.

(Rechnungswesen)

Rechnungswesen - Buchhaltung
und Bilanz, HdW Bd. 1 Be-
triebswirtschaft, S. 491-594.

(Bilanz)

Dynamische Bilanz: Grundlagen,
Weiterentwicklung und Bedeutung
in der neuesten Bilanzdiskussion,
ZfbF 18. Jg. (1966), S. 512-531.

(Jahresabschluß)

Die Bedeutung des ökonomischen
Gewinns für den externen Jahres-
abschluß der Aktiengesellschaft,
WPg 19. Jg. (1966), S. 579-586.

(Unternehmungsrechnung)

Unternehmungsrechnung. Untersuchungen zur Bilanz, Kalkulation,
Planung mit Einführungen in die
Matrizenrechnung, Graphentheorie
und Lineare Programmierung, in:
Schriftenreihe Betriebswirtschaftliche Beiträge, hrsg. v. Hans
Münstermann, Bd. 2, Wiesbaden
1969.

Muhme, Horst   (Grenzprinzip)

Das Grenzprinzip in der Kostenrechnung, Diss. rer. pol., TU
Berlin 1967.

Munz, Max   (Beschaffung)
                             Beschaffung, HdB Bd. I, Sp.
                             671-678.

Munzel, Gerhard   (Kosten)
                             Die fixen Kosten in der Kosten-
                             trägerrechnung, Wiesbaden 1966.

Musgrave, Richard A.   (Finanztheorie)
                             Finanztheorie, 2. Aufl., Tübin-
                             gen 1969.

Mutze, Otto   (Behandlung)
                             Steuerliche Behandlung des Ent-
                             wicklungsaufwandes,DB 9. Jg.
                             (1956), S. 974-976.

                             (Aktivierungsfähigkeit)
                             Aktivierungsfähigkeit und
                             Aktivierungspflicht, NB 12. Jg.
                             (1959), S. 5-10.

                             (Herstellungskosten)
                             Die unterschiedliche Behandlung
                             der Herstellungskosten auf den
                             verschiedenen Anwendungsgebie-
                             ten, DB 20. Jg. (1967), S. 169-174.

N.A.C.A.   National Association of Cost
                             Accountants, Direct Costing,
                             N.A.C.A. Research Series Nr. 23,
                             New York 1953; Übersetzung vom
                             RKW: Direct Costing. Das Rech-
                             nen mit Grenzkosten. Berichts-
                             reihe "Sonstige Veröffentlichun-
                             gen" C 20, 4. Aufl., Frankfurt
                             a. M. 1962.

Napp-Zinn, A. F.   s. Böttger, W.

Neth, Manfred   (Herstellungskosten)
                             Die Berechnung der Herstellungs-
                             kosten als bilanzpolitisches
                             Mittel, Düsseldorf 1971.

Neumann, Lothar   (Gewinnrealisierungen)
                             Gewinnrealisierungen im Steuer-
                             recht, Diss. rer. pol., Köln
                             1964.

Neumark, Fritz   (Steuerpolitik)

                        Grundsätze gerechter und ökono-
                        misch rationaler Steuerpolitik,
                        Tübingen 1970.

Niemann, Ursula   (Herstellungskosten)

                        Bericht über die Podiumsdis-
                        kussion: Herstellungskosten,
                        StbJb 1968/69, S. 429-437.

Nietzer, Helmut   (Sozialleistungen)

                        Die Kostennatur betrieblicher
                        Sozialleistungen, Diss. rer.
                        pol., München 1962.

Nowak, Paul   s. Heber, Arthur

                        (Betriebstyp)

                        Betriebstyp und Kalkulationsver-
                        fahren. Ein Beitrag zur Verein-
                        heitlichung der industriellen
                        Selbstkostenrechnung, Diss. ing.,
                        TH Darmstadt 1934 - gedruckt
                        1936 -.

                        (Kostenrechnungssysteme)

                        Kostenrechnungssysteme in der In-
                        dustrie, 2. Aufl., Köln und
                        Opladen 1961.

Oetting, Georg   (Kapazitätsbegriffe)

                        Beitrag zur Klärung des be-
                        triebswirtschaftlichen Kapazi-
                        tätsbegriffes und zu den Möglich-
                        keiten der Kapazitätsmessung,
                        Diss. rer. pol., Mannheim 1951.

Ott, Georg L.   (Beschäftigung)

                        Begriff, Variierbarkeit und
                        Quantifizierbarkeit der Beschäf-
                        tigung, Diss. rer. pol., Frank-
                        furt a. M. 1965.

o. V.   (Herstellungskosten)

                        Zum Begriff der steuerlichen Her-
                        stellungskosten, DB 13. Jg. (1960),
                        S. 475.

o. V. (Ermittlung)

Zur Ermittlung der steuerlichen Herstellungskosten, StBp 6. Jg. (1966), S. 19.

Pack, Ludwig (Elastizität)

Die Elastizität der Kosten. Grundlagen einer entscheidungsorientierten Kostentheorie, in: Schriften zur theoretischen und angewandten Betriebswirtschaftslehre, hrsg. v. Ludwig Pack, Bd. 1, Wiesbaden 1966.

Paege, Jutta (Steuerpolitik)

Grundlagen betrieblicher Steuerpolitik, Diss. rer. pol., TU Berlin 1971.

Parczyk, Wolfgang (Gewinnermittlungsvorschriften)

Zu den Gewinnermittlungsvorschriften des EStG-Referenten-Entwurfs, DB 26. Jg. (1973), S. 1668-1673.

Patterson, F. K. (Abweichungen)

Die Abweichungen innerhalb der Plankostenrechnung und ihre Verteilung auf die Kostenträger, ZfB 25. Jg. (1955), S. 357-370.

Peiser, Herbert (Kostenentwicklung)

Der Einfluß des Beschäftigungsgrades auf die industrielle Kostenentwicklung, in: Betriebswirtschaftliche Zeitfragen, hrsg. v. A. Heber, Heft 7, 2. Aufl., Berlin 1929.

Peterek, Hans (Fixkostendeckungsrechnung)

Fixkostendeckungsrechnung - Darstellung und Beurteilung -, Diss. rer. pol., TU Berlin 1967.

Petschke, W. (Fertigungsgemeinkosten)

Die Fertigungsgemeinkosten in der Steuerbilanz, StuW 20. Jg. (1941), Sp. 245-256.

Peupelmann, H. W.   (Betriebsabrechnung)

                           Die steuerliche Betriebsabrech-
                           nung und der steuerliche Be-
                           triebsabrechnungsbogen, DB 17.
                           Jg. (1964), S. 3-5.

Pieper, Hubertus   (Geldkapitalerhaltungskonzeption)

                           Die reale Geldkapitalerhaltungs-
                           konzeption. Eine geeignete Me-
                           thode zur Eliminierung der Geld-
                           entwertung aus der handelsrecht-
                           lichen Bilanz und Erfolgsrech-
                           nung?, BFuP 24. Jg. (1972), S.
                           203-217.

Plaut, Hans-Georg   (Grenz-Plankostenrechnung)

                           Die Grenz-Plankostenrechnung,
                           ZfB 23. Jg. (1953), S. 347-363,
                           402-413.

                           (Unternehmenssteuerung)

                           Unternehmenssteuerung mit Hilfe
                           der Voll- oder Grenzplankosten-
                           rechnung, ZfB 31. Jg. (1961),
                           S. 460-482.

Pohmer, Dieter   (Gewinnrealisation)

                           Die betriebswirtschaftliche
                           Problematik der Gewinnrealisa-
                           tion und der Periodenabgrenzung
                           unter dem Gesichtspunkt der Er-
                           folgsbesteuerung, WPg 10. Jg.
                           (1957), S. 523-529, 551-553.

                           (Werteumlauf)

                           Über die Bedeutung des betrieb-
                           lichen Werteumlaufs für das
                           Rechnungswesen der Unternehmungen,
                           in: Organisation und Rechnungs-
                           wesen, Festschrift für Erich
                           Kosiol zu seinem 65. Geburtstag,
                           hrsg. v. Erwin Grochla, Berlin
                           1964, S. 305-349.

                           (Leistungsfähigkeitsprinzip)

                           Leistungsfähigkeitsprinzip und
                           Einkommensumverteilung, in:

Theorie und Praxis des finanz-
politischen Interventionismus,
Festschrift für Fritz Neumark
zum 70. Geburtstag, hrsg. v.
H. Haller, L. Kullmer, C. S.
Shoup, H. Timm, Tübingen 1970,
S. 135-167.

Polaschewski, Edwin   s. Kupfernagel, Ernst

Popper, Karl R.   (Logik)

                       Logik der Forschung, 2. Aufl.,
                       Tübingen 1966.

Praß, Johannes   (Kontrollfähigkeit)

                       Die gerichtliche Kontrollfähig-
                       keit der steuerlichen Gerech-
                       tigkeit, StbJb 1955/56, S. 123-
                       166.

Pressmar, Dieter B.   (Kosten-Leitungs-Funktion)

                       Die Kosten-Leitungs-Funktion
                       industrieller Produktionsanlagen.
                       Eine theoretische und empirische
                       Untersuchung zur betriebswirt-
                       schaftlichen Produktions- und
                       Kostentheorie, Diss. rer. pol.,
                       Hamburg 1968.

Puckler, Godehard H.   (Bestandsbewertung)

                       Auswirkungen der Bestandsbewer-
                       tung auf Bestandspolitik, Li-
                       quidität und Gewinnbeteiligung,
                       DB 26. Jg. (1973), S. 632-633.

Radau   (Fertigungsgemeinkosten)

                       Bedeutung und Umfang der Ferti-
                       gungsgemeinkosten bei der Bewer-
                       tung der Halb- und Fertigfabri-
                       kate, DStZ/A 49. Jg. (1961), S.
                       332-334.

Rascher, Hans-Joa-   (Ermittlung)
chim
                       Ermittlung des Arbeitsgrades der
                       unfertigen Erzeugnisse in der
                       Einzelfertigung, KRP 5/1966,
                       Fachgruppe 1, S. 215-220.

Rath, F.

(Beziehungen)

Die rechtlichen Beziehungen zwischen sogenannten „Generalunkosten" und Herstellungspreis im Sinne des Einkommensteuergesetzes, BlStA 13. Jg. (1958), S. 305-308.

Rau, Hans-Gerd

(Herstellungskosten)

Steuerliche Herstellungskosten, BB 17. Jg. (1962), S. 704-705.

(Lagerkosten)

Lagerkosten - Herstellungs- oder Vertriebskosten?, DB 16. Jg. (1963), S. 11-12.

(Aufwand)

Sozialer Aufwand und Herstellungskosten - Weihnachtsgelder und Ergebnisbeteiligungen -, BB 19. Jg. (1964), S. 1288.

(Lifo-Bewertung)

Lifo-Bewertung steuerrechtlich nicht zulässig, BB 21. Jg. (1966), S. 439.

(Referentenentwurf)

Der Referentenentwurf des Einkommensteuergesetzes 1974, DB 25. Jg. (1972), S. 156-160.

Raupach, Heinz

(Pauschalabschläge)

Pauschalabschläge bei der steuerlichen Bewertung von Holzvorräten, Das Papier 16. Jg. (1962), S. 490-491.

Recksiegel, Wolf-Rüdiger

(Korrelationsanalyse)

Die Anwendung der Regressions- und Korrelationsanalyse in der Kostenrechnung, Diss. rer. pol., Münster 1972

Reich, Manfred

s. Kupfernagel, Ernst

Reifenrath, Paul   (Bestände)

Wann können Bestände zu über den Herstellungskosten bzw. Marktpreisen liegenden Verkaufspreisen bewertet werden?, ZfhF 27. Jg. (1933), S. 439-442.

Reiners, Hans   (Fließfertigung)

Erscheinungsformen der Fließfertigung, Diss. rer. pol., Erlangen/Nürnberg 1968.

Reinhardt, Fritz   (Rechnungswesen)

Rechnungswesen, Buchführung und Abschluß- und Bilanzwesen, DStZ 24. Jg. (1935), S. 1354-1363.

(Buchführung)

Buchführung, Bilanz und Steuern, Berlin/Wien 1942.

Remmlinger, Franz   (Warenbewertung)

Zur Warenbewertung, Industrie und Steuer 1941 Teil I, S. 37-40.

Reustle, Reiner   (Kostenfunktion)

Über Untersuchungen zur Feststellung der empirischen Kostenfunktion, Diss. rer. pol., Freiburg i. Br. 1958.

Rex, Gerhard   (Ertragsbeteiligung)

Die Ertragsbeteiligung als betriebspolitisches Instrument und die Gewinnbeteiligung in betriebswirtschaftlicher Sicht, Diss. rer. pol., FU Berlin 1956.

Riebel, Paul   (Gestaltung)

Die Gestaltung der Kostenrechnung für Zwecke der Betriebskontrolle und Betriebsdispositon, in: Paul Riebel: Einzelkosten- und Deckungsbeitragsrechnung, S. 11-22. Nachdruck aus: ZfB 26. Jg. (1956), S. 278-289.

Riebel, Paul   (Richtigkeit)

                      Richtigkeit, Genauigkeit und
                      Wirtschaftlichkeit als Grenzen
                      der Kostenrechnung, in: Paul
                      Riebel: Einzelkosten- und
                      Deckungsbeitragsrechnung, S.
                      23-24. Nachdruck aus: NB 12.
                      Jg. (1959), S. 41-45.

                      (Einzelkosten)

                      Das Rechnen mit Einzelkosten und
                      Deckungsbeiträgen, ZfhF 11.
                      Jg. (1959), S. 213-238.

                      (Normung)

                      Die Problematik der Normung von
                      Abschreibungen, DB 13. Jg.
                      (1960), S. 729-734. (Als Sonder-
                      druck erschienen in: Veröffent-
                      lichungen der Wirtschaftshoch-
                      schule Mannheim, hrsg. v. Ernst
                      Plewe, Reihe 2: Reden, Heft 11,
                      Stuttgart 1963.)

                      (Erzeugungsverfahren)

                      Industrielle Erzeugungsverfahren
                      in betriebswirtschaftlicher
                      Sicht, in: Die Wirtschaftswissen-
                      schaften, hrsg. v. E. Gutenberg,
                      Wiesbaden 1963.

                      (Rechnen)

                      Grundlagen des Rechnens mit re-
                      lativen Einzelkosten und
                      Deckungsbeiträgen, ZdB 10. Jg.
                      (1964), S. 29-31, 53-55.

                      (Aufbau)

                      Der Aufbau der Grundrechnung im
                      System des Rechnens mit relati-
                      ven Einzelkosten und Deckungsbei-
                      trägen, ZdB 10. Jg. (1964), S.
                      84-87.

                      (Durchführung)

                      Durchführung und Auswertung der
                      Grundrechnung im System des
                      Rechnens mit relativen Einzelko-
                      sten und Deckungsbeiträgen, ZdB
                      10. Jg. (1964), S. 117-120, 142-
                      146.

Riebel, Paul

(Preiskalkulation)

Die Preiskalkulation auf Grundlage von "Selbstkosten" oder von relativen Einzelkosten und Deckungsbeiträgen, ZfhF 16. Jg. (1964), S. 549-612.

(Mängel)

Die Mängel der Vollkostenrechnung, ZdB 10. Jg. (1964), S. 5-9.

(Entscheidungen)

Kurzfristige unternehmerische Entscheidungen im Erzeugungsbereich auf Grundlage des Rechnens mit relativen Einzelkosten und Deckungsbeiträgen, NB 20. Jg. (1967), S. 1-23.

(Fragwürdigkeit)

Die Fragwürdigkeit des Verursachungsprinzips im Rechnungswesen, in: Rechnungswesen und Betriebswirtschaftspolitik, Festschrift für Gerhard Krüger zu seinem 65. Geburtstag, hrsg. v. Manfred Layer und Heinz Strebel, Berlin 1969, S. 49-64.

(Bereitschaftskosten)

Die Bereitschaftskosten in der entscheidungsorientierten Unternehmerrechnung, ZfbF 22. Jg. (1970), S. 372-386.

(Deckungsbeitragsrechnung)

Deckungsbeitragsrechnung, HdR Sp. 383-400.

(Ertragsbildung)

Ertragsbildung und Ertragsverbundenheit im Spiegel der Zurechenbarkeit von Erlösen, in: Beiträge zur betriebswirtschaftlichen Ertragslehre, Festschrift für Erich Schäfer zum 70. Geburtstag, hrsg. v. Paul Riebel, Opladen 1971, S. 147-200.

Riebel, Paul   (Kosten)
                                Kosten und Preise bei verbundener
                                Produktion, Substitutionskonkur-
                                renz und verbundener Nachfrage,
                                Opladen 1971.

                                (Deckungsbeitragsrechnung)
                                Einzelkosten und Deckungsbei-
                                tragsrechnung. Grundfragen einer
                                markt¹ und entscheidungsorien-
                                tierten Unternehmerrechnung, in:
                                Deckungsbeitragsrechnung und Un-
                                ternehmungsführung, hrsg. v. Paul
                                Riebel, Bd. I, Opladen 1972.

Rieger, Wilhelm   (Bilanz)
                                Schmalenbachs dynamische Bilanz,
                                2. Auflage, Stuttgart/Köln 1954.

                                (Privatwirtschaftslehre)
                                Einführung in die Privatwirt-
                                schaftslehre, 3. Aufl., Erlan-
                                gen 1964.

Rockstuhl, Joachim P.   (Untersuchung)
                                Untersuchung über Möglichkeiten
                                einer verursachungsgerechten Zu-
                                ordnung der im betrieblichen
                                Fertigungsablauf entstehenden
                                Kosten, insbesondere der Rest-
                                gemeinkosten, in: Forschungs-
                                berichte des Landes Nordrhein-
                                Westfalen, hrsg. v. Leo Brandt,
                                Nr. 1223, Köln und Opladen 1963.

Rödder, Walter   (Vorratshaltung)
                                Vorratshaltung und Bewertung
                                der Faserholzbestände in der
                                Papierindustrie, DB 23. Jg.
                                (1970), S. 174-177.

Rodenstock, Rolf   (Genauigkeit)
                                Die Genauigkeit der Kostenrech-
                                nung industrieller Betriebe,
                                München 1950.

Rohrer, Ludwig

(Herstellungskosten)

Herstellungskosten in betriebswirtschaftlicher und steuerlicher Sicht, DB 11. Jg. (1958),
S. 1-3.

(Ermittlung)

Zur Ermittlung der steuerlichen
Herstellungskosten, StBp 2. Jg.
(1962), S. 6-10.

Rose, Gerd

(Abschreibungsmethode)

Es gibt keine richtige Abschreibungsmethode. Zugleich ein Beitrag zur Frage: Normierung der
Abschreibungen?, WPg 9. Jg.
(1956), S. 372-376.

(Normierung)

Wider die Normierung von Abschreibungen, WPg 10. Jg. (1957),
S. 353-357.

(Rechtsprechung)

Die Rechtsprechung des Bundes-
finanzhofs zur wirtschaftlichen
Betrachtungsweise aus der Sicht
der betriebswirtschaftlichen
Steuerlehre, FR 23. Jg. (1968),
S. 433-437.

(Teilsteuersätze)

Die neuen Teilsteuersätze unter
Berücksichtigung der Ergänzungs-
abgabe, DB 21. Jg. (1968), S.
1681-1684.

(Untersuchungen)

Untersuchungen über die Steuerbelastung der Unternehmung, DB 21.
Jg. (1968), Beilage Nr. 7.

(Steuerberatung)

Steuerberatung und Wissenschaft,
Gedanken anläßlich des 50jährigen
Bestehens der betriebswirtschaft-
lichen Steuerlehre, StbJb 1969/70,
S. 31-70.

Rose, Gerd   (Steuerlehre)

Betriebswirtschaftliche Steuerlehre
und Steuerpraxis. Ausgewählte Anwen-
dungsbereiche von Erkenntnissen der
Betriebswirtschaftlichen Steuerlehre
auf die steuerliche Praxis, Jahrbuch
der Fachanwälte für Steuerrecht,
1970/71, S. 77-101.

(Berufe)

unter Mitwirkung von Fritz Eggesiecker, Zur Steuerbelastung der
freien Berufe. Gutachten, erstattet
im Auftrage der Stiftung zur Förde-
rung der wissenschaftlichen Forschung über Wesen und Bedeutung der
Freien Berufe - Ludwig Sievers Stiftung -, Köln 1971.

(Ertragsteuern)

Betrieb und Steuer, Grundlagen zur
Betriebswirtschaftlichen Steuerlehre, Erstes Buch: Die Ertragsteuern, 2. Auflage, Wiesbaden 1972.

(Steuerbelastung)

Die Steuerbelastung der Unternehmung. Grundzüge der Teilsteuerrechnung. In: Schriftenreihe Besteuerung
der Unternehmung, hrsg. v. Gerd
Rose, Wiesbaden 1973.

Rösler, Wolfgang   (Gewinnrealisierung)

Die Behandlung der Gewinnrealisierung beim innerkonzernlichen Lei-
stungsverkehr durch die Betriebswirtschaftslehre, das Handels- und das
Ertragsteuerrecht, Diss. rer. pol.,
Köln 1969.

Rudolph, Karl   (Fremdzinsen)

Zur Aktivierung von Fremdzinsen und
Finanzierungskosten in den steuerlichen Herstellkosten, DB 27. Jg.
(1974), S. 64-65.

Rudorf, Fr.   (Aktivierbarkeit)

Die Aktivierbarkeit der Zinsen, in:
Kongress-Archiv 1936 des deutschen
Prüfungs- und Treuhandwesens, Berlin
1937, S. 207-212.

Rummel, Kurt

(Ordnung)

Die Ordnung der Kosten nach ihrer
Abhängigkeit von betrieblichen
Zeitgrößen. Eine Ergänzung und
Weiterführung der Lehre von den
fixen und proportionalen Kosten,
Die Betriebswirtschaft 23. Jg.
(1930), S. 33-40, 72-80.

(Kosten)

Kosten, Preise, Werte. Eine Zu-
sammenstellung der Schwierigkeiten, Unzulänglichkeiten und
Grenzen, aber auch des positiven Gehaltes der Kostenträgerrechnung, Archiv für das Eisenhüttenwesen, 10. Jg. (1936/37),
S. 419-440.

(Kostenrechnung)

Einheitliche Kostenrechnung auf
der Grundlage einer vorausgesetzten Proportionalität der
Kosten zu betrieblichen Größen.
Unveränderter Nachdruck der 3.
Auflage, mit Vorwort und Anmerkungen von Wolfgang Kilger, Düsseldorf 1967.

Rumpf, Heinz

(Kostenremanenz)

Die Kostenremanenz als betriebswirtschaftliches Phänomen - Dargestellt am Industriebetrieb -,
Diss. rer. pol., Mannheim 1966.

Runge, Gerd

(Kostenverursachungsprinzip)

Kostenverursachungsprinzip und
Proportionalitätsprinzip in der
Kostenrechnung, BFuP 15. Jg. (1963),
S. 178-181.

Ruth, R./
Schmaltz, K.

(Bilanz)

Die neue Bilanz der Aktiengesellschaft in rechtlicher und betriebswirtschaftlicher Beleuchtung.
Erläuterungen zu Bilanz-, Gewinn-
und Verlustrechnung und Geschäfts-
bericht (§§ 260, 260 a, 260 b,
261, 261 a-e), Berlin 1932.

Saage, Gustav   (Bilanzierungsgrundsätze)

Grenzen der Anwendung dynamischer
Bilanzierungsgrundsätze im Rahmen
der steuerlichen Gewinnermittlung,
BFuP 13. Jg. (1961), S. 430-444.

Sander, Alfred   (Steuerbemessungsgrundlagen)

Betriebswirtschaftliche Analyse
von Steuerbemessungsgrundlagen,
StuW 48. (1.) Jg. (1971), S. 32-37.

                                 (Ertragsteuerbelastung)

Die Ertragsteuerbelastung des
Leistungsaustausches zwischen
Unternehmung und Unternehmer -
Versuch einer Quantifizierung
mit Hilfe der Teilsteuerrechnung -, Diss. rer. pol., Köln
1972.

Sandig, Curt   (Bilanzierungsfähigkeit)

Zur Frage der Bilanzierungsfähigkeit von Materialgemeinkosten,
WPg 10. Jg. (1957), S. 64-65.

Sauer, Otto   (Verrechnung)

Die Verrechnung und steuerliche
Behandlung innerbetrieblicher
Leistungen aus der Sicht der
Betriebsprüfung, StBp 3. Jg.
(1963), S. 225-234.

Seebauer, Georg   s. Fischer, Johannes

Seicht, Gerhard   (Grenzkostenrechnung)

Die stufenweise Grenzkostenrechnung. Ein Beitrag zur Weiterentwicklung der Deckungsbeitragsrechnung, ZfB 33. Jg. (1963), S.
693-709.

                                 (Scheingewinnbesteuerung)

Scheingewinnbesteuerung und
Substanzerhaltung - Die Grenzen
der Gewinnbesteuerung, ÖBW 18. Jg.
(1968), S. 73-79.

                                 (Unhaltbarkeit)

Die Unhaltbarkeit der dynamischen
Bilanztheorie, ZfB 40. Jg. (1970),
S. 589-612.

Seicht, Gerhard   (Bilanz)

                         Die kapitaltheoretische Bilanz
                         und die Entwicklung der Bilanz-
                         theorien, Berlin 1970.

Seidenfus, H. St.   s. Böttger, W.

Seischab, Hans   (Kalkulation)

                         Kalkulation und Preispolitik,
                         Leipzig 1944.

                         (Demontage)

                         Demontage des Gewinns durch unzu-
                         lässige Ausweitung des Kosten-
                         begriffs, ZfB 22. Jg. (1952), S.
                         19-28.

Selig, Julius   (Kostenbegriff)

                         Der Kostenbegriff in der Kosten-
                         rechnung und in der Kostentheorie,
                         Diss. rer. pol., St. Gallen 1947.

Senf, Karl   (Rechtssicherheit)

                         Rechtssicherheit und Gerechtig-
                         keit im Steuerrecht. Das Rechts-
                         satzsystem des Reichsfinanzhofs,
                         in: Steuerwirtschaftliche Pro-
                         bleme der Gegenwart, Festgabe
                         für Hermann Grossmann zum 60.
                         Geburtstage am 5. Okt. 1932,
                         hrsg. v. Paul Deutsch u. a.
                         1932, S. 184-195.

Sieben, Günter   (Erfolgserhaltung)

                         Prospektive Erfolgserhaltung -
                         Ein Beitrag zur Lehre von der
                         Unternehmungserhaltung, ZfB 34.
                         Jg. (1964), S. 628-641.

                         (Geldwertänderung)

                         Geldwertänderung und Bilanz,
                         BB 26. Jg. (1971), Beilage 5 zu
                         Heft 26, S. 61-66.

Sieben, Günter/   (Jahresabschlußrechnung)
Haase, Klaus Dittmar
                         Die Jahresabschlußrechnung als
                         Informations- und Entscheidungs-
                         rechnung, WPg 24. Jg. (1971),
                         S. 53-57, 79-84.

Sonnefeld, Ernst   (Mythos)

Der Mythos von den fixen Kosten
und die betriebswirtschaftliche
Leistungs-Abrechnung. Zugleich
eine Kritik der Grenzplankosten-
rechnung, ZfB 32. Jg. (1962), S.
44-60.

Spiller, Kurt   (Wert)

Der betriebswirtschaftliche Wert
und seine Arten in der Bilanz,
Diss. rer. pol., Hamburg 1962.

Süverkrüp, Fritz   (Abbaufähigkeit)

Die Abbaufähigkeit fixer Kosten.
Unternehmenspolitische Möglichkeiten ihrer Beherrschung, in:
Grundlagen und Praxis der Betriebswirtschaft, Bd. 12, Berlin
1968.

Sundhoff, Edmund   (Vertrieb)

Vertrieb, HdB Bd. IV, Sp. 5976-
5983.

Swoboda, Peter   (Verrechnung)

Die Verrechnung von Ertragsteuern
in der Kostenrechnung, NB 13.
Jg. (1960), S.151-155 .

Szyperski, Norbert   (Rechnungswesen)

Rechnungswesen als Informations-
system, HdR, Sp. 1510-1523.

(Problematik)

Zur Problematik der quantitativen
Terminologie in der Betriebswirtschaftslehre, in: Betriebswirtschaftliche Forschungsergebnisse,
hrsg. v. Erich Kosiol, Bd. 16,
Berlin 1962.

(Anwendung)

Zur Anwendung des Terminus "paga-
torisch". Mit einigen grundsätz-
lichen Bemerkungen zu der Kritik
an einer Terminologie und den Methoden der Extensionsvariation,
in: Organisation und Rechnungswe-

Szyperski, Norbert   sen. Festschrift für Erich Kosiol
                        zu seinem 65. Geburtstag, hrsg.
                        v. Erwin Grochla, Berlin 1964, S.
                        351-383.

Schäfer, Erich   (Grundfragen)

                        Über einige Grundfragen der Be-
                        triebswirtschaftslehre, ZfB 20.
                        Jg. (1950), S. 553-563.

                        (Unternehmung)

                        Die Unternehmung, Einführung in
                        die Betriebswirtschaftslehre,
                        7. Aufl., Köln und Opladen 1970.

                        (Industriebetrieb)

                        Der Industriebetrieb. Industrie-
                        betriebslehre auf typologischer
                        Grundlage, Bd. 1, Köln und Op-
                        laden 1969; Bd. 2, Köln und Op-
                        laden 1971.

Schaueble, Egon   (Wirkung)

                        Die erdrosselnde Wirkung einer
                        Steuer - dargestellt an der
                        Rechtsprechung des Bundesverfas-
                        sungsgerichts zu Besteuerung der
                        Gewinnspielautomaten -, in:
                        Steuerlast und Unternehmungspolitik,
                        Festschrift für Kuno Barth zum 65.
                        Geburtstag, hrsg. v. Karl Oettle,
                        Stuttgart 1971, S. 209-225.

Schernig, Sylvester   (Verwaltungs-Gemeinkosten)

                        Betriebs- und Verwaltungs-Gemein-
                        kosten in den Wertansätzen der
                        Halb- und Fertigerzeugnisse in
                        Handelsbilanz und Steuerbilanz,
                        Industrie und Steuer Jg. 1939 Teil
                        I, S. 51-58.

                        (Fertigungsgemeinkosten)

                        Die Fertigungsgemeinkosten sind Be-
                        standteil der Herstellungskosten im
                        Sinn des EStG. § 6. Gutachten des
                        Großen Senats des RFH vom 4. 2.
                        1939, Gr. S. D 7/38, Urteil des RFH
                        vom 11. 1. 1939 VI 744/38 (kStBl
                        1939 Nr. 24 vom 27. 2. 1939 S.
                        321 ff., 323 ff.), Industrie und
                        Steuer Jg. 1939 Teil I, S. 163-165.

Schernig, Thomas S. (Kosten)

Kosten nicht genutzter Kapazität bei der steuerlichen Bewertung der Halb- und Fertigfabrikate, WPg 6. Jg. (1953), S. 203-205.

Scherpf, Peter (Rechnungslegung)

Die aktienrechtliche Rechnungslegung und Prüfung, Sonderdruck aus: Handbuch der Aktiengesellschaft, Köln 1967.

(Kriterien)

Über die Auswahl geeigneter Kriterien zur Beurteilung neuerer Teilwertvorschläge, in: Steuerlast und Unternehmungspolitik, Festschrift für Kuno Barth zum 65. Geburtstag, hrsg. v. Karl Oettle, Stuttgart 1971, S. 75-92.

s. Bühler, Ottmar

Schiemann, Wolfram (Produktions-Kapazität)

Die Messung der Produktions-Kapazität bei konkurrierender Mehrprodukte-Fertigung unter besonderer Berücksichtigung der plasticverarbeitenden Industrie, Diss. rer. pol., TH Karlsruhe 1969.

Schildbach, Thomas (Rechnungslegung)

Zur Eignung des ökonomischen Gewinnes im Rahmen der Rechnungslegung von Aktiengesellschaften. Stellungnahme zum Beitrag Dieter Schneiders: Aktienrechtlicher Gewinn und ausschüttungsfähiger Beitrag, WPg 25. Jg. (1972), S. 40-42.

Schiller, Erich (Aktivierung)

Bilanzrechtliche und betriebswirtschaftliche Fragen zur Aktivierung von Forschungs- und Entwicklungsaufwendungen, Diss. rer. oec., Erlangen/Nürnberg 1964.

Schindele, Wilhelm   (Begriff)

Zum Begriff der steuerlichen An-
schaffungs- und Herstellungskosten unter besonderer Berücksichtigung der Fertigungsgemeinkosten, BB 13. Jg. (1958), S.
1029-1034.

(Grundsätze)

Betrachtungen zur Frage der Anwendung handelsrechtlicher Grundsätze bei der steuerlichen Bilanzierung, insbesondere des Vorratsvermögens, StBp 1. Jg. (1961), S.
190-196, 209-215, 250-256.

(Einzelfragen)

Einzelfragen im Bereich der
steuerlich aktivierungspflich-
tigen Herstellungskosten, StBp
3. Jg. (1963), S. 162-164.

(Bilanzierung)

Bilanzierung verlustbringender
Artikel, BB 18. Jg. (1963), S.
947-951.

(Bewertung)

Zur Frage der Bewertung der Bestände an Halbfabrikaten im Rahmen des Ansatzes des Vorratsvermögens in der steuerlichen Erfolgsbilanz, StBp 4. Jg. (1964),
S. 155-157.

Schindler, Alfred   (Aktivierungspflicht)

Aktivierungspflicht und Aktivie-
rungsrecht der Gemeinkosten,
Diss. rer. pol., Wien 1942.

Schlenk, Josef   (Kostentheorie)

Kostentheorie und Bilanzbewertung,
Diss. rer. pol., Wien 1959.

Schmalenbach, E(ugen)   (Generalunkosten)

Die Generalunkosten als Produk-
tionskosten in der Bilanz der
Aktiengesellschaft, ZfhF 2. Jg.
(1907/8), S. 161-172.

Schmalenbach, E(ugen)   (Grundlagen)
                         Grundlagen dynamischer Bilanzlehre,
                         ZfhF 13. Jg. (1919), S. 1-60,
                         65-101.

                         (Selbstkostenrechnung)
                         Selbstkostenrechnung, ZfhF 13.
                         Jg. (1919), S. 257-299, 321-356.

                         (Kontenrahmen)
                         Der Kontenrahmen, ZfhF 21. Jg.
                         (1927), S. 385-402, 433-475.

                         (Bilanz)
                         Dynamische Bilanz, 13. Aufl.,
                         Köln und Opladen 1962.

                         (Kostenrechnung)
                         Kostenrechnung und Preispolitik,
                         8. Aufl., bearbeitet v. Richard
                         Bauer, Köln und Opladen 1963.

                         (Kalkulation)
                         Gewerbliche Kalkulation, ZfhF
                         15. Jg. (1963), S. 375-384.

Schmaltz   s. Adler

Schmaltz, K.   s. Ruth, R.

Schmid, Ernst   (Kostengestaltung)
                         Kostengestaltung und Kosten-
                         rechnung in der Industrie unter
                         besonderer Berücksichtigung
                         schweizerischer Verhältnisse,
                         Diss. rer. pol., St. Gallen 1946.

Schmid, René M.   (Bilanzierung)
                         Die Bilanzierung des Anlage-
                         und Umlaufvermögens nach schwei-
                         zerischem Aktienrecht, Zürich
                         1958.

Schmidt, Fritz   (Tageswertbilanz)
                         Die organische Tageswertbilanz,
                         3. Aufl., Leipzig 1929 (Nach-
                         druck Wiesbaden 1951).

Schmidt, Kurt   (Steuerprogression)

Die Steuerprogression, Basel/
Tübingen 1960.

(Opfertheorien)

Renaissance der Opfertheorien?
Zur ökonomischen Sinngebung
politischer Entscheidungen,
Finanzarchiv 1971, Bd. 30, Heft
2, S. 193-211.

Schmidt, Ralf-Bodo   (Kapitalerhaltung)

Die Kapitalerhaltung der Unternehmung als Gegenstand zielset-
zender und zielerreichender
Entscheidungen, in: Organisation und Rechnungswesen, Festschrift für Erich Kosiol zu
seinem 65. Geburtstag, hrsg. v.
Erwin Grochla, Berlin 1964, S.
411-440.

Schmidtlin, Lorenz   (Periodizität)

Das Prinzip der Periodizität
in der Gewinnbesteuerung, Diss.
rer. pol., St. Gallen 1956.

Schmitz, Gerd   (Kostentheorie)

Der Zusammenhang von Kostentheorie und Kostenrechnung (Dargestellt an der Kostenrechnung
eines Gießereibetriebes), Diss.
rer. pol., Köln 1957.

Schmölders, Günther   (Steuerreform)

Organische Steuerreform -
Grundlagen, Vorarbeiten, Gesetz-
entwürfe -, Berlin/Frankfurt
1953.

(Einkommensbegriff)

Der fehlende Einkommensbegriff,
StuW 37. Jg. (1960), Sp. 75-84.

Schneider, Dieter   (Bilanztheorien)

Bilanztheorien, neuere Ansätze,
HdR, Sp. 260-270.

Schneider, Dieter   (Nutzungsdauer)

Die wirtschaftliche Nutzungsdauer von Anlagegütern als Be-
stimmungsgrund der Abschreibungen, in: Beiträge zur betriebswirtschaftlichen Forschung,
hrsg. v. E. Gutenberg, W. Hasenack, K. Hax, E. Schäfer, Köln
und Opladen 1961.

(Kostentheorie)

Kostentheorie und verursachungs-
gemäße Kostenrechnung, ZfhF 13.
Jg. (1961), S. 677-707.

(Bilanzgewinn)

Bilanzgewinn und ökonomische
Theorie, ZfhF 15. Jg. (1963),
S. 457-474.

(Unternehmensbesteuerung)

Theorie und Praxis der Unternehmensbesteuerung - Bespre-
chungsaufsatz -, ZfbF 19. Jg.
(1967), S. 206-230.

(Gewinn)

Ausschüttungsfähiger Gewinn und
das Minimum an Selbstfinanzie-
rung, ZfbF 20. Jg. (1968), S.
1-29.

(Manipulationen)

Publizität der Manipulationen.
Bilanztheorie gestern und heute,
VW 22. Jg. (1968), Nr. 45, S.
47-50.

(Unternehmensziele)

Unternehmensziele und Unterneh-
mensrechnung, in: Das Rechnungswesen als Instrument der Unter-
nehmensführung, hrsg. von Walther
Busse von Colbe, in: Bochumer Beiträge zur Unternehmungsführung und
Unternehmensforschung, hrsg. von
Hans Besters, Walther Busse von
Colbe, Gert Laßmann, Werner Schubert, Bd. 6, Bielefeld 1969, S.
11-23.

Schneider, Dieter

(Problematik)

Die Problematik betriebswirtschaftlicher Teilwertlehren,
WPg 22. Jg. (1969), S. 305-313.

(Verlustausgleich)

Sofortiger Verlustausgleich statt
Teilwertabschreibung - ein Problem
der Steuerreform -, WPg 23. Jg.
(1970), S. 68-72.

(Thesen)

Sieben Thesen zum Verhältnis von
Handels- und Steuerbilanz. Ein
Beitrag zur Reform der steuerlichen Gewinnermittlung, DB 23. Jg.
(1970), S. 1697-1705.

(Gewinnbesteuerung)

Gewinnbesteuerung und Unterneh-
menserhaltung, ZfbF 23. Jg.
(1971), S. 566-578.

(Reform)

Eine Reform der steuerlichen
Gewinnermittlung? Anmerkungen
zum Teil "Gewinnermittlung" des
Gutachtens der Steuerreformkommission 1971, StuW 48. (1.) Jg.
(1971), S. 326-341.

(Gewinnermittlung)

Gewinnermittlung und steuerliche
Gerechtigkeit, ZfbF 23. Jg.
(1971), S. 352-394.

(Leffson)

Ulrich Leffson 60 Jahre alt,
ZfbF 23. Jg. (1971), S. 181-183.

(Investition)

Investition und Finanzierung, Lehr-
buch der Investitions-, Finanzie-
rungs- und Ungewißheitstheorie,
in: Moderne Lehrtexte. Wirtschaftswissenschaften Bd. 4,
2. Aufl., Opladen 1971.

(Renaissance)

Renaissance der Bilanztheorie?,
ZfbF 25. Jg. (1973), S. 29-58.

Schneider, Erich   (Rechnungswesen)

Industrielles Rechnungswesen,
Grundlagen und Grundfragen,
4. Aufl., Tübingen 1963.

(Wirtschaftstheorie)

Einführung in die Wirtschaftstheorie, I. Teil, Theorie des
Wirtschaftskreislaufs, 12. um-
gearbeitete und erweiterte Auflage, Tübingen 1965.

Schneider, Günter   (Fixkosten)

Fixkosten und Kalkulation im
Konkurrenzkampf. Ein Wegweiser
für die kalkulatorische Behandlung fixer Kosten, in:
Grundlagen und Praxis der Betriebswirtschaft Bd. 9, Berlin
1967.

Schneider, Wilhelm   (Geldwertschwankungen)

Das Problem der Geldwertschwankungen in der Betriebswirtschaftslehre unter besonderer
Berücksichtigung des Auslan-
des, Diss. rer. pol., Köln 1959.

Schnier, Karl-Heinrich(Bewertung)

Zur Bewertung des Vorratsvermögens in der Bilanz (Lifo-Methode),
Diss. rer. pol., Göttingen 1969.

Schnörch, Dieter   (Problematik)

Die Problematik des Beschäftigungsgrades industrieller Unternehmen unter besonderer Berücksichtigung einer finanzwirt-
schaftlichen Betrachtungsweise,
Diss. rer. pol., Frankfurt a.
M. 1965.

Schnutenhaus, Otto R. (Grundlagen)

Neue Grundlagen der "Feste"-Ko-
stenrechnung. Die Betriebsstruk-
turkostenrechnung. Berlin 1948.

(Entwertung)

Über die angebliche Entwertung der
Kausalität im Kostenrechnungswe-
sen sowie über Zurechnungsverfah-
ren, DB 20. Jg. (1967), S. 129-133.

Schoch

(Gewinnermittlung)

Steuerliche Gewinnermittlung,
ihr Verhältnis zur Kalkulation
und Handelsbilanz, BFuP 6. Jg.
(1954), S. 158-167.

Schönfeld,
Hanns-Martin

(Kostenrechnung I)

Kostenrechnung I, 5. Aufl.,
Stuttgart 1970.

(Kostenrechnung II)

Kostenrechnung II, 6. Aufl.,
Stuttgart 1972.

Schönnenbeck,
Hermann

(Kostenrechnung)

Grenzen der Kostenrechnung,
Diss. rer. pol., Köln 1950.

(Vollkosten)

Der unter "Vollkosten" herein-
genommene Auftrag und sein Bi-
lanzwert, DB 16. Jg. (1963),
S. 142-143.

(Obergrenze)

Die Obergrenze aktivierungs-
fähiger Herstellungskosten bei
Unterbeschäftigung, DB 16. Jg.
(1963), S. 527-528.

(Abhängigkeit)

Die Abhängigkeit der aktivie-
rungspflichtigen Herstellungskosten von der Unternehmungs-
lage, DB 16. Jg. (1963), S.
1616-1619.

Schörner, Reinhold

(Niederstwertprinzip)

Das Niederstwertprinzip. Zur
Frage der Allgemeingültigkeit
für die Bewertung des Umlaufvermögens in Jahresabschlüssen.
Diss. rer. pol., Köln 1963.

Schriever, Wolf

(Einflußgrößenrechnung)

Die Methoden der Einflußgrößenrechnung und einige Anwendungen
in der Betriebswirtschaftslehre,
Diss. rer. pol., Göttingen 1970.

Schröder   (Verwaltungskosten)

Verwaltungskosten und steuerliche
Herstellungskosten, Steuer-Warte
33. Jg. (1960), S. 87-88.

Schröder, Paul   (Kosten)

Das Wesen der fixen Kosten in der
industriellen Produktion, Diss.
rer. pol., Köln 1926.

Schubert, Helmut   (Einbeziehung)

Zur Einbeziehung von Steuern in
die Theorie der Unternehmung
- Steuern und unternehmerische
Zielsetzungen -, Diss. rer. pol.,
München 1970.

Schulz, Dieter   (Bewertungsprobleme)

Bewertungsprobleme in der Kalkulation, Diss. rer. pol., Neuchâtel 1965.

Schulze, Hans-Herbert (Organisation)

Büro- und Verwaltungsbereich,
Organisation des, HdO, Sp. 344-
352.

                            (Messung)

Zum Problem der Messung des
wirtschaftlichen Handelns mit
Hilfe der Bilanz, in: Betriebswirtschaftliche Forschungsergebnisse, hrsg. v. Erich Kosiol,
mit Erwin Grochla, Bd. 25, Berlin 1966.

Schulze=Brachmann   (Warenbewertung)

Zur Warenbewertung, Industrie
und Steuer 1941 Teil 1, S. 40-42.

Schüppenhauer, Jürg   (Zinsen)

Die kalkulatorischen Zinsen in
der Kostenrechnung, Diss. rer.
oec., Saarbrücken 1971.

Schuster, Helmut   (Kapazitätsbegriff)

Der betriebswirtschaftliche Kapazitätsbegriff und die damit verbundenen Fragenkreise (unter besonderer Berücksichtigung der
österreichischen Elektrizitäts-
wirtschaft), Diss. rer. pol.,
Wien 1956.

Schwantag, Karl   (Plankostenrechnung)

                         Zur Theorie und Praxis der Plan-
                         kostenrechnung, ZfB 22. Jg.
                         (1952), S. 65-79.

Schwarz, Horst   (Abstimmung)

                         Grundfragen der Abstimmung von
                         Materialbeschaffung, Fertigung
                         und Vertrieb - als Probleme der
                         laufenden Betriebspolitik in
                         Industriebetrieben (unter be-
                         sonderer Betonung des Gewinn-
                         denkens), Freiburg i. Br. 1959.

                         (Gesichtspunkte)

                         Neuere Gesichtspunkte in der Ko-
                         stenrechnung von Industrie- und
                         Handelsbetrieben, NB 15. Jg.
                         (1962), S. 145-149, 169-174.

                         (Herstellungskosten)

                         Herstellungskosten (auch steuer-
                         lich), HdB Bd. 2, Sp. 2679-2686.

                         (Kostenträgerrechnung)

                         Kostenträgerrechnung und Unter-
                         nehmungsführung - Kosten und Kal-
                         kulation -, in: Unternehmungs-
                         führung in Forschung und Praxis,
                         hrsg. v. Otto R. Schnutenhaus,
                         Hans Blohm, Herne/Berlin 1969.

Schweigert, Werner R.   (Kapitalerhaltung)

                         Reale (Geld-)Kapitalerhaltung und
                         substantielle Kapitalerhaltung.
                         Ist ihre Anwendung mit der Aus-
                         reichendheit der Steuererträge und
                         mit der Steuergerechtigkeit zu ver-
                         einbaren?, BFuP 25. Jg. (1973), S.
                         121-141.

Schweitzer, Marcell   (Bilanztheorien)

                         Bilanztheorien, organische,
                         HdR, Sp. 270-279.

Städter, Karl-Heinz   (Gewinn)

                         Gewinn, Gewinnquellen, gewinnop-
                         timale Unternehmensführung, Diss.
                         rer. pol., TU Berlin 1969.

Stallmeyer, Rolf (Kapazitätsausnutzung)
Die Wirkung der Kapazitätsaus-
nutzung auf die Selbstkosten,
Diss. rer. pol., München 1962.

Statistisches Bundesamt (Statistisches Jahrbuch)
Statistisches Jahrbuch für die
Bundesrepublik Deutschland 1969,
hrsg. v. Statistischen Bundes-
amt Wiesbaden, Stuttgart und
Mainz 1969
(Kostenstruktur der Industrie
1966, S. 173 ff.).

Steinberg, (Wilhelm) (Einheitsbewertung)
Gedanken zu aktuellen Fragen aus
dem Recht der Einheitsbewertung des
Betriebsvermögens im Rahmen des
Problems Steuerrecht und Betriebs-
wirtschaftsrecht, StBp 7. Jg.
(1967), S. 121-128.

(Gewinnermittlung)
Gewinnermittlung nach geltendem
Recht und Möglichkeiten künftiger
Gestaltung, StbJb 1971/72, S.
279-311.

Strobel, Wilhelm (Betriebswirtschaftslehre)
Betriebswirtschaftslehre und
Wissenschaftstheorie. Besprechungs-
aufsatz, ZfbF 20. Jg. (1968), S.
129-145.

Strube, Erich (Kostenremanenz)
Kostenremanenz und Beschäftigungs-
schwankungen, Diss. ing., TH
Berlin 1936.

(Beschäftigungsschwankungen)
Kostenremanenz und Beschäftigungs-
schwankungen, ZfhF 30. Jg. (1936),
S. 505-541.

Strutz, G. (Generalunkosten)
Gehören sg. „Generalunkosten" zum
Herstellungspreis im Sinne des §
33 a des Einkommensteuergesetzes?,
DStBl 7. Jg. (1924), Sp. 103-
109.

Stumpe, H. (AfA)
Degressive AfA und Gewerbeertragsteuer als Fertigungsgemeinkosten

Stumpe, H.   (1957), S. 248-250.

Stützel, Wolfgang   (Elementarkategorien)

Entscheidungstheoretische Elementarkategorien als Grundlage
einer Begegnung von Wirtschafts-
wissenschaft und Rechtswissenschaft, ZfB 36. Jg. (1966),
S. 769-789.

(Bilanztheorie)

Bemerkungen zur Bilanztheorie,
Sonderdruck der Zeitschrift für
Betriebswirtschaft, Wiesbaden
1967.

Tallau, Hermann   (Gewinnverwendungs-Bestimmungen)

Betriebswirtschaftliche Grundfragen der Gewinnverwendungs-Bestimmungen des Aktiengesetzes
von 1965, Diss. rer. pol., Göttingen 1968.

(Gewinnbegriff)

Der betriebswirtschaftlich-
bilanzielle Gewinnbegriff als
Grundlage der aktienrechtlichen
Gewinnbegriffe Jahresüberschuß
und Bilanzgewinn, ZfB 39. Jg.
(1969), S. 187-202.

Theiss, Holger   (Bildung)

Zur Bildung und Variation des
Zielausmasses der Unternehmung.
Ein Beitrag zur Theorie der
Unternehmerziele, Diss. rer.
pol., München 1969.

Thiel, Rudolf   (Gewinnermittlung)

Zur Reform der Gewinnermittlung-
Probleme der neuen Steuerbilanz,
ZfbF 23. Jg. (1971), S. 534-548.

Thielmann, Kurt   (Kostenbegriff)

Der Kostenbegriff in der Betriebswirtschaftslehre, in: Frankfurter
Wirtschafts- und sozialwissenschaftliche Studien, H. 12, Berlin 1964.

Thoma, Gerhard   (Steuerrechtsprechung)

Hat die Steuerrechtsprechung die
Erkenntnisse der Betriebswirt-
schaftslehre zu berücksichtigen?,
WPg 20. Jg. (1967), S. 233-235.

(Bundesfinanzhof)

Der Bundesfinanzhof und die
Betriebswirtschaftslehre, in:
50 Jahre Deutsche Finanzge-
richtsbarkeit. Festschrift des
Bundesfinanzhofs, München 1968,
S. 105-125.

(Gesetze)

Neue Gesetze und ihre Bedeutung
für die Steuerpraxis, StbJb 1971/
72, S. 59-71.

Thoms, Walter   (Verwaltung)

Verwaltung, betriebliche, HdB
Bd. IV, Sp. 6019-6024.

Tipke, Klaus   (Steuerrecht)

Steuerrecht - Chaos, Konglomerat
oder System?, StuW 48. (1.) Jg.
(1971), S. 2-17.

Toepfer, Rolf   (Werkzeugindustrie)

Die Werkzeugindustrie. Ihre Stand-
orte und deren bestimmende Faktoren, Diss. rer. pol., Hamburg
1963.

Trottmann, Erich   (Kostenbegriff)

Der Kostenbegriff im Versiche-
rungsbetrieb, Diss. rer. pol.,
Mannheim 1968.

Tubbesing, Günter   (Bewertung)

Zur verlustfreien Bewertung unfertiger Erzeugnisse, WPg 18.
Jg. (1965), S. 617-624.

Unterguggenberger,   (Plankostenrechnung)
Silvio
Die Stellung der Ist- und Plan-
kostenrechnung im Rahmen des
Bewertungsrechtes, Diss. rer.
pol., Wien 1959.

Unterguggenberger, Silvio
(Überlegungen)
Betriebswirtschaftliche Überlegungen zur Problematik der
Forschungs- und Entwicklungskosten für neue Industriepro-
dukte, ZfB 42. Jg. (1972), S.
263-282.

Upmeier, Werner
(Klassensteuer)
- Die neue "Klassensteuer" -
Die Verselbständigung der Besteuerung nach Einkommensarten,
dargestellt an der gesonderten
Besteuerung der Einkünfte aus
nichtselbständiger Arbeit
- Zum Postulat der Gleichmäßigkeit der Einkommensbesteuerung -, Diss. rer. pol., Köln
1970. Korrigierte Fassung Köln
1972.

Vangerow
(Einkommensteuer)
Zur Einkommensteuer - Zum Ur-
teil des BFH vom 5. 8. 1958
I 70/57 StW 1958 Nr. 296,
StuW 35. Jg. (1958), Sp. 825-
828.

ter Vehn, A.
(Gewinnbegriffe)
Gewinnbegriffe in der Betriebs-
wirtschaft, ZfB 1. Jg. (1924),
S. 361-375.

Veiel, Otto
(Herstellungskosten)
Herstellungskosten und Steuer-
bilanz, Berlin und Leipzig 1940.

Veigel, Alfred
(Einfluß)
Der Einfluß der Besteuerung auf
die Leistungsfähigkeit der Unternehmung. Eine theoretische und
praktische Untersuchung über die
wirtschaftliche und steuerliche
Entwicklung zur Kleinen und Großen Steuerreform, Diss. rer.
pol., Mannheim 1955.

van der Velde, Kurt   (Bilanzposten)

Kritische Bilanzposten (Typische
bei Betriebsprüfungen auftau-
chende Zweifelsfragen), StbJb
1956/57, S. 335-361.

(Herstellungskosten)

Herstellungskosten in der Kostenrechnung und in der Steuerbilanz,
3. Aufl., Stuttgart 1960.

(Neues)

Neues zur Ermittlung der Herstellungskosten, DB 15. Jg. (1962),
S. 709-712.

(Erkenntnisse)

Neuere Erkenntnisse auf dem Gebiet der Herstellungskosten.
Grundprobleme der steuerlichen
Bilanzierung, StbJb 1962/63, S.
179-198.

(Anschaffungskosten)

Problematisches zu den Anschaffungskosten, DB 16. Jg. (1964),
S. 526-529.

(Sicht)

Herstellungskosten in neuester
Sicht, DB 22. Jg. (1969), S. 1213-
1221.

van der Velde/Fuchs   (Entwicklungsaufwand)
Steuerliche Behandlung des
Entwicklungsaufwandes, DB 9. Jg.
(1956), S. 971-974.

(VDMA)   (Zweifelsfragen)
Verband Deutscher Ma-   Zweifelsfragen zum Begriff der
schinenbauanstalten   steuerlichen Herstellungskosten,
e. V.   Gutachten des Arbeitskreises
                             Herstellungskosten des VDMA, un-
                             veröffentlichte Manuskript 1961.

Vodrazka, Karl   (Kostenzurechnung)
                             Die Möglichkeiten der Kostenzu-
                             rechnung, ÖBW 14. Jg. (1964),
                             S. 11-50.

Vodrazka, Karl   (Wertuntergrenzen)

Wertuntergrenzen für das bilanzielle Vermögen im Aktien- und
Ertragsteuerrecht, in: Zur Besteuerung der Unternehmung,
Festschrift für Peter Scherpf
zum 65. Geburtstag, hrsg. v.
Otto Hintner und Hanns Linhardt, Berlin 1968.

Vogel, Horst   (Auswirkungen)

Auswirkungen des Aktiengesetzes
1965 auf das Bilanzsteuerrecht,
DB 19. Jg. (1966), S. 909-912.

(Besteuerung)

Wirkungen der Besteuerung in
wirtschafts- und gesellschaftspolitischer Sicht sowie auch im
internationalen Vergleich, StbJb
1969/70, S. 71-124.

Vogt, Hartmut   (Bilanzierung)

Bilanzierung betrieblicher For-
schungs- und Entwicklungsaus-
gaben, Diss. rer. pol., Köln 1967.

Volkmann, Ulrich   (Herstellungskosten)

Die Herstellungskosten in der Han-
dels- und Steuerbilanz, ZfhF 12.
Jg. (1960), S. 375-385.

Vormbaum, Herbert   (Anschaffungswert)

Anschaffungswert, HdR, Sp. 64-
68.

(Kapazitäten)

Die Messung von Kapazitäten und
Beschäftigungsgraden industrieller
Betriebe, Diss. rer. pol., Ham-
burg 1951.

(Kalkulationsarten)

Kalkulationsarten und Kalkulationsverfahren, 1. Aufl., Stuttgart
1966.

- W -   (Anmerkung)

Anmerkung, DStZ 54. Jg. (1966), S.
288.

Walb, Ernst

(Bilanz)

Finanzwirtschaftliche Bilanz, Wiesbaden 1966.

Waldschmidt, Jost

(Kostenänderungen)

Leistungs- und Kostenänderungen bei Automatisierung einer Grobblechstraße, Diss. ing., TU Clausthal 1968.

Wall, Fritz

(Erwägungen)

Grundsätzliche Erwägungen zur Handels- und Steuerbilanz, Stuttgart 1952.

von Wallis, (Hugo)

(Grundsätze)

Die Grundsätze ordnungsmäßiger Buchführung und das Steuerrecht aus der Sicht des AktG 1965, NB 20. Jg. (1967), H 2 S. 21-31.

Walther, Alfred

(Fixkostenproblem)

Fixkostenproblem, HdB Bd. II, Sp. 1965-1971.

(Aktivierungsproblem)

Das Aktivierungsproblem in Handelsbilanz und Steuerbilanz, Diss. jur., Heidelberg 1939.

Weber, Helmut Kurt

(Kosten)

Fixe und variable Kosten, die Probleme ihrer Zurechenbarkeit und Abgrenzung sowie die Bedeutung ihrer Unterscheidung, in: Göttinger Wirtschafts- und Sozialwissenschaftliche Studien, hrsg. von der Wirtschafts- und Sozialwissenschaftlichen Fakultät der Georg-August-Universität Göttingen, Bd. 12, Göttingen 1972.

Wegmann, Wolfgang

(Diskussion)

Der ökonomische Gewinn. Ein Beitrag zur neueren bilanztheoretischen Diskussion, Diss. rer. pol., Köln 1968.

(Gewinn)

Der ökonomische Gewinn, DB 24. Jg. (1971), S. 733-737.

Wegner, Gustav A.   (Aktivierung)

Über die Aktivierung der Gemeinkosten von selbsterstellten Anlagen und Waren gemäß HGB § 261,
ZfhF 27. Jg. (1933), S. 442-445.

Wegner, Heinz   (Fragwürdigkeit)

Über die Fragwürdigkeit genauer
Kostenträgerrechnungen, in:
Prüfung und Besteuerung der Betriebe, Festschrift für Wilhelm
Eich zu seinem 70. Geburtstag,
hrsg. v. Dieter Pohmer, Berlin
1959, S. 127-145.

Wehner, B.   s. Böttger, W.

Wehr   (Prüfung)

Zur Ermittlung und Prüfung der
steuerlichen Herstellungskosten,
Steuer-Warte 25. Jg. (1952), S.
81-85.

(Preisermittlung)

Steuerliche Herstellungskosten
und die Leitsätze für die Preisermittlung auf Grund von Selbstkosten, Steuer-Warte 27. Jg.
(1954), S. 54-56.

Weilbach, Erich A.   (Ökonomität)

Die Ökonomität als Leitbild moderner Unternehmungspolitik, in:
Neue Wege der Betriebswirtschaft,
Festschrift für Walter Thoms zu
seinem 65. Geburtstag, hrsg. v.
Erich A. Weilbach, Herne/Berlin
1964, S. 1-13.

s. Kollnig, Karl

Weissenborn   (Kalkulationspflicht)

Gehört zum Begriff der ordnungs-
mäßigen Buchführung im Sinne des
Steuerrechts auch eine Kalkulationspflicht?, NB 10. Jg. (1958),
S. 24-25.

Wessling, Gerd   (Wertansätze)

Prüfung der Wertansätze für
Halbfabrikate und selbster-
stellte Anlageteile beim Jahresabschluß kleiner und mitt-
lerer Unternehmen, Düsseldorf
1962.

Wheeler, John T.   (Accounting)

Accounting Theory and Research
in Perspective, Acc. Rev. Vol.
XLV (1970), S. 1-10.

Wiebusch, H. F.   (Behandlung)

Steuerliche Behandlung der
Formen und Formkosten, StBp
7. Jg. (1967), S. 219-224.

Wille, Friedrich   (Direktkostenrechnung)

Direktkostenrechnung mit stufen-
weiser Fixkostendeckung? -
Eine kritische Stellungnahme -,
ZfB 29. Jg. (1959), S. 737-741.

                              (Standardkostenrechnung)

Plan- und Standardkostenrechnung, 2. Aufl., Essen 1963.

                              s. Böhm, Hans-Hermann

Wirtschaftsprüfer-   hrsg. v. Institut der Wirtschafts-
Handbuch 1973   prüfer in Deutschland e. V., Düs-
                              seldorf 1973.

Wöhe, Günter   (Grundprobleme)

Methodologische Grundprobleme
der Betriebswirtschaftslehre,
Meisenheim 1969.

                              (Einführung)

Einführung in die Allgemeine
Betriebswirtschaftslehre, 10.
Aufl., Berlin und Frankfurt
a. M. 1971.

                              (Bilanzierung)

Bilanzierung und Bilanzpolitik,
Betriebswirtschaftlich - han-
delsrechtlich - steuerrechtlich. Mit einer Einführung in
die verrechnungstechnischen
Grundlagen, München 1971.

Wöhe, Günter

(Steuerlehre)

Betriebswirtschaftliche Steuerlehre, Bd. I, 3. Aufl., München
1972.

Wohlgemuth, Michael

(Planherstellkosten)

Die Planherstellkosten als Be-
wertungsmaßstab der Halb- und
Fertigfabrikate. Ein Beitrag zur
handels- und steuerrechtlichen
Bewertung in der Bilanz der
Aktiengesellschaft, in: Grundlagen u. Praxis der Betriebswirtschaft, Berlin 1969.

(Eignung)

Eignung und Verwendbarkeit der
Planherstellkosten zur bilanziel-
len Erzeugnisbewertung, ZfbF 22.
Jg. (1970), S. 387-406.

Wuth, K.

(Fertigungsgemeinkosten)

Fertigungsgemeinkosten, Teilwert-
abschreibung und Unternehmerlöhne,
Industrie und Steuer 1941, Teil
I, S. 158-160.

Wuttke, K. W.

(Kosten-Einflußgrössenrechnung)

Kosten-Einflußgrössenrechnung,
ZfB 28. Jg. (1958), S. 385-396.

Zeidler, Fritz

(Kostenrechnung)

Technologie der Kostenrechnung,
BFuP 1. Jg. (1949), S. 398-410.

Zettl, Hubert

(Prozeß)

Der Prozeß der Entwicklung und
Einführung betriebswirtschaft-
licher Informationssysteme,
Diss. rer. pol., München 1969.

Zimmermann, Egon

(Herstellungskosten)

Die Herstellungskosten in der
Steuerbilanz, Berlin-Charlot-
tenburg o. Jg. (1941).

Zimmermann, Hans   (Bewertung)

                          Die Problematik der steuerlichen
                          Bewertung in betriebswirtschaft-
                          licher Sicht, Diss. rer. pol.,
                          Mannheim 1957.

Zoll, Walter   (Kostenbegriff)

                          Kostenbegriff und Kostenrechnung,
                          Zur Diskussion über den pagato-
                          rischen Kostenbegriff, ZfB 30.
                          Jg. (1960), S. 15-25.

Zoller, Horst   (Kostenzurechnungsprinzip)

                          Kostenzurechnungsprinzip, Ko-
                          stenbegriff und Stückkosten.
                          Eine Studie über die Problema-
                          tik „Voll- oder Teilkosten",
                          KRP 4/1969, Fachgruppe 1, S.
                          161-168.

Zybon, Adolf   (Rechnungswesen)

                          Rechnungswesen und Organisation,
                          in: Abhandlungen aus dem Indu-
                          strieseminar der Universität zu
                          Köln, hrsg. v. Theodor Beste,
                          Heft 26, Berlin 1969.

Urteilsregister

I. Reichsfinanzhof

Aktenzeichen	Datum	Amtliche Quelle oder sonstige Fundstelle
VI A 575/26	14.12.1926	AS Bd. 20, 87
I A 321/26	12. 4.1927	AS Bd. 21, 105 RStBl 1927, 20 StW 1927 Nr. 348
VI A 1031/28	26. 9.1928	RStBl 1928, 363 StW 1928 Nr. 804
VI A 1349/28	8. 5.1929	RStBl 1929, 410 StW 1929 Nr. 497
VI A 1789/29	6. 2.1930	RStBl 1930, 346 StW 1930 Nr. 468
VI A 1097/30	5.11.1930	RStBl 1931, 107 StW 1931 Nr. 445
I A 245/30	9. 1.1931	RStBl 1931, 307
VI A 1111/31	14. 1.1932	StW 1932 Nr. 255
VI A 1307/32	29.11.1933	RStBl 1934, 340
I A 31/33	5.12.1933	RStBl 1934, 621
VI A 197/36	1. 4.1936	RStBl 1936, 446
I 273/38	13. 9.1938	s. Gutachten 4.2.1939
VI 374/38	10. 8.1938	RStBl 1938, 888
VI 744/38	11. 1.1939	RStBl 1939, 323
Gutachten Gr. S.D 7/38	4. 2.1939	RStBl 1939, 321
VI 125/39	1. 3.1939	RStBl 1939, 630 AS Bd. 46, 251
I 343/38	4. 4.1939	RStBl 1939, 780
I 273/38	16. 5.1939	RStBl 1939, 781
Bescheid I 67/39	21.11.1939 5. 3.1940	bestätigt durch RStBl 1940, 683
III 74/39	4. 6.1940	RStBl 1940, 1067 AS Bd. 48, 330

Aktenzeichen	Datum	Amtliche Quelle oder sonstige Fundstelle
II. Bundesfinanzhof		
IV 469/51	15. 5.1952	BStBl 1952 III, 169
IV 695/54	30. 6.1955	BStBl 1955 III, 238 AS Bd. 61, 104
I 14/55	16. 8.1955	BStBl 1955 III, 306 AS Bd. 61, 283
I 86/57	8.10.1957	BStBl 1957 III, 442
I 70/57	5. 8.1958	BStBl 1958 III, 392
Gutachten I D 1/58 S	26. 1.1960	BStBl 1960 III, 191 BB 1960, 545
I 13/61	28. 2.1961	BStBl 1961 III, 383
I 195/60	28. 2.1961	BStBl 1961 III, 384
IV 14/59	26. 7.1962	BStBl 1962 III, 389
I 69/62	15. 5.1963	BStBl 1963 III, 503
IV 236/63 S	13. 3.1964	BStBl 1964 III, 426
I 99/63	11. 1.1966	BStBl 1966 III, 310
I 103/63	15. 2.1966	BStBl 1966 III, 468 AS Bd. 85, 496
IV 252/60	5. 5.1966	BStBl 1966 III, 370
IV 309/62	3. 8.1966	BStBl 1966 III, 670
IV 300/64	27. 7.1967	BStBl 1967 III, 690
I 219/63	31. 7.1967	BStBl 1968 II, 22
VI R 6/67	24. 5.1968	BStBl 1968 II, 574
IV R 234/67	22. 8.1968	BStBl 1968 II, 801
IV R 4/68	24. 2.1972	DB 25. Jg. (1972), 806 f.
VIII R 45/66	29. 2.1972	BStBl 1972 III, 533 f.
III R 21/71	19. 5.1972	BStBl 1972 II, 748
III R 100-101/ 72	20. 7.1973	DB 26. Jg. (1973), 2173 f.

Aktenzeichen	Datum	Amtliche Quelle oder sonstige Fundstelle

III. Finanzgerichte

FG Hannover
IV Kö 64/62   7.12.1962   EFG 1963, 348

IV. Bundesverfassungsgericht

BVerfG   14. 4.1959   1 Bvl 23, 34/57
BVerfGE   Bd. 9 (1959), 237-250

BVerfG   11. 7.1967   1 BvR 495/63, 325/66
                               StRK KörpStG § 6 Abs. 1
                               Satz 2 R 131, 257-260

V. Verwaltungserlasse und Verwaltungsverfügungen

Erl.Fin.Min.NRW   4.12.1958   BStBl 1958 II, 189 f.
S 2118-6184/VB-1
- Steuerliche Behandlung von Forschungs- und Ent-
  wicklungskosten -

Erl.Fin.Min.NRW   15. 2.1966   BStBl 1966 II, 56 f., 240
S 3194-19/V 1
- Behandlung von Erzeugnisbeständen bei der Einheits-
  bewertung des Betriebsvermögens -

Erl.Fin.Min.NRW   17. 9.1970   WPg 23. Jg. (1970), 629
S 2171-12/VB-1
- Bewertung des Vorratsvermögens -

Erl.Fin.Min.NRW   18. 6.1973   DB 26. Jg. (1973), 1278 f.
2174/S 2171
- Berücksichtigung von Zinsen für Fremdkapital bei der
  Ermittlung der Herstellungskosten eines Wirtschafts-
  guts -

Erl.Fin.Min.   18. 6.1973   DB 26. Jg. (1973), 1278 f.
Niedersachsen
S 2171-8-31 1
- Berücksichtigung von Zinsen für Fremdkapital bei der
  Ermittlung der Herstellungskosten eines Wirtschafts-
  guts -

OFD Düsseldorf   19.10.1961   DB 14. Jg. (1961), 1437
Verfg. S 2209 A   BB 16. Jg. (1961), 1227
Anlage 4
- Bewertung von selbst hergestellten Halb- und Fertig-
  erzeugnissen -

Aktenzeichen	Datum	Amtliche Quelle oder sonstige Fundstelle

Erl. OFD Stuttgart
S 2209-35-St 32   19. 2.1951 BB 6. Jg. (1951), 300
- Bewertung halbfertiger Erzeugnisse eines Herstel-
  lungsbetriebes in der DM-Eröffnungsbilanz -

Ergebnis der Besprechung der Bewertungs- und VSt.-
Referenten der obersten Finanzbehörden der Länder
vom 10./12. 9. 1973)   DB 26.Jg. (1973), 2272
- Behandlung von Fremdkapitalzinsen bei der Teilwertermittlung für Erzeugnisbestände -

Anhang

Lfd. Nr.	Gesamtproduktion von ... bis unter ... DM	Erfaßte Unternehmen	Gesamtproduktion je Unternehmen in DM	Materialkosten (++)	Differenz	Kosten Hilfsstoffe	Differenz	Materialkosten + Kosten Hilfsstoffe	Differenz	Lohnkosten	Differenz	Kapitalkosten (+)	Differenz	Materialkosten + Kosten Hilfsst. + Lohnkosten	Differenz	Materialkosten + Kosten Hilfsst. + Lohnk. + Kapitalk.	Differenz
1	2	3	4	5	6	7	8	9	10	11	12	13	14	15	16	17	18
1	100 000 – 1 Mill.	92	537,7	34,8		2,4		37,2		20,2		7,5		57,4		64,9	
2	1 Mill.– 2 Mill.	70	1 388,9	36,5		2,2		38,7		19,9		7,5		58,6		66,1	
3	2 Mill.– 5 Mill.	75	3 274,4	41,3		2,1		43,4		16,5		8,0		59,9		67,9	
4	5 Mill.– 25 Mill.	72	10 937,4	45,6		1,8		47,4		15,1		8,7		62,5		71,2	
5	25 Mill.– 100 Mill.	14	43 294,8	49,3	14,5	2,4	0,6	51,7	14,5	13,8	6,4	8,4	1,2	65,5	8,3	73,9	9,0
	Kunststoffverarbeitende Industrie	323															
6	250 000 – 2 Mill.	26	921,7	32,5		3,1		35,6		23,6		7,5		59,2		66,7	
7	2 Mill.– 10 Mill.	23	4 643,7	36,8		3,0		39,8		19,7		7,3		59,5		66,8	
8	10 Mill.– 100 Mill.	28	30 262,6	36,7	4,2	2,6	0,5	39,3	4,2	23,7	4,0	7,2	0,3	63,0	3,8	70,2	3,4
	Gummiverarbeitende Industrie	77															
9	250 000 – 1 Mill.	14	674,6	8,2		7,1		15,3		27,6		9,7		42,9		52,6	
10	1 Mill.– 5 Mill.	18	2 477,4	15,1		7,2		22,3		20,7		9,2		38,0		47,2	
11	5 Mill.– 25 Mill.	14	10 275,0	23,5	15,3	5,4	1,8	28,9	13,6	16,3	11,3	13,1	3,9	45,2	7,2	58,3	11,1
	Natursteinindustrie	50															
12	500 000 – 2 Mill.	44	1 141,0	6,4		16,7		23,1		30,8		5,6		53,9		59,5	
13	2 Mill.– 5 Mill.	31	2 978,6	11,8		13,6		25,4		27,9		5,3		53,3		58,6	
14	5 Mill.– 25 Mill.	22	8 853,5	13,5	7,1	10,7	6,0	24,2	2,3	28,5	2,9	6,6	1,3	52,7	1,2	59,3	0,9
	Ziegelindustrie	97															
15	500 000 – 2 Mill.	30	1 290,7	27,3		5,5		32,8		31,7		4,6		64,5		69,1	
16	2 Mill.– 5 Mill.	32	3 025,4	28,9		5,0		33,9		29,6		5,0		63,5		68,5	
17	5 Mill.– 10 Mill.	21	7 481,7	31,4		5,3		36,7		26,1		5,3		62,8		68,1	
18	10 Mill.– 100 Mill.	15	25 528,2	35,0	7,7	5,5	0,5	40,5	7,7	24,7	7,0	5,9	1,3	65,2	2,4	71,1	3,0
	Eisengießerei	98															
19	250 000 – 1 Mill.	24	607,6	37,8		2,4		40,2		23,6		4,4		63,8		68,2	
20	1 Mill.– 5 Mill.	36	2 175,1	39,4		2,6		42,0		23,0		4,7		65,0		69,7	
21	5 Mill.– 25 Mill.	18	9 514,5	44,1		3,1		47,2		21,6		4,0		68,8		72,8	
22	25 Mill.– 100 Mill.	4	52 295,0	46,5	8,7	3,7	1,3	50,2	10,0	20,2	3,4	5,7	1,7	70,4	6,6	76,1	7,9
	NE-Metallgießerei	85															

Tab. 1 Anlage 1

+) Vgl. FN 2 S.160 f. in dieser Untersuchung

++) Kosten (Spalte 5 – 18, in % der Gesamtproduktion je Unternehmen)

1	2	3	4	5	6	7	8	9	10	11	12	13	14	15	16	17	18
23	100 000 – 1 Mill.	7	512,7	39,8		4,1		43,9		20,7		5,9		64,6		70,5	
24	1 Mill. – 5 Mill.	22	2 831,8	38,2		4,3		42,5		23,6		4,2		66,1		70,3	
25	5 Mill. – 10 Mill.	15	7 723,5	43,3		4,4		47,7		18,4		5,7		66,1		71,8	
26	10 Mill. – 50 Mill.	22	17 793,8	44,4		4,3		48,7		20,0		4,3		68,7		73,0	
	Herstellung von Ge-senk-u. leichten Frei-formschmiedestücken	66			6,2		0,3		6,2		2,3		1,7		4,1		2,7
27	250 000 – 1 Mill.	14	534,6	35,1		2,4		37,5		24,4		6,2		61,9		68,1	
28	1 Mill. – 2 Mill.	18	1 412,4	36,4		1,9		38,3		23,2		5,2		61,5		66,7	
29	2 Mill. – 5 Mill.	21	3 297,3	40,9		1,8		42,7		21,4		4,8		64,1		68,9	
30	5 Mill. – 25 Mill.	23	11 612,2	43,1		2,4		45,5		20,3		6,4		65,8		72,2	
31	25 Mill. – 100 Mill.	4	48 635,0	38,5		3,1		41,6		22,1		5,1		63,7		68,8	
	Herstellung von Schrauben, Norm-u. Fassondrehteilen	80			8,0		1,3		8,0		4,1		1,6		4,3		5,5
32	1 Mill. – 10 Mill.	16	4 075,4	37,0		1,1		38,1		25,4		6,9		63,5		70,4	
33	10 Mill. – 25 Mill.	18	16 869,0	44,6		1,3		45,9		18,3		7,9		64,2		72,1	
34	25 Mill. – 150 Mill.	12	49 303,7	46,3		1,4		47,7		20,8		8,7		68,5		77,2	
	Hoch-Brücken-u. War-serbau aus Stahl u. Leichtmetall sowie Weichenbau	46			9,3		0,3		9,6		7,1		1,8		5,0		6,8
35	250 000 – 2 Mill.	34	1 326,4	45,5		0,7		46,2		19,8		6,1		66,0		72,1	
36	2 Mill. – 5 Mill.	37	3 255,5	46,1		0,5		46,6		20,9		4,1		67,5		71,6	
37	5 Mill. – 50 Mill.	24	11 102,8	47,5		0,3		47,8		19,8		5,2		67,6		72,8	
	Montage u. Reparatur v. lüftunge-, wärme-u. ge-sundheitstechn. Anlagen	95			2,0		0,4		1,6		1,1		2,0		1,6		1,2
38	500 000 – 2 Mill.	40	1 277,4	32,9		1,6		34,5		23,3		8,1		57,8		75,9	
39	2 Mill. – 5 Mill.	86	3 241,3	34,9		1,5		36,4		21,3		8,1		57,7		75,8	
40	5 Mill. – 10 Mill.	81	7 134,9	35,5		1,2		36,7		19,5		8,6		56,2		64,8	
41	10 Mill. – 25 Mill.	94	16 108,2	40,2		1,2		41,4		17,6		8,9		59,0		67,9	
42	25 Mill. – 50 Mill.	58	36 761,5	39,8		1,4		41,2		18,6		8,0		59,8		67,8	
43	50 Mill. – 100 Mill.	40	69 672,4	43,1		1,2		44,3		17,0		7,5		61,3		68,8	
44	100 Mill. und mehr	22	179 215,5	46,1		1,3		47,4		16,0		7,9		63,4		71,3	
	Maschinenbau	421			13,2		0,4		12,9		7,3		1,4		7,2		11,1
45	100 Mill. und mehr	12	1 923 457,5	54,7		1,4		56,1		13,1		5,1		69,2		74,3	
	Kraftwagenindustrie	12			–		–		–		–		–		–		–

Fortsetzung Tab. 1 Anlage 1

1	2	3	4	5	6	7	8	9	10	11	12	13	14	15	16	17	18
46	250 000 – 2 Mill.	15	1 035,0	35,3		1,6		36,9		28,0		4,2		64,9		69,1	
47	2 Mill. – 5 Mill.	12	3 340,8	44,5		1,8		46,3		26,1		3,5		72,4		75,9	
48	5 Mill. – 25 Mill.	15	11 222,1	52,4		1,5		53,9		19,6		4,9		73,5		78,4	
49	25 Mill. – 100 Mill.	9	41 373,6	59,9		1,6		61,5		17,9		1,6		79,4		81,0	
50	100 Mill. und mehr	9	253 030,5	58,0		1,8		59,8		21,3		3,3		81,1		84,4	
	Schiffbau	60			24,6		0,3		24,6		10,1		3,3		16,2		15,3
51	100 000 – 1 Mill.	18	524,4	31,8		1,0		32,8		28,1		5,9		60,9		66,8	
52	1 Mill. – 2 Mill.	21	1 476,4	51,8		0,8		52,6		17,2		5,1		69,8		74,9	
53	2 Mill. – 5 Mill.	21	3 046,4	41,9		0,8		42,7		20,8		6,1		63,5		69,6	
54	5 Mill. – 25 Mill.	16	12 210,4	38,7		0,9		39,6		26,5		6,0		66,1		72,1	
	Uhrenindustrie	76			20,0		0,2		19,8		10,9		1,0		8,9		8,1
55	100 000 – 500 000	13	298,3	31,1		3,0		34,1		29,8		5,7		63,9		69,6	
56	500 000 – 2 Mill.	22	1 047,1	36,1		2,2		38,3		23,2		5,6		61,5		67,1	
57	2 Mill. – 5 Mill.	25	3 084,0	34,7		2,1		36,8		20,6		9,3		57,4		66,7	
58	5 Mill. – 50 Mill.	17	12 425,5	37,3		1,7		39,0		19,6		8,4		58,6		67,0	
	Werkzeugindustrie	77			6,2		1,3		4,9		10,2		3,7		6,5		2,9
59	250 000 – 2 Mill.	23	1 142,2	33,9		1,8		35,7		26,2		7,1		61,9		69,0	
60	2 Mill. – 5 Mill.	18	3 103,9	34,6		1,7		36,3		25,3		7,0		61,6		68,6	
61	5 Mill. – 10 Mill.	13	7 286,2	35,2		1,9		37,1		24,4		7,4		61,5		68,9	
62	10 Mill. – 50 Mill.	13	21 226,6	37,0		1,6		38,6		21,8		6,4		60,4		66,8	
	Schloß- u. Beschlag-industrie	67			3,1		0,3		2,9		4,4		1,0		1,5		2,2
63	100 000 – 500 000	24	274,8	34,1		1,8		35,9		29,7		6,0		65,6		71,6	
64	500 000 – 2 Mill.	24	944,2	37,0		2,0		39,0		26,8		5,7		65,8		71,5	
65	2 Mill. – 25 Mill.	27	7 674,5	35,7		1,7		37,4		21,4		12,5		58,8		71,3	
	Schneidwaren- u. Besteckindustrie	75			2,9		0,3		3,1		8,3		6,8		7,0		0,3
66	250 000 – 2 Mill.	32	1 022,2	42,2		1,7		43,9		19,0		6,3		62,9		69,2	
67	2 Mill. – 10 Mill.	49	4 664,8	43,4		1,7		45,1		19,3		7,5		64,4		71,9	
68	10 Mill. – 100 Mill.	30	24 183,2	49,2		1,5		50,7		14,2		7,5		64,9		72,4	
	Stahlblechverarbeitung	111			7,0		0,2		6,8		5,1		1,2		2,0		3,2
69	250 000 – 500 000	35	399,4	55,9		1,8		57,7		15,7		5,2		73,4		78,6	
70	500 000 – 1 Mill.	91	730,0	55,3		1,9		57,2		16,1		4,5		73,3		77,8	
71	1 Mill. – 2 Mill.	57	1 473,6	56,5		1,6		58,1		14,7		4,5		72,8		77,3	
72	2 Mill. – 5 Mill.	43	2 839,4	56,5		1,2		57,7		14,7		5,0		72,4		77,4	
73	5 Mill. – 50 Mill.	5	21 251,8	58,6		1,6		60,2		11,9		5,9		72,1		78,0	
	Sägewerke	231			3,3		0,7		3,0		3,8		1,4		1,3		1,3
74	250 000 – 1 Mill.	33	723,5	38,1		1,7		39,8		23,7		9,9		63,5		73,4	
75	1 Mill. – 2 Mill.	48	1 440,4	43,5		1,5		45,0		19,9		8,5		64,9		73,4	
76	2 Mill. – 5 Mill.	61	3 197,6	42,0		1,5		43,5		18,0		10,1		61,5		71,6	
77	5 Mill. – 10 Mill.	28	7 583,1	45,8		1,3		47,1		14,6		10,6		61,7		72,3	
78	10 Mill. – 25 Mill.	18	14 142,6	46,6		1,1		47,7		14,9		10,8		62,6		73,4	
79	25 Mill. – 100 Mill.	6	36 782,4	46,1		1,5		47,6		15,4		8,5		63,0		71,5	
	Möbelindustrie	194			8,5		0,6		7,9		5,7		2,3		3,4		1,9

Fortsetzung Tab. 1 Anlage 1

1	2	3	4	5	6	7	8	9	10	11	12	13	14	15	16	17	18
80	250 000 - 1 Mill.	26	678,5	41,7		1,7		43,4		21,7		6,9		65,1		72,0	
81	1 Mill. - 2 Mill.	25	1 417,7	44,5		1,2		45,7		19,2		8,8		64,9		73,7	
82	2 Mill. - 5 Mill.	45	3 200,8	45,4		1,0		46,4		18,7		9,7		65,1		74,8	
83	5 Mill. - 10 Mill.	27	7 053,8	44,5		0,8		45,3		17,1		10,9		62,4		73,3	
84	10 Mill. - 25 Mill.	18	14 807,7	45,5		1,0		46,5		16,6		8,8		63,1		71,9	
85	100 Mill. - 250 Mill.	3	121 797,0	46,1		1,1		47,2		15,6		10,7		62,8		73,5	
	Sitzmöbel- und Tischindustrie	144			4,4		0,9		3,8		6,1		3,8		2,7		2,9
86	100 000 - 500 000	11	465,6	25,5		8,6		34,1		28,7		6,8		62,8		69,6	
87	1 Mill. - 5 Mill.	28	3 046,6	35,1		8,9		44,0		18,7		7,5		62,7		70,2	
88	5 Mill. - 25 Mill.	36	15 489,0	46,4		6,4		52,8		14,7		6,8		67,5		74,3	
89	25 Mill. - 100 Mill.	19	52 358,9	46,6		5,6		52,2		14,2		5,9		66,4		72,3	
90	100 Mill. und mehr	5	321 466,6	45,9		6,4		52,3		12,2		7,2		64,5		71,7	
	Holzschliff-, zellstoff-papier- u. pappeerzeugende Industrie	99			21,1		3,3		18,7		16,5		1,6		4,8		4,7
91	100 000 - 500 000	16	275,4	37,0		1,5		38,5		25,0		6,5		63,5		70,0	
92	500 000 - 1 Mill.	17	696,6	37,1		1,2		38,3		26,0		4,9		64,3		69,2	
93	1 Mill. - 2 Mill.	22	1 343,0	46,9		1,0		47,9		18,1		5,6		66,0		71,6	
94	2 Mill. - 25 Mill.	24	4 381,1	45,0		1,2		46,2		19,3		5,8		65,5		71,3	
	Kartonagenindustrie	79			9,9		0,5		9,6		7,9		1,6		2,5		2,4
95	250 000 - 1 Mill.	75	722,2	27,1		1,3		28,4		27,6		6,4		56,0		62,4	
96	1 Mill. - 2 Mill.	88	1 457,0	29,8		1,2		31,0		26,6		6,0		57,6		63,6	
97	2 Mill. - 5 Mill.	99	3 165,2	32,6		1,3		33,9		24,5		6,1		58,4		64,5	
98	5 Mill. - 10 Mill.	42	7 079,4	34,7		1,3		36,0		23,7		7,3		59,7		67,0	
99	10 Mill. - 25 Mill.	38	13 932,5	37,1		1,2		38,3		24,6		6,4		62,9		69,3	
100	25 Mill. - 100 Mill.	13	39 862,4	43,5		1,5		45,0		21,2		5,2		66,2		71,4	
	Druckereiindustrie	355			16,4		0,3		16,6		6,4		2,1		10,2		9,0

Fortsetzung Tab 1 Anlage 1

Nr. der Systematik	Wirtschaftsgliederung	Erfaßte Abschlüsse	Gesamt-leistung	Material-verbrauch usw	%	Löhne, Gehälter	%	Abschreibungen auf Sachanlagen	%
0	Land- und Forstwirtschaft, Fischerei	8	128,9	74,1	57	27,5	21	8,9	6
1	Energiewirtschaft und Bergbau	152	27 606,0	12 517,7	45	5 511,8	19	3 129,2	11
10	Energiewirtschaft und Wasserversorgung	111	14 567,3	7 225,2	49	1 727,9	11	2 046,9	14
110	Steinkohlenbergbau und Kokerei	27	9 317,5	3 618,1	38	3 092,3	33	669,1	7
111/9	Übriger Bergbau	14	3 721,3	1 674,3	44	691,6	18	413,2	11
2	Verarbeitendes Gewerbe (ohne Baugewerbe)	1 055	150 158,9	77 533,8	51	30 257,2	20	8 610,0	5
200	Chemische Industrie (einschl. Kohlenwertstoff-industrie)	83	23 865,0	10 929,0	45	4 848,5	20	1 880,5	7
205	Mineralölverarbeitung	12	13 386,5	6 241,2	46	438,4	3	417,4	3
210	Kunststoffverarbeitung	6	387,9	194,4	50	88,4	22	21,2	5
215	Gummi- und Asbestverarbeitung	19	2 526,6	1 220,8	48	696,2	27	124,0	4
220	Gew. und Verarbeitung von Steinen und Erden	64	2 690,1	1 186,7	44	535,8	19	273,6	10
224	Feinkeramik	20	681,6	178,0	26	268,1	39	55,4	8
227	Herstellung und Verarbeitung von Glas	13	1 084,6	426,1	39	263,7	24	92,6	8
230,4, 8/9	Eisen- und Stahlerzeugung usw	71	22 500,7	12 753,4	56	5 063,7	22	1 659,6	7
232,6	NE-Metallerzeugung, -gießerei	16	6 412,9	5 125,9	79	548,9	8	149,8	2
240	Stahl- und Leichtmetallbau	21	1 340,0	643,1	47	422,1	31	36,1	2
242	Maschinenbau	129	13 009,7	6 697,0	51	3 648,1	28	496,7	3
244,8	Straßen- und Luftfahrzeugbau	20	24 136,1	13 499,3	55	4 342,9	17	1 589,4	6
246	Schiffbau	10	1 986,3	1 216,1	61	561,3	28	47,3	2
250	Elektrotechnik	46	15 652,3	6 997,8	44	4 850,3	30	702,8	4
252,4	Feinmechanik, Optik, Uhrenherstellung	18	687,5	304,5	44	195,2	28	21,8	3
256	Herstellung von EBM-Waren	38	1 754,9	876,2	49	453,0	25	74,8	4
258	Herstellung von Spielwaren, Schmuck usw.	4	124,6	37,4	30	49,9	40	2,0	1
260/1	Holzbe- und -verarbeitung	21	306,9	163,2	53	68,9	22	10,8	3
264	Zellstoff- und Papiererzeugung	22	2 025,6	1 087,8	53	396,3	19	132,3	6
265/8	Papierverarbeitung, Druckerei	26	319,2	141,5	44	88,0	27	14,5	4
270/2	Ledergewerbe	21	829,7	456,5	55	212,8	25	18,5	2
275/6	Textil- und Bekleidungsgewerbe	140	5 192,2	2 950,6	56	1 105,2	21	223,9	4
281	Mahl- und Schälmühlen	13	664,5	561,1	84	35,1	5	9,3	1
285	Zuckerindustrie	30	1 273,1	788,0	61	137,8	10	62,0	4
293	Brauerei und Mälzerei	136	3 377,4	967,1	28	570,7	16	382,5	11
Rest 8/9	Übriges Nahrungsmittelgewerbe	56	3 943,0	1 891,0	47	368,2	9	111,5	2
3	Baugewerbe	37	3 536,4	1 540,7	43	1 187,0	33	177,4	5
1/3	Produzierendes Gewerbe	1 244	181 301,3	91 592,1	50	36 956,0	20	11 916,7	6

Tab. 2 Anlage 2: Brutto-Erfolgsrechnungen der Aktiengesellschaften 1966

Kostenstellen / Kostenarten	Vertei-lungs-schlüssel	Vertei-lungs-grund-lage	Buch-haltung	Einzelkosten			unechte Gemeinkosten										Echte Gemein-kosten
							KSt I			KSt II			KSt III			KSt IV	
				A	B	C	A	B	C	A	B	C	A	B	C	A	
I EINZEL-KOSTEN																	
-Material-EK	direkt	M-Scheine	1 041 000	364 350	260 250	416 400											
-Lohn-EK	direkt	L-Scheine	618 000	123 600	265 740	228 660											
-Fertigung		L-Liste															
-Sozial																	
II GEMEIN-KOSTEN																	
Hilfsstoff-kosten	direkt	M-Scheine kWh	63 000				3 710	7 420	7 420		4 536	6 804	5 159	14 496	4 915	4 640	
Personal-kosten			264 000														264 000
Sozial-kosten			24 000														24 000
Abschrei-bungen			242 600														242 600
Versiche-rungen			18 000														18 000
Zinsen			18 400														18 400
Instand-haltung			33 000														33 000

Tab. 7   Anlage 3

KOSTENSTELLEN

Fertigung spans KSt I–KSt IV; Beschaffung spans Einkauf Lagerverwaltung / Material-ausgabe.

Kostenstellen → / Kostenarten ↓	Verteilungs-schlüssel	Verteilungs-grundlage	Buch-haltung	Einkauf Lager-verwaltung	Material-ausgabe	FHi-KSt	KSt I A	KSt I B	KSt I C	KSt II B	KSt II C	KSt III A	KSt III B	KSt III C	KSt IV A	Allgemeine Verwaltung	Vertrieb
EINZELKOSTEN																	
Material-EK			1 659 000 [1]														
Lohn-EK – Fertigung			1 041 000														
– Sozial			618 000														
GEMEINKOSTEN																	
Personalkosten	direkt	Liste	264 000	19 600	20 000	39 600										107 400	77 400
Sozialkosten	Umlage	Kopfzahl	24 000	2 200	2 400	4 600										9 763	5 037
Hilfsstoffkost.	direkt	M-Scheine / kWh	63 000	-	720	680	3 710	7 420	7 420	4 536	6 804	5 159	14 496	4 915	4 640	1 400	1 100
Abschreibungen	Umlage	Anlagenkartei	242 600	3 100	4 300	6 300	12 743	26 759	22 210	12 544	23 294	21 742	38 811	20 069	15 928	18 600	16 200
Versicherungen	Umlage	Versicherungs-grundlage	18 000	200	200	100	942	2 360	1 368	820	1 620	1 460	2 680	1 310	940	2 800	1 200
Zinsen	Umlage	anteiliges FK	18 400	300	120	160	954	2 210	1 911	712	1 820	1 720	2 186	1 280	966	2 720	1 341
Instandhaltung	direkt	Rechnungen	33 000	-	360	434	1 864	4 122	3 776	1 985	962	3 360	5 142	2 150	822	6 564	1 459
ΣGemeinkosten	-	-	663 000	25 400	28 100	51 874	20 213	42 871	36 685	20 597	34 500	33 441	63 315	29 724	23 296	149 247	103 737
Umlage FHi-KSt	Umlage	AZ-E	-	-	-	→	2 863	4 295	4 773	7 003	8 559	5 602	6 017	9 131	3 631	-	-
ΣGemeinkosten	-	-	663 000	-	-	-	23 076	47 166	41 458	27 600	43 059	39 043	69 332	38 855	26 927	-	-
M-GK-Zuschl.		Material-EK			2,7 %												
F-GK-Zuschlag		AZ-E: DM/h, h/St, DM/St					4,82 / 0,149 / 0,72	6,56 / 0,197 / 1,30	5,19 / 0,202 / 1,05	4,99 / 0,152 / 0,76	6,37 / 0,171 / 1,09	6,28 / 0,193 / 1,21	10,38 / 0,182 / 1,90	3,99 / 0,246 / 0,98	17,53 / 0,048 / 0,84		

1) Einzelkosten werden direkt der Herstellungsleistung zugerechnet
2) s. die Errechnung der Zuschlagsätze in Anlage 5 (Anhang)

Tab 8   Anlage 4

Anlage 5

Berechnung der Fertigungs-Gemeinkosten-Zuschlag-
sätze

I. Annahmen

   1. Monatliche Tarifvertragstunden   173 [1]

      ./. 18 % Urlaub etc.   31

                                   142

      ./. 10 % Wartung/Instandhaltung   14

      = Monatliche Fertigungsstunden   128

     128 Fertigungsstunden x 12 Monate = 1 536
     Fertigungsstunden je Herstellungsperiode
     je Produktivkraft

   2. Zahl der Produktivkräfte (P.) je KSt
     KSt   I : 13 P.
     KSt   II : 8 P.
     KSt III : 15 P.
     KSt   IV : 1 P.

   3. Die prozentualen Anteile der Fertigungsstun-
     den je Erzeugnis sind unterstellt.

---

[1] Die Angabe erhielt der Verfasser durch die Firma
   Belzer, Wuppertal-Kronenberg

Anlage 5 - Fortsetzung

II.<u>Fertigungsgemeinkosten-Zuschläge</u>

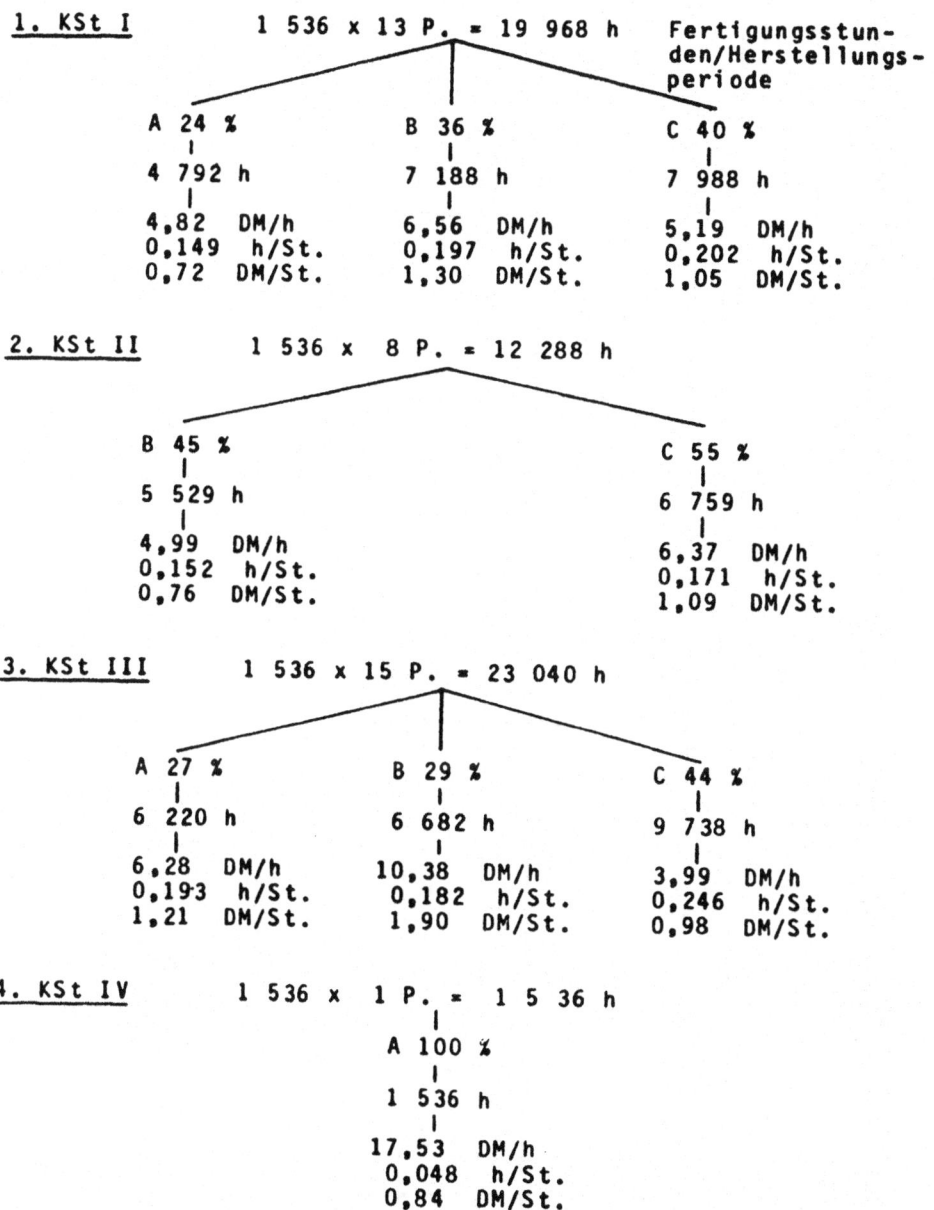

<u>1. KSt I</u>   1 536 x 13 P. = 19 968 h   Fertigungsstun-
                                                              den/Herstellungs-
                                                              periode

A 24 %   B 36 %   C 40 %
   | | |
4 792 h   7 188 h   7 988 h
   | | |
4,82 DM/h   6,56 DM/h   5,19 DM/h
0,149 h/St.   0,197 h/St.   0,202 h/St.
0,72 DM/St.   1,30 DM/St.   1,05 DM/St.

<u>2. KSt II</u>   1 536 x 8 P. = 12 288 h

B 45 %   C 55 %
   | |
5 529 h   6 759 h
   | |
4,99 DM/h   6,37 DM/h
0,152 h/St.   0,171 h/St.
0,76 DM/St.   1,09 DM/St.

<u>3. KSt III</u>   1 536 x 15 P. = 23 040 h

A 27 %   B 29 %   C 44 %
   | | |
6 220 h   6 682 h   9 738 h
   | | |
6,28 DM/h   10,38 DM/h   3,99 DM/h
0,193 h/St.   0,182 h/St.   0,246 h/St.
1,21 DM/St.   1,90 DM/St.   0,98 DM/St.

<u>4. KSt IV</u>   1 536 x 1 P. = 1 5 36 h
                                      |
                               A 100 %
                                      |
                               1 536 h
                                      |
                               17,53 DM/h
                               0,048 h/St.
                               0,84 DM/St.

Kostenträger / Kostenarten, Kostenstellen	Erzeugnis A (32 200 Stück) Gesamtkosten	Zuschlagsbasis	Zuschlagssatz	Kosten pro Stück	Erzeugnis B (36 400 Stück) Gesamtkosten	Zuschlagsbasis	Zuschlagssatz	Kosten pro Stück	Erzeugnis C (39 600 Stück) Gesamtkosten	Zuschlagsbasis	Zuschlagssatz	Kosten pro Stück
Material-EK	364 350	direkt	-	11,32	260 250	direkt	-	7,15	416 400	direkt	-	10,52
Material-GK	9 836	Material-EK	2,7 %	0,31	7 028	Material-EK	2,7 %	0,19	11 236	Material-EK	2,7 %	0,28
Materialkosten	374 186	-	-	11,63	267 278	-	-	7,34	427 636	-	-	10,80
Fertigungs-EK	123 600	direkt	-	3,84	265 740	direkt	-	7,30	228 660	direkt	-	5,77
Fertigungs-GK												
- KSt I	23 076	4792h/0,149h/St.	4,82 DM/h	0,72	47 166	7188h/0,197h/St.	6,56 DM/h	1,30	41 458	7988h/0,202h/St.	5,19 DM/h	1,05
- KSt II	-	-	-	-	27 600	5529h/0,152h/St.	4,99 DM/h	0,76	43 059	6759h/0,171h/St.	6,37 DM/h	1,09
- KSt III	39 043	6220h/0,193h/St.	6,28 DM/h	1,21	69 332	6682h/0,182h/St.	10,38 DM/h	1,90	38 855	9738h/0,246h/St.	3,99 DM/h	0,98
- KSt IV	26 927	1536h/0,048h/St.	17,53 DM/h	0,84	-	-	-	-	-	-	-	-
Fertigungskosten	212 646	-	-	6,61	409 838	-	-	11,26	352 032	-	-	8,89
Herstellkosten	586 832	-	-	18,24	677 116	-	-	18,60	779 668	-	-	19,69
Verwaltungskosten	42 834	Herstellkosten	28,7 %	1,33	49 401	Herstellkosten	33,1 %	1,36	57 012	Herstellkosten	38,2 %	1,44
Herstellungskosten	629 666	-	-	19,57	726 517	-	-	19,96	836 680	-	-	21,13

Allgemeine Verwaltungskosten

HK	586 832	A / 28,7 %
HK	677 116	B / 33,1 %
HK	779 668	C / 38,2 %
Σ HK	2 043 616	100 %

Tab. 12

Anlage 6

Vergleich der prozentualen Anteile der Bestandswerte des Stichtagsbestandes an den Marktwerten

(Herstellungskosten auf der Basis des Identitätsprinzips i. e. S./i. w. S. und des Leistungsentsprechungsprinzips)

Tabelle 13   Anlage 7

Unternehmung	Marktwerte des Stichtagsbestandes	Idp i.e.S. [1] %	Idp i.w.S. %	Lep [2] %	Bestandswerte des Stichtagsbestandes auf der Basis des Lep
I Werkzeug-unternehmung	A 450 492	32,3	42,9	53,9	12 400 x 19,57[3] = 242 668
	B 177 160	38,3	73,7	96,9	8 600 x 19,96 = 171 658
	C 439 047	40,3	61,5	77,5	16 100 x 21,13 = 340 193
	A/B/C 1 066 699	36,6	55,6	70,7	A/B/C 754 519
II Sägewerk-unternehmung	681 744	58,2	72,9	80,3	11 200 x 48,90[3] = 547 680
III Abweichung I/II		21,4	17,3	9,6	

1) Vgl. dazu S. 171 ff. in dieser Untersuchung.
2) Vgl. dazu Tab. 12.
3) Vgl. dazu Tab. 5.

Anlage 8

Abschnitt 33 EStR - Herstellungskosten (EStR 1972)

(1) Herstellungskosten im Sinne des § 6 EStG sind die
    Aufwendungen, die durch den Verbrauch von Gütern
    und die Inanspruchnahme von Diensten für die Her-
    stellung eines Erzeugnisses entstehen. Sie setzen
    sich zusammen aus den Materialkosten einschließ-
    lich den notwendigen Materialgemeinkosten und den
    Fertigungskosten (insbesondere den Fertigungslöh-
    nen) einschließlich den notwendigen Fertigungsge-
    meinkosten.

(2) Zu den Materialgemeinkosten und den Fertigungsge-
    meinkosten, die im Rahmen der Herstellungskosten
    zu erfassen sind, gehören u. a. auch die Aufwen-
    dungen für folgende Kostenstellen:

        Lagerhaltung, Transport und Prüfung des
        Fertigungsmaterials,

        Vorbereitung und Kontrolle der Fertigung,

        Werkzeuglager,

        Betriebsleitung, Raumkosten, Sachversiche-
        rungen,

        Unfallstationen und Unfallverhütungseinrich-
        tungen der Fertigungsstätten,

        Lohnbüro, soweit in ihm die Löhne und Gehäl-
        ter der in der Fertigung tätigen Arbeitneh-
        mer abgerechnet werden.

    Kosten für die allgemeine Verwaltung brauchen
    nicht in die Herstellungskosten einbezogen zu wer-
    den. Hierzu gehören u. a. auch die Aufwendungen
    für Geschäftsleitung, Einkauf und Wareneingang,
    Betriebsrat, Personalbüro, Nachrichtenwesen, Aus-
    bildungswesen, Rechnungswesen (z. B. Buchführung,
    Betriebsabrechnung, Statistik und Kalkulation),
    Feuerwehr, Werkschutz sowie allgemeine Fürsorge
    einschließlich Betriebskrankenkasse. Die nicht vol-
    le Ausnutzung der Kapazität von Produktionsanlagen
    führt nicht zu einer Minderung der in die Herstel-
    lungskosten einzubeziehenden Fertigungsgemeinko-
    sten, wenn sich die Schwankung in der Kapazitäts-
    ausnutzung aus der Art der Produktion, wie z. B.
    bei der Zuckerfabrik als Folge der Abhängigkeit von
    natürlichen Verhältnissen, ergibt (BFH-Urteil vom
    15. 2. 1966 - BStBl. II S. 468). Vertriebskosten
    gehören nicht zu den Herstellungskosten.

(3) Sonderkosten, z. B. Entwurfskosten, Lizenzgebühren
usw., gehören zu den Herstellungskosten, soweit
sie zur Fertigstellung der Erzeugnisse aufgewendet
werden und nicht zu den allgemeinen Verwaltungskosten oder den Vertriebskosten zu rechnen sind.

(4) Zu den Herstellungskosten gehört auch der Wertverzehr des Anlagevermögens, soweit er der Fertigung
der Erzeugnisse gedient hat. Dabei ist grundsätzlich der Betrag anzusetzen, der bei der Bilanzierung des Anlagevermögens als Absetzung für Abnutzung berücksichtigt ist. Es ist nicht zu beanstanden, wenn der Steuerpflichtige, der bei der Bilanzierung des Anlagevermögens die Absetzung für Abnutzung in fallenden Jahresbeträgen (§ 7 Abs. 2
EStG) vorgenommen hat, bei der Berechnung der Herstellungskosten der Erzeugnisse die Absetzung für
Abnutzung in gleichen Jahresbeträgen (§ 7 Abs. 1
Sätze 1 und 2 EStG) berücksichtigt. In diesem Fall
muß der Steuerpflichtige jedoch dieses Absetzungs-
verfahren auch dann bei der Berechnung der Herstellungskosten beibehalten, wenn gegen Ende der Nutzungsdauer die Absetzungen in fallenden Jahresbeträgen niedriger sind als die Absetzungen in gleichen Jahresbeträgen. Der Wertverzehr des der Fertigung dienenden Anlagevermögens ist bei der Berechnung der Herstellungskosten der Erzeugnisse auch
dann in Höhe der sich nach den Anschaffungs- oder
Herstellungskosten des Anlagevermögens ergebenden
Absetzungen für Abnutzung in gleichen Jahresbeträgen zu berücksichtigen, wenn der Steuerpflichtige
Sonderabschreibungen, z. B. nach § 6 Abs. 2, §§
7 a ff. EStG, § 36 IHG usw., vorgenommen und diese
nicht in die Herstellungskosten der Erzeugnisse
einbezogen hat. Teilwertabschreibungen auf das Anlagevermögen im Sinne des § 6 Abs. 1 Ziff. 1 Satz 2
EStG sind bei der Berechnung der Herstellungskosten
der Erzeugnisse nicht zu berücksichtigen.

(5) Zu den Herstellungskosten der Erzeugnisse gehören
grundsätzlich auch die Aufwendungen für die betriebliche Altersversorgung (Direktversicherungen,
Zuwendungen an Pensions- und Unterstützungskassen,
Pensionsrückstellungen). Der Anteil der Versor-
gungsaufwendungen, der auf die zu bilanzierenden
Erzeugnisse entfällt, ist schwierig abzugrenzen und
im Verhältnis zu den übrigen Herstellungskosten
meist von geringer Bedeutung. In entsprechender Anwendung des BFH-Urteils vom 5. 8. 1958 (BStBl. III
S. 392) ist es deshalb nicht zu beanstanden, wenn
der Steuerpflichtige die Aufwendungen für die betriebliche Altersversorgung bei der Ermittlung der
Herstellungskosten nicht berücksichtigt. Das gleiche gilt für Jubiläumsgeschenke, Weihnachtszuwendungen, Wohnungsbeihilfen und andere freiwillige

Beihilfen, Aufwendungen für Kantine (einschließ-
lich Essenzuschüsse) und Freizeitgestaltung (z. B.
Betriebsausflüge) und ähnliche freiwillige soziale
Aufwendungen sowie für die Beteiligung der Arbeitnehmer am Ergebnis des Unternehmens.

(6) Die Steuern vom Einkommen und die Vermögensteuer
gehören nicht zu den steuerlich abzugsfähigen Betriebsausgaben und damit auch nicht zu den Herstellungskosten. Hinsichtlich der Gewerbesteuer hat der
Steuerpflichtige, soweit sie auf den Gewerbeertrag
entfällt, nach dem BFH-Urteil vom 5. 8. 1958
(BStBl. III S. 392) ein Wahlrecht, ob er sie den
Herstellungskosten zurechnen will oder nicht. Soweit die Gewerbesteuer auf das der Fertigung die-
nende Gewerbekapital oder auf die für die Fertigung
aufgewendete Lohnsumme entfällt, ist sie bei der
Ermittlung der Herstellungskosten zu berücksichtigen. Die Umsatzsteuer gehört zu den Vertriebskosten, die die Herstellungskosten nicht berühren.
Finanzierungs-(Geldbeschaffungs-)kosten gehören
nicht zu den Herstellungskosten (BFH-Urteil vom
24. 5. 1968 - BStBl. II S. 574). Dasselbe gilt für
Zinsen für Fremdkapital sowie für kalkulatorische
Zinsen für Eigenkapital.

(7) Wird ein Betrieb infolge teilweiser Stillegung oder
mangelnder Aufträge nicht voll ausgenutzt, so sind
die dadurch verursachten Kosten bei der Berechnung
der Herstellungskosten nicht zu berücksichtigen
(RFH-Urteil vom 21. 11. 1939/5. 3. 1940 - RStBl.
1940 S. 683). Der niedrigere Teilwert kann statt
der Herstellungskosten nur dann angesetzt werden,
wenn glaubhaft gemacht wird, daß ein Käufer des Betriebs weniger als den üblichen Aufwand für die Herstellung der Erzeugnisse bezahlen würde (RFH-Gut-
achten vom 4. 2. 1939 - RStBl. S. 321 und RFH-Urteil
vom 11. 1. 1939 - RStBl. S. 323).

Abkürzungsverzeichnis

Acc. Rev.	=	The Accounting Review
AfA	=	Absetzung für Abnutzung
AG	=	Die Aktiengesellschaft
AktG	=	Aktiengesetz 1965
AO	=	Reichsabgabenordnung
AS	=	Amtliche Sammlung
AZ-E	=	Arbeitszeiteinheiten
BAnz	=	Bundesanzeiger
BB	=	Der Betriebs-Berater
BBK	=	NWB-Buchhaltungs-Briefe
BdF	=	Bundesminister der Finanzen
Beschl.	=	Beschluß
BewG	=	Bewertungsgesetz
BFH	=	Bundesfinanzhof
BFuP.	=	Betriebswirtschaftliche Forschung und Praxis
BGH	=	Bundesgerichtshof
BlStA	=	Blätter für Steuerrecht, Sozialversicherung, Arbeitsrecht
BStBl	=	Bundessteuerblatt
BVerfG	=	Bundesverfassungsgericht
BVerfGE	=	Bundesverfassungsgerichtsentscheidungen
DB	=	Der Betrieb
DStBl	=	Deutsches Steuerblatt
DStR	=	Deutsche Steuerrundschau; ab 1962 Deutsches Steuerrecht
DStZ	=	Deutsche Steuerzeitung
EFG	=	Entscheidungen der Finanzgerichte
Einh.	=	Einheit(en)
EK	=	Einzelkosten
Entsch.	=	Entscheidung
Erl.	=	Erlaß
ESt	=	Einkommensteuer
EStDVO	=	Einkommensteuer-Durchführungsverordnung
EStG	=	Einkommensteuergesetz
EStR	=	Einkommensteuer-Richtlinien

F. A.	=	Finanzarchiv
FA	=	Finanzamt
FG	=	Finanzgericht
FHi-KSt	=	Fertigungshilfskostenstelle
FK	=	Fremdkapital
FR	=	Finanzrundschau
GewStG	=	Gewerbesteuergesetz
GK	=	Gemeinkosten
GKR	=	Gemeinschaftskontenrahmen
Gr. S.	=	Großer Senat
h	=	Stunde(n)
HdB	=	Handwörterbuch der Betriebswirtschaft, begründet von Heinr. Nicklisch, 3. Aufl. Bd. I, Stuttgart 1956 Bd. II, Stuttgart 1958 Bd. III, Stuttgart 1960 Bd. IV, Stuttgart 1962
HdO	=	Handwörterbuch der Organisation, hrsg. v. Erwin Grochla, Stuttgart 1969
HdR	=	Handwörterbuch des Rechnungswesens, hrsg. v. Erich Kosiol, Stuttgart 1970
HDSW	=	Handwörterbuch der Sozialwissenschaften
hdw	=	Handbuch der Wirtschaftswissenschaft, Bd. 1 Betriebswirtschaft, Bd. 2 Volkswirtschaft hrsg. v. Karl Hax u. Theodor Wessels, 2. Aufl., Köln u. Opladen 1966
HFR	=	Höchstrichterliche Finanzrechtsprechung
HGB	=	Handelsgesetzbuch
HK	=	Herstellkosten/Herstellungskosten
i. e.	=	id est
Idp i. e. S.	=	Identitätsprinzip im engen Sinne
Idp i. w. S.	=	Identitätsprinzip im weiten Sinne
IHG	=	Gesetz über die Investitionshilfe der gewerblichen Wirtschaft v. 7. 1. 1952
Inf. (A)	=	Die Information über Steuer und Wirtschaft

KRP	= Kostenrechnungs-Praxis, Zeitschrift für Betriebsabrechnung, Kostenrechnung und Planung
KSt	= Kostenstelle
KStG	= Körperschaftsteuergesetz
KStR	= Körperschaftsteuer-Richtlinien
Lep	= Leistungsentsprechungsprinzip
LSö	= Leitsätze für die Preisermittlung auf Grund der Selbstkosten bei Leistungen für öffentliche Auftraggeber
LSP	= Leitsätze für die Preisermittlung auf Grund der Selbstkosten vom 21. 11. 1953
N.A.C.A.	= National Association of Cost Accountants
NB	= Neue Betriebswirtschaft
NWB	= Neue Wirtschafts-Briefe
NSt A-Z	= Neues Steuerrecht von A bis Z
OFD	= Oberfinanzdirektion
ÖBW	= Der Österreichische Betriebswirt
R	= Rechtsspruch
RdF	= Reichsminister der Finanzen
Rd Nr.	= Randnummer
RDO	= Rechnungswesen, Datentechnik und Organisation, Fachzeitschrift für Führungskräfte
RFH	= Reichsfinanzhof
RG	= Reichsgericht
RGBl	= Reichsgesetzblatt
rkr.	= rechtskräftig
RStBl	= Reichssteuerblatt
RWP	= Rechts- und Wirtschaftspraxis
Rz.	= Randziffer
Sa.	= Summe
StAnpG	= Steueranpassungsgesetz
StbJb	= Steuerberater-Jahrbuch
StBp	= Steuerliche Betriebsprüfung
StKRp	= Steuer-Kongreßreport
Stpfl.	= Steuerpflichtiger
StRK	= Steuerrechtssprechung in Karteiform
StRK-Anm.	= StRK-Anmerkung

StuF	=	Steuern und Finanzen
StuW/StW	=	Steuer und Wirtschaft
TZ	=	Textziffer
U	=	Urteil
VDMA	=	Verband Deutscher Maschinenbauanstalten e. V.
Verf.	=	Verfügung
WPg	=	Die Wirtschaftsprüfung
WT	=	Der Wirtschaftstreuhänder
WW	=	Wirtschaftswoche
ZdB	=	Aufwand und Ertrag, Zeitschrift der Buchhaltungsfachleute - Rechnungswesen, Organisation, Rationalisierung, Automation -, hrsg. v. Erich Schmitt-Verlag Berlin, Bielefeld, München
ZfB	=	Zeitschrift für Betriebswirtschaft
ZfbF	=	Zeitschrift für betriebswirtschaftliche Forschung
ZfhF	=	Zeitschrift für handelswissenschaftliche Forschung
ZfgSt	=	Zeitschrift für die gesamte Staatswissenschaft
ZfR	=	Zeitschrift für das gesamte Rechnungswesen

Stichwortverzeichnis

Besteuerung der Unternehmung
Schriftenreihe
Herausgeber: Prof. Dr. Gerd Rose

Betriebswirtschaftlicher Verlag Dr. Th. Gabler, 62 Wiesbaden 1, Postfach 11